“信毅教材大系”编委会

信毅教材大系

高等数学（上册）

● 余达锦 编著

Advanced Mathematics

复旦大学出版社

内容提要

本书是根据教育部高等学校数学与统计学教学指导委员会制定的“工科类本科数学基础课程教学基本要求”和“经济管理类本科数学基础课程教学基本要求”，为适应高校高等数学教育改革，充分吸收现有国内外优秀教材的精华，结合编者多年教学实践经验编写而成的。

通过本课程的学习，使学生掌握微积分学、空间解析几何与向量代数、微分方程及无穷级数的有关基本理论和方法，培养学生具有一定的抽象思维、逻辑推理、空间想象能力和自主学习能力，具有比较熟练的分析能力和运算能力，并能用数学方法解决实际问题，为后续课程奠定必要的数学基础。

本书分为上、下两册。上册主要介绍函数、极限与连续、导数与微分、微分中值定理与导数的应用、不定积分、定积分及其应用等6章内容。部分带“ * ”的内容可根据不同层次教学需要选择教学。书末附有部分练习与复习题的答案或提示，供读者参考。

总序

世界高等教育的起源可以追溯到1088年意大利建立的博洛尼亚大学，它运用社会化组织成批量培养社会所需要的人才，改变了知识、技能主要在师徒间、个体间传授的教育方式，满足了大家获取知识的需要，史称“博洛尼亚传统”。

19世纪初期，德国的教育家洪堡提出“教学与研究相统一”和“学术自由”的原则，并指出大学的主要职能是追求真理，学术研究在大学应当具有第一位的重要性，即“洪堡理念”，强调大学对学术研究人才的培养。

在洪堡理念广为传播和接受之际，德国都柏林天主教大学校长纽曼发表了“大学的理想”的著名演说，旗帜鲜明地指出“从本质上讲，大学是教育的场所”，“我们不能借口履行大学的使命职责，而把它引向不属于它本身的目标。”强调培养人才是大学的唯一职能。纽曼关于“大学的理想”的演说让人们重新审视和思考大学为何而设、为谁而设的问题。

19世纪后期到20世纪初，美国威斯康辛大学查尔斯·范海斯校长提出“大学必须为社会发展服务”的办学理念，更加关注大学与社会需求的结合，从而使大学走出了象牙塔。

2011年4月24日，胡锦涛总书记在清华大学百年校庆庆典上，指出高等教育是优秀文化传承的重要载体和思想文化创新的重要源泉，强调要充分发挥大学文化育人和文化传承创新的职能。

总而言之，随着社会的进步与变革，高等教育不断发展，大学的功能不断扩展，但始终都在围绕着人才培养这一大学的根本使命，致力于不断提高人才培养的质量和水平。

对大学而言，优秀人才的培养，离不开一些必要的物质条件保障，但更重要的是高效的执行体系。高效的执行体系应该体现在三个方面：一是科学合理的学科专业结构，二是能洞悉学科前沿的优秀的师资队伍，三是作为知识载体和传播媒介的优秀教材。教材是体现教学内容与教学方法的知识载体，是进行教学的基本工具，也是深化教育教学改革，提高人才培养质量的重要保证。

一本好的教材，要能反映该学科领域的学术水平和科研成就，能引导学生沿着正确的学术方向步入所向往的科学殿堂。因此，加强高校教材建设，对于提高教育质量、稳定教学秩序、实现高等教育人才培养目标起着重要的作用。正是基于这样的考虑，江西财经大学与复旦大学出版社达成共识，准备通过编写出版一套高质量的教材系列，以期进一步锻炼学校教师队伍，提高教师素质和教学水平，最终将学校的学科、师资等优势转化为人才培养优势，提升人才培养质量。为凸显江西财经大学特色，我们取校训“信敏廉毅”中一前一尾两个字，将这个系列的教材命名为“信毅教材大系”。

“信毅教材大系”将分期分批出版问世，江西财经大学教师将积极参与这一具有重大意义的学术事业，精益求精地不断提高写作质量，力争将“信毅教材大系”打造成业内有影响力的高端品牌。“信毅教材大系”的出版，得到了复旦大学出版社的大力支持，没有他们的卓越视野和精心组织，就不可能有这套系列教材的问世。作为“信毅教材大系”的合作方和复旦大学出版社的一位多年的合作者，对他们的敬业精神和远见卓识，我感到由衷的钦佩。

王　乔

2012 年 9 月 19 日

前言

高等数学是科学和技术的基础。进入新世纪以来，随着科学技术的飞速发展，数学科学在与其他科学的相互渗透和相互影响中日益壮大。它越来越多地渗透到科学与工程技术的各个领域，成为至关重要的组成部分。高等数学已经成为自然科学、工程技术、社会科学等不可缺少的基础和工具，显示出强大的生命力。在科学技术日新月异的信息化时代，数学科学的应用范围被大大地扩展，与此同时也给高等数学教育带来了巨大影响，教育目标、内容设置、问题提出、学生的学习策略和问题解决也因此发生了变革。高等数学教育必须紧跟时代前进的潮流，进行不断的探索和创新。

"高等数学"是以讨论实函数微积分为主要内容的一门课程，它学时多，覆盖面广，影响面宽，其教学质量对工科各专业的教学质量影响很大，历来倍受重视。如今，除工科各专业学习外，越来越多的经济管理专业(如经济学、管理学、金融学、统计学、保险学等)也加入到学习"高等数学"课程当中来。"高等数学"课程已成为高校非数学各专业必修的一门重要的基础理论课。

本教材分上、下两册。主要介绍一元微积分学和多元微积分学的知识及其应用，并适当介绍空间解析几何、向量代数和无穷级数等有关基本理论和方法。上册主要介绍函数、极限与连续、导数与微分、微分中值定理与导数的应用、不定积分、定积分及其应用等 6 章内容。下册主要介绍微分方程与差分方程、空间解析几何、多元函数微分学、重积分、曲线积分和曲面积分、无穷级数等 6 章内容。

本教材由编者在十余年的教学讲义基础上编写，充分吸收了现有国内外优秀教材的精华，并结合江西财经大学财经和相关专业实际编写，针对性更强，适用性更好，更有利于学生的学习与掌握。我的研究生姚远、肖伟、杨群、马良良在习题的搜集整理和书稿的校对上做了一些工作，我的各专业30余名本科生试读了本教材的初稿或正式稿，并提出了许多建议，在此表示感谢。此外，本教材编写过程中得到了江西财经大学信息管理学院众多领导和数学老师的帮助，并参考了国内外众多优秀教材或专家学者的成果，在此深致谢忱。

本教材的主要特色如下：①内容系统，翔实准确，反映时代要求；②图文并茂，易于学习；③语言简练流畅，可读性强；④与国际教材接轨；⑤习题丰富，适合不同学习层次；⑥相关内容与有关专业紧密联系，利于专业学习。

本教材可以作为工科类和经济管理类各专业本科生、高职生学习“高等数学”课程的教学用书，也可作为全国硕士研究生入学考试的教学参考书。由于本人的见识和水平有限，难免会有疏漏和错误，恳请广大读者批评指正。

余达锦

2014年5月16日

目录

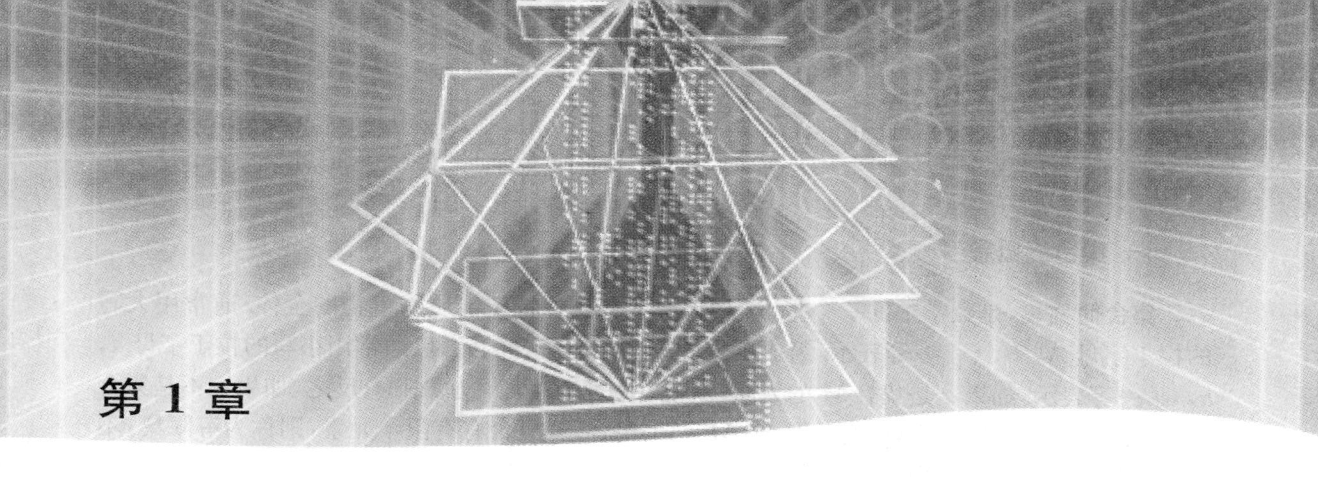

第1章

函　数

【学习目标】

(1) 理解映射与函数的概念,掌握函数的表示方法,并会建立简单应用问题中的函数关系式;

(2) 掌握函数的奇偶性、单调性、周期性和有界性;

(3) 理解复合函数及分段函数的概念,了解反函数及隐函数的概念;

(4) 掌握基本初等函数的性质及其图形;

(5) 了解经济学中常见的函数关系.

【学习要点】

区间和邻域;映射与函数;函数定义域;函数的4种表示法;函数的奇偶性、单调性、周期性和有界性;基本初等函数;复合函数;反函数;初等函数;分段函数;经济函数介绍(需求函数、供给函数、市场均衡、成本函数、收益函数、利润函数);双曲函数与反双曲函数.

初等数学的研究对象基本上为常量,它以静止的观点研究问题;而高等数学的研究对象则为变量,这时运动和辩证法进入数学.函数关系就是变量之间的依赖关系,函数是高等数学中处理的最基本的对象.本章将介绍函数的基本思想、相关概念及性质,为今后高等数学的深入学习做准备.

§1.1　预备知识

高等数学中的函数是在实数范围来研究的,用得最多的数集是区间和邻域,而函数则是定义在某个区间上,后面对函数的讨论经常是在定义区间内的某个邻域内讨论该函数的性质.下面将逐一对集合、区间、邻域、映射展开讨论.

1.1.1 集合

一、集合的概念

集合简称**集**，是数学中的一个基本概念，指具有某种特定性质的事物的全体. 通常用大写的拉丁字母 A, B, C, …等表示. 组成集合的事物称为集合的**元素**. 通常用小写的拉丁字母 a, b, c, …等表示. 如果 a 是集合 M 的元素，就说 a 属于 M，表示为 $a \in M$；反之，如果 a 不是集合 M 的元素，就说 a 不属于 M，表示为 $a \notin M$. 一个集合，若只含有有限个元素，则称为**有限集**；不是有限集的集合称为**无限集**

集合的表示方法通常有以下两种：

一是**列举法**（或称**枚举法**）：把集合的全体元素一一列举出来. 例如

$$A=\{a, b, c, d, e, f, g, h\}.$$

二是**描述法**：若集合 B 是由具有某种性质 P 的元素 x 的全体所组成，则集合 B 可表示为

$$B=\{x \mid x \text{ 具有性质 } P\}.$$

例如，集合 B 是方程 $x^2-4=0$ 的解集，就可以表示成

$$B=\{x \mid x^2-4=0\}.$$

一般说来，常见的数集有如下几种：

$\mathbf{N}$ 表示所有自然数组成的集合，称为**自然数集**，即

$$\mathbf{N}=\{0, 1, 2, 3, \cdots, n, \cdots\};$$

$\mathbf{N}^+$ 表示所有正整数构成的集合，称为**正整数集**，即

$$\mathbf{N}^+=\{1, 2, 3, \cdots, n, \cdots\};$$

$\mathbf{R}$ 表示所有实数构成的集合，称为**实数集**；

$\mathbf{Z}$ 表示所有整数构成的集合，称为**整数集**，即

$$\mathbf{Z}=\{\cdots, -n, \cdots, -3, -2, -1, 0, 1, 2, 3, \cdots, n, \cdots\};$$

$\mathbf{Q}$ 表示所有有理数构成的集合，称为**有理数集**，即

$$\mathbf{Q}=\left\{\frac{p}{q} \,\middle|\, p \in \mathbf{Z}, q \in \mathbf{N}^+ \text{ 且 } p \text{ 与 } q \text{ 互质}\right\}.$$

设 A, B 为两个集合，若 $x \in A$，则必有 $x \in B$，则称 A 是 B 的**子集**，记为 $A \subset B$（读作 A 包含于 B）或 $B \supset A$.

如果集合 A 与集合 B 互为子集，$A \subset B$ 且 $B \supset A$，则称集合 A 与集合 B 相等，记作 $A=B$.

若 $A \subset B$ 且 $A \neq B$，则称 A 是 B 的**真子集**，记作 $A \subsetneqq B$. 例如，

$$\mathbf{N} \subsetneqq \mathbf{Z} \subsetneqq \mathbf{Q} \subsetneqq \mathbf{R}.$$

不含任何元素的集合称为**空集**，记作 $\varnothing$. 数学上规定空集是任何集合的子集.

二、集合的运算

设A, B为两个集合，由所有属于A或者属于B的元素组成的集合称为A与B的**并集**（简称并），记作$A\cup B$，即

$$A\cup B=\{x\mid x\in A\text{或}x\in B\};$$

设A, B是两个集合，由所有既属于A又属于B的元素组成的集合称为A与B的**交集**（简称交），记作$A\cap B$，即

$$A\cap B=\{x\mid x\in A\text{且}x\in B\};$$

设A, B是两个集合，由属于A而不属于B的元素组成的集合称为A与B的**差集**（简称差），记作$A\backslash B$，即

$$A\backslash B=\{x\mid x\in A\text{且}x\notin B\}.$$

如果研究某个问题时将其限定在一个大的集合I中进行，所研究的其他集合A都是I的子集. 此时，称集合I为**全集**或**基本集**，称$I\backslash A$为A的**余集**或**补集**，记作A^C.

设A, B, C为任意3个集合，则有下列运算法则：

(1) 交换律　$A\cup B=B\cup A$, $A\cap B=B\cap A$;

(2) 结合律　$(A\cup B)\cup C=A\cup(B\cup C)$, $(A\cap B)\cap C=A\cap(B\cap C)$;

(3) 分配律　$(A\cup B)\cap C=(A\cap C)\cup(B\cap C)$, $(A\cap B)\cup C=(A\cup C)\cap(B\cup C)$;

(4) 对偶律　$(A\cup B)^C=A^C\cap B^C$（即“两个集合的并集的余集等于它们的余集的交集”），$(A\cap B)^C=A^C\cup B^C$（即“两个集合的交集的余集等于它们的余集的并集”）.

三、区间和邻域

1. 有限区间

区间的长度为有限的.

设a, b为实数，且$a<b$，则称数集$\{x\mid a<x<b\}$为以a, b为端点的**开区间**，记为(a, b)，即

$$(a, b)=\{x\mid a<x<b\}.$$

类似地，$[a, b)=\{x\mid a\leqslant x<b\}$, $(a, b]=\{x\mid a<x\leqslant b\}$，称为以$a$, b为端点的**半开半闭区间**，$[a, b]=\{x\mid a\leqslant x\leqslant b\}$，称为以$a$, b为端点的**闭区间**.

以上的区间都是有限区间，$b-a$称为**区间的长度**.

2. 无限区间

区间的长度为无限时，为了方便起见，引入“$+\infty$”（读作正无穷大）和“$-\infty$”（读作负无穷大），如

$$[a, +\infty)=\{x\mid x\geqslant a\};\ (a, +\infty)=\{x\mid x>a\};$$
$$(-\infty, a]=\{x\mid x\leqslant a\};\ (-\infty, a)=\{x\mid x<a\};$$
$$\mathbf{R}=(-\infty, +\infty)=\{x\mid -\infty<x<+\infty\},$$

即实数集.

区间在数轴上的表示如图 1-1-1 所示.

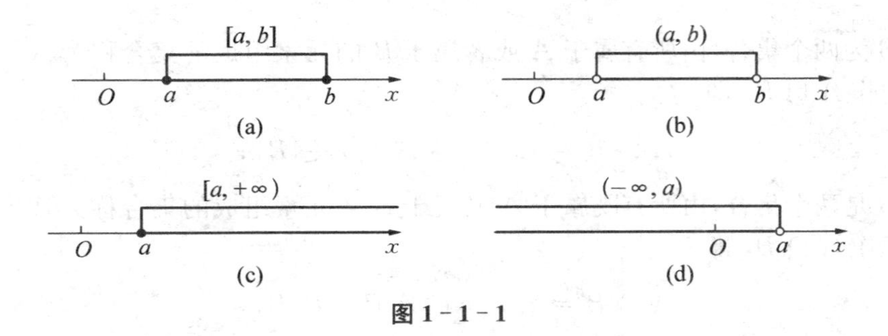

图 1-1-1

3. 邻域

除了区间的概念外,为了阐述函数的局部性质,还常常用到邻域的概念,它是由某点附近所有的点组成的一个点的集合.

设 a 为数轴上的一个点,以点 a 为中心的任何开区间称为点 a 的**邻域**,记作 $U(a)$.

设 δ 是任一正数,则称开区间 $(a-\delta,\ a+\delta)$ 为点 a 的 δ 邻域,记作 $U(a,\ \delta)$或 $U_\delta(a)$,即

$$U(a,\ \delta)=\{x \mid a-\delta<x<a+\delta\}=\{x \mid |x-a|<\delta\},$$

其中点 a 称为邻域的中心,δ 称为邻域的半径,如图 1-1-2(a)所示.

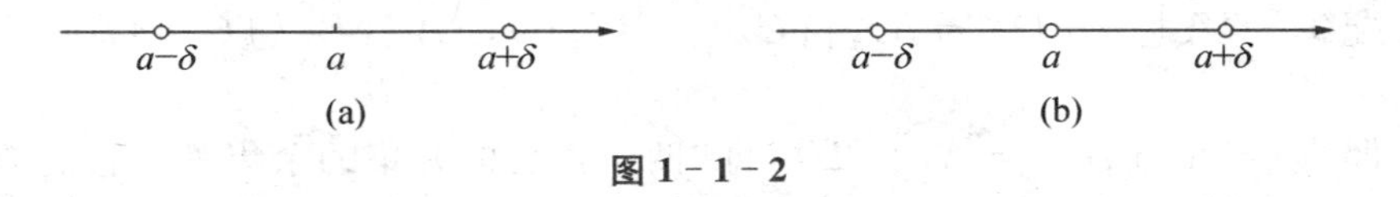

图 1-1-2

如果将邻域 $U(a,\ \delta)$的中心去掉,则称剩下的数集为邻域 $U(a,\ \delta)$的**去心邻域**,记为$\mathring{U}(a,\ \delta)$,如图 1-1-2(b)所示,即

$$\mathring{U}(a,\ \delta)=\{x \mid 0<|x-a|<\delta\}.$$

有时为了说明函数在点的某一侧附近的情况,还要用到左、右邻域的概念. 开区间 $(a-\delta,\ a)$ 称为点 a 的**左 δ 邻域**,开区间 $(a,\ a+\delta)$ 称为点 a 的**右 δ 邻域**.

对于无穷远点∞的邻域,它的表示及含义如下:设 $M>0$, 称 $U(M,\ \infty)$为无穷远点∞的 M 邻域,即

$$U(M,\ \infty)=\{x \mid |x|>M\}=(-\infty,\ -M)\cup(M,\ +\infty).$$

$(-\infty,\ -M)$为无穷远点∞的左邻域,$(M,\ +\infty)$为无穷远点∞的右邻域.

1.1.2 映射

一、映射的概念

定义 设 A, B 是两个非空集合,如果存在一个法则 f,使得对 A 中每个元素 x 按法则 f 在 B 中有唯一确定的元素 y 与之对应,则称 f 为从 A 到 B 的**映射**,记作

$$f:A\rightarrow B,$$

其中 y 称为元素 x(在映射 f 下)的**像**,并记作 $f(x)$,即

$$y=f(x),$$

而元素 x 称为元素 y(在映射 f 下)的一个**原像**;集合 A 称为映射 f 的定义域,记作 D_f,即

$$D_f=A.$$

A 中所有元素的像所组成的集合称为映射 f 的**值域**,记为 R_f,即

$$R_f=\{y=f(x)\mid x\in A\}.$$

需要注意的问题如下:

(1) 构成一个映射必须具备以下 3 个要素:①集合 A,即定义域 $D_f=A$;②集合 B,即值域的范围:$R_f\subset B$;③对应法则 f,使对每个 $x\in A$,有唯一确定的 $y=f(x)$ 与之对应.

(2) 对每个 $x\in A$,元素 x 的像 y 是唯一的;而对每个 $y\in R_f$,元素 y 的原像不一定是唯一的;映射 f 的值域 R_f 是 B 的一个子集,即 $R_f\subset B$,不一定 $R_f=B$.

例 1 设 $f:\mathbf{R}\to\mathbf{R}$,对每个 $x\in\mathbf{R}$, $f(x)=x^2$.

显然,f 是一个映射,f 的定义域 $D_f=\mathbf{R}$,值域 $R_f=\{y\mid y\geqslant 0\}$,它是 $\mathbf{R}$ 的一个真子集. 对于 R_f 中的元素 y,除 $y=0$ 外,它的原像不是唯一的. 如 $y=1$ 就有 $x=-1$ 和 $x=1$ 两个原像.

例 2 设 $A=\{(x, y)\mid x^2+y^2=4\}$, $B=\{(x, 0)\mid |x|\leqslant 2\}$, $f:A\to B$,对每个 $(x, y)\in A$,有唯一确定的 $(x, 0)\in B$ 与之对应.

显然 f 是一个映射,f 的定义域 $D_f=A$,值域 $R_f=B$. 在几何上,这个映射表示将平面上一个圆心在原点的圆周上的点投影到 x 轴的区间 $[-2, 2]$ 上.

例 3 $f:\left[-\frac{\pi}{2}, \frac{\pi}{2}\right]\to[-1, 1]$,对每个 $x\in\left[-\frac{\pi}{2}, \frac{\pi}{2}\right]$, $f(x)=\sin x$.

f 是一个映射,定义域 $D_f=\left[-\frac{\pi}{2}, \frac{\pi}{2}\right]$,值域 $R_f=[-1, 1]$.

(3) 映射有满射、单射和双射之分.

设 f 是从集合 A 到集合 B 的映射,若 $R_f=B$,即 B 中任一元素 y 都是 A 中某元素的像,则称 f 为 A 到 B 上的**映射**或**满射**;若对 A 中任意两个不同元素 $x_1\neq x_2$,它们的像 $f(x_1)\neq f(x_2)$,则称 f 为 A 到 B 的**单射**;若映射 f 既是单射,又是满射,则称 f 为**一一映射**(或**双射**).

二、逆映射与复合映射

设 f 是 A 到 B 的单射,则由定义对每个 $y\in R_f$,有唯一的 $x\in A$,适合 $y=f(x)$,于是,可定义一个从 R_f 到 A 的新映射 g,即

$$g:R_f\to A,$$

对每个 $y\in R_f$,规定 $x=g(y)$,x 满足 $y=f(x)$. 这个映射 g 称为 f 的**逆映射**,记作 f^{-1}. 其定义域 $D_{f^{-1}}=R_f$,值域 $R_{f^{-1}}=A$.

按上述定义,只有单射才存在逆映射.

设有两个映射

$$g:A\to B_1,\ f:B_2\to C,$$

其中 $B_1 \subset B_2$，则由映射 g 和 f 可以定出一个从 A 到 C 的对应法则，它将每个 $x \in A$ 映射成 $f[g(x)] \in C$. 显然，这个对应法则确定了一个从 A 到 C 的映射，这个映射称为映射 g 和 f 构成的**复合映射**，记作 $f \circ g$，即

$$f \circ g: A \to C,$$
$$(f \circ g)(x) = f[g(x)],\ x \in A.$$

例 4 设有映射 $g: \mathbf{R} \to [-1, 1]$，对每个 $x \in \mathbf{R}$, $g(x) = \sin x$，映射 $f: [-1, 1] \to [0, 1]$，对每个 $u \in [-1, 1]$, $f(u) = \sqrt{1-u^2}$.

映射 g 和 f 构成复合映射 $f \circ g: R \to [0, 1]$，对每个 $x \in \mathbf{R}$，有

$$(f \circ g)(x) = f[g(x)] = f(\sin x) = \sqrt{1-\sin^2 x} = |\cos x|.$$

§1.2 函数及其性质

1.2.1 变量与函数

一、变量

变量是指在某一过程中不断变化着的量. 例如，行驶中的汽车的速度，某地一天的气温，股票的价格，我国的人口总数，某种产品的产量、成本与利润等. 时间是生活中最常用到的变量，很多变量与时间相关. 上面的例子就是如此. 也有一些变量与时间无关. 例如：圆的面积 S 只依赖于该圆的半径 r，即 $S = \pi r^2$.

数学上与变量相对应的概念是**常量**，即在某一过程中始终保持不变的量. 例如，圆的面积计算公式 $S = \pi r^2$ 中的 π，物理中自由落体运动位移计算公式 $s = \frac{1}{2}gt^2$ 的重力加速度 g 等. 实际上，常量可以看成一种特殊的变量，即变化量为零的变量.

任何变量都有一定的变化范围，称为该变量的变域，一般为实数集 $\mathbf{R}$ 的某个子集. 从变量的变域上来分，变量可分为连续型和离散型两种. 例如，匀速运动中位移 $s = vt$ 的时间 t 和位移 s 都是连续型变量，某地一天整点时的气温就是一个离散型变量，只有 24 个取值.

二、函数

函数是高等数学中最基本的概念之一.

在同一个自然现象或者技术过程中，往往同时有几个变量在变化. 这几个变量并不是孤立地在变，而是相互联系着并且遵循一定的变化规律. 如 $s = \frac{1}{2}gt^2$ 和 $s = vt$ 中的 s 与 t 都是变量，相互影响. 实际上，这种关系给出了一个对应法则，当其中一个变量在某一变化范围内任意取定一个数值时，另一个变量就有唯一确定的值与之对应，这种两个变量之间的对应规则称为函数关系. 数学的一个特点就是它的高度的抽象性，随之也就使数学具有了应用的广泛性.

定义 设数集 $D \subset \mathbf{R}$，则称映射 $f: D \to \mathbf{R}$ 为定义在 D 上的**函数**，通常简记为

$$y=f(x),\ x\in D,$$

其中 x 称为**自变量**，y 称为**因变量**，D 称为**定义域**，记作 D_f，即 $D_f=D$.

函数定义中，对每个 $x\in D$，按对应法则 f 总有唯一确定的值 y 与之对应，这个值称为函数 f 在 x 处的函数值，记作 $f(x)$，即 $y=f(x)$. 因变量 y 与自变量 x 的这种依赖关系，通常称为函数关系. 函数 $f(x)$ 全体所构成的集合，称为函数 f 的**值域**，记作 $f(D)$ 或 R.

按照上述定义，记号 f 和 $f(x)$ 的含义是有区别的，前者表示自变量 x 和因变量 y 之间的对应法则，而后者表示与自变量 x 对应的函数值. 为了叙述方便，习惯上常用记号 $y=f(x)$，$x\in D$ 来表示定义在 D 上的函数，这时应理解为由它所确定的函数 f.

函数的符号可以用任意符号表示. 函数 $y=f(x)$ 中表示对应关系的记号 f 也可改用其他字母，如 F，φ 等. 此时函数就记作 $y=F(x)$，$y=\varphi(x)$ 等.

函数是从实数集到实数集的映射，其值域总在 $\mathbf{R}$ 内，因此构成函数的要素是定义域 D_f 及对应法则 f. 函数的对应法则 f 和定义域 D 是构成函数的两个基本要素，在给出一个函数时，必须同时给出定义域和对应法则，两者缺一不可，否则就不能构成函数. 如果两个函数的定义域和对应法则都相同，则称这两个函数是相同的函数，否则它们就是不同的函数.

三、函数的定义域

函数的定义域通常按以下两种情形来确定：一种是对有实际背景的函数，根据实际背景中变量的实际意义确定；一种是对抽象地用解析式表示的函数，数学上约定能使式子有意义的一切实数组成的集合就是定义域. 我们一般讨论后一种定义域.

根据定义域需要使函数表达式有意义，也就是要注意下列几种情形：

(1) 分式中分母不能为零；

(2) 负数不能开偶次方根；

(3) 特殊函数. 例如：对数函数的底是非1的正数，真数必须大于零；三角函数中的 $y=\tan x$，$y=\cot x$，$y=\sec x$ 和 $y=\csc x$ 都涉及商，定义域有限制；反三角函数等.

按以上要求分别求出自变量 x 的取值范围. 若以上几种情况同时出现在同一表达式中，则先分别求出每组自变量的取值范围，再取这些取值范围的交集，即为函数的定义域.

例1 求函数 $y=\dfrac{1}{x}-\sqrt{x^2-4}$ 的定义域.

解 要使函数有意义，必须 $x\neq 0$，且 $x^2-4\geqslant 0$. 解不等式得

$$|x|\geqslant 2,\text{即 } x\leqslant -2,\ x\geqslant 2,$$

所以函数的定义域为 $D=\{x\mid x\geqslant 2,\ x\leqslant -2\}$，或 $D=(-\infty,-2]\cup[2,+\infty)$.

例2 求函数 $f(x)=\dfrac{1}{\lg(3-x)}+\sqrt{49-x^2}+\tan x$ 的定义域.

解 由题意得

$$\begin{cases}3-x>0,\\ \lg(3-x)\neq 0,\\ 49-x^2\geqslant 0,\\ x\neq k\pi+\dfrac{\pi}{2},\end{cases}\quad\text{即}\quad\begin{cases}x<3,\\ x\neq 2,\\ -7\leqslant x\leqslant 7,\\ x\neq k\pi+\dfrac{\pi}{2}.\end{cases}$$

公共部分为 $-7 \leqslant x < 2$ 或 $2 < x < 3$，且 $x \neq \frac{-3\pi}{2}$，$x \neq -\frac{\pi}{2}$，$x \neq \frac{\pi}{2}$，即定义域为

$$D = \left[-7, \frac{-3\pi}{2}\right) \cup \left(\frac{-3\pi}{2}, -\frac{\pi}{2}\right) \cup \left(-\frac{\pi}{2}, \frac{\pi}{2}\right) \cup \left(\frac{\pi}{2}, 2\right) \cup (2, 3).$$

四、单值函数与多值函数

在函数的定义中，对每个 $x \in D$，对应的函数值 y 总是唯一的，这样定义的函数称为**单值函数**. 单值函数也叫一对一函数. 如果给定一个对应法则，按这个法则，对每个 $x \in D$，总有确定的 y 值与之对应，但这个 y 不总是唯一的，数学上称这种法则确定了一个**多值函数**.

例如，设变量 x 和 y 之间的对应法则由方程 $x^2+y^2=1$ 给出. 显然，对每个 $x \in [-1, 1]$，由方程 $x^2+y^2=1$ 可确定出对应的 y 值. 如当 $x=1$ 或 $x=-1$ 时，对应 $y=0$ 一个值；当 x 取 $(-1, 1)$ 内任一个值时，对应的 y 有两个值. 方程确定了一个多值函数.

对于多值函数，往往只要附加一些条件，就可以将它化为单值函数，这样得到的单值函数称为**多值函数的单值分支**. 例如，在由方程 $x^2+y^2=1$ 给出的对应法则中，附加" $y \geqslant 0$ "的条件，即以" $x^2+y^2=1$ 且 $y \geqslant 0$" 作为对应法则，就可得到一个单值分支 $y=y_1(x)=\sqrt{1-x^2}$；附加"$y \leqslant 0$" 的条件，即以"$x^2+y^2=1$ 且 $y \leqslant 0$" 作为对应法则，就可得到另一个单值分支 $y=y_2(x)=-\sqrt{1-x^2}$.

应当注意的是，单值函数也叫**一对一函数**. 只有单值函数才有必要讨论反函数问题，后面的学习中会作介绍.

五、函数的表示法

一般来说，表示函数的方法主要有 4 种：

(1) 描述法. 用文字语言来描述一个函数. 例如，圆的面积 A 是它的半径 r 的函数.

(2) 列表法. 将一系列自变量的值与对应的函数值列成表，表示自变量与因变量的对应关系，这种表示函数的方法称为函数的**列表法**. 例如，某地一年中各个月份的平均气温可用表 1-2-1来表示：

表 1-2-1

月份	1	2	3	4	5	6	7	8	9	10	11	12
平均气温/℃	6	9	15	18	20	23	28	32	27	25	16	11

(3) 直观法(图像法或图形法). 用坐标系中的图形表示函数的方法称为函数的**直观法**. 其优点是形象、直观，但是，用直观法表示的函数不便于作理论研究. 用直观法表示函数是基于函数图形的概念，即坐标平面上的点集

$$\{P(x, y) \mid y=f(x), x \in D\}$$

称为函数 $y=f(x)$，$x \in D$ 的图形.

(4) 代数法. 用函数的解析式来表示. 如 $y=\tan x$.

由于代数法便于对函数作理论分析，所以在高等数学中表示函数主要用代数法，同时也用列表法和直观法作为辅助. 在应用代数法表示函数时，函数的表达式主要有两种：显函

数和隐函数. 隐函数将在后面的学习中介绍. 函数表达式 $y=f(x)$ 称为函数的显式或显函数. 因为这时变量的关系非常明显,因变量 y 在等号的左边,自变量 x 和所有运算符号在等号的右边,并且在函数定义域内任给一个 x 值,只需经过关于 x 的数学运算,便可得到对应的 y 值.

下面来介绍分段函数. 先来看几个特殊的分段函数的例子. 它们的表达式较为特殊,但它们对于数学本身的发展意义重大,常用来澄清某些概念,而且在工程方面的应用较为广泛.

例3 函数

$$y=|x|=\begin{cases}x, & x\geqslant 0\\ -x, & x<0\end{cases}$$

称为绝对值函数. 其定义域为 $D=(-\infty, +\infty)$, 值域为 $R_f=[0, +\infty)$.

例4 函数

$$y=\operatorname{sgn} x=\begin{cases}1, & x>0,\\ 0, & x=0,\\ -1, & x<0\end{cases}$$

称为符号函数. 其定义域为 $D=(-\infty, +\infty)$, 值域为 $R_f=\{-1, 0, 1\}$.

例5 设 x 为任意实数. 不超过 x 的最大整数称为 x 的整数部分,记作$[x]$. 函数

$$y=[x]$$

称为取整函数或最大整数函数. 其定义域为 $D=(-\infty, +\infty)$, 值域为 $R_f=Z$.

例如, $\left[\frac{5}{7}\right]=0$, $[\sqrt{2}]=1$, $[\pi]=3$, $[-1]=-1$, $[-3.5]=-4$.

例6 狄利克雷*函数

$$D(x)=\begin{cases}1, & x\in\mathbf{Q},\\ 0, & x\notin\mathbf{Q}.\end{cases}$$

我们很难画出这个函数图形,因为其图形是分别分布在 x 轴和直线 $y=1$ 上的无数个点的集合,处处有定义,处处又间断,非常特殊.

分析上述4例可发现,当 x 取不同的值时,对应的函数表达式会发生变化. 这种在自变量的不同变化范围中,对应法则用不同表达式来表示的函数称为分段函数.

例7 函数

$$y=\begin{cases}2\sqrt{x}, & 0\leqslant x\leqslant 1,\\ 1+x, & x>1\end{cases}$$

就是一个分段函数,其定义域为 $D=[0, 1]\cup(1, +\infty)=[0, +\infty)$.

当 $0\leqslant x\leqslant 1$ 时, $y=2\sqrt{x}$; 当 $x>1$ 时, $y=1+x$.

例如, $f\left(\frac{1}{2}\right)=2\sqrt{\frac{1}{2}}=\sqrt{2}$, $f(1)=2\sqrt{1}=2$, $f(3)=1+3=4$.

---

* 狄利克雷(Johann Peter Gustav Lejeune Dirichlet, 1805—1859),德国数学家,创立了现代函数的正式定义.

1.2.2 函数的几种特性

一、函数的单调性

设函数 $y=f(x)$ 的定义域为 D,区间 $I\subset D$. 如果对于区间 I 上任意两点 x_1 及 x_2,当 $x_1<x_2$ 时,恒有

$$f(x_1)<f(x_2),$$

则称函数 $y=f(x)$ 在区间 I 上是单调增加的.

如果对于区间 I 上任意两点 x_1 及 x_2,当 $x_1<x_2$ 时,恒有

$$f(x_1)>f(x_2),$$

则称函数 $y=f(x)$ 在区间 I 上是单调减少的.

单调增加和单调减少的函数统称为单调函数,单调增加区间与单调减少区间统称为单调区间.

单调增加函数的图形沿 x 轴正向上升,单调减少函数的图形沿 x 轴正向下降,分别如图 1-2-1(a)和(b)所示.

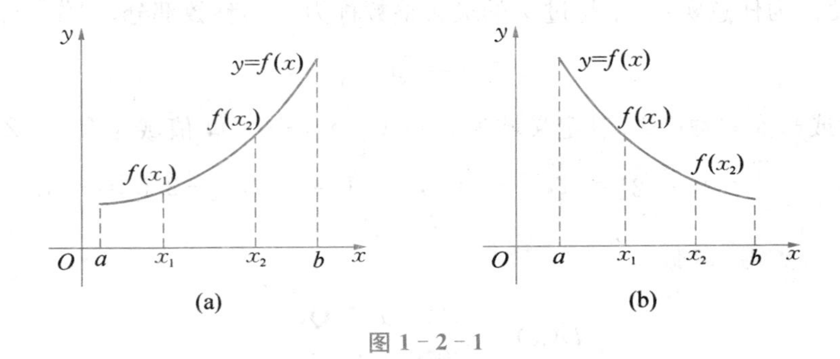

图 1-2-1

函数值在整个定义域都是单调增加(减少)的,才能称其为单调函数,否则就不是单调函数. 例如,函数 $y=x^2$ 在区间$(-\infty,\ 0]$上单调减少,在区间$[0,\ +\infty)$上单调增加,在整个定义域$(-\infty,\ +\infty)$上不是单调的.

例 8 判断 $y=x^3$ 的单调性.

解 由于 $x_1{}^3-x_2{}^3=(x_1-x_2)(x_1{}^2+x_1x_2+x_2{}^2)=(x_1-x_2)\left[\left(x_1+\frac{1}{2}x_2\right)^2+\frac{3}{4}x_2{}^2\right]$.

当 $x_1<x_2$ 时,恒有 $x_1{}^3<x_2{}^3$. 因此,函数 $y=x^3$ 在$(-\infty,\ +\infty)$内单调增加.

二、函数的奇偶性

设函数 $y=f(x)$ 的定义域 D 关于原点对称. 如果对于任一 $x\in D$(此时必有 $-x\in D$),都有

$$f(-x)=-f(x),$$

则称 $y=f(x)$ 为奇函数.

如果对于任一 $x\in D$(此时必有 $-x\in D$),都有

$$f(-x)=f(x),$$

则称 $y=f(x)$ 为偶函数.

偶函数的图形关于 y 轴对称,奇函数的图形关于原点对称,分别如图 1-2-2(a)和(b)所示.

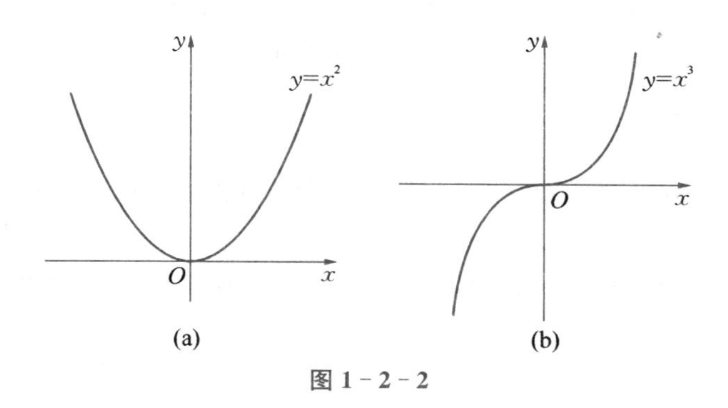

图 1-2-2

例如,$y=x^{2k}(k\in\mathbf{Z})$, $y=\cos x$, $y=c(c\neq 0)$ 都是偶函数;$y=x^{2k+1}(k\in\mathbf{Z})$, $y=\sin x$ 都是奇函数;$y=0$ 既是偶函数又是奇函数;$y=\cos x+\sin x$, $y=x^2+x$ 是非奇非偶函数.

例 9 判断下列函数的奇偶性:

(1) $f(x)=\dfrac{1}{a^x+1}-\dfrac{1}{2}$,其中 $a>0$ 且 $a\neq 1$; (2) $f(x)=\begin{cases}-x^3+1, & x<0,\\ x^3+1, & x\geqslant 0.\end{cases}$

解 (1) 由于

$$\begin{aligned}f(-x)&=\frac{1}{a^{-x}+1}-\frac{1}{2}=\frac{a^x}{1+a^x}-\frac{1}{2}\\&=\frac{a^x+1-1}{1+a^x}-\frac{1}{2}=1-\frac{1}{1+a^x}-\frac{1}{2}\\&=-\frac{1}{1+a^x}+\frac{1}{2}=-f(x),\end{aligned}$$

因此,$f(x)$是奇函数.

(2) 由于

$$\begin{aligned}f(-x)&=\begin{cases}-(-x)^3+1, & -x<0\\ (-x)^3+1, & -x\geqslant 0\end{cases}=\begin{cases}x^3+1, & x>0\\ -x^3+1, & x\leqslant 0\end{cases}\\&=\begin{cases}x^3+1, & x\geqslant 0\\ -x^3+1, & x<0\end{cases}=f(x),\end{aligned}$$

因此,$f(x)$是偶函数.

三、函数的周期性

设函数 $y=f(x)$ 的定义域为 D. 如果存在一个正数 p,使得对于任一 $x\in D$,有

$$f(x+p)=f(x),$$

则称 $y=f(x)$ 为周期函数,p 称为 $y=f(x)$ 的周期. 满足上述情况的最小的正数 p_0 称为最

小正周期. 如图 1-2-3 所示，$y=\sin x$ 为周期函数，2π 就是它的最小正周期.

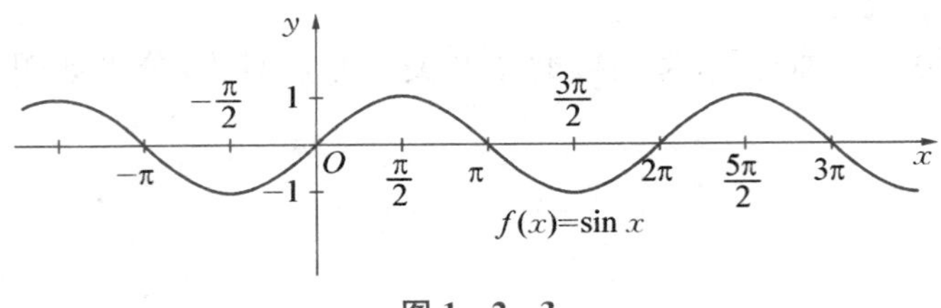

图 1-2-3

周期函数的图形特点是在函数的定义域内，每个长度为 $np(n\in \mathbf{N})$ 的区间上，函数的图形有相同的形状.

例 10 设函数 $f(x)$是以 T 为周期的周期函数，试求函数 $f(ax+b)$ 的周期，其中 a，b 为常数，且 $a>0$.

解 因为

$$f\left[a\left(x+\frac{T}{a}\right)+b\right]=f(ax+T+b)=f[(ax+b)+T]=f(ax+b),$$

所以根据周期函数的定义，$f(ax+b)$ 的周期为$\frac{T}{a}$.

四、函数的有界性

设函数 $y=f(x)$ 的定义域为 D，如果存在一个正数 M，使得对 D 内的每一个 x，都有

$$|f(x)|\leqslant M$$

成立，则称函数 $y=f(x)$ 在 D 上有界，或称 $y=f(x)$ 在 D 上为有界函数；如果这样的 M 不存在，则称函数 $y=f(x)$ 在 D 上无界，或称 $y=f(x)$ 在 D 上为无界函数. 函数 $y=f(x)$ 的图形在直线 $y=-M$ 和 $y=M$ 之间. 正数 M 可以称为函数 $y=f(x)$ 的上界，$-M$ 可以称为函数 $y=f(x)$ 的下界.

数学上还有上确界和下确界之说. 例如 $y=\sin x$，1 就是它的上确界，大于 1 的数都是它的上界；-1 就是它的下确界，小于 -1 的数都是它的下界.

函数 $y=f(x)$ 无界，就是说对任何正数 M，总存在 $x\in D$，使得 $|f(x)|>M$ 成立.

例 11 函数 $y=f(x)=\frac{1}{x}$ 在开区间$(0,1)$内是无上界的，或者说它在$(0,1)$内有下界、无上界.

这是因为，对于任一 $M>1$，总有 $0<x_1<\frac{1}{M}<1$，使得

$$f(x_1)=\frac{1}{x_1}>M,$$

所以函数无上界.

例 12 证明函数 $f(x)=\frac{x}{x^2+1}$ 在$(-\infty,+\infty)$上是有界的.

证明 因为 $(1-x)^2\geqslant 0$，所以$|1+x^2|\geqslant 2|x|$，

$$|f(x)|=\left|\frac{x}{x^2+1}\right|=\frac{2|x|}{2|x^2+1|}\leqslant\frac{1}{2},$$

对一切 $x\in(-\infty,+\infty)$ 都成立. 于是可得函数 $f(x)=\dfrac{x}{x^2+1}$ 在$(-\infty,+\infty)$上是有界的.

1.2.3　反函数与复合函数

一、反函数

设函数 $y=f(x)$, $x\in D$, $y\in R$, 如果值域 R 中每一个 y 值,都可以从 $y=f(x)$ 唯一确定一个 x 值,那么以 y 为自变量、x 为因变量的函数就称作 $y=f(x)$ 的反函数,记作

$$x=f^{-1}(y).$$

这就是说,反函数 f^{-1}的对应法则是完全由函数 f 的对应法则所确定的.

习惯上,把 $y=f(x)$, $x\in D$ 的反函数记成 $y=f^{-1}(x)$, $x\in R$.

相对于反函数 $y=f^{-1}(x)$ 来说,原来的函数 $y=f(x)$ 称为直接函数. 在平面直角坐标系 xOy 中,函数 $y=f(x)$ 和它的反函数 $y=f^{-1}(x)$ 的图形关于直线 $y=x$ 对称,如图 1-2-4 所示.

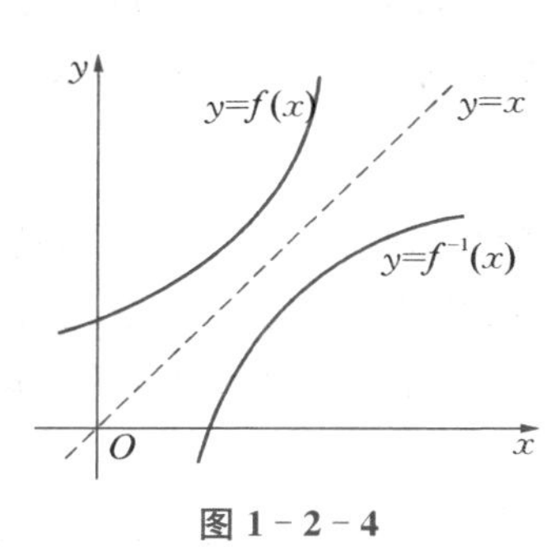

图 1-2-4

例如,由 $y=\sqrt{-x-1}$ 可确定出 $x=-y^2-1(y\geqslant 0)$,因此函数 $y=\sqrt{-x-1}$ 的反函数为

$$y=-x^2-1,\quad x\geqslant 0.$$

它们的图像如图 1-2-5 所示.

那么什么样的函数才有反函数呢? 有如下的定理:

定理(反函数存在定理)　函数 $y=f(x)$ 在区间内存在反函数的充分必要条件是函数 $y=f(x)$ 在该区间内为一对一函数.

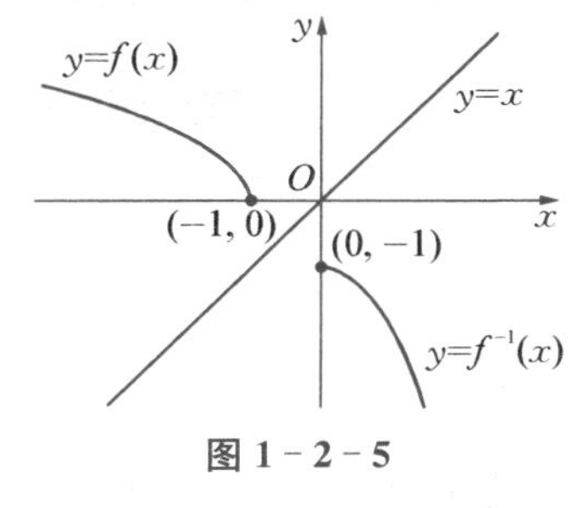

图 1-2-5

定理告诉我们,若函数 $y=f(x)$ 在区间内严格单调,则函数 $y=f(x)$ 在该区间内存在反函数.

求反函数 $y=f^{-1}(x)$ 的步骤是先从函数 $y=f(x)$ 计算出 $x=f^{-1}(y)$,然后变量互换,得到反函数 $y=f^{-1}(x)$.

例 13　求 $y=\begin{cases}x-1, & x<0,\\ x^2, & x\geqslant 0\end{cases}$ 的反函数.

解　设 $y=f(x)=\begin{cases}x-1, & x<0,\\ x^2, & x\geqslant 0.\end{cases}$

当 $x<0$ 时,由 $y=x-1$ 得 $x=y+1(y<-1)$, 即当 $x<0$ 时,$f(x)$的反函数为

$$x=f^{-1}(y)=y+1,\quad y<-1.$$

当 $x\geqslant 0$ 时, 由 $y=x^2$ 得 $x=\pm\sqrt{y}$. 因 $x\geqslant 0$, 根号前应取正号,所以 $x=\sqrt{y}$ $(y\geqslant 0)$, 即当 $x\geqslant 0$ 时,$y=f(x)$ 的反函数是

$$x = f^{-1}(y) = \sqrt{y}, \quad y \geqslant 0.$$

将 x 换成 y，y 换成 x，即可得出 $y = f(x) = \begin{cases} x-1, & x<0, \\ x^2, & x \geqslant 0 \end{cases}$ 的反函数为

$$y = f^{-1}(x) = \begin{cases} x+1, & x<-1, \\ \sqrt{x}, & x \geqslant 0. \end{cases}$$

二、复合函数

复合函数是复合映射的一种特例，按照通常函数的记号，复合函数的概念可表述如下：

设函数 $y = f(u)$ 的定义域为 D_1，函数 $u = g(x)$ 在 D_2 上有定义且 $g(D_2) \cap D_1 = D \neq \varnothing$，则由下式确定的函数

$$y = f[g(x)], \quad x \in D$$

称为由函数 $y = f(u)$ 和函数 $u = g(x)$ 构成的复合函数，它的定义域为 D，变量 u 称为中间变量. 因为这个复合函数是由两个函数复合而成的，所以可称它为二重复合函数

函数 f 与函数 g 构成的复合函数通常记为 $f \circ g$，即

$$f \circ g = f[g(x)].$$

上述定义可以发现，函数 f 与函数 g 构成复合函数 $f \circ g$ 的条件是：函数 g 在 D_2 上的值域 $g(D_2)$ 与函数 f 的定义域 D_1 有公共的部分即可. 这个公共的部分就是复合函数 $f \circ g$ 的定义域.

3 个或 3 个以上的函数可以类似复合，得到三重或更多重复合函数.

例 14 求复合函数 $y = \arcsin \dfrac{2x-1}{3}$ 的定义域.

解 函数可看成由 $y = \arcsin u$，$u = \dfrac{2x-1}{3}$ 复合而成. 要求

$$|u| \leqslant 1, \text{即} \left| \frac{2x-1}{3} \right| \leqslant 1,$$

因此有

$$-1 \leqslant x \leqslant 2.$$

于是得出 $y = \arcsin \dfrac{2x-1}{3}$ 的定义域为 $[-1, 2]$.

例 15 函数 $y = \mathrm{e}^{\sqrt{x^2+1}}$ 可以看成由

$$y = \mathrm{e}^u, \ u = \sqrt{v}, \ v = x^2 + 1$$

3 个函数复合而成.

1.2.4 函数的运算

设函数 $f(x)$，$g(x)$ 的定义域分别为 D_1 和 D_2，且 $D = D_1 \cap D_2 \neq \varnothing$，可以定义这两个函数的下列运算：

(1) 和(差) $f \pm g$ $\quad (f \pm g)(x) = f(x) \pm g(x)$，$x \in D$；

(2) 积 $f \cdot g$ $(f \cdot g)(x) = f(x) \cdot g(x)$, $x \in D$;

(3) 商 $\dfrac{f}{g}$ $\left(\dfrac{f}{g}\right)(x) = \dfrac{f(x)}{g(x)}$, $x \in D$ 且 $g(x) \neq 0$.

例 16 设函数 $f(x)$ 的定义域关于原点对称,证明必存在同样定义域上的偶函数 $g(x)$ 及奇函数 $h(x)$,使得

$$f(x) = g(x) + h(x).$$

证明 作 $g(x) = \dfrac{1}{2}[f(x) + f(-x)]$, $h(x) = \dfrac{1}{2}[f(x) - f(-x)]$,则 $f(x) = g(x) + h(x)$,且

$$g(-x) = \frac{1}{2}[f(-x) + f(x)] = g(x),\text{为偶函数};$$

$$h(-x) = \frac{1}{2}[f(-x) - f(x)] = -\frac{1}{2}[f(x) - f(-x)] = -h(x),\text{为奇函数}.$$

证毕.

练习 1.2

1. 判断下列说法是否正确,并说明理由.

(1) 复合函数 $f[g(x)]$ 的定义域即为函数 $g(x)$ 的定义域;

(2) 周期函数的周期有无限多个;

(3) 若 $y = f(u)$ 为偶函数, $u = u(x)$ 为奇函数,则 $y = f[u(x)]$ 为偶函数;

(4) 任何周期函数都有最小的正周期;

(5) 两个单调增函数之和仍为单调增函数;

(6) 两个单调增(减)函数之积必为单调增(减)函数;

(7) 若函数 $y = f(x)$ 为单调增函数,则其反函数 $x = \varphi(y)$ 必为单调增函数;

(8) 由基本初等函数经过无限次四则运算而成的函数一定不是初等函数.

2. 下列函数是否有反函数?为什么?若有反函数请求出其反函数 $f^{-1}(x)$.

(1) $f(x) = \dfrac{x-1}{x+2}$; (2) $f(x) = \sqrt{x-1}$;

(3) $f(x) = \dfrac{1}{2}(e^x - e^{-x})$; (4) $f(x) = \begin{cases} x^2, & 0 \leqslant x < 1, \\ -2x+5, & 1 \leqslant x \leqslant 2. \end{cases}$

3. 将下列函数分解成简单函数:

(1) $y = 2^{x^2}$; (2) $y = \sin^2 x$;

(3) $y = \arctan\sqrt{1+x^2}$; (4) $y = \lg\lg^2\dfrac{x}{2}$.

4. 判断下列每对函数是否是相同的函数,并说明理由.

(1) $y = x$ 与 $y = 2^{\log_2 x}$;

(2) $y = \sin(\arcsin x)$ 与 $y = x$;

(3) $y = 2\ln x$ 与 $y = \ln x^2$;

(4) $y = |x|$ 与 $y = \sqrt{x^2}$;

(5) $y = \sqrt{1+\cos 2x}$ 与 $y = \sqrt{2}\cos x$;

(6) $y=\arctan(\tan x)$ 与 $y=x$；

(7) $y=\sin^2 x+\cos^2 x$ 与 $y=1$；

(8) $y=f(x)$ 与 $x=f(y)$；

(9) $y=\ln(x^2-1)$ 与 $y=\ln(x+1)+\ln(x-1)$.

5. 求下列函数的定义域，并用区间表示.

(1) $y=\sqrt{x-2}+\dfrac{1}{x-3}+\ln(5-x)$；

(2) $y=\dfrac{\sqrt{x+2}}{|x|-x}$；

(3) $y=2^{\frac{1}{x}}+\arcsin\ln\sqrt{1-x}$；

(4) $y=\arcsin\dfrac{1}{x}$；

(5) $y=\sqrt{\dfrac{1-x}{1+x}}$；

(6) $y=\ln\sin x$；

(7) $y=e^{\frac{1}{\sqrt{x}}}+\dfrac{1}{1-\ln x}$.

6. 求下列分段函数的定义域，并作出函数的图形.

(1) $y=\begin{cases}\sqrt{4-x^2}, & |x|<2,\\ x^2-1, & 2\leqslant|x|<4;\end{cases}$

(2) $y=\begin{cases}\dfrac{1}{x}, & x<0,\\ x-3, & 0\leqslant x<1,\\ -2x+1, & 1\leqslant x\leqslant+\infty.\end{cases}$

7. 求下列各分段函数的函数值 $f(0)$，$f(1)$，$f(-1)$，$f(1.5)$，$f(-1.5)$.

(1) $y=\begin{cases}1-2x, & |x|\leqslant 1,\\ x^2+1, & |x|>1;\end{cases}$

(2) $y=\begin{cases}\dfrac{x^2-1}{2}, & x\neq 1,\\ 0, & x=1.\end{cases}$

8. 将下列函数写成分段函数：

(1) $f(x)=3x+|x-5|$；

(2) $f(x)=|x^2-9|$；

(3) $f(x)=[x]-x,\quad 4\leqslant x<6$；

(4) $f(x)=\dfrac{|x|}{x^2}$.

9. 设 $f(x)=\begin{cases}1+x^2, & x\geqslant 1,\\ 2x, & x<1,\end{cases}$ 求 $f(x-1)$.

10. 讨论下列函数的奇偶性：

(1) $f(x)=\dfrac{\sin x}{x}+\cos x$；

(2) $f(x)=x\sqrt{x^2-1}+\tan x$；

(3) $f(x)=\ln(\sqrt{x^2+1}-x)$；

(4) $f(x)=\ln\dfrac{1-x}{1+x}$；

(5) $f(x)=\dfrac{e^x+e^{-x}}{e^x-e^{-x}}$；

(6) $f(x)=\cos\ln x$；

(7) $f(x)=\begin{cases}1-x, & x<0,\\ 1+x, & x>0;\end{cases}$

(8) $f(x)=x^2-x+1$.

11. 已知 $f(x)=\begin{cases}2x+x^2, & x\leqslant 0,\\ 2, & x>0,\end{cases}$ 求 $f(x+1)$ 及 $f(x)+f(-x)$.

12. (1) 已知 $f\left(x-\dfrac{1}{x}\right)=\dfrac{x^2}{1+x^4}$，求 $f(x)$；

(2) 已知 $f(x^2-1)=\ln\dfrac{x^2}{x^2-2}$，且 $f(\varphi(x))=\ln x$ 求 $\varphi(x)$.

13. 在下列各题中，求给定函数复合而成的复合函数.

(1) $y=u^2$, $u=\ln v$, $v=\dfrac{x}{3}$；

(2) $y=\sqrt{u}$, $u=e^x-1$；

(3) $y=\ln u$, $u=v^2+1$, $v=\tan x$;　　(4) $y=\sin u$, $u=\sqrt{v}$, $v=2x-1$.

14. 以下各对函数 $f(u)$ 与 $u=g(x)$ 中,哪些可以复合成复合函数 $f[g(x)]$? 哪些不可以复合?请说明理由.

(1) $f(u)=\arcsin(2+u)$, $u=x^2$;　　(2) $f(u)=\arccos u$, $u=\dfrac{x}{1+x^2}$;

(3) $f(u)=\sqrt{u}$, $u=\ln\dfrac{1}{1+x^2}$;　　(4) $f(u)=\ln(1-u)$, $u=\sin x$.

§1.3 初等函数

1.3.1 基本初等函数

基本初等函数包括6类,分别为常数函数、幂函数、指数函数、对数函数、三角函数和反三角函数.

一、常数函数

$$y=c,\ c\text{ 为常数}.$$

也就是说,不论 x 取何值,y 始终取定值 c,不发生变化.显然,常数函数的定义域为$(-\infty, +\infty)$,其图形是一条平行于 x 轴的直线,如图1-3-1所示.

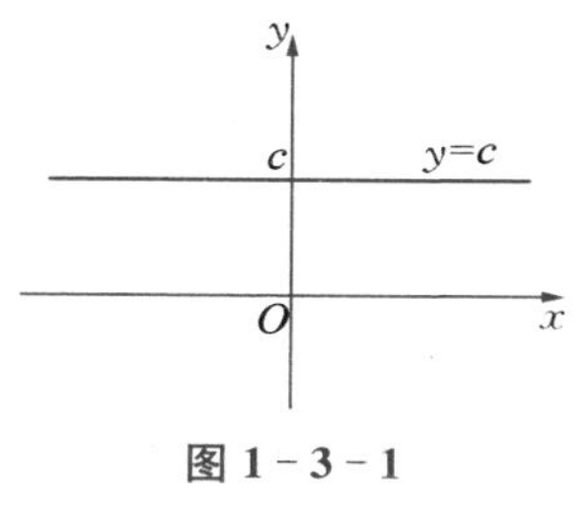

图1-3-1

二、幂函数

$$y=x^u(u\in\mathbf{R}\text{ 且 }u\neq 0).$$

幂函数的定义域随 u 的变化而不同.但不论 u 为何值,$y=x^u$ 在$(0, +\infty)$上总有定义,且图形一定通过点(1, 1).图1-3-2为 u 取不同值的幂函数图形.

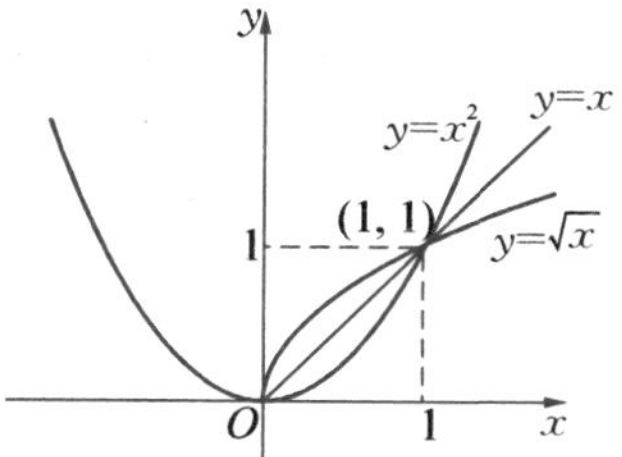

图1-3-2

三、指数函数

$$y=a^x(a>0\text{ 且 }a\neq 1).$$

指数函数的定义域为$(-\infty, +\infty)$.当 $a>1$ 时,$y=a^x$ 单调递增;当 $0<a<1$ 时,$y=a^x$ 单调递减,分别如图1-3-3(a)和(b)所示.

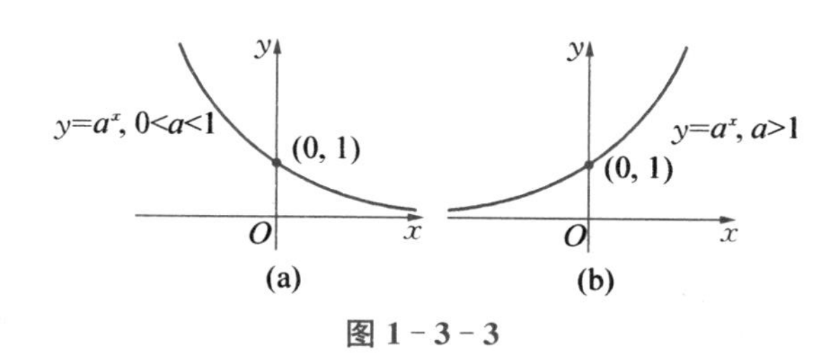

图1-3-3

高等数学中经常会碰到一个很重要的指数函数 $y=\mathrm{e}^x$，其中常数 $\mathrm{e}\approx 2.71828\cdots$，它为无理数. 下面来看一下 e 是如何定义的.

首先来研究两个指数函数 $y=2^x$ 和 $y=3^x$ 的图像在点(0, 1)处的切线. 通过测量，可以得到两条切线的斜率分别为 $m_1\approx 0.7$，$m_2\approx 1.1$，分别如图 1-3-4(a)和(b)所示.

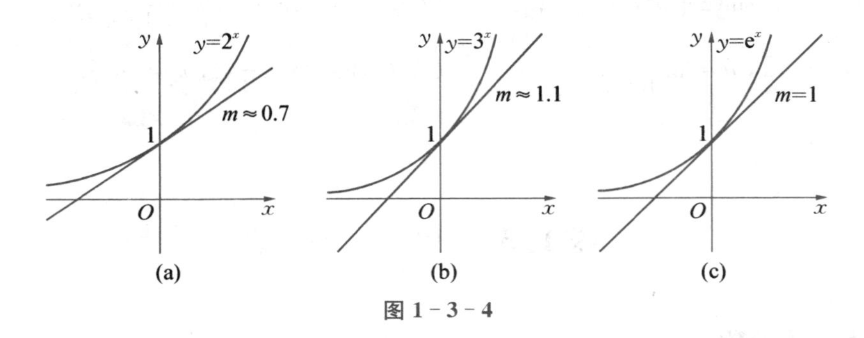

图 1-3-4

如果要使得点(0, 1)处切线的斜率 $m=1$，那么指数函数 $y=a^x$ 的底数应当是多少？很显然，这个底数存在并介于 2 和 3 之间. 欧拉*在 1727 年选定用指数“exponential”这个单词的第一个字母“e”来表示这个数. 后来在计算机的帮助下，我们才找到 e 的精确值，它和 π 一样，是个无理数. 如图 1-3-4(c)所示.

四、对数函数

$$y=\log_a x\,(a>0 \text{ 且 } a\neq 1).$$

对数函数是指数函数 $y=a^x(a>0$ 且 $a\neq 1)$ 的反函数，它的定义域为 $(0, +\infty)$.

互为反函数的两个函数单调性一致，故当 $a>1$ 时，$y=\log_a x$ 单调递增；当 $0<a<1$ 时，$y=\log_a x$ 单调递减，分别如图 1-3-5(a)和(b)所示.

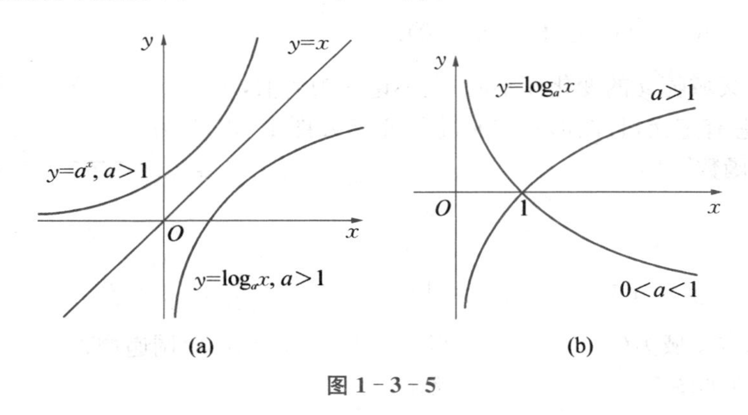

图 1-3-5

特别当 $a=10$ 时，记为 $y=\lg x$ 称为常用对数；当 $a=\mathrm{e}$ 时，记为 $y=\ln x$，称为自然对数常数 e 也称为自然底数.

---

* 欧拉(Leonhard Euler, 1707—1783)，瑞士数学家. 欧拉 13 岁时入读巴塞尔大学，15 岁大学毕业，16 岁获得硕士学位. 欧拉是 18 世纪数学界最杰出的人物之一，他不但为数学界作出贡献，更把整个数学推至物理的领域. 他是数学史上最多产的数学家，他的《无穷小分析引论》、《微分学原理》、《积分学原理》等都成为数学界中的经典著作.

五、三角函数

三角函数共有6个，分别是正弦函数、余弦函数、正切函数、余切函数、正割函数和余割函数.

1. 正弦函数和余弦函数

正弦函数 $y=\sin x$，定义域为$(-\infty, +\infty)$，值域为$[-1, 1]$，为周期函数，以 2π 为最小正周期，如图1-3-6(a)所示.

余弦函数 $y=\cos x$，定义域为$(-\infty, +\infty)$，值域为$[-1, 1]$，为周期函数，以 2π 为最小正周期，如图1-3-6(b)所示.

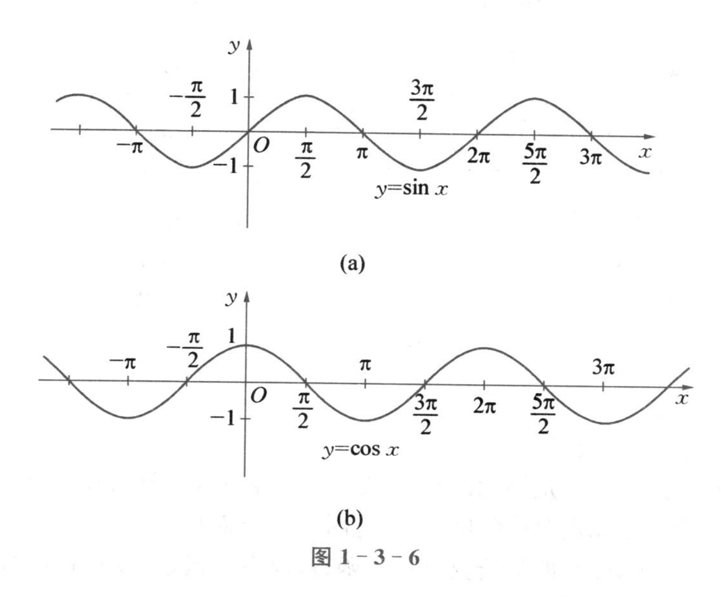

图1-3-6

2. 正切函数和余切函数

正切函数 $y=\tan x=\dfrac{\sin x}{\cos x}$，定义域为 $\left\{x \middle| x\in \mathbf{R},\ x\neq k\pi+\dfrac{\pi}{2}\right\}$，值域为$(-\infty, +\infty)$，为周期函数，以 π 为最小正周期，如图1-3-7(a)所示.

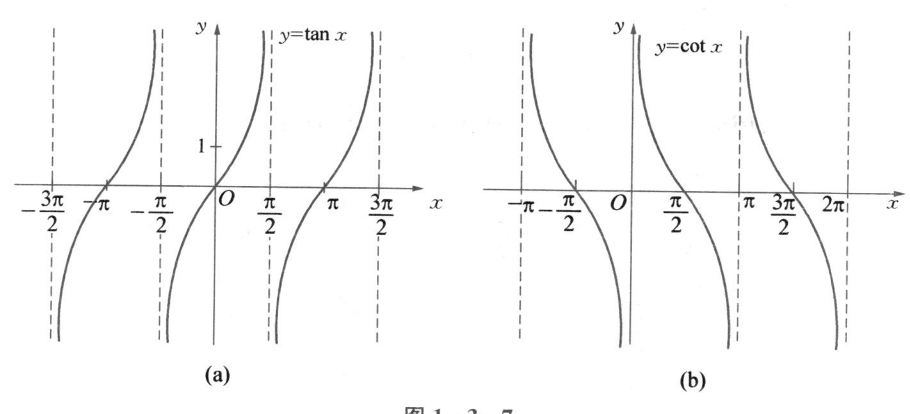

图1-3-7

余切函数 $y=\cot x=\dfrac{\cos x}{\sin x}$，定义域为 $\{x \mid x \in \mathbf{R},\ x \neq k\pi\}$，值域为 $(-\infty,\ +\infty)$，为周期函数，以 π 为最小正周期，如图 1-3-7(b)所示.

3. *正割函数和余割函数*

正割函数 $y=\sec x=\dfrac{1}{\cos x}$，定义域为 $\left\{x \,\middle|\, x \in \mathbf{R},\ x \neq k\pi+\dfrac{\pi}{2}\right\}$，值域为 $(-\infty,\ -1] \cup [1,\ +\infty)$，为周期函数，以 2π 为最小正周期，如图 1-3-8(a)所示.

余割函数 $y=\csc x=\dfrac{1}{\sin x}$，定义域为 $\{x \mid x \in \mathbf{R},\ x \neq k\pi\}$，值域为 $(-\infty,\ -1] \cup [1,\ +\infty)$，为周期函数，以 2π 为最小正周期，如图 1-3-8(b)所示.

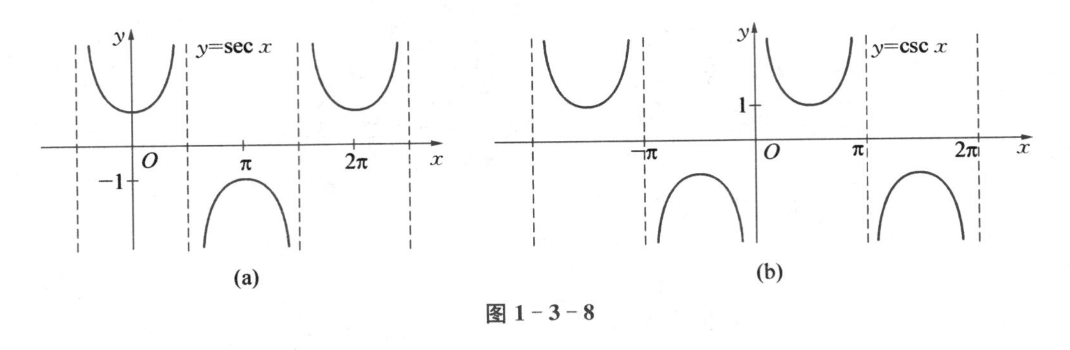

图 1-3-8

六、反三角函数

三角函数在整个定义域上是周期函数，不是一对一函数，故没有反函数. 但可以考虑将其定义域固定在某一个关于原点对称的区间上，这时一个 x 对应一个 y，就可以讨论三角函数的反函数问题，即反三角函数. 一般只研究反正弦函数、反余弦函数、反正切函数和反余切函数 4 个反三角函数.

1. *反正弦函数* $y=\arcsin x$

正弦函数 $y=\sin x$ 在定义区间 $\left[-\dfrac{\pi}{2},\ \dfrac{\pi}{2}\right]$ 上是一对一函数，此时 $y \in [-1,\ 1]$. 定义其反函数为反正弦函数，记为

$$y=\arcsin x,$$

其定义域为 $[-1,\ 1]$，值域为 $\left[-\dfrac{\pi}{2},\ \dfrac{\pi}{2}\right]$，如图 1-3-9(b)所示.

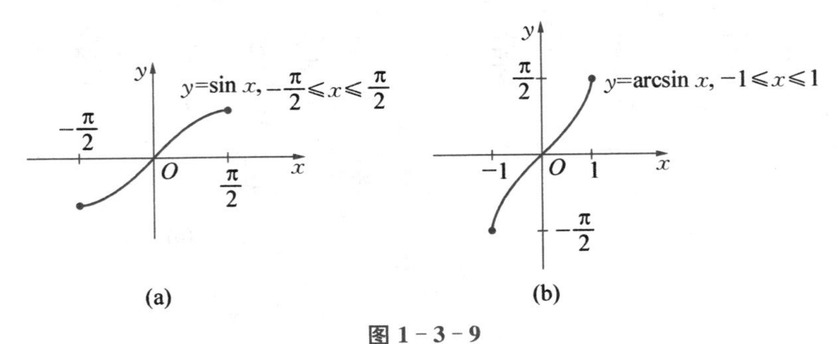

图 1-3-9

2. 反余弦函数 $y=\arccos x$

余弦函数 $y=\cos x$ 在定义区间$[0, \pi]$上是一对一函数，此时 $y\in[-1, 1]$. 定义其反函数为反余弦函数，记为

$$y=\arccos x,$$

其定义域为$[-1, 1]$，值域为$[0, \pi]$，如图 1-3-10(b)所示.

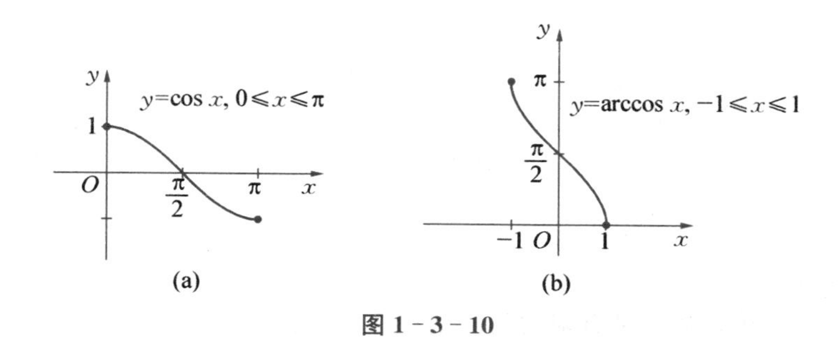

图 1-3-10

3. 反正切函数 $y=\arctan x$

正切函数 $y=\tan x$ 在定义区间$\left(-\frac{\pi}{2}, \frac{\pi}{2}\right)$上是一对一函数，此时 $y\in(-\infty, +\infty)$. 定义其反函数为反正切函数，记为

$$y=\arctan x,$$

其定义域为$(-\infty, +\infty)$，值域为$\left(-\frac{\pi}{2}, \frac{\pi}{2}\right)$，如图 1-3-11(b)所示.

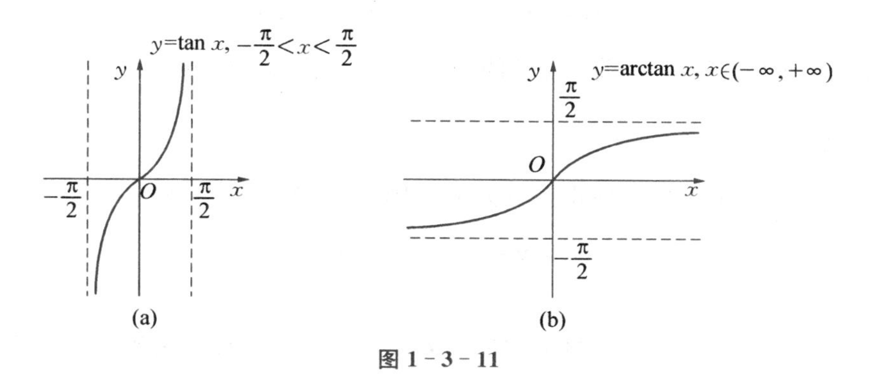

图 1-3-11

4. 反余切函数 $y=\operatorname{arccot} x$

余切函数 $y=\cot x$ 在定义区间$(0, \pi)$上是一对一函数，此时 $y\in(-\infty, +\infty)$. 定义其反函数为反余切函数，记为

$$y=\operatorname{arccot} x,$$

其定义域为$(-\infty, +\infty)$，值域为$(0, \pi)$，如图 1-3-12(b)所示.

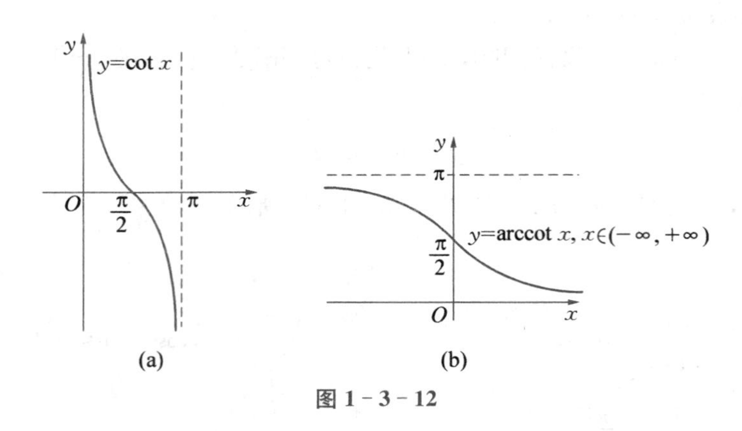

图 1-3-12

1.3.2 初等函数

由常数和基本初等函数经过有限次的四则运算和有限次的函数复合步骤所构成,并可用一个式子来表示的函数,称为初等函数.

例如,$y=\ln\sqrt{1-x^2}$, $y=\mathrm{e}^{\sin^2 x}$, $y=\sqrt{\cot\frac{x}{2}}$ 等都是初等函数.

我们介绍一种重要的初等函数——幂指数函数,将在后面的学习中会碰到. 形如

$$y=[f(x)]^{g(x)}$$

的函数称为幂指数函数,其中 $f(x)$, $g(x)$均为初等函数, $f(x)>0$. 幂指数函数也是初等函数,因为

$$y=[f(x)]^{g(x)}=\mathrm{e}^{g(x)\ln f(x)}.$$

本书中主要研究初等函数,前面介绍的分段函数一般不是初等函数.

1.3.3 隐函数

函数分为显函数和隐函数. 形如 $y=f(x)$ 的函数称为显函数,例如

$$y=x^3,\ y=\sin(x+5),\ y=x^x$$

都是显函数.

有些函数,其自变量 x 与因变量 y 之间的对应法则并不是像显函数那样明显,而是隐含在一个二元方程

$$F(x,\ y)=0$$

中,称由这个方程确定了一个在某个定义域 D 上的隐函数. 例如,方程

$$x^3+2xy+5=0$$

就确定了一个定义在区间上 $(-\infty,\ 0)\cup(0,\ +\infty)$ 的隐函数,它可以显化为

$$y=\frac{-5-x^3}{2x},\quad x\neq 0.$$

那么是不是所有的隐函数都可以显化呢？其实不是的. 一般情况下将隐函数显化并不容易或是根本不可能. 例如，方程

$$x^3+y^2=3xy \text{ 和 } e^{xy}+x+\sin y-6=0$$

均确定了变量 x 与变量 y 之间的隐函数，但显化并不容易或者根本不可能.

*1.3.4 双曲函数

工程应用中常遇到双曲函数和反双曲函数. 定义如下：

(1) 双曲正弦 $\operatorname{sh} x=\dfrac{e^x-e^{-x}}{2}$；

(2) 双曲余弦 $\operatorname{ch} x=\dfrac{e^x+e^{-x}}{2}$；

(3) 双曲正切 $\operatorname{th} x=\dfrac{\operatorname{sh} x}{\operatorname{ch} x}=\dfrac{e^x-e^{-x}}{e^x+e^{-x}}$.

双曲函数的图像如图 1-3-13 所示.

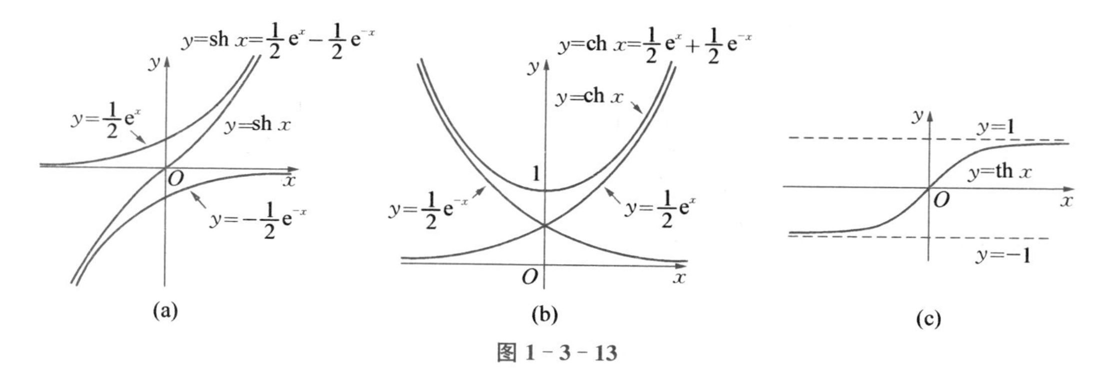

图 1-3-13

由双曲函数的定义容易得到双曲函数的性质：

$$\operatorname{sh}(x\pm y)=\operatorname{sh} x\cdot\operatorname{ch} y\pm\operatorname{ch} x\cdot\operatorname{sh} y,$$

$$\operatorname{ch}(x\pm y)=\operatorname{ch} x\cdot\operatorname{ch} y\pm\operatorname{sh} x\cdot\operatorname{sh} y,$$

$$\operatorname{ch}^2 x-\operatorname{sh}^2 x=1,$$

$$\operatorname{sh} 2x=2\operatorname{sh} x\cdot\operatorname{ch} x,$$

$$\operatorname{ch} 2x=\operatorname{ch}^2 x+\operatorname{sh}^2 x.$$

下面仅证明 $\operatorname{sh}(x+y)=\operatorname{sh} x\cdot\operatorname{ch} y+\operatorname{ch} x\cdot\operatorname{sh} y$.

$$\begin{aligned}\operatorname{sh} x\operatorname{ch} y+\operatorname{ch} x\operatorname{sh} y&=\frac{e^x-e^{-x}}{2}\cdot\frac{e^y+e^{-y}}{2}+\frac{e^x+e^{-x}}{2}\cdot\frac{e^y-e^{-y}}{2}\\&=\frac{e^{x+y}-e^{y-x}+e^{x-y}-e^{-(x+y)}}{4}+\frac{e^{x+y}+e^{y-x}-e^{x-y}-e^{-(x+y)}}{4}\\&=\frac{e^{x+y}-e^{-(x+y)}}{2}=\operatorname{sh}(x+y).\end{aligned}$$

双曲函数 $y=\operatorname{sh} x$，$y=\operatorname{ch} x(x\geqslant 0)$，$y=\operatorname{th} x$ 的反函数如下：

(1) 反双曲正弦　$y = \operatorname{arsh} x$;

(2) 反双曲余弦　$y = \operatorname{arch} x$;

(3) 反双曲正切　$y = \operatorname{arth} x$.

反双曲函数的图像如图 1-3-14 所示.

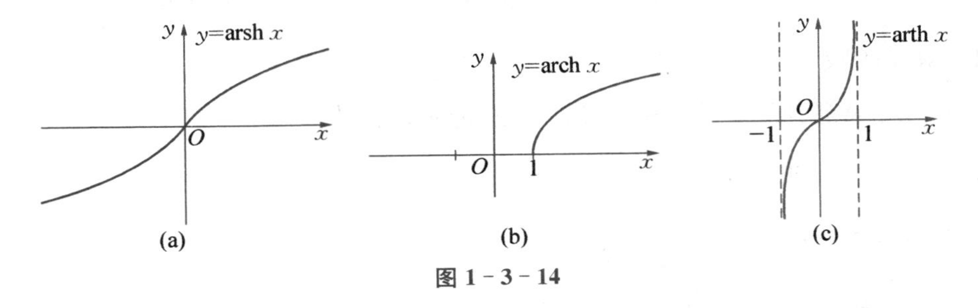

图 1-3-14

我们可以计算出反双曲函数的表达式. 例如,

$y = \operatorname{arsh} x$ 是 $x = \operatorname{sh} y$ 的反函数. 从

$$x = \frac{e^y - e^{-y}}{2}$$

中解出 y 来便是 $\operatorname{arsh} x$. 令 $u = e^y$, 则由上式有

$$u^2 - 2xu - 1 = 0.$$

这是关于 u 的一个二次方程,它的根为

$$u = x \pm \sqrt{x^2 + 1}.$$

因为 $u = e^y > 0$, 故上式根号前应取正号,于是

$$u = x + \sqrt{x^2 + 1}.$$

由于 $y = \ln u$, 故得

$$y = \operatorname{arsh} x = \ln(x + \sqrt{x^2 + 1}).$$

函数 $y = \operatorname{arsh} x$ 的定义域为$(-\infty, +\infty)$,它是奇函数,在区间$(-\infty, +\infty)$内单调增加.

类似地,可得

$$y = \operatorname{arch} x = \ln(x + \sqrt{x^2 - 1}),$$

$$y = \operatorname{arth} x = \frac{1}{2}\ln\frac{1+x}{1-x}.$$

1.3.5 函数图形的简单组合与变换

一、叠加

已知 $y = f(x)$ 和 $y = g(x)$ 的图形,作 $y = f(x) + g(x)$ 的图形,只要在同一横坐标处将两图形的纵坐标叠加起来即可,如图 1-3-15 所示.

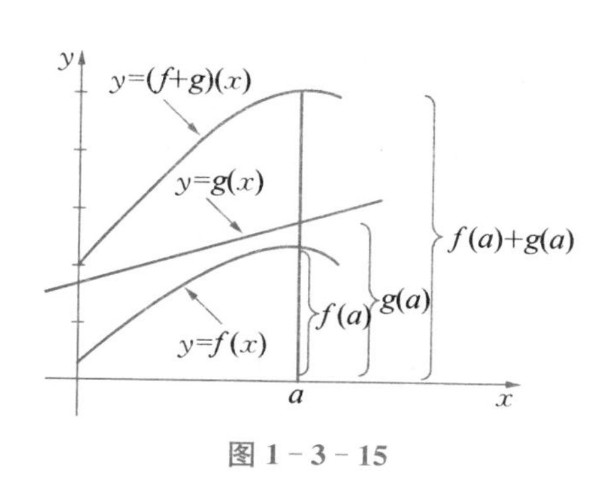

图 1-3-15

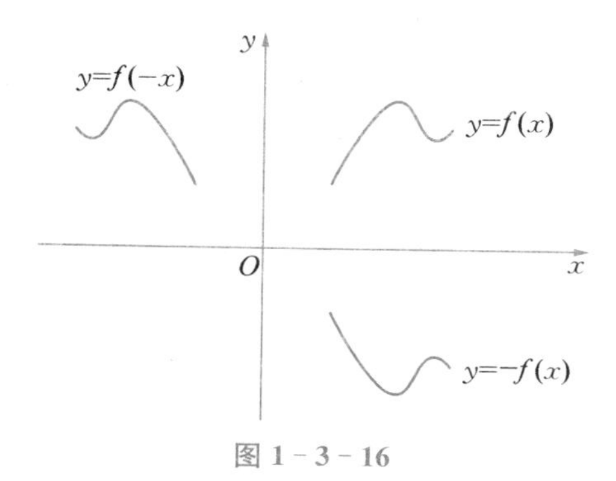

图 1-3-16

二、翻转

已知 $y=f(x)$ 的图形，作 $y=-f(x)$ 的图形，可在同一横坐标处将 $f(x)$ 的图形的纵坐标改变正负号，将 x 轴上方的图形翻转到 x 轴下方，将 x 轴下方的图形翻转到 x 轴上方，即可作出 $f(x)$ 关于 x 轴对称的图形，如图 1-3-16 所示.

三、放缩

已知 $y=f(x)$ 的图形，作 $y=kf(x)$ 的图形（k 为不等于 0 的常数）.

当 $k>1$ 时，在同一横坐标处将图形 $f(x)$ 的纵坐标放大到 k 倍；当 $0<k<1$ 时，将图形 $f(x)$ 的纵坐标缩小到 k 倍；当 $k<0$ 时，既放缩又翻转. 如图 1-3-17 所示.

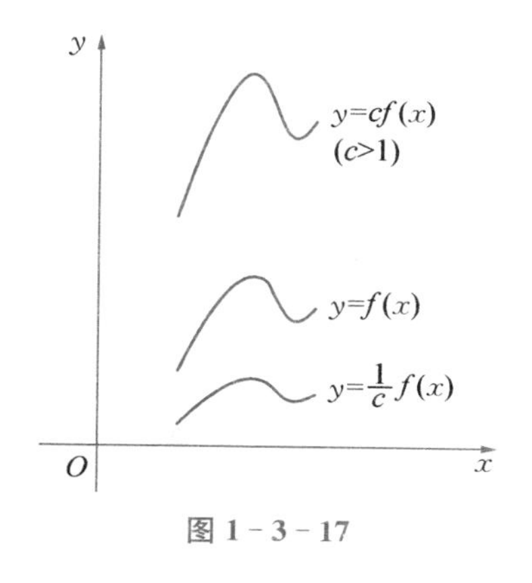

图 1-3-17

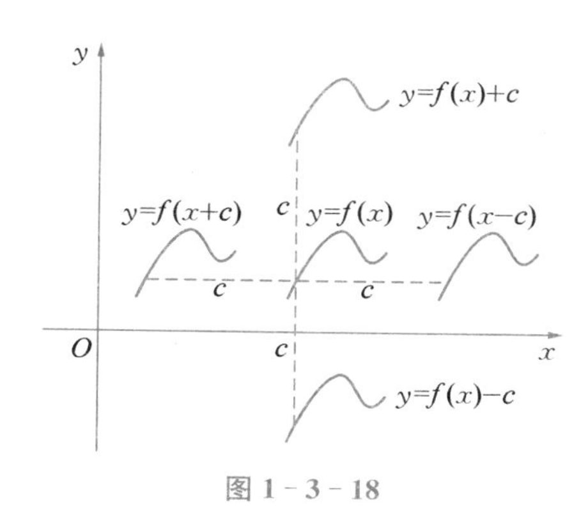

图 1-3-18

四、平移

(1) 已知 $y=f(x)$ 的图形，作 $y=f(x)+c$ 的图形（c 为常数）.

当 $c>0$ 时，将 $f(x)$ 的图形向上平行移动距离 c；当 $c<0$ 时，将 $f(x)$ 的图形向下平行移动距离 $|c|$，如图 1-3-18 所示.

(2) 已知 $y=f(x)$ 的图形，作 $y=f(x+c)$ 的图形（c 为常数）.

当 $c>0$ 时，将 $f(x)$ 的图形向左平行移动距离 c；当 $c<0$ 时，将 $f(x)$ 的图形向右平行移动距离 $|c|$，如图 1-3-18 所示.

例 1 画出函数 $f(x)=x^2+6x+10$ 的图像.

解　通过配方，可将函数图像的方程写成

$$f(x) = x^2 + 6x + 10 = (x + 3)^2 + 1.$$

这意味着将从 $y = x^2$ 的图像开始，向左移 3 个单位、再向上移一个单位，即可得到想要的图像，如图 1－3－19 所示.

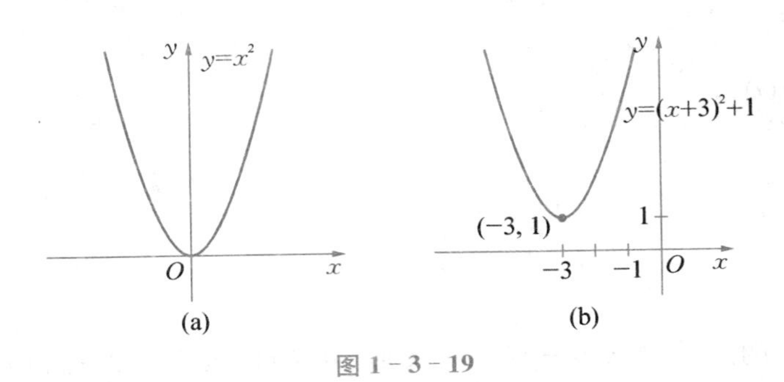

图 1－3－19

例 2　画出下列函数的图像：

(1) $y = \sin 2x$；　　(2) $y = 1 - \sin x$.

解　(1) 将 $y = \sin x$ 的图像在水平方向上压缩 2 倍，得到 $y = \sin 2x$ 的图像. 因此，尽管 $y = \sin x$ 的周期是 2π，$y = \sin 2x$ 的周期却是 $2\pi/2 = \pi$，如图 1－3－20(a)和(b)所示.

(2) 为了得到 $y = 1 - \sin x$ 的图像，还是要从 $y = \sin x$ 开始. 将其关于 x 轴反射得到 $y = -\sin x$ 的图像，再向上移动一个单位得到 $y = 1 - \sin x$ 的图像，如图 1－3－20(c)所示.

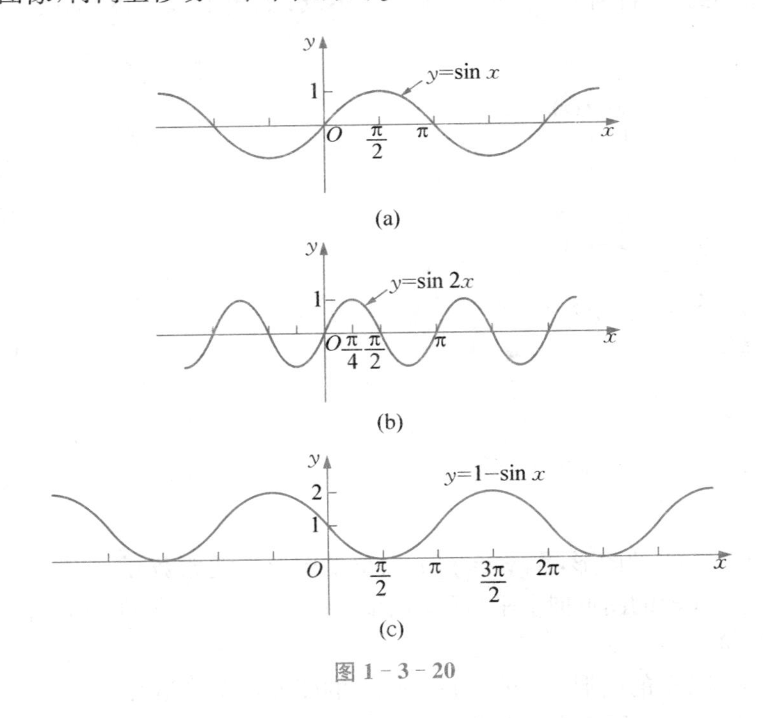

图 1－3－20

例 3　画出 $y = |x^2 - 1|$ 的图像.

解　首先通过将抛物线 $y = x^2$ 的图像向下平移一个单位得到 $y = x^2 - 1$ 的图像. 可以看出 $-1 < x < 1$ 时图像位于 x 轴下方，将这部分图像关于 x 轴反射，在图中得到 $y = |x^2 - 1|$

的图像，如图 1-3-21 所示.

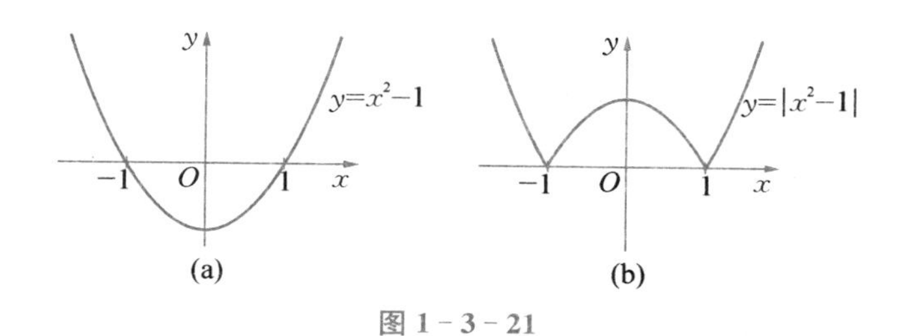

图 1-3-21

练习 1.3

1. 指出下列各函数是由哪些基本初等函数复合而成的：

(1) $y=\arccos\sqrt{x}$；　(2) $y=\ln\sin^2 x$；

(3) $y=x^x$；　(4) $y=\arctan e^{\sqrt{x}}$.

2. 画出下列函数的图像，要求不用描点法，而是由基本初等函数的图像适当变换得到：

(1) $y=-x^3$；　(2) $y=(x+1)^2$；

(3) $y=1+2\cos x$；　(4) $y=\sin(x/2)$；

(5) $y=\sqrt{x+3}$；　(6) $y=\frac{1}{2}(x^2+8x)$；

(7) $y=\frac{2}{x+1}$；　(8) $y=|\sin x|$.

§1.4 经济函数简介

用数学方法解决实际问题，首先要构建该问题的数学模型，即找出该问题的函数关系. 经济分析的一个重要内容就是分析经济变量之间的相互关系（即经济函数），如价格和需求的关系、产量和成本的关系等. 而这种关系是定量分析的基础，是高等数学知识与实际经济问题联系的纽带. 因此经济函数在高等数学的经济应用中就显得尤为重要. 下面介绍一些比较常用的经济函数，具体应用则需待读者学习到相关的数学知识后再做深入讨论.

1.4.1 需求函数、供给函数与市场均衡

一、需求函数

需求函数是对消费者而言的，是指在某一特定时期内，市场上某种商品的各种可能的购买量和决定这些购买量的诸因素之间的数量关系.

经济是以满足需求为目的，所以经济理论通常把消费以及由此产生的需求作为优先的研究对象. 但需求量不等于实际购买量，消费者对商品的需求受多种因素影响，如季节、收入、人口分布、偏好和价格等. 数学中一般研究其中决定某种商品需求量影响的主要因素——商品的

价格.此时,需求函数表示的就是商品需求量和价格这两个量之间的数量关系.我们经常将需求量 q_d 看作价格 p 的函数,记为

$$q_d = q_d(p).$$

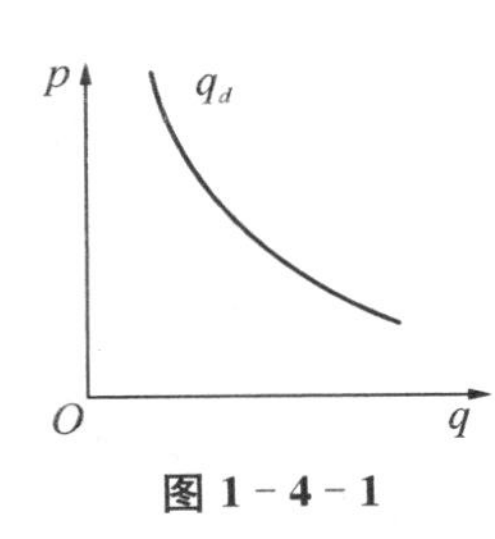

图 1-4-1

通常假设需求函数是单调减少的,如图 1-4-1 所示,需求函数的反函数是

$$p = q^{-1}(p),\ q \geqslant 0.$$

在经济学中也称为**需求函数**,有时称为**价格函数**.

一般说来,降价使需求量增加,价格上涨需求量会减少,即需求函数是价格 p 的单调减少函数.常用以下简单的初等函数来表示:

(1) 线性函数　$q_d = -ap + b$,其中 $a,\ b > 0$ 为常数;

(2) 指数函数　$q_d = ae^{-bp}$,其中 $a,\ b > 0$ 为常数;

(3) 幂函数　$q_d = bp^{-a}$,其中 $a,\ b > 0$ 为常数.

例 1 设某商品的需求函数为线性函数 $q = -ap + b$,其中 $a > 0,\ b > 0$ 为常数,求 $p = 0$ 时的需求量和 $q = 0$ 时的价格.

解 当 $p = 0$ 时,$q = b$,表示价格为零时消费者对某商品的需求量为 b,这也是市场对该商品的饱和需求量.

当 $q = 0$ 时,$p = \dfrac{b}{a}$ 为最大销售价格,表示价格上涨到 $\dfrac{b}{a}$ 时,无人愿意购买该产品.

二、供给函数

供给函数是对生产者或是经营者而言的,是指在某一特定时期内,市场上某种商品的各种可能的供给量和决定这些供给量的诸因素之间的数量关系.

供给量是指在一定时期内生产者愿意生产并可向市场提供出售的商品量,**供给价格**是指生产者为提供一定量商品愿意接受的价格,某种商品的供给量是指生产者愿意而且能够提供的该产品的数量,它不仅受商品价格的影响,还与其他因素有关.在不考虑其他因素的情况下,可将供给量 q_s 也看作价格 p 的函数,记为

$$q_s = q_s(p).$$

一般来说,价格上涨刺激生产者向市场提供更多的商品,使供给量增加,价格下跌使供给量减少,即供给函数是价格 p 的单调增加函数,如图 1-4-2 所示.常用以下简单的初等函数来表示:

(1) 线性函数　$q_s = ap + b$,其中 $a > 0$ 为常数;

(2) 指数函数　$q_s = ae^{bp}$,其中 $a,\ b > 0$ 为常数,供给量也受多种因素影响;

(3) 幂函数　$q_s = bp^{a}$,其中 $a,\ b > 0$ 为常数.

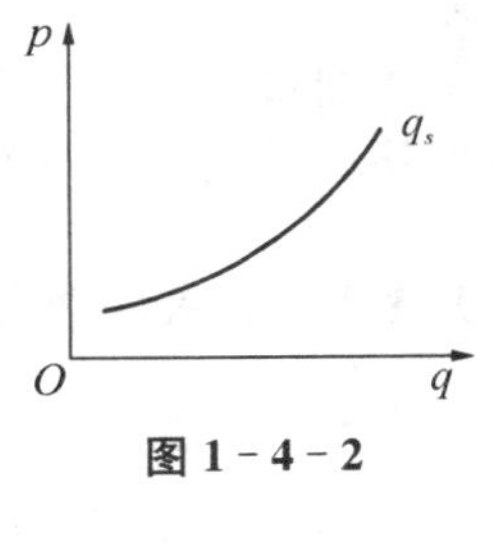

图 1-4-2

三、市场均衡

对一种商品而言,当市场上需求量 q_d 与供给量 q_s 一致时,即 $q_d = q_s$,则这种商品就达到**市场均衡**;商品的数量称为**均衡数量**,记为 q_e;商品的价格称为**均衡价格**,记为 p_e,如图 1-4-3

所示.

例如，由线性需求和供给函数构成的市场均衡模型可以写成

$$\begin{cases} q_d = a - bp, \quad a > 0,\ b > 0, \\ q_s = -c + dp, \quad c > 0,\ d > 0, \\ q_d = q_s \end{cases}$$

图 1-4-3

解方程可得均衡价格 p_e 和均衡数量 q_e 如下：

$$p_e = \frac{a+c}{b+d},\ q_e = \frac{ad-bc}{b+d}.$$

由于 $q_e > 0,\ b+d > 0$，因此有 $ad > bc$.

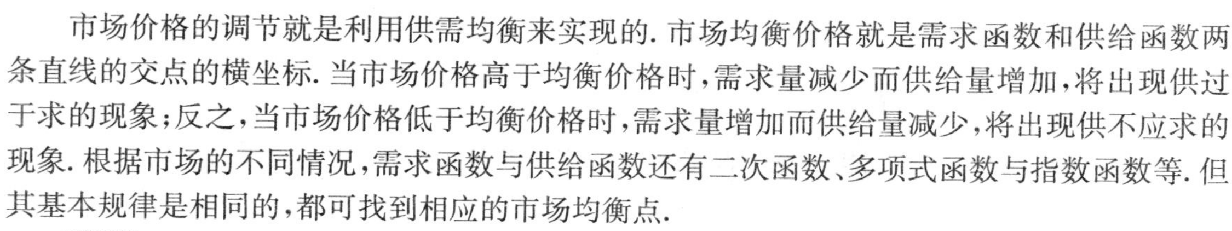

市场价格的调节就是利用供需均衡来实现的. 市场均衡价格就是需求函数和供给函数两条直线的交点的横坐标. 当市场价格高于均衡价格时，需求量减少而供给量增加，将出现供过于求的现象；反之，当市场价格低于均衡价格时，需求量增加而供给量减少，将出现供不应求的现象. 根据市场的不同情况，需求函数与供给函数还有二次函数、多项式函数与指数函数等. 但其基本规律是相同的，都可找到相应的市场均衡点.

例 2 已知某商品的需求函数和供给函数分别为

$$q_d = 14 - p,\ q_s = -6 + 4p,$$

求该商品的均衡价格.

解 由均衡条件 $q_d = q_s$，可知

$$14 - p = -6 + 4p，即\ 20 = 5p.$$

所以均衡价格为 $p_0 = 4$.

1.4.2 成本函数、收入函数与利润函数

一、成本函数

产品成本是以货币形式表现的企业生产和销售产品的全部费用支出. **成本函数**表示费用总额与产量（或销售量）之间的依赖关系，是指在一定时期内生产产品时所消耗的生产费用之总和，常用 C 表示，可以看作产量 q 的函数，记为

$$C = C(q).$$

总成本包括**固定成本**和**可变成本**两部分：固定成本 C_0 指在一定时期内不随产量变化的那部分成本，如厂房、设备的固定费用和管理费用等，当产量 $q = 0$ 时，对应的成本函数值 $C(0)$ 就是产品的固定成本值；可变成本 C_v 是指随产量变化而变化的那部分成本，如员工工资、税收、原材料、电力燃料等.

固定成本和可变成本是相对于某一过程而言的. 在短期生产中，固定成本是不变的，可变成本是产量 q 的函数，所以 $C(q) = C_0 + C_v(q)$，在长期生产中，支出都是可变成本，此时 $C_0 = 0$. 实际应用中，产量 q 为正数，所以成本函数是产量 q 的单调增加函数，其图像称为**成本曲线**，常用以下初等函数来表示：

(1) 线性函数 $C = a + bq$，其中 $a > 0,\ b > 0$ 为常数；

(2) 二次函数　$C = a + bq + cq^2$，其中 $a > 0$，$b > 0$，$c > 0$ 为常数；

(3) 指数函数　$C = be^{aq}$，其中 $a > 0$，$b > 0$ 为常数.

一般来说，称 $\overline{C} = \dfrac{C(q)}{q}(q > 0)$ 为单位成本函数或平均成本函数.

例 3　某工厂生产某产品，每日最多生产 100 个单位. 日固定成本为 130 元，生产每个单位产品的可变成本为 6 元，求该厂每日的总成本函数及平均单位成本函数.

解　设每日的总成本函数为 C 及平均单位成本函数为 $\overline{C}$，因为总成本为固定成本与可变成本之和，据题意有

$$C = C(q) = 130 + 6q,\quad 0 \leqslant q \leqslant 100,$$
$$\overline{C} = \overline{C}(q) = \frac{130}{q} + 6,\quad 0 < q \leqslant 100.$$

二、收益函数与利润函数

收益函数是指生产者出售一定产品数量 q 所得到的全部收入，常用 R 表示，即

$$R = R(q),$$

其中 q 为销售量. 显然，$R\mid_{q=0} = R(0) = 0$，即未出售商品时的总收益为 0.

若已知需求函数 $q = q(p)$，则总收益为

$$R = R(q) = p \cdot q = q^{-1}(p) \cdot q.$$

利润函数是指生产中获得的纯收入，为总收益与总成本之差，常用 P 表示，即

$$P(q) = R(q) - C(q).$$

如果考虑纳税情况，则

$$P(q) = R(q) - C(q) - T,\ T\ 为税额.$$

例 4　设某商店以每件 a 元的价格出售商品，若顾客一次购买 30 件以上，则超出部分每件优惠 10%，试将一次成交的销售收入 R 表示为销售量 q 的函数.

解　由题意可知，一次售出 30 件以内的收入为 $R = aq$ 元，而售出 30 件以上时，收入为

$$R = 30a + (q - 30) \cdot a \cdot 10\%,$$

所以一次成交的销售收入 R 是销售量 q 的分段函数：

$$R = \begin{cases} aq, & 0 \leqslant q \leqslant 30, \\ 30a + 0.9a(q - 30), & q > 30. \end{cases}$$

例 5　已知某产品的价格为 p 元，需求函数为 $q = 50 - 5p$，成本函数为 $C = 50 + 2q$ 元，向产量 q 为多少时利润 P 最大？最大利润是多少？

解　因为需求函数为 $q = 50 - 5p$，$p = 10 - \dfrac{q}{5}$，所以收益函数为

$$R = p \cdot q = 10q - \frac{q^2}{5},$$

利润函数

$$P = R - C = 8q - \frac{q^2}{5} - 50 = -\frac{1}{5}(q-20)^2 + 30,$$

因此，$q = 20$ 时利润最大，且最大利润是 30 元.

经济学中常见的还有库存函数、生产函数(生产中的投入与产出关系)、消费函数(国民消费总额与国民生产总值即国民收入之间的关系)、投资函数(投资与银行利率之间的关系)等，这里不再一一介绍.

练习 1.4

1. 某商场以每件 a 元的价格出售某种商品，若顾客一次性购买 50 件以上，则超出 50 件的商品以每件 $0.8a$ 元的优惠价出售. 试将一次成交的销售收入 R 表示成销售量 q 的函数.

2. 设商品的价格 p 与需求量 q 的关系为 $p = 24 - 2q$，试将该商品的市场销售总额 R 表示为商品价格 p 的函数.

3. 某公司全年需购某商品 1 000 台，每台购进价为 4 000 元，分若干批进货，每批进货台数相同，一批商品销售完后马上进下一批货. 每进货一次需消耗费用 2 000 元，商品均匀投放市场(即平均年库存量为批量的一半)，该商品每年每台库存费为进货价格的 4%. 试将公司全年在该商品上的投资总额表示为每批进货量的函数.

4. 已知下列需求函数和供给函数，求相应的市场均衡价格 p_0：

(1) $q_d = \frac{100}{3} - \frac{2}{3}p$，$q_s = -10 + 5p$；　　(2) $q_d^2 + p^2 = 58$，$p = q_s + 4$.

本章小结

本章主要介绍了映射与函数的概念、函数的基本要求(定义域、对应关系)、函数的几何特性(有界性、单调性、周期性、奇偶性)、基本初等函数(常数函数、幂函数、指数函数、对数函数、三角函数、反三角函数)的性质及图像特点、初等函数的概念、复合函数及分段函数的概念、奇偶函数的判别方法、三角函数的反函数求解、经济函数.

本章的重点：

(1) 复合函数的概念. 一些看似复杂的函数实质上是由若干简单的或基本初等函数复合而成，一定要理解复合的过程，这对于第 3 章学习复合函数的导数很有帮助.

(2) 分段函数的概念. 分段函数是指不同的定义区间其解析式不同，但要注意分段函数是一个函数，而不是几个函数. 分段函数一般说来不是初等函数，绝对值函数除外.

(3) 基本初等函数的性质及其图形.

(4) 经济函数的应用.

本章的难点：

(1) 复合函数拆分成基本初等函数；

(2) 分段函数的建立与性质；

(3) 实际应用中函数关系(数学模型)的建立.

复习题 1

1. 选择题.

(1) 下列中不是函数的是(　　).

A. $y=\frac{1}{\sqrt{1-x^2}}$　　B. $y=\arcsin(2+x^2)$

C. $y=\sqrt{-x}$　　D. $y=\lg(1-x^2)$

(2) 下列 $f(x)$ 与 $g(x)$ 是相同的函数为(　　).

A. $f(x)=\lg x^2$ 与 $g(x)=2\lg x$　　B. $f(x)=x$ 与 $g(x)=\sqrt{x^2}$

C. $f(x)=x$ 与 $g(x)=(\sqrt[3]{x})^3$　　D. $f(x)=x+1$ 与 $g(x)=\frac{x^2-1}{x-1}$

(3) $f(x)=\begin{cases} x^2, & x<1 \\ 1, & 1<x\leqslant 2 \\ 2x, & 2<x\leqslant 3 \end{cases}$ 的定义域是(　　).

A. $(-\infty, 3]$　　B. $(-\infty, 1)\cup(1, 2)\cup(2, 3)$

C. $(-\infty, 1)\cup(1, 3]$　　D. $(-\infty, 1)\cup(1, 3)$

(4) 已知 $f(x+1)=\frac{x+1}{x-1}$,则 $f(x)=$(　　).

A. $\frac{x-1}{x+1}$　　B. $\frac{x}{x+1}$　　C. $\frac{x}{x-1}$　　D. $\frac{x}{x-2}$

(5) 设 $f(x)=\frac{1}{x}$,则 $f(x+\Delta x)-f(x)=$(　　).

A. $\frac{1}{x(x+\Delta x)}$　　B. $\frac{-1}{x(x+\Delta x)}$　　C. $\frac{\Delta x}{x(x+\Delta x)}$　　D. $\frac{-\Delta x}{x(x+\Delta x)}$

(6) 与 $f(x)=|1-2x|$ 相同的函数式为(　　).

A. $f(x)=\begin{cases} 1-2x, & x>\frac{1}{2} \\ 1+2x, & x\leqslant\frac{1}{2} \end{cases}$　　B. $f(x)=\begin{cases} 1-2x, & x>\frac{1}{2} \\ 2x-1, & x\leqslant\frac{1}{2} \end{cases}$

C. $f(x)=\begin{cases} 2x-1, & x>\frac{1}{2} \\ 1-2x, & x\leqslant\frac{1}{2} \end{cases}$　　D. $f(x)=\begin{cases} 1+2x, & x>\frac{1}{2} \\ 1-2x, & x\leqslant\frac{1}{2} \end{cases}$

(7) 已知 $f(x)$ 的定义域是 $[1, 4]$,则 $f(x+1)+f(x-1)$ 的定义域是(　　).

A. $[1, 4]$　　B. $[2, 3]$　　C. $[0, 5]$　　D. $[2, 5]$

(8) 下列函数中为偶函数的是(　　).

A. $\frac{\cos x}{x}$　　B. $\frac{x}{\sqrt{1+x^2}}$　　C. $x^3\sin x$　　D. $|x+2|$

(9) 函数 $y=e^x$ 无界的区间是(　　).

A. $(-\infty, 0)$　　B. $(0, \infty)$　　C. $(0, 1)$　　D. $(-1, 0)$

(10) $y=2^x$ 的图形与 $y=\left(\frac{1}{2}\right)^x$ 的图形对称于(　　).

A. 原点　　B. x 轴　　C. y 轴　　D. $y=x$

2. 将边长 a 的正方形铁皮各角截去相等的小正方形,然后折起各边,做成一个无盖的长方体盒子,试建立盒子容积与小正方形边长的函数关系.

3. 欲制一个容积为 V 的密闭的圆柱体罐头盒,试建立其表面积 S 与底面半径 R 的函数关系.

第 2 章

极限与连续

【学习目标】

(1) 理解数列极限的“$\varepsilon-N$”定义、函数极限的“$\varepsilon-\delta$”和“$\varepsilon-X$”定义，理解函数左极限与右极限的概念，以及极限存在与左、右极限之间的关系；

(2) 理解极限的性质及四则运算法则；

(3) 理解极限存在的两个定理，并会利用它们求极限，掌握利用两个重要极限求极限的方法；

(4) 理解无穷小、无穷大的概念，掌握无穷小的比较方法，会用等价无穷小求极限；

(5) 理解函数连续性的概念(含左连续与右连续)，会判别函数间断点的类型；

(6) 了解连续函数的性质和初等函数的连续性，了解闭区间上连续函数的性质(有界性、最大值和最小值定理、介值定理)，并会应用这些性质.

【学习要点】

数列极限；函数极限；左、右极限；无穷小量；无穷大量；极限的性质；数列极限的“$\varepsilon-N$”定义；函数极限的“$\varepsilon-\delta$”和“$\varepsilon-X$”定义；极限存在的两个定理；两个重要极限；无穷小量的性质；无穷小量的阶；利用等价无穷小量求极限；连续函数；连续函数的性质；间断点的分类；最值定理；介值定理.

极限的概念与理论是高等数学的基础. 微积分中的两个最重要的概念导数(微商)与定积分，都是建立在极限的概念基础之上. 极限概念是由于求某些实际问题的精确解答而产生的. 例如刘徽*利用“割圆术”计算圆的内接正 n 边形的面积来求圆的面积，就是极限思想在几何学上的应用. 本章我们在介绍数列极限和函数极限概念的基础上，讨论极限的性质和函数的连续性等内容.

---

* 刘徽(约 225—295 年)，魏晋期间伟大的数学家，中国古典数学理论的奠基者之一. 他是中国最早明确主张用逻辑推理的方式来论证数学命题的人. 他的杰作《九章算术注》和《海岛算经》，是中国最宝贵的数学遗产.

§2.1 数列极限

2.1.1 数列极限的定义

如果按照某一法则,使得对任何一个正整数 n 有一个确定的数 a_n,则得到一列有次序的数

$$a_1, a_2, a_3, \cdots, a_n, \cdots,$$

把这一列有次序的数就叫做数列,记为 $\{a_n\}$,其中第 n 项 a_n 叫做数列的通项或一般项,a_1 叫做首项.例如,

(1) $\left\{\frac{n}{n+1}\right\}$ $\frac{1}{2}, \frac{2}{3}, \frac{3}{4}, \cdots, \frac{n}{n+1}, \cdots$;

(2) $\{2^n\}$ $2, 4, 8, \cdots, 2^n, \cdots$;

(3) $\left\{\frac{1}{2^n}\right\}$ $\frac{1}{2}, \frac{1}{4}, \frac{1}{8}, \cdots, \frac{1}{2^n}, \cdots$;

(4) $\{(-1)^{n+1}\}$ $1, -1, 1, \cdots, (-1)^{n+1}, \cdots$;

(5) $\left\{\frac{n+(-1)^{n-1}}{n}\right\}$ $2, \frac{1}{2}, \frac{4}{3}, \cdots, \frac{n+(-1)^{n-1}}{n}, \cdots$

都是数列.数列也可以看作定义在自然数集上的函数

$$a_n = f(n),\ n = 0, 1, 2, \cdots.$$

习惯上我们称这个函数为**整标函数**

数列 $\{a_n\}$ 可以看作数轴上的一个动点,它依次取数轴上的点 $a_1, a_2, a_3, \cdots, a_n, \cdots$.

现在来考察当自变量 n 无限增大时(可表示为 $n\to\infty$)通项 a_n 的变化趋势.容易发现,上述数列中,数列(1),(3)和(5)中,通项 a_n 无限趋向于某一个确定的数值;而数列(2)一直在增大,数列(4)在 1 与 -1 两个数之间摆动,均不趋向于某一个确定的数值.

定义 对于数列 $\{a_n\}$,如果当 $n\to\infty$ 时,数列的通项 a_n 无限地接近于某一确定的数值 A,则称常数 A 是数列 $\{a_n\}$ 的极限,或称数列 $\{a_n\}$ 收敛于 A,记为

$$\lim_{n\to\infty} a_n = A;$$

反之,如果数列没有极限,就说数列是发散的.

例如,

$$\lim_{n\to\infty}\frac{n}{n+1} = 1,\ \lim_{n\to\infty}\frac{1}{2^n} = 0,\ \lim_{n\to\infty}\frac{n+(-1)^{n-1}}{n} = 1;$$

而 $\{2^n\}$,$\{(-1)^{n+1}\}$ 是发散的.

对无限接近的刻画,数学上常用下面的语言来描述:

a_n 无限接近于 $A \Leftrightarrow |a_n - A|$ 小于任意给定的正数或是无限趋于 0.

现在以数列

$$a_n = \frac{2n + (-1)^n}{n}$$

为例，这时极限 $A = 2$. 当 $n > 10$ 时，$|a_n - 2| < \frac{1}{10}$；当 $n > 10^2$ 时，$|a_n - 2| < \frac{1}{10^2}$；一般地，当 $n > 10^k$ 时，$|a_n - 2| < \frac{1}{10^k}$. 这就是说，$|a_n - 2|$ 可以小到任意给定的一个数，只要其中 n 大于某个自然数.

下面给出极限的精确定义：

定义 如果数列 $\{a_n\}$ 与常数 A 有下列关系：对于任意给定的正数 ε，不论它多么小，总存在正整数 N，使得对于 $n > N$ 时的一切 a_n，不等式

$$|a_n - A| < \varepsilon$$

都成立，则称常数 A 是数列 $\{a_n\}$ 的**极限**，或者称数列 $\{a_n\}$ 收敛于 A，记为

$$\lim_{n\to\infty} a_n = A$$

或

$$\text{当 } n \to \infty,\ a_n \to A.$$

如果数列没有极限，就说数列是发散的.

为简便起见，上述数列极限的定义可用数学语言表示如下：

$$\lim_{n\to\infty} a_n = A \Leftrightarrow \forall \varepsilon > 0,\ \exists N \in \mathbf{N}^+,\text{当 } n > N \text{ 时，有 } |a_n - A| < \varepsilon \text{ 成立.}$$

上述“$\forall$”表示任意的(arbitrary)，“$\exists$”表示存在(exist).

通常把上述定义称做**数列极限的“ε - N”定义**.

从直观上来看，上述定义中的条件实际上是说，对于任意小的 $\varepsilon > 0$，都有一个自然数 N，使得第 N 项之后的各项 a_n 都满足

$$A - \varepsilon < a_n < A + \varepsilon.$$

如图 2-1-1 所示. 这也就是说，在 n 无限增大的过程中总有一个时刻 N，在此之后 a_n 到 A 的距离小于事先任意给定的正数 ε. 显然，若数列 $\{a_n\}$ 的极限存在，则其极限值必是唯一的. 因为在 n 无限增大的过程中，a_n 不可能同时任意地靠近两个不同的数.

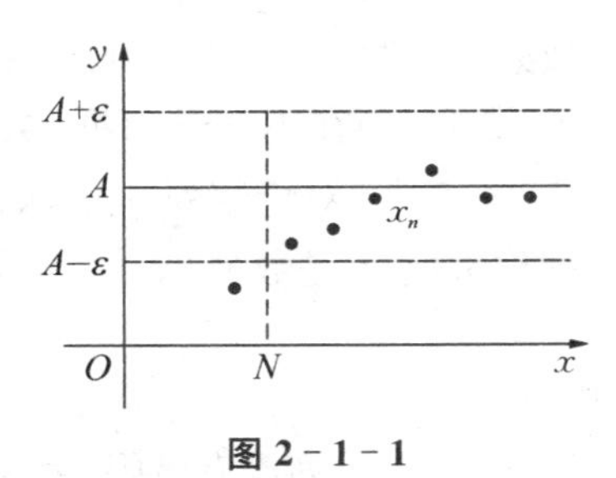

图 2-1-1

例 1 证明 $\lim_{n\to\infty} \frac{n + (-1)^{n-1}}{n} = 1$.

证明 因为

$$|x_n - 1| = \left| \frac{n + (-1)^{n-1}}{n} - 1 \right| = \frac{1}{n},$$

对于 $\forall \varepsilon > 0$，要使 $|x_n - 1| < \varepsilon$，只要 $\frac{1}{n} < \varepsilon$ 即可，即 $n > \frac{1}{\varepsilon}$.

取 $N = \left[\frac{1}{\varepsilon}\right] \in \mathbf{N}^+$，当 $n > N$ 时，有

$$|x_n-1|=\left|\frac{n+(-1)^{n-1}}{n}-1\right|=\frac{1}{n}<\varepsilon,$$

所以 $\lim\limits_{n\to\infty}\frac{n+(-1)^{n-1}}{n}=1$.

例 2　证明 $\lim\limits_{n\to\infty}\frac{\sqrt{n^2+n}}{n}=1$.

证明　$\forall\varepsilon>0$，要使 $\left|\frac{\sqrt{n^2+n}}{n}-1\right|<\varepsilon$ 成立，可要求

$$\left|\frac{\sqrt{n^2+n}-n}{n}\right|=\frac{1}{\sqrt{n^2+n}+n}<\frac{1}{2n}<\varepsilon$$

成立，即只要 $2n>\frac{1}{\varepsilon}$ 成立即可.

取 $N=\left[\frac{1}{2\varepsilon}\right]$，可见 $\forall\varepsilon>0$，$\exists N=\left[\frac{1}{2\varepsilon}\right]$，当 $n>N$ 时，有 $\left|\frac{\sqrt{n^2+n}}{n}-1\right|<\varepsilon$ 成立，所以 $\lim\limits_{n\to\infty}\frac{\sqrt{n^2+n}}{n}=1$.

例 3　设 $a>1$ 是给定的实数，则

$$\lim_{n\to\infty}\sqrt[n]{a}=1.$$

证明　注意到 $a>1$，也就是有 $a^{\frac{1}{n}}>1$. 对于任意给定的 $\varepsilon>0$，要使 $|a^{\frac{1}{n}}-1|<\varepsilon$，即要 $a^{\frac{1}{n}}-1<\varepsilon$，即只要 $a^{\frac{1}{n}}<1+\varepsilon$. 两边取以 a 为底的对数可得

$$\frac{1}{n}<\log_a(1+\varepsilon)\ 或\ n>\frac{1}{\log_a(1+\varepsilon)}.$$

于是，取 $N=[\{\log_a(1+\varepsilon)\}^{-1}]+1$，即有

$$|a^{\frac{1}{n}}-1|<\varepsilon，只要\ n>N.$$

证毕.

事实上，当 $0<a<1$ 时，同样有 $\lim\limits_{n\to\infty}\sqrt[n]{a}=1$. 证明方法类似.

2.1.2　收敛数列的性质

定理(极限的唯一性)　数列 $\{a_n\}$ 不能收敛于两个不同的极限.

证明　假设同时有 $\lim\limits_{n\to\infty}a_n=a$ 及 $\lim\limits_{n\to\infty}a_n=b$，且 $a<b$.

按数列极限的定义，对于 $\varepsilon=\frac{b-a}{2}>0$，存在充分大的正整数 N，使当 $n>N$ 时，同时有

$$|a_n-a|<\varepsilon=\frac{b-a}{2}\ 及\ |a_n-b|<\varepsilon=\frac{b-a}{2},$$

因此同时有

$$a_n<\frac{b+a}{2}\ 及\ a_n>\frac{b+a}{2},$$

这是不可能的. 所以只能有 $a=b$.

定义 对于数列 $\{a_n\}$，如果存在着正数 M，使得对一切 a_n 都满足不等式

$$a_n \leqslant M,$$

则称数列 $\{a_n\}$ 是有界的；如果这样的正数 M 不存在，就说数列 $\{a_n\}$ 是无界的.

有如下定理：

定理(收敛数列的有界性) 如果数列 $\{a_n\}$ 收敛，那么数列 $\{a_n\}$ 一定有界.

证明 设数列 $\{a_n\}$ 收敛，且收敛于 A. 根据数列极限的定义，对于 $\varepsilon=1$，存在正整数 N，使对于 $n>N$ 时的一切 a_n，不等式

$$|a_n-A|<\varepsilon=1$$

都成立. 于是当 $n>N$ 时，

$$|a_n|=|(a_n-A)+A|\leqslant|a_n-A|+|A|<1+|A|.$$

取 $M=\max\{|a_1|,|a_2|,\cdots,|a_N|,1+|A|\}$，那么数列 $\{a_n\}$ 中的一切 a_n 都满足不等式

$$|a_n|\leqslant M.$$

这就证明了数列 $\{a_n\}$ 是有界的.

定理(收敛数列的保号性) 如果数列 $\{a_n\}$ 收敛于 A，且 $A>0$(或 $A<0$)，那么存在正整数 N，当 $n>N$ 时，有 $a_n>0$(或 $a_n<0$).

证明 这里只证明 $A>0$ 的情形. 由数列极限的定义，对 $\varepsilon=\dfrac{A}{2}>0$，$\exists N\in\mathbf{N}^+$，当 $n>N$ 时，有

$$|a_n-A|<\frac{A}{2},$$

从而

$$a_n>A-\frac{A}{2}=\frac{A}{2}>0.$$

推论 如果数列 $\{a_n\}$ 从某项起有 $a_n\geqslant 0$(或 $a_n\leqslant 0$)，且数列 $\{a_n\}$ 收敛于 A，那么 $A\geqslant 0$(或 $A\leqslant 0$).

证明 这里只证明 $a_n\geqslant 0$ 的情形. 设数列 $\{a_n\}$ 从 N_1 项起，即当 $n>N_1$ 时有 $a_n\geqslant 0$. 现在用反证法证明.

假设 $A<0$，则由收敛数列的保号性定理知，$\exists N_2\in\mathbf{N}^+$，当 $n>N_2$ 时，有 $a_n<0$. 取 $N=\max\{N_1,N_2\}$，当 $n>N$ 时，按题意和假定有 $a_n\geqslant 0$，按收敛数列的保号性定理有 $a_n<0$，这是矛盾的. 所以必有 $A\geqslant 0$.

下面来介绍子数列的概念，我们在后面的学习中会用到.

在数列 $\{a_n\}$ 中任意抽取无限多项并保持这些项在原数列中的先后次序，这样得到的一个数列称为原数列 $\{a_n\}$ 的子数列.

例如，数列

$$\{a_n\}\quad 1,\ -1,\ 1,\ -1,\ \cdots,\ (-1)^{n+1},\ \cdots$$

的一子数列为

$$\{a_{2n}\}\quad -1,\ -1,\ -1,\ \cdots,\ (-1)^{2n+1},\ \cdots.$$

定理(收敛数列与其子数列间的关系)　如果数列$\{a_n\}$收敛于A,那么它的任一子数列也收敛,且极限也是A.

证明　设数列$\{a_{n_k}\}$是数列$\{a_n\}$的任一子数列.

因为数列$\{a_n\}$收敛于A,所以 $\forall \varepsilon > 0, \exists N \in \mathbf{N}^+$,当$n > N$时,有$|a_n - a| < \varepsilon$.

取$K = N$,则当$k > K$时,$n_k \geqslant k > K = N$. 于是$|a_{n_k} - a| < \varepsilon$.

这就证明了$\lim\limits_{k\to\infty} a_{n_k} = A$.

2.1.3　两个数列极限存在定理

定理(数列的夹逼定理)　如果数列$\{a_n\}$,$\{b_n\}$及$\{c_n\}$满足下列条件:

(1) $b_n \leqslant a_n \leqslant c_n,\quad n = 1,\ 2,\ 3,\ \cdots$;

(2) $\lim\limits_{n\to\infty} b_n = A,\ \lim\limits_{n\to\infty} c_n = A$,

那么数列$\{a_n\}$的极限存在,且$\lim\limits_{n\to\infty} a_n = A$.

证明　因为$\lim\limits_{n\to\infty} b_n = A,\ \lim\limits_{n\to\infty} c_n = A$,根据数列极限的定义,$\forall \varepsilon > 0, \exists N_1 > 0$,当$n > N_1$时,有$|b_n - A| < \varepsilon$;又$\exists N_2 > 0$,当$n > N_2$时,有$|c_n - a| < \varepsilon$.

现取$N = \max\{N_1,\ N_2\}$,则当$n > N$时,有

$$|b_n - A| < \varepsilon \text{ 和 } |c_n - a| < \varepsilon$$

同时成立,即

$$a - \varepsilon < b_n < a + \varepsilon \text{ 和 } a - \varepsilon < c_n < a + \varepsilon$$

同时成立. 又因$b_n \leqslant a_n \leqslant c_n (n = 1,\ 2,\ 3,\ \cdots)$,所以当$n > N$时,有

$$a - \varepsilon < b_n \leqslant a_n \leqslant c_n < a + \varepsilon,$$

即

$$|a_n - A| < \varepsilon.$$

这就证明了$\lim\limits_{n\to\infty} a_n = A$.

例 4　求下列数列的极限:

(1) $a_n = \dfrac{n}{2n^2+1} + \dfrac{n}{2n^2+2} + \cdots + \dfrac{n}{2n^2+n}$;　(2) $b_n = \sqrt[n]{2^n + 3^n}$.

解　(1) 由于

$$\frac{1}{2n^2+n} \leqslant \frac{1}{2n^2+k} \leqslant \frac{1}{2n^2+1},\ 1 \leqslant k \leqslant n,$$

因此,

$$\frac{n^2}{2n^2+n} \leqslant a_n \leqslant \frac{n^2}{2n^2+1}.$$

注意到

$$\lim_{n\to\infty}\frac{n^2}{2n^2+n}=\lim_{n\to\infty}\frac{n^2}{2n^2+1}=\frac{1}{2},$$

由夹逼定理可得

$$\lim_{n\to\infty}a_n=\lim_{n\to\infty}\left(\frac{n}{2n^2+1}+\frac{n}{2n^2+2}+\cdots+\frac{n}{2n^2+n}\right)=\frac{1}{2}.$$

(2) 注意到

$$3\leqslant\sqrt[n]{2^n+3^n}\leqslant\sqrt[n]{2\cdot 3^n}=3\cdot 2^{\frac{1}{n}},$$

且 $\lim\limits_{n\to\infty}2^{\frac{1}{n}}=1$，因此由夹逼定理可得

$$\lim_{n\to\infty}b_n=\lim_{n\to\infty}\sqrt[n]{2^n+3^n}=3.$$

下面定义数列的单调性.

如果数列 $\{a_n\}$ 满足条件 $a_n\leqslant a_{n+1}$，$n\in\mathbf{N}^+$，即

$$a_1\leqslant a_2\leqslant a_3\leqslant\cdots\leqslant a_n\leqslant a_{n+1}\leqslant\cdots,$$

就称数列 $\{a_n\}$ 是单调增加的；如果数列 $\{a_n\}$ 满足条件 $a_n\geqslant a_{n+1}$，$n\in\mathbf{N}^+$，即

$$a_1\geqslant a_2\geqslant a_3\geqslant\cdots\geqslant a_n\geqslant a_{n+1}\geqslant\cdots,$$

就称数列 $\{a_n\}$ 是单调减少的. 单调增加和单调减少数列统称为单调数列.

定理 单调有界数列必收敛.

前面已经知道，收敛的数列一定有界，但也发现有界的数列不一定收敛. 也就是说，有界仅仅是数列收敛的必要条件. 定理却表明：如果数列不仅有界，并且是单调的，那么该数列的极限必定存在，也就是该数列一定收敛.

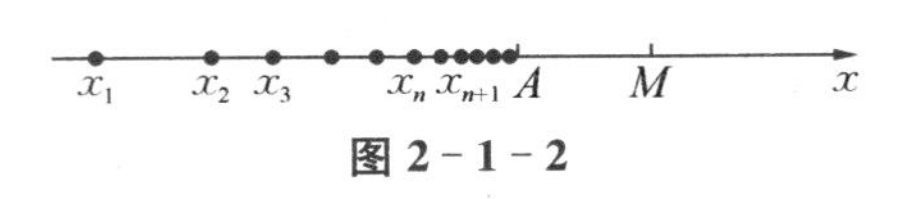

图 2-1-2

这个定理不做证明，仅做几何解释：单调增加数列的点只可能向右一个方向移动，或者无限向右移动，或者无限趋近于某一定点 A，而对有界数列只可能是后者的情况发生，如图 2-1-2 所示. 单调减少有界数列也可作类似说明.

例 5 已知数列 $\{a_n\}$：$a_1=1$，$a_2=1+\frac{a_1}{1+a_1}$，…，$a_n=1+\frac{a_{n-1}}{1+a_{n-1}}$，…，求 $\lim\limits_{n\to\infty}a_n$.

解 先证明 $\lim\limits_{n\to\infty}a_n$ 存在.

(1) 用数学归纳法证明 $\{a_n\}$ 单调增加. $a_1=1$，$a_2=1+\frac{a_1}{1+a_1}=\frac{3}{2}$，显然 $a_1<a_2$. 假设 $a_{k-1}<a_k$ 成立，于是

$$a_k-a_{k+1}=\left(1+\frac{a_{k-1}}{1+a_{k-1}}\right)-\left(1+\frac{a_k}{a_k+1}\right)=\frac{a_{k-1}-a_k}{(1+a_{k-1})(1+a_k)}<0,$$

即 $a_k<a_{k+1}$ 成立.

(2) 不难看出 $\{a_n\}$ 有界：$1<a_n<2$. 根据定理数列 $\{a_n\}$ 有极限，不妨设 $\lim\limits_{n\to\infty}a_n=A$. 下面求出 A.

由于 $a_n = 1 + \frac{a_{n-1}}{1+a_{n-1}}$，两边取极限得

$$A = 1 + \frac{A}{1+A}, \text{即 } A^2 - A - 1 = 0,$$

于是得出 $A = \frac{1 \pm \sqrt{5}}{2}$. 根据收敛数列的保号性推论可知 A 非负，所以

$$\lim_{n\to\infty} a_n = \frac{1+\sqrt{5}}{2}.$$

2.1.4　一个重要极限

根据单调有界数列必收敛定理，可以证明极限 $\lim\limits_{n\to\infty}\left(1+\frac{1}{n}\right)^n$ 存在，且

$$\lim_{n\to\infty}\left(1+\frac{1}{n}\right)^n = \mathrm{e}.$$

这是一个非常重要的极限，有着广泛的应用.

我们先来证明极限 $\lim\limits_{n\to\infty}\left(1+\frac{1}{n}\right)^n$ 存在.

设 $a_n = \left(1+\frac{1}{n}\right)^n$. 现证明数列 $\{a_n\}$ 是单调有界的. 按牛顿二项式定理，有

$$\begin{aligned} a_n &= \left(1+\frac{1}{n}\right)^n \\ &= 1 + \frac{n}{1!}\cdot\frac{1}{n} + \frac{n(n-1)}{2!}\cdot\frac{1}{n^2} + \frac{n(n-1)(n-2)}{3!}\cdot\frac{1}{n^3} + \cdots + \frac{n(n-1)\cdots(n-n+1)}{n!}\cdot\frac{1}{n^n} \\ &= 1 + 1 + \frac{1}{2!}\left(1-\frac{1}{n}\right) + \frac{1}{3!}\left(1-\frac{1}{n}\right)\left(1-\frac{2}{n}\right) + \cdots + \frac{1}{n!}\left(1-\frac{1}{n}\right)\left(1-\frac{2}{n}\right)\cdots\left(1-\frac{n-1}{n}\right). \end{aligned}$$

同理有

$$\begin{aligned} a_{n+1} = 1 + 1 &+ \frac{1}{2!}\left(1-\frac{1}{n+1}\right) + \frac{1}{3!}\left(1-\frac{1}{n+1}\right)\left(1-\frac{2}{n+1}\right) + \cdots \\ &+ \frac{1}{n!}\left(1-\frac{1}{n+1}\right)\left(1-\frac{2}{n+1}\right)\cdots\left(1-\frac{n-1}{n+1}\right) \\ &+ \frac{1}{(n+1)!}\left(1-\frac{1}{n+1}\right)\left(1-\frac{2}{n+1}\right)\cdots\left(1-\frac{n}{n+1}\right). \end{aligned}$$

比较 a_n 和 a_{n+1} 的展开式，可以看出除前两项外，x_n 的每一项都小于 x_{n+1} 的对应项，并且 x_{n+1} 还多了最后一项，其值大于 0，因此

$$a_n < a_{n+1},$$

这就是说数列 $\{a_n\}$ 是单调的.

数列 $\{a_n\}$ 同时还是有界的. 这是因为 a_n 的展开式中各项括号内的数用较大的数 1 代替，得

$$x_n < 1+1+\frac{1}{2!}+\frac{1}{3!}+\cdots+\frac{1}{n!} < 1+1+\frac{1}{2}+\frac{1}{2^2}+\cdots+\frac{1}{2^{n-1}}$$

$$= 1+\frac{1-\frac{1}{2^n}}{1-\frac{1}{2}} = 3-\frac{1}{2^{n-1}} < 3.$$

根据单调有界数列必收敛定理，数列$\{a_n\}$必有极限. 这个极限用 e 来表示，即

$$\lim_{n\to\infty}\left(1+\frac{1}{n}\right)^n = \mathrm{e}.$$

伯努利(Bernoulli)在研究复利(第 6 章会介绍)计算时发现了这个极限，后来欧拉(Euler)首先用“e”来代表这个极限. 指数函数 $y=\mathrm{e}^x$ 以及对数函数 $y=\ln x$ 中的底 e 就是这个常数，第 1 章已经介绍过它.

例 6 计算极限 $\lim\limits_{n\to\infty}\left(1+\frac{1}{n}\right)^{2n}$.

解 由于 $\left(1+\frac{1}{n}\right)^{2n} = \left[\left(1+\frac{1}{n}\right)^n\right]^2$，故有$\lim\limits_{n\to\infty}\left(1+\frac{1}{n}\right)^{2n} = \mathrm{e}^2$.

2.1.5 数列极限的四则运算

定理 设有数列$\{a_n\}$和$\{b_n\}$. 如果

$$\lim_{n\to\infty}a_n = A,\ \lim_{n\to\infty}b_n = B,$$

那么

(1) $\lim\limits_{n\to\infty}(a_n \pm b_n) = A \pm B$;

(2) $\lim\limits_{n\to\infty}(a_n \cdot b_n) = A \cdot B$;

(3) 当 $b_n \neq 0$, $(n=1,2,\cdots)$ 且 $B\neq 0$ 时，$\lim\limits_{n\to\infty}\frac{a_n}{b_n} = \frac{A}{B}$.

这个定理可以通过数列极限的定义来证明，这里略去.

例 7 求极限

$$\lim_{n\to\infty}\frac{n^3+2n-10}{3+n^3}.$$

解

$$\lim_{n\to\infty}\frac{n^3+2n-10}{3+n^3} = \lim_{n\to\infty}\frac{1+\frac{2n}{n^3}-\frac{10}{n^3}}{\frac{3}{n^3}+1} = \frac{\lim\limits_{n\to\infty}\left(1+\frac{2}{n^2}-\frac{10}{n^3}\right)}{\lim\limits_{n\to\infty}\left(\frac{3}{n^3}+1\right)} = 1.$$

例 8 求极限

$$\lim_{n\to\infty}(\sqrt{n+\sqrt{n}}-\sqrt{n}).$$

解 因为 $\sqrt{n+\sqrt{n}}$ 及$\sqrt{n}$ 均无极限，可以做如下变形：

$$\sqrt{n+\sqrt{n}}-\sqrt{n}=\frac{\sqrt{n}}{\sqrt{n+\sqrt{n}}+\sqrt{n}}=\frac{1}{\sqrt{1+\frac{1}{\sqrt{n}}}+1}.$$

这里等式右端的分母的极限为 2,由此推出 $\lim\limits_{n\to\infty}(\sqrt{n+\sqrt{n}}-\sqrt{n})=\frac{1}{2}$.

练习 2.1

1. 画出下列数列的点图,并指出哪些数列收敛,哪些数列发散:

(1) $a_n=\frac{1}{2^n}$; (2) $a_n=(-1)^n n$; (3) $a_n=(-1)^n\frac{1}{n+3}$;

(4) $a_n=\frac{n}{n+1}$; (5) $a_n=\frac{1}{n}\sin\frac{\pi}{n}$; (6) $a_n=[1-(-1)^n]n$.

2. 设 $a_n=\frac{3n+2}{n+1}$,

(1) 求 $|a_1-3|$, $|a_{10}-3|$, $|a_{100}-3|$ 的值;

(2) 求正整数 N,使当 $n>N$ 时,不等式 $|a_n-3|<10^{-4}$ 成立;

(3) 求正整数 N,使当 $n>N$ 时,不等式 $|a_n-3|<\varepsilon$ 成立.

3. 回答下列问题:

(1) 对于某一正数 ε_0,如果存在正整数 N,使得当 $n>N$ 时,有 $|x_n-a|<\varepsilon_0$,是否有 $x_n\to a$ $(n\to\infty)$?

(2) 如果数列 $\{a_n\}$ 收敛,那么数列 $\{a_n\}$ 一定有界,发散的数列是否一定无界?有界的数列是否收敛?

(3) 数列的子数列如果发散,原数列是否发散?数列的两个子数列收敛,但其极限不同,原数列的收敛性如何?发散的数列的子数列都发散吗?

(4) 如何判断数列 $1,-1,1,-1,\cdots,(-1)^{n+1},\cdots$ 是发散的?

4. 根据数列的极限的定义证明:

(1) $\lim\limits_{n\to\infty}\frac{1}{n^3}=0$; (2) $\lim\limits_{n\to\infty}\frac{n+1}{2n+1}=\frac{1}{2}$;

(3) $\lim\limits_{n\to\infty}(\sqrt{n+1}-\sqrt{n})=0$; (4) $\lim\limits_{n\to\infty}\frac{\sqrt{n^2+1}}{n}=1$;

(5) $\lim\limits_{n\to\infty}0.\underbrace{99\cdots9}_{n个}=1$; (6) $\lim\limits_{n\to\infty}\frac{n^2-2}{n^2+n+1}=1$.

5. 求 $\lim\limits_{n\to\infty}\left(\frac{1}{n^k}+\frac{2}{n^k}+\cdots+\frac{n}{n^k}\right)$, k 为常数.

6. 设数列 $\{x_n\}$ 有界,又 $\lim\limits_{n\to\infty}y_n=0$,证明:$\lim\limits_{n\to\infty}x_ny_n=0$.

7. 对于数列 $\{x_n\}$,若 $\lim\limits_{n\to\infty}x_{2n-1}=a$, $\lim\limits_{n\to\infty}x_{2n}=a$($a$ 为常数),证明 $\lim\limits_{n\to\infty}x_n=a$.

8. 已知 $x_1=\sqrt{a}$, $x_2=\sqrt{a+\sqrt{a}}$, $\cdots$, $x_n=\sqrt{a+\sqrt{a+\cdots+\sqrt{a}}}$, $a>0$,求 $\lim\limits_{n\to\infty}x_n$.

9. 求下列各极限的值:

(1) $\lim\limits_{n\to\infty}(\sqrt{n+1}-\sqrt{n})$; (2) $\lim\limits_{n\to\infty}\frac{n^3+3n^2-100}{4n^3-n+2}$;

(3) $\lim\limits_{n\to\infty}\frac{(2n+10)^4}{n^4+n^3}$; (4) $\lim\limits_{n\to\infty}\left(1+\frac{1}{n}\right)^{-2n}$;

(5) $\lim\limits_{n\to\infty}\left(1-\frac{1}{n}\right)^n$.

10. 求下列极限：

(1) $\lim\limits_{n\to\infty}\frac{2n^2-2n+3}{3n^2+1}$；

(2) $\lim\limits_{n\to\infty}\frac{n^2}{n^3+2n+1}\arctan n$.

11. 利用极限存在准则证明：

(1) $\lim\limits_{n\to\infty}\sqrt{1+\frac{1}{n}}=1$；

(2) $\lim\limits_{n\to 0}\sqrt[n]{1+x}=1$；

(3) $\lim\limits_{n\to\infty}(1+2^n+3^n)^{\frac{1}{n}}=3$.

§2.2 函数的极限

前面已经讨论了数列的极限，这一节来研究函数的极限. 考虑到数列$\{a_n\}$可看作自变量为n的函数，如果把数列极限概念中的$a_n=f(n)$换成函数$f(x)$，并将自变量的变化过程$n\to\infty$等特殊性撇开，这样就可以引出函数极限的一般概念. 一般地，在自变量的某个变化过程中，如果对应的函数值无限接近于某个确定的数，那么这个确定的数就叫做在这一变化过程中的函数的极限. 这个极限是与自变量的变化过程密切相关，自变量的变化过程不同，函数的极限就表现为不同的形式. 数列极限与函数极限的显著区别就在于函数极限中自变量的变化过程是连续型的，数列极限中的$n\to\infty$的变化过程是离散型的. 本节将讨论以下 6 种情形：

(1) x无限接近x_0：$x\to x_0$；

(2) x从x_0的左侧(即小于x_0)无限接近x_0：$x\to x_0^-$；

(3) x从x_0的右侧(即大于x_0)无限接近x_0：$x\to x_0^+$；

(4) x的绝对值$|x|$无限增大：$x\to\infty$；

(5) x小于零且绝对值$|x|$无限增大：$x\to-\infty$；

(6) x大于零且绝对值$|x|$无限增大：$x\to+\infty$.

2.2.1 函数极限的定义

一、自变量 $x\to\infty$ 时函数的极限

定义 设$f(x)$当$|x|$大于某一正数时有定义. 如果存在常数A，对于任意给定的正数ε，总存在正数X，使得当x满足不等式$|x|>X$时，对应的函数值$f(x)$都满足不等式

$$|f(x)-A|<\varepsilon,$$

则常数A叫做函数$f(x)$当$x\to\infty$时的极限，记为

$$\lim_{x\to+\infty}f(x)=A \text{ 或 } f(x)\to A \quad (x\to\infty),$$

这个定义叫做函数极限的“$\varepsilon-X$”定义. 如果用数学语言来描述就是：

$$\lim_{x\to+\infty}f(x)=A\Leftrightarrow\forall\varepsilon>0,\ \exists X>0, \text{当}|x|>X\text{时}, |f(x)-A|<\varepsilon.$$

类似地，可定义

$$\lim_{x\to-\infty} f(x) = A \text{ 和 } \lim_{x\to+\infty} f(x) = A.$$

定理　$\lim_{x\to+\infty} f(x) = A \Leftrightarrow \lim_{x\to-\infty} f(x) = A$ 且 $\lim_{x\to+\infty} f(x) = A$.

极限 $\lim_{x\to+\infty} f(x) = A$ 的几何意义如下：

对于任意给定的 $\varepsilon > 0$，存在着正数 X，使得当 x 满足不等式 $|x| > X$ 时，函数 $f(x)$ 的图像都落在两条直线 $y = A + \varepsilon$ 和 $y = A - \varepsilon$ 之间，如图 2-2-1 所示.

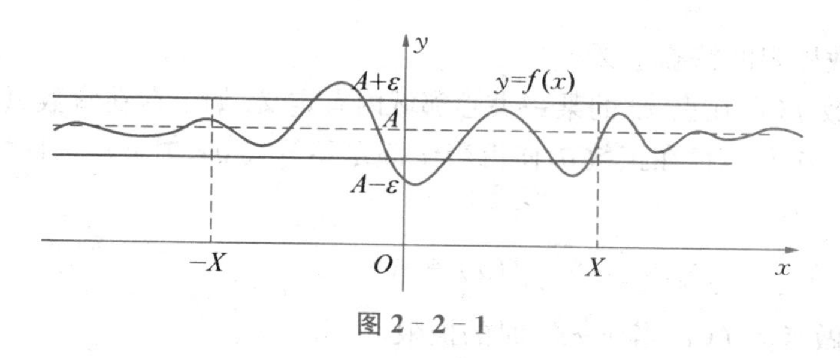

图 2-2-1

例 1　证明 $\lim_{x\to+\infty} \frac{1}{x} = 0$.

分析　$|f(x) - A| = \left|\frac{1}{x} - 0\right| = \frac{1}{|x|}$. $\forall \varepsilon > 0$，要使 $|f(x) - A| < \varepsilon$，只要 $|x| > \frac{1}{\varepsilon}$.

证明　因为 $\forall \varepsilon > 0$，$\exists X = \frac{1}{\varepsilon} > 0$，当 $|x| > X$ 时，有

$$|f(x) - A| = \left|\frac{1}{x} - 0\right| = \frac{1}{|x|} < \varepsilon,$$

所以 $\lim_{x\to+\infty} \frac{1}{x} = 0$.

直线 $y = 0$ 是函数 $y = \frac{1}{x}$ 的水平渐近线.

一般地，如果 $\lim_{x\to+\infty} f(x) = c$，则直线 $y = c$ 称为函数 $y = f(x)$ 的图形的水平渐近线，如图 2-2-2 所示.

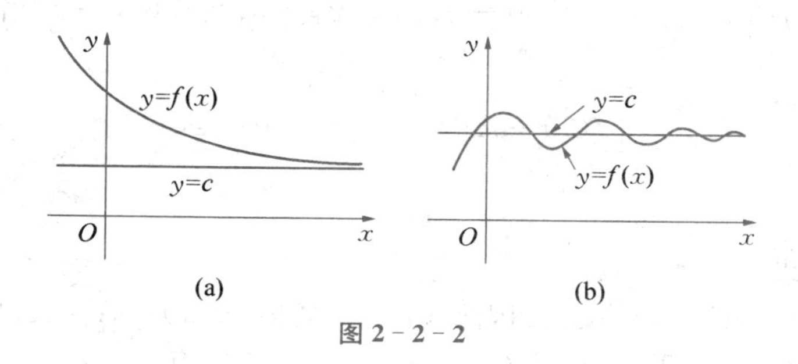

图 2-2-2

二、自变量 $x \to x_0$ 时函数的极限

通俗地说，如果当 x 无限接近于 x_0，函数 $f(x)$ 的值无限接近于常数 A，则称当 x 趋于 x_0

时，$f(x)$以 A 为极限，记作

$$\lim_{x\to x_0} f(x)=A \text{ 或 } f(x)\to A \quad (\text{当 } x\to x_0).$$

在 $x\to x_0$ 的过程中，$f(x)$无限接近于 A，就是 $|f(x)-A|$ 能任意小. 或者说，在 x 与 x_0 接近到一定程度(如 $|x-x_0|<\delta$，δ 为某一正数)时，$|f(x)-A|$ 可以小于任意给定的(小的)正数 ε，即 $|f(x)-A|<\varepsilon$；反之，对于任意给定的正数 ε，如果 x 与 x_0 接近到一定程度(如 $|x-x_0|<\delta$，δ 为某一正数)时，就有 $|f(x)-A|<\varepsilon$，则能保证当 $x\to x_0$ 时，$f(x)$无限接近于 A.

下面给出函数极限的精确定义.

定义 设函数 $f(x)$在点 x_0 的某一去心邻域内有定义. 如果存在常数 A，对于任意给定的正数 ε(不论它多么小)，总存在正数 δ，使得当 x 满足不等式 $0<|x-x_0|<\delta$ 时，对应的函数值 $f(x)$都满足不等式

$$|f(x)-A|<\varepsilon,$$

那么常数 A 就叫做函数 $f(x)$当 $x\to x_0$ 时的极限，记为

$$\lim_{x\to x_0} f(x)=A \text{ 或 } f(x)\to A \quad (\text{当 } x\to x_0),$$

这个定义叫做函数极限的"$\varepsilon-\delta$"定义，用数学语言来描述就是：

$$\lim_{x\to x_0} f(x)=A \Leftrightarrow \forall \varepsilon>0, \exists \delta>0,$$

当 $0<|x-x_0|<\delta$ 时，$|f(x)-A|<\varepsilon$.

函数极限 $\lim\limits_{x\to x_0} f(x)=A$ 的几何意义如下：

对于任意给定的 $\varepsilon>0$，存在着正数 δ，当 x 落在点 x_0 的 δ 邻域内(点 x_0 可不包括)时，函数 $y=f(x)$ 的图像都落在两条直线 $y=A+\varepsilon$ 和 $y=A-\varepsilon$ 之间，如图 2-2-3 所示.

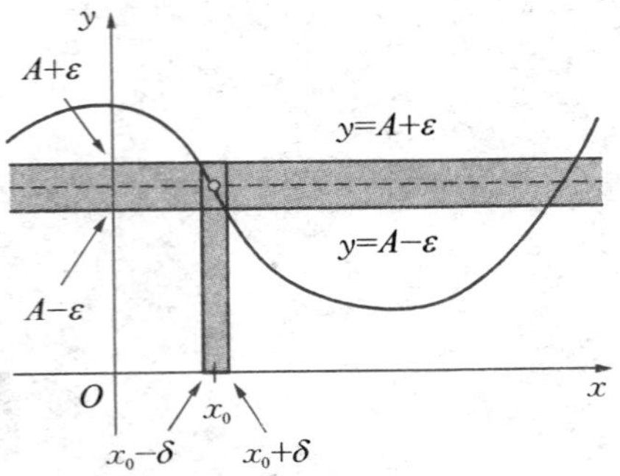

图 2-2-3

例 2 证明 $\lim\limits_{x\to x_0} c=c$.

证明 这里 $|f(x)-A|=|c-c|=0$，因为 $\forall \varepsilon>0$，可任取 $\delta>0$，当 $0<|x-x_0|<\varepsilon$ 时，有

$$|f(x)-A|=|c-c|=0<\varepsilon,$$

所以 $\lim\limits_{x\to x_0} c=c$.

例 3 证明 $\lim\limits_{x\to x_0} x=x_0$.

分析 $|f(x)-A|=|x-x_0|$. 因此 $\forall \varepsilon>0$，要使 $|f(x)-A|<\varepsilon$，只要 $|x-x_0|<\varepsilon$.

证明 因为 $\forall \varepsilon>0$，$\exists \delta=\varepsilon$，当 $0<|x-x_0|<\delta$ 时，有

$$|f(x)-A|=|x-x_0|<\varepsilon,$$

所以 $\lim\limits_{x\to x_0} x=x_0$.

定义中的 δ 依赖于 ε，但并不唯一. 因为如果已找到一个适合定义要求的 δ，那么一切小于这个 δ 的正数显然也都能适合定义要求. 值得注意的是，当 $x \to x_0$ 时，$f(x)$ 的极限是否存在与 $f(x)$ 在点 x_0 处是否有定义以及 $f(x)$ 取什么值都无关.

例 4　证明 $\lim\limits_{x \to 1} \dfrac{2x^2 - x - 1}{x - 1} = 3$.

证明　$\forall \varepsilon > 0$，要使 $\left| \dfrac{2x^2 - x - 1}{x - 1} - 3 \right| < \varepsilon$，即 $|(2x+1) - 3| < \varepsilon$，也即 $|2(x-1)| < \varepsilon$，于是 $\forall \varepsilon > 0$，取 $\delta = \dfrac{\varepsilon}{2}$，当 $0 < |x - 1| < \delta$ 时，有 $|x - 1| < \dfrac{\varepsilon}{2}$ 成立，即有

$$\left| \frac{2x^2 - x - 1}{x - 1} - 3 \right| < \varepsilon,$$

所以

$$\lim_{x \to 1} \frac{2x^2 - x - 1}{x - 1} = 3.$$

三、单侧极限

定义　设函数 $f(x)$ 在点 x_0 的某一去心左邻域内有定义. 如果存在常数 A，对于任意给定的正数 ε（不论它多么小），总存在正数 δ，使得当 x 满足不等式 $0 < x_0 - x < \delta$ 时，对应的函数值 $f(x)$ 都满足不等式

$$|f(x) - A| < \varepsilon,$$

那么常数 A 就叫做函数 $f(x)$ 当 $x \to x_0$ 时的左极限，记为

$$\lim_{x \to x_0^-} f(x) = A \text{ 或 } f(x_0^-) = A \quad (\text{当 } x \to x_0^-).$$

定义　设函数 $f(x)$ 在点 x_0 的某一去心右邻域内有定义，如果存在常数 A，对于任意给定的正数 ε（不论它多么小），总存在正数 δ，使得当 x 满足不等式 $0 < x - x_0 < \delta$ 时，对应的函数值 $f(x)$ 都满足不等式

$$|f(x) - A| < \varepsilon,$$

那么常数 A 就叫做函数 $f(x)$ 当 $x \to x_0$ 时的右极限，记为

$$\lim_{x \to x_0^+} f(x) = A \text{ 或 } f(x_0^+) = A \quad (\text{当 } x \to x_0^+).$$

左极限与右极限统称单侧极限

根据左极限与右极限的定义，可得下述定理：

定理　$\lim\limits_{x \to x_0} f(x) = A \Leftrightarrow \lim\limits_{x \to x_0^-} f(x) = \lim\limits_{x \to x_0^+} f(x) = A$.

例 5　已知函数 $f(x) = \begin{cases} x - 1, & x < 0, \\ 0, & x = 0, \\ x + 1, & x > 0, \end{cases}$ 讨论 $x \to 0$ 时的函数极限.

解　这是一个分段函数，$x = 0$ 为分段点.

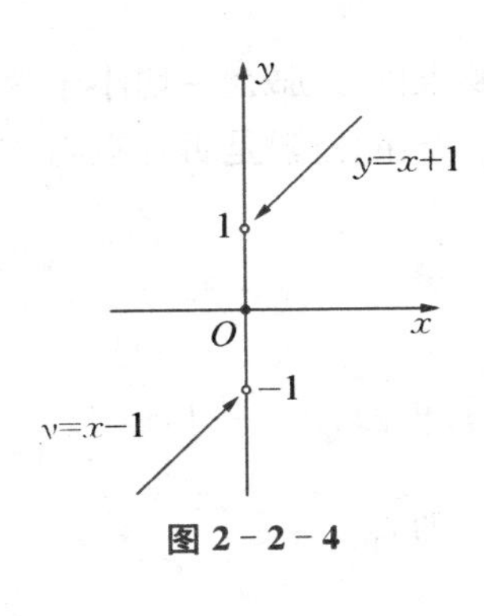

图 2-2-4

$$\lim_{x\to 0^-} f(x) = \lim_{x\to 0^-}(x-1) = -1,$$
$$\lim_{x\to 0^+} f(x) = \lim_{x\to 0^+}(x+1) = 1,$$
$$\lim_{x\to 0^-} f(x) \neq \lim_{x\to 0^+} f(x).$$

故函数当 $x\to 0$ 时的极限不存在,如图 2-2-4 所示.

例 6 证明 $\lim\limits_{x\to 0}\dfrac{|x|}{x}$ 不存在.

证明 $\lim\limits_{x\to 0^+}\dfrac{|x|}{x} = \lim\limits_{x\to 0^+}\dfrac{x}{x} = 1,$

$\lim\limits_{x\to 0^-}\dfrac{|x|}{x} = \lim\limits_{x\to 0^+}\dfrac{-x}{x} = -1.$

因为左右极限不相等,由定理可知 $\lim\limits_{x\to 0}\dfrac{|x|}{x}$ 不存在.

2.2.2 函数极限的性质

这里仅以 $\lim\limits_{x\to x_0} f(x)$ 的形式给出函数极限的性质,其他形式类似可给出.

性质 1(函数极限的唯一性) 如果极限 $\lim\limits_{x\to x_0} f(x)$ 存在,那么这极限唯一.

性质 2(函数极限的局部有界性) 如果 $\lim\limits_{x\to x_0} f(x) = A$,那么存在常数 $M>0$ 和 $\delta>0$,使得当 $0<|x-x_0|<\delta$ 时,有

$$|f(x)|\leqslant M.$$

证明 因为 $\lim\limits_{x\to x_0} f(x) = A$,所以对于 $\varepsilon = 1$, $\exists\delta>0$,当 $0<|x-x_0|<\delta$ 时,有

$$|f(x)-A|<\varepsilon = 1,$$

于是

$$|f(x)| = |f(x)-A+A| = |f(x)-A|+|A|<1+|A|.$$

这就证明了在 x_0 的去心邻域 $\{x\mid 0<|x-x_0|<\delta\}$ 内, $f(x)$ 是有界的.

性质 3(函数极限的局部保号性) 如果 $\lim\limits_{x\to x_0} f(x) = A$,而且 $A>0$(或 $A<0$),那么存在常数 $\delta>0$,使当 $0<|x-x_0|<\delta$ 时,有 $f(x)>0$(或 $f(x)<0$).

证明 这里仅就 $A>0$ 的情形证明.

因为 $\lim\limits_{x\to x_0} f(x) = A$,所以对于 $\varepsilon = \dfrac{A}{2}$, $\exists\delta>0$,当 $0<|x-x_0|<\delta$ 时,有

$$|f(x)-A|<\varepsilon = \frac{A}{2}\Rightarrow A-\frac{A}{2}<f(x)\Rightarrow f(x)>\frac{A}{2}>0.$$

特殊地,如果 $\lim\limits_{x\to x_0} f(x) = A(A\neq 0)$,那么存在点 x_0 的某一去心邻域,在该邻域内有 $|f(x)|>\dfrac{1}{2}|A|$.

下面介绍函数极限与数列极限的关系.

定理　如果当 $x \to x_0$ 时，$f(x)$ 的极限存在，$\{x_n\}$ 为 $f(x)$ 的定义域内任一收敛于 x_0 的数列，且满足 $x_n \neq x_0 (n \in \mathbf{N}^+)$，那么相应的函数值数列 $\{f(x_n)\}$ 必收敛，且

$$\lim_{n \to \infty} f(x_n) = \lim_{x \to x_0} f(x).$$

证明　设 $\lim\limits_{x \to x_0} f(x) = A$，则 $\forall \varepsilon > 0, \exists \delta > 0$，当 $0 < |x - x_0| < \delta$ 时，有

$$|f(x) - A| < \varepsilon.$$

又因为 $x_n \to x_0 (n \to \infty)$，故对 $\delta > 0, \exists N \in \mathbf{N}^+$，当 $n > N$ 时，有 $|x_n - x_0| < \delta$.

由假设，$x_n \neq x_0 (n \in \mathbf{N}^+)$，故当 $n > N$ 时，$0 < |x_n - x_0| < \delta$，从而 $|f(x) - A| < \varepsilon$，即

$$\lim_{n \to \infty} f(x_n) = \lim_{x \to x_0} f(x).$$

2.2.3　函数极限的运算

定理(函数极限的运算法则)　如果 $\lim f(x) = A$，$\lim g(x) = B$，那么

(1) $\lim[f(x) \pm g(x)] = \lim f(x) \pm \lim g(x) = A \pm B$；

(2) $\lim f(x) \cdot g(x) = \lim f(x) \cdot \lim g(x) = A \cdot B$；

(3) $\lim \dfrac{f(x)}{g(x)} = \dfrac{\lim f(x)}{\lim g(x)} = \dfrac{A}{B} (B \neq 0)$；

(4) $\lim[cf(x)] = c\lim f(x) = cA$.

上述定理同样没有注明趋向，表明任何趋向下都成立.

例 7　求 $\lim\limits_{x \to 1}(3x + 2)$.

解　$\lim\limits_{x \to 1}(3x + 2) = \lim\limits_{x \to 1} 3x + \lim\limits_{x \to 1} 2 = 3\lim\limits_{x \to 1} x + 2 = 3 \cdot 1 + 2 = 5$.

一般地，若多项式 $P(x) = a_0 x^n + a_1 x^{n-1} + \cdots + a_n$，则

$$\lim_{x \to x_0} P(x) = P(x_0).$$

例 8　计算 $\lim\limits_{t \to 0} \dfrac{\sqrt{t^2 + 9} - 3}{t^2}$.

解　不能直接应用除法法则来计算，是因为分母的极限为 0. 将分子进行初等代数的有理化：

$$\lim_{t \to 0} \frac{\sqrt{t^2 + 9} - 3}{t^2} = \lim_{t \to 0} \frac{\sqrt{t^2 + 9} - 3}{t^2} \cdot \frac{\sqrt{t^2 + 9} + 3}{\sqrt{t^2 + 9} + 3} = \lim_{t \to 0} \frac{(t^2 + 9) - 9}{t^2(\sqrt{t^2 + 9} + 3)}$$

$$= \lim_{t \to 0} \frac{t^2}{t^2(\sqrt{t^2 + 9} + 3)} = \lim_{t \to 0} \frac{1}{\sqrt{t^2 + 9} + 3} = \frac{1}{6}.$$

一般地，称多项式的商 $f(x) = \dfrac{P(x)}{Q(x)}$ 为**有理函数**. 有理函数的极限 $\lim\limits_{x \to x_0} \dfrac{P(x)}{Q(x)}$ 可按下列方法进行：

(1) 当 $Q(x_0) \neq 0$ 时，$\lim\limits_{x \to x_0} \dfrac{P(x)}{Q(x)} = \dfrac{P(x_0)}{Q(x_0)}$；

(2) 当 $Q(x_0)=0$ 且 $P(x_0)\neq 0$ 时，$\lim\limits_{x\to x_0}\dfrac{P(x)}{Q(x)}=\infty$；

(3) 当 $Q(x_0)=P(x_0)=0$ 时，先将分子分母的公因式 $(x-x_0)$ 约去.

例 9 求 $\lim\limits_{x\to 2}\dfrac{x-2}{x^2-4}$.

解 $\lim\limits_{x\to 2}\dfrac{x-2}{x^2-4}=\lim\limits_{x\to 2}\dfrac{x-2}{(x-2)(x+2)}=\lim\limits_{x\to 2}\dfrac{1}{x+2}=\dfrac{\lim\limits_{x\to 2}1}{\lim\limits_{x\to 2}(x+2)}=\dfrac{1}{4}$.

例 10 求 $\lim\limits_{x\to+\infty}\dfrac{3x^3+4x^2+2}{7x^3+5x^2-3}$.

解 先用 x^3 去除分子及分母，然后取极限：

$$\lim_{x\to+\infty}\frac{3x^3+4x^2+2}{7x^3+5x^2-3}=\lim_{x\to+\infty}\frac{3+\dfrac{4}{x}+\dfrac{2}{x^3}}{7+\dfrac{5}{x}-\dfrac{3}{x^3}}=\frac{3}{7}.$$

一般地，有理函数的极限

$$\lim_{x\to+\infty}\frac{a_0x^n+a_1x^{n-1}+\cdots+a_n}{b_0x^m+b_1x^{m-1}+\cdots+b_m}=\begin{cases}0, & n<m,\\ \dfrac{a_0}{b_0}, & n=m,\\ \infty, & n>m.\end{cases}$$

定理(复合函数的极限运算法则) 设函数 $y=f[g(x)]$ 是由函数 $y=f(u)$ 与函数 $u=g(x)$ 复合而成，$f[g(x)]$在点 x_0 的某一去心邻域内有定义，若 $\lim\limits_{x\to x_0}g(x)=u_0$，$\lim\limits_{u\to u_0}f(u)=A$，且在 x_0 的某一去心邻域内 $g(x)\neq u_0$，则

$$\lim_{x\to x_0}f[g(x)]=\lim_{u\to u_0}f(u)=A.$$

证明 设在 $\{x\mid 0<|x-x_0|<\delta\}$ 内，$g(x)\neq u_0$.

要证 $\forall\varepsilon>0$，$\exists\delta>0$，当 $0<|x-x_0|<\delta$ 时，有 $|f[g(x)]-A|<\varepsilon$.

因为 $f(x)\to A(u\to u_0)$，所以 $\forall\varepsilon>0$，$\exists\eta>0$，当 $0<|u-u_0|<\eta$ 时，有

$$|f(u)-A|<\varepsilon.$$

又 $g(x)\to u_0(x\to x_0)$，所以对上述 $\eta>0$，$\exists\delta_1>0$，当 $0<|x-x_0|<\delta_1$ 时，有

$$|g(x)-u|<\eta.$$

取 $\delta=\min\{\delta_0,\delta_1\}$，则当 $0<|x-x_0|<\delta$ 时，$0<|g(x)-u_0|<\eta$，从而

$$|f[g(x)]-A|=|f(u)-A|<\varepsilon.$$

例 11 求 $\lim\limits_{x\to 2}\sqrt{\dfrac{x^2-4}{x-2}}$.

解 $y=\sqrt{\dfrac{x^2-4}{x-2}}$ 是由 $y=\sqrt{u}$ 与 $u=\dfrac{x^2-4}{x-2}$ 复合而成的.

因为 $\lim\limits_{x\to 2}\dfrac{x^2-4}{x-2}=4$，所以 $\lim\limits_{x\to 2}\sqrt{\dfrac{x^2-4}{x-2}}=\lim\limits_{u\to 4}\sqrt{u}=\sqrt{4}=2$.

2.2.4　函数极限的夹逼定理与重要极限

定理(函数极限的夹逼定理)　如果函数 $f(x)$，$g(x)$及 $h(x)$满足下列条件：

(1) $g(x) \leqslant f(x) \leqslant h(x)$，

(2) $\lim g(x) = A$，$\lim h(x) = A$，

那么 $\lim f(x)$存在，且 $\lim f(x) = A$.

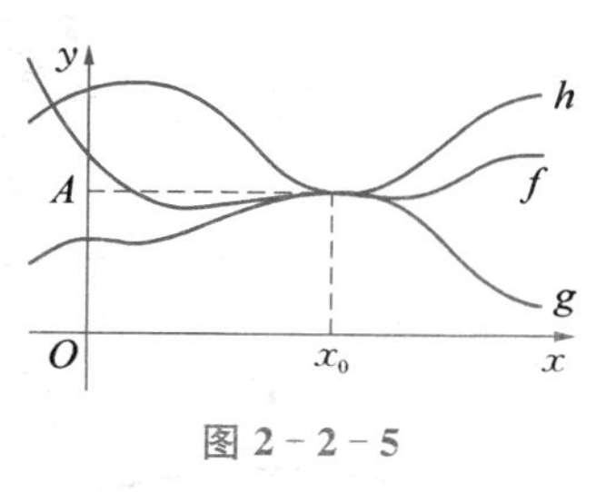

图 2-2-5

注意上述定理没有注明趋向，表明任何趋向都可以. 如果上述极限过程是 $x \to x_0$，要求函数在 x_0 的某一去心邻域内有定义，如图 2-2-5 所示；上述极限过程是 $x \to \infty$，要求函数当 $|x| > M$ 时有定义.

下面根据函数极限的夹逼定理证明第二个重要极限：

$$\lim_{x \to 0} \frac{\sin x}{x} = 1.$$

证明　首先注意到函数$\frac{\sin x}{x}$对于一切 $x \neq 0$ 都有定义. 借助单位圆的相关知识来证明，如图 2-2-6 所示.

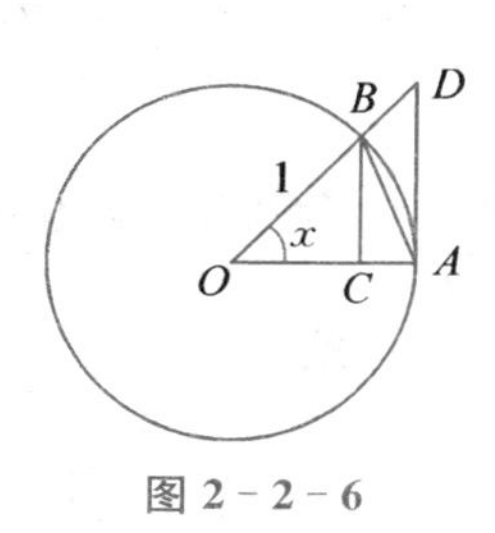

图 2-2-6

图 2-2-6 中的圆为单位圆，$BC \perp OA$，$DA \perp OA$. 圆心角 $\angle AOB = x\left(0 < x < \frac{\pi}{2}\right)$. 显然 $\sin x = BC$，$x = \overset{\frown}{AB}$，$\tan x = AD$，且有

$$BC < \overset{\frown}{AB} < AD,$$

即

$$\sin x < x < \tan x.$$

不等号各边都除以 $\sin x$，得

$$1 < \frac{x}{\sin x} < \frac{1}{\cos x},$$

即

$$\cos x < \frac{\sin x}{x} < 1.$$

注意此不等式当 $-\frac{\pi}{2} < x < 0$ 时也是成立的.

下面来证明 $\lim\limits_{x \to 0} \cos x = 1$. 当 $0 < |x| < \frac{\pi}{2}$ 时，

$$0 < |\cos x - 1| = 1 - \cos x = 2\sin^2 \frac{x}{2} < 2\left(\frac{x}{2}\right)^2 = \frac{x^2}{2},$$

即

$$0 < 1 - \cos x < \frac{x^2}{2}.$$

当 $x\to 0$ 时，$\frac{x^2}{2}\to 0$，故由函数极限的夹逼定理可知 $x\to 0$ 时，$1-\cos x\to 0$，即

$$\lim_{x\to 0}\cos x = 1.$$

针对不等式 $\cos x<\frac{\sin x}{x}<1$，因为 $\lim\limits_{x\to 0}\cos x=1$，$\lim\limits_{x\to 0}1=1$，根据函数极限的夹逼定理，有

$$\lim_{x\to 0}\frac{\sin x}{x}=1.$$

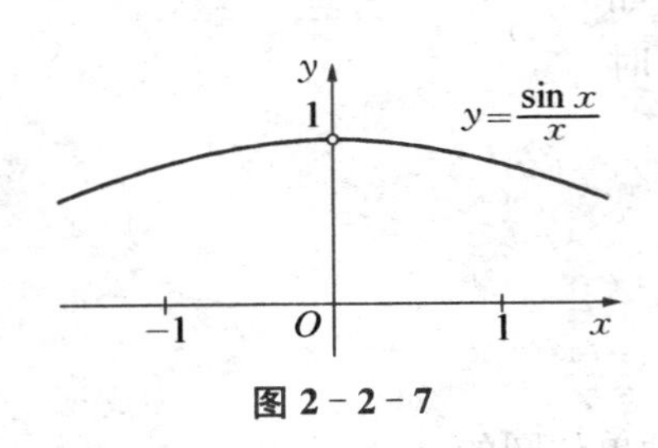

图 2-2-7

从图 2-2-7 可以验证重要极限 $\lim\limits_{x\to 0}\frac{\sin x}{x}=1$ 的正确.

应当注意的是，在重要极限 $\lim\limits_{x\to 0}\frac{\sin x}{x}=1$ 中，x 仅为一个变量表示，事实上它可以换成任意的式子或符号. 例如，只要 $\square\to 0$，就有

$$\lim_{\square\to 0}\frac{\sin\square}{\square}=1.$$

例 12 求 $\lim\limits_{x\to 0}\frac{\tan 2x}{\sin 3x}$.

解

$$\begin{aligned}\lim_{x\to 0}\frac{\tan 2x}{\sin 3x}&=\lim_{x\to 0}\frac{\sin 2x}{2x}\cdot\frac{3x}{\sin 3x}\cdot\frac{1}{\cos 2x}\cdot\frac{2}{3}\\&=\frac{2}{3}\lim_{x\to 0}\frac{\sin 2x}{2x}\lim_{x\to 0}\frac{3x}{\sin 3x}\lim_{x\to 0}\frac{1}{\cos 2x}=\frac{2}{3}.\end{aligned}$$

例 13 求 $\lim\limits_{x\to 0}\frac{1-\cos x}{x^2}$.

解

$$\begin{aligned}\lim_{x\to 0}\frac{1-\cos x}{x^2}&=\lim_{x\to 0}\frac{2\sin^2\frac{x}{2}}{x^2}=\frac{1}{2}\lim_{x\to 0}\frac{\sin^2\frac{x}{2}}{\left(\frac{x}{2}\right)^2}\\&=\frac{1}{2}\lim_{x\to 0}\left(\frac{\sin\frac{x}{2}}{\frac{x}{2}}\right)^2=\frac{1}{2}\cdot 1^2=\frac{1}{2}.\end{aligned}$$

在§2.1 节数列极限中我们介绍了一个重要极限

$$\lim_{n\to\infty}\left(1+\frac{1}{n}\right)^n=\mathrm{e},$$

这里对其进行推广. 可以证明，对于任意的变量 x，也有

$$\lim_{x\to+\infty}\left(1+\frac{1}{x}\right)^x=\mathrm{e}.$$

这是因为当 $x\to\infty$ 时，取 $n\leqslant x\leqslant n+1$，则有

$$\frac{1}{n}\geqslant\frac{1}{x}\geqslant\frac{1}{n+1},$$

$$1+\frac{1}{n} \geqslant 1+\frac{1}{x} \geqslant 1+\frac{1}{n+1},$$

于是

$$\left(1+\frac{1}{n}\right)^{n+1} \geqslant \left(1+\frac{1}{x}\right)^{x} \geqslant \left(1+\frac{1}{n+1}\right)^{n}.$$

因为

$$\lim_{n\to\infty}\left(1+\frac{1}{n}\right)^{n+1} = \lim_{n\to\infty}\left(1+\frac{1}{n}\right)^{n} \cdot \lim_{n\to\infty}\left(1+\frac{1}{n}\right) = \mathrm{e},$$

$$\lim_{n\to\infty}\left(1+\frac{1}{n+1}\right)^{n} = \lim_{n\to\infty}\left(1+\frac{1}{n+1}\right)^{n+1} \cdot \lim_{n\to\infty}\left(1+\frac{1}{n+1}\right)^{-1} = \mathrm{e},$$

由夹逼定理，

$$\lim_{x\to+\infty}\left(1+\frac{1}{x}\right)^{x} = \mathrm{e}.$$

上述公式将 x 换为其他变量或是任意的式子或符号也都是成立的，即

$$\lim_{\square\to\infty}\left(1+\frac{1}{\square}\right)^{\square} = \mathrm{e}.$$

如果令 $t=\frac{1}{x}$，则当 $x\to\infty$ 时，$t\to 0$，上述公式可写为

$$\lim_{t\to 0}(1+t)^{\frac{1}{t}} = \mathrm{e} \text{ 或 } \lim_{\square\to 0}(1+\square)^{\frac{1}{\square}} = \mathrm{e}.$$

例 14　计算 $\lim\limits_{x\to+\infty}\left(1-\frac{1}{x}\right)^{x}$.

解　令 $t=-x$，则 $x\to\infty$ 时，$t\to\infty$. 于是

$$\lim_{x\to+\infty}\left(1-\frac{1}{x}\right)^{x} = \lim_{t\to\infty}\left(1+\frac{1}{t}\right)^{-t} = \lim_{t\to\infty}\frac{1}{\left(1+\frac{1}{t}\right)^{t}} = \frac{1}{\mathrm{e}} = \mathrm{e}^{-1},$$

或

$$\lim_{x\to+\infty}\left(1-\frac{1}{x}\right)^{x} = \lim_{x\to+\infty}\left(1+\frac{1}{-x}\right)^{-x(-1)} = \left[\lim_{x\to+\infty}\left(1+\frac{1}{-x}\right)^{-x}\right]^{-1} = \mathrm{e}^{-1}.$$

例 15　计算 $\lim\limits_{x\to+\infty}\left(1+\frac{1}{x}\right)^{2x+3}$.

解　$\lim\limits_{x\to+\infty}\left(1+\frac{1}{x}\right)^{2x+3} = \lim\limits_{x\to+\infty}\left(1+\frac{1}{x}\right)^{2x} \cdot \left(1+\frac{1}{x}\right)^{3} = \mathrm{e}^{2}\cdot 1 = \mathrm{e}^{2}.$

练习 2.2

1. 用 ε-δ 语言证明：

(1) $\lim\limits_{x\to 3}(3x-1)=8$；　　(2) $\lim\limits_{x\to 3}\frac{x-3}{x^{2}-9}=\frac{1}{6}$；

(3) $\lim_{x\to 0^+}\sqrt{x}=0$；　　(4) $\lim_{x\to 1^-}\sqrt{1-x}=0$.

2. 求下列函数在指定点的极限，如果不存在请说明理由.

(1) $f(x)=\frac{|x|}{x}$，在 $x=0$ 处；

(2) $f(x)=\begin{cases}x+4, & x<1,\\ 2x-1, & x\geqslant 1,\end{cases}$ 在 $x=0$, $x=1$, $x=2$ 处；

(3) $f(x)=\frac{1}{x-2}$，在 $x=2$ 处；

(4) $f(x)=\begin{cases}x+2, & x<-1,\\ 2x+3, & x\geqslant -1,\end{cases}$ 在 $x=-1$ 处.

3. 用 $\varepsilon-X$ 语言证明：

(1) $\lim_{x\to+\infty}\frac{2x+3}{x}=2$；　　(2) $\lim_{x\to-\infty}2^x=0$.

4. 求下列各极限：

(1) $\lim_{x\to-2}(3x^2-5x+2)$；　　(2) $\lim_{x\to 0}\left(1-\frac{2}{x-3}\right)$；

(3) $\lim_{x\to\sqrt{3}}\frac{x^2-3}{x^4+x^2+1}$；　　(4) $\lim_{x\to 2}\frac{x^2-3}{x-2}$；

(5) $\lim_{x\to 1}\frac{x^2-1}{2x^2-x-1}$；　　(6) $\lim_{x\to 0}\frac{4x^3-2x^2+x}{3x^2+2x}$；

(7) $\lim_{x\to 1}\frac{x^2-3x+2}{1-x^2}$；　　(8) $\lim_{h\to 0}\frac{(x+h)^3-x^3}{h}$；

(9) $\lim_{x\to 1}\frac{x^n-1}{x-1}$ (n 为正整数)；　　(10) $\lim_{x\to\frac{\pi}{6}}\frac{2\sin^2x+\sin x-1}{2\sin^2x-3\sin x+1}$；

(11) $\lim_{x\to+\infty}\frac{2x+3}{6x-1}$；　　(12) $\lim_{x\to+\infty}\frac{1\,000x}{1+x^2}$；

(13) $\lim_{n\to\infty}\frac{(n-1)^2}{n+1}$；　　(14) $\lim_{u\to+\infty}\frac{\sqrt[4]{1+u^3}}{1+u}$；

(15) $\lim_{x\to+\infty}\frac{2x+1}{\sqrt[5]{x^3+x^2-2}}$；　　(16) $\lim_{x\to+\infty}\frac{(\sqrt{x^2+1}+2x)^2}{3x^2+1}$；

(17) $\lim_{x\to+\infty}\frac{(2x-1)^{30}(3x-2)^{20}}{(2x+1)^{50}}$；　　(18) $\lim_{x\to 0}\frac{x^2}{1-\sqrt{1+x^2}}$；

(19) $\lim_{x\to 0}\frac{\sqrt[n]{1+x}-1}{\frac{x}{n}}$；　　(20) $\lim_{x\to-8}\frac{\sqrt{1-x}-3}{2+\sqrt[3]{x}}$；

(21) $\lim_{x\to 4}\frac{\sqrt{2x+1}-3}{\sqrt{x-2}-\sqrt{2}}$；　　(22) $\lim_{x\to 1}\left(\frac{3}{1-x^3}-\frac{1}{1-x}\right)$；

(23) $\lim_{x\to+\infty}(\sqrt{x^2+x+1}-\sqrt{x^2-x+1})$；　　(24) $\lim_{x\to+\infty}(\sqrt{(x+p)(x+q)}-x)$；

(25) $\lim_{n\to\infty}\left(\frac{1}{n^2}+\frac{2}{n^2}+\cdots+\frac{n}{n^2}\right)$；　　(26) $\lim_{n\to\infty}\frac{1+3+5+\cdots+(2n-1)}{2+4+6+\cdots+2n}$；

(27) $\lim_{n\to\infty}(\sqrt{2}\cdot\sqrt[4]{2}\cdot\sqrt[8]{2}\cdot\cdots\cdot\sqrt[2^n]{2})$；　　(28) $\lim_{x\to+\infty}\frac{x^2+1}{x^3+x}(3+\cos x)$；

(29) $\lim_{x\to-1}\left(\frac{1}{x+1}+\frac{1}{x^2-1}\right)$；　　(30) $\lim_{x\to+\infty}\frac{\sin x^2+x}{\cos^2x-x}$.

5. 计算下列极限：

(1) $\lim\limits_{x\to 0}x\cot x$；

(2) $\lim\limits_{x\to 0}\dfrac{1-\cos 2x}{x\sin x}$；

(3) $\lim\limits_{x\to 0}\dfrac{2\arcsin x}{3x}$；

(4) $\lim\limits_{n\to\infty}2^n\sin\dfrac{x}{2^n}$；

(5) $\lim\limits_{x\to 0^+}\dfrac{x}{\sqrt{1-\cos x}}$；

(6) $\lim\limits_{x\to\pi}\dfrac{\sin x}{\pi-x}$；

(7) $\lim\limits_{x\to+\infty}\dfrac{3x^2+5}{5x+3}\sin\dfrac{2}{x}$；

(8) $\lim\limits_{x\to 0}\dfrac{x-\sin x}{x+\sin x}$；

(9) $\lim\limits_{x\to 0}(1-x)^{\frac{2}{x}}$；

(10) $\lim\limits_{x\to+\infty}\left(\dfrac{1+x}{x}\right)^{3x}$；

(11) $\lim\limits_{x\to+\infty}\left(1-\dfrac{2}{x}\right)^{\frac{x}{2}-1}$；

(12) $\lim\limits_{x\to\frac{\pi}{2}}(1+\cos x)^{2\sec x}$；

(13) $\lim\limits_{x\to+\infty}\left(\dfrac{x}{x+1}\right)^{x+3}$；

(14) $\lim\limits_{x\to 0}(1+xe^x)^{\frac{1}{x}}$；

(15) $\lim\limits_{n\to\infty}\left(\dfrac{\sqrt{n^2+1}}{n+1}\right)^n$；

(16) $\lim\limits_{x\to\frac{\pi}{4}}(\tan x)^{\tan 2x}$.

6. 求下列极限：

(1) $\lim\limits_{x\to 1}(3x^5+2\sqrt{x}+3)$；

(2) $\lim\limits_{x\to 1}\dfrac{2x+1}{x^2+x}$；

(3) $\lim\limits_{x\to\frac{\pi}{4}}(x\tan x-1)$；

(4) $\lim\limits_{x\to -2}\dfrac{x^2+2x}{3x^2+x-10}$；

(5) $\lim\limits_{x\to 4}\dfrac{\sqrt{x}-2}{x-4}$；

(6) $\lim\limits_{x\to 0}\dfrac{3x^3-2x^2+x}{x^4+4x}$；

(7) $\lim\limits_{x\to+\infty}\dfrac{2x^2-2x+3}{3x^2+1}$；

(8) $\lim\limits_{x\to+\infty}\dfrac{4x^3+2x^2-1}{3x^4+1}$；

(9) $\lim\limits_{x\to+\infty}\dfrac{2x^3+1}{8x^2+7x}$；

(10) $\lim\limits_{x\to 1}\left(\dfrac{3}{1-x^3}-\dfrac{1}{1-x}\right)$.

7. 求下列极限：

(1) $\lim\limits_{x\to 0}(2x^3-x^2+x)$；

(2) $\lim\limits_{x\to 1}(x^2-1)\cos\dfrac{1}{x-1}$；

(3) $\lim\limits_{x\to+\infty}\dfrac{\sqrt[3]{x}\cos x}{x+1}$；

(4) $\lim\limits_{n\to\infty}\dfrac{x^2}{x^3+2x+1}\arctan x$.

§ 2.3　无穷小量与无穷大量

2.3.1　无穷小量

一、无穷小量的定义

如果函数 $f(x)$ 当 $x\to x_0$（或 $x\to\infty$）时的极限为零，那么称函数 $f(x)$ 为当 $x\to x_0$（或 $x\to\infty$）时的无穷小量，简称无穷小. 例如，

因为 $\lim\limits_{x\to+\infty}\frac{1}{x}=0$，所以函数$\frac{1}{x}$为当 $x\to\infty$时的无穷小量；

因为 $\lim\limits_{x\to1}(x-1)=0$，所以函数 $x-1$ 为当 $x\to1$ 时的无穷小量；

因为 $\lim\limits_{x\to+\infty}\frac{1}{x+1}=0$，所以函数$\frac{1}{x+1}$为当 $x\to\infty$时的无穷小量.

注意 无穷小量是这样的函数：在 $x\to x_0$（或 $x\to\infty$）的过程中，极限为零；作为常数函数在自变量的任何变化过程中，其极限就是这个常数本身，不会为零；0 是可以作为无穷小量的唯一的常数.

以下定理说明无穷小量与函数极限的关系：

定理 在自变量的同一变化过程 $x\to x_0$（或 $x\to\infty$）中，函数 $f(x)$具有极限 A 的充分必要条件是 $f(x)=A+\alpha$，其中 α 是这一变化过程中的无穷小.

证明 必要性. 设 $\lim\limits_{x\to x_0}f(x)=A$，$\forall\varepsilon>0$，$\exists\delta>0$，使当 $0<|x-x_0|<\delta$ 时，有

$$|f(x)-A|<\varepsilon.$$

令 $\alpha=f(x)-A$，则 α 是 $x\to x_0$ 时的无穷小，且

$$f(x)=A+\alpha.$$

这就证明了 $f(x)$等于它的极限 A 与一个无穷小 α 之和.

充分性. 设 $f(x)=A+\alpha$，其中 A 是常数，α 是 $x\to x_0$ 时的无穷小，于是

$$|f(x)-A|=|\alpha|.$$

因为 α 是 $x\to x_0$ 时的无穷小，$\forall\varepsilon>0$，$\exists\delta>0$，使当 $0<|x-x_0|<\delta$，有

$$|\alpha|<\varepsilon \text{ 或 } |f(x)-A|<\varepsilon.$$

这就证明了 A 是 $f(x)$当 $x\to x_0$ 时的极限.

类似地，可证明 $x\to\infty$时的情形.

例如，因为 $\frac{1+x^3}{4x^3}=\frac{1}{4}+\frac{1}{4x^3}$，而 $\lim\limits_{x\to+\infty}\frac{1}{4x^3}=0$，所以 $\lim\limits_{x\to+\infty}\frac{1+x^3}{4x^3}=\frac{1}{4}$.

二、无穷小量的性质

性质 1 两个无穷小量的和是无穷小量.

证明 设 α 及 β 是当 $x\to x_0$ 时的两个无穷小，而 $\gamma=\alpha+\beta$.

任意给定的 $\varepsilon>0$. 因为 α 是当 $x\to x_0$ 时的无穷小，对于 $\frac{\varepsilon}{2}>0$，存在着 $\delta_1>0$，当 $0<|x-x_0|<\delta_1$ 时，不等式

$$|\alpha|<\frac{\varepsilon}{2}$$

成立. 因为 β 是当 $x\to x_0$ 时的无穷小，对于 $\frac{\varepsilon}{2}>0$，存在着 $\delta_2>0$，当 $0<|x-x_0|<\delta_2$ 时，不等式

$$|\beta|<\frac{\varepsilon}{2}$$

成立. 取 $\delta=\min\{\delta_1, \delta_2\}$,则当 $0<|x-x_0|<\delta$ 时,

$$|\alpha|<\frac{\varepsilon}{2} \text{ 及 } |\beta|<\frac{\varepsilon}{2}$$

同时成立,从而

$$|\gamma|=|\alpha+\beta|\leqslant|\alpha|+|\beta|<\frac{\varepsilon}{2}+\frac{\varepsilon}{2}=\varepsilon.$$

这就证明了 γ 也是当 $x\to x_0$ 时的无穷小.

例如,当 $x\to 0$ 时,x 与 $\sin x$ 都是无穷小,$x+\sin x$ 也是无穷小.

推论 1 有限个无穷小量的和或差也是无穷小量.

性质 2 有界函数与无穷小量的乘积是无穷小量.

证明 设函数 u 在 x_0 的某一去心邻域 $\{x \mid 0<|x-x_0|<\delta_1\}$ 内有界,即 $\exists M>0$,使当 $0<|x-x_0|<\delta_1$ 时,有 $|u|\leqslant M$. 又设 α 是当 $x\to x_0$ 时的无穷小量,即 $\forall \varepsilon>0$. 存在 $\delta_2>0$,使当 $0<|x-x_0|<\delta_2$ 时,有 $|\alpha|<\frac{\varepsilon}{M}$. 取 $\delta=\min\{\delta_1, \delta_2\}$,则当 $0<|x-x_0|<\delta$ 时,有

$$|u\cdot\alpha|<M\cdot\frac{\varepsilon}{M}=\varepsilon.$$

这说明 $u\cdot\alpha$ 也是无穷小量.

例如,当 $x\to\infty$ 时,$\frac{1}{x}$ 是无穷小量,$\sin x$ 是有界函数,所以 $\frac{1}{x}\sin x$ 也是无穷小量.

推论 2 常数与无穷小量的乘积是无穷小量.

推论 3 有限个无穷小量的乘积也是无穷小量.

三、无穷小量的比较

我们知道有限个无穷小量的和、差和积都为无穷小量,但是,两个无穷小量的商并不一定是无穷小量. 如 $x\to 0$ 时,

$$\lim_{x\to 0}\frac{\sin x}{x}=1, \lim_{x\to 0}\frac{x^2}{x}=0, \lim_{x\to 0}\frac{x}{x^2}=\infty.$$

这说明无穷小量在趋于零时的速度存在差异. 下面给出无穷小量比较的概念.

定义 设 α 与 β 为 x 在同一变化过程中的两个无穷小量,

(1) 若 $\lim\frac{\beta}{\alpha}=0$,就说 β 是比 α 高阶的无穷小量,记为 $\beta=o(\alpha)$;

(2) 若 $\lim\frac{\beta}{\alpha}=\infty$,就说 β 是比 α 低阶的无穷小量;

(3) 若 $\lim\frac{\beta}{\alpha}=C\neq 0$,就说 β 是比 α 同阶的无穷小量;特别地,当 $\lim\frac{\beta}{\alpha}=1$,就说 β 与 α 是等价无穷小量,记为 $\alpha\sim\beta$;

(4) 若 $\lim\frac{\beta}{\alpha^k}=C\neq 0$,就说 β 是关于 α 的 k 阶无穷小量.

例如,当 $x\to 0$ 时,x^2 是 x 的高阶无穷小量,即 $x^2=o(x)$;反之 x 是 x^2 的低阶无穷小量;x^2 与 $1-\cos x$ 是同阶无穷小量;x 与 $\sin x$ 是等价无穷小量,即 $x\sim\sin x$.

注意 并非任意两个无穷小量都可进行比较. 例如:当 $x\to 0$ 时,$x\sin\dfrac{1}{x}$ 与 x^2 既非同阶、又无高低阶可比较,因为 $\lim\limits_{x\to 0}\dfrac{x\sin\frac{1}{x}}{x^2}$ 不存在.

例 1 证明:当 $x\to 0$ 时,$\sqrt[n]{1+x}-1\sim\dfrac{1}{n}x$.

证明 因为

$$\lim_{x\to 0}\frac{\sqrt[n]{1+x}-1}{\frac{1}{n}x}=\lim_{x\to 0}\frac{(\sqrt[n]{1+x})^n-1}{\frac{1}{n}x[\sqrt[n]{(1+x)^{n-1}}+\sqrt[n]{(1+x)^{n-2}}+\cdots+1]}$$

$$=\lim_{x\to 0}\frac{n}{\sqrt[n]{(1+x)^{n-1}}+\sqrt[n]{(1+x)^{n-2}}+\cdots+1}=1,$$

所以

$$\sqrt[n]{1+x}-1\sim\frac{1}{n}x,\ x\to 0.$$

例 2 计算 $\lim\limits_{x\to 0}\dfrac{\ln(1+x)}{x}$.

解 $\lim\limits_{x\to 0}\dfrac{\ln(1+x)}{x}=\lim\limits_{x\to 0}\ln(1+x)^{\frac{1}{x}}=\ln\mathrm{e}=1.$

这就说明,当 $x\to 0$ 时,$x\sim\ln(1+x)$.

例 3 求 $\lim\limits_{x\to 0}\dfrac{\mathrm{e}^x-1}{x}$.

解 令 $\mathrm{e}^x-1=t$,则 $x=\ln(1+t)$,$x\to 0$ 时 $t\to 0$,于是

$$\lim_{x\to 0}\frac{\mathrm{e}^x-1}{x}=\lim_{t\to 0}\frac{t}{\ln(1+t)}=\lim_{t\to 0}\frac{1}{\frac{1}{t}\ln(1+t)}=\lim_{t\to 0}\frac{1}{\ln(1+t)^{\frac{1}{t}}}=\frac{1}{\ln\mathrm{e}}=1.$$

这也就说明,当 $x\to 0$ 时,$x\sim\mathrm{e}^x-1$.

等价无穷小量具有传递性,即 $\alpha\sim\beta$, $\beta\sim\gamma$,则 $\alpha\sim\gamma$.

常见的等价无穷小量有:

(1) $x\to 0$, $x\sim\sin x$, $x\sim\tan x$, $x\sim\arcsin x$, $x\sim\arctan x$, $1-\cos x\sim\dfrac{1}{2}x^2$, $x\sim\ln(1+x)$, $x\sim\mathrm{e}^x-1$, $(1+x)^\alpha-1\sim\alpha x$,其中 α 为常数;

(2) $x\to 1$, $x-1\sim\ln x$.

用等价无穷小可以简化极限的运算,有下面的定理:

定理 若 α, β, α' 和 β' 均为 x 的同一变化过程中的无穷小,且 $\alpha\sim\alpha'$, $\beta\sim\beta'$, 及 $\lim\dfrac{\beta'}{\alpha'}$ 存在,那么 $\lim\dfrac{\beta}{\alpha}$ 也存在,且

$$\lim \frac{\beta}{\alpha} = \lim \frac{\beta'}{\alpha'}.$$

注意　用等价无穷小量代换计算极限仅适用于积、商的情况，使用时一定要注意定理的条件!

例 4　计算 $\lim\limits_{x\to 0} \dfrac{1-\cos x}{\sin^2 x}$.

解　因为当 $x\to 0$ 时，$1-\cos x \sim \dfrac{1}{2}x^2$，$\sin x \sim x$，所以

$$\lim_{x\to 0}\frac{1-\cos x}{\sin^2 x} = \lim_{x\to 0}\frac{\frac{1}{2}x^2}{x^2} = \frac{1}{2}.$$

例 5　计算 $\lim\limits_{x\to 0}\dfrac{\arcsin 2x}{x^2+2x}$.

解　因为当 $x\to 0$ 时，$\arcsin 2x \sim 2x$，所以

$$\lim_{x\to 0}\frac{\arcsin 2x}{x^2+2x} = \lim_{x\to 0}\frac{2x}{x^2+2x} = \lim_{x\to 0}\frac{2}{x+2} = \frac{2}{2} = 1.$$

2.3.2　无穷大量

如果当 $x\to x_0$（或 $x\to\infty$）时，对应函数值的绝对值 $|f(x)|$ 无限增大，就称函数 $f(x)$ 为当 $x\to x_0$（或 $x\to\infty$）时的无穷大量.

它的精确定义如下：

定义　设函数 $f(x)$ 在点 x_0 的某一去心邻域内有定义，如果对于任意给定的正数 M（不论它多么大），总存在正数 δ，使得当 x 满足不等式 $0<|x-x_0|<\delta$ 时，对应的函数值 $f(x)$ 都满足不等式

$$|f(x)| > M,$$

那么称当 $x\to x_0$ 时函数 $f(x)$ 为**无穷大量**，简称**无穷大**，记为

$$\lim_{x\to x_0} f(x) = \infty.$$

其他趋向下的定义可同理给出，这里略去.

注意　当 $x\to x_0$（或 $x\to\infty$）时为无穷大的函数 $f(x)$，按照函数极限的定义来说，极限是不存在的. $\lim\limits_{x\to x_0} f(x)=\infty$（或 $\lim\limits_{x\to+\infty} f(x)=\infty$）只是为了方便研究的一种记法.

无穷大有正无穷大与负无穷大之分：

$$\lim_{\substack{x\to x_0\\(x\to\infty)}} f(x) = +\infty,\quad \lim_{\substack{x\to x_0\\(x\to\infty)}} f(x) = -\infty.$$

其精确定义读者可自行类似给出.

如果 $\lim\limits_{x\to x_0} f(x)=\infty$，则称直线 $x=x_0$ 是函数 $y=f(x)$ 的图形的**垂直渐近线**

例如，直线 $x=1$ 是函数 $y=\dfrac{1}{x-1}$ 的图形的垂直渐近线，如图 2-3-1 所示.

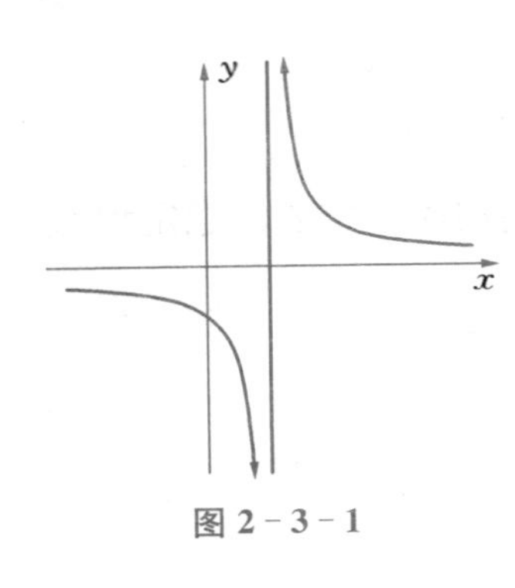

图 2-3-1

定理(无穷大量与无穷小量之间的关系) 在自变量的同一变化过程中，如果 $f(x)$ 为无穷大，则 $\frac{1}{f(x)}$ 为无穷小；反之，如果 $f(x)$ 为无穷小，且 $f(x) \neq 0$，则 $\frac{1}{f(x)}$ 为无穷大.

证明　设 $\lim\limits_{x \to x_0} f(x) = 0$，且 $f(x) \neq 0$，那么对于 $\varepsilon = \frac{1}{M}$，$\exists \delta > 0$，当 $0 < |x - x_0| < \delta$，有 $|f(x)| < \varepsilon = \frac{1}{M}$，由于当 $0 < |x - x_0| < \delta$ 时，$f(x) \neq 0$，从而

$$\left|\frac{1}{f(x)}\right| > M,$$

所以 $\frac{1}{f(x)}$ 为 $x \to x_0$ 时的无穷大.

如果 $\lim\limits_{x \to x_0} f(x) = \infty$，那么对于 $M = \frac{1}{\varepsilon}$，$\exists \delta > 0$，当 $0 < |x - x_0| < \delta$ 时，有

$$|f(x)| > M = \frac{1}{\varepsilon},$$

即 $\left|\frac{1}{f(x)}\right| < \varepsilon$，所以为 $x \to x_0$ 时的无穷小.

练习 2.3

1. 当 $x \to \infty$ 时，下列变量中，哪些是无穷小量？哪些是无穷大量？哪些既非无穷小量，也非无穷大量？

(1) $\left(1+\frac{1}{x^3}\right)^x$；　　(2) $\left(1-\frac{1}{x^3}\right)^x$；

(3) $\left(1+\frac{1}{x}\right)^{x^3}$；　　(4) $\left(1-\frac{1}{x}\right)^{x^3}$.

2. 下列无穷小量在给定的变化过程中，与 x 相比是什么阶的无穷小量？

(1) $x + \sin x^2$，$x \to 0$；　　(2) $\sqrt{x} + \sin x$，$x \to 0^+$；

(3) $\frac{(x+1)x}{4+\sqrt[3]{x}}$，$x \to 0$；　　(4) $\ln(1+2x)$，$x \to 0$.

3. 函数 $y = x\cos x$ 在 $(-\infty, +\infty)$ 内是否有界？这个函数是否为 $x \to +\infty$ 时的无穷大？为什么？

4. 证明：函数 $y = \frac{1}{x}\sin\frac{1}{x}$ 在区间 $(0, 1]$ 上无界，但该函数不是 $x \to 0^+$ 时的无穷大.

5. 当 $x \to 0$ 时，确定无穷小 $\sqrt{a+x^3} - \sqrt{a}\,(a > 0)$ 对于 x 的阶数.

6. 若当 $x \to 0$ 时，$\sqrt{1+ax^2} - 1$ 与 $\sin^2 x$ 为等价无穷小量，求 a.

7. 若 $\lim\limits_{x \to +\infty}\left(\frac{x^2+1}{x+1} - ax - b\right) = 0$，求 a，b 的值.

8. 求下列极限：

(1) $\lim\limits_{x\to+\infty}(\sin\sqrt{x+1}-\sin\sqrt{x})$；　　(2) $\lim\limits_{x\to 0}\dfrac{\sqrt{1+x\sin x}-\cos x}{x\sin x}$；

(3) $\lim\limits_{x\to a}\sin\dfrac{x-a}{2}\tan\dfrac{\pi x}{2a}$；　　(4) $\lim\limits_{x\to 0}\dfrac{\sin x-\tan x}{(\sqrt[3]{1+x^2}-1)(\sqrt{1+\sin x}-1)}$.

§ 2.4　函数的连续性与间断点

自然界中的许多现象，如汽车的位移、气温的变化、人的身高等，都是随着时间连续变化的. 而在某些情况下，间断现象也会发生，如电流、信号灯等. 这些在函数关系上的反应就是函数的连续与间断. 连续性是函数的一个重要特性. 本节讨论函数的连续性与间断点.

2.4.1　函数的连续性

为更好地介绍函数的连续性，先来介绍一个预备概念——增量.

设变量 u 从它的一个初值 u_1 变到终值 u_2，终值与初值的差 u_2-u_1 就叫做变量 u 的增量或改变量，记作 Δu，即 $\Delta u=u_2-u_1$.

设函数 $y=f(x)$ 在点 x_0 的某一个邻域内是有定义的. 当自变量 x 在这个邻域内从 x_0 变到 $x_0+\Delta x$ 时，函数 y 相应地从 $f(x_0)$变到 $f(x_0+\Delta x)$，因此函数 y 的对应增量为

$$\Delta y=f(x_0+\Delta x)-f(x_0),$$

如图 2－4－1 所示.

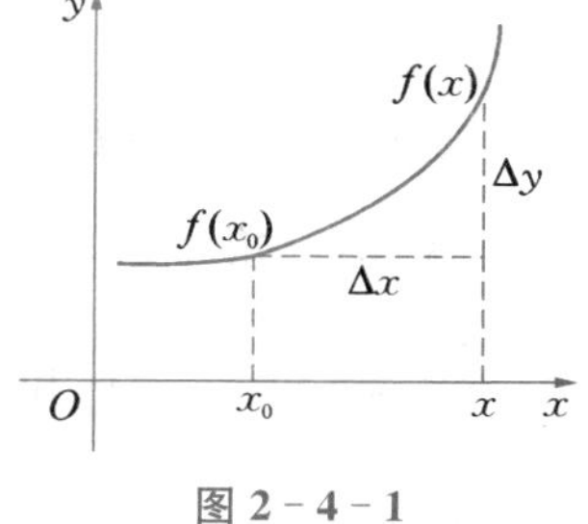

图 2－4－1

定义　设函数 $y=f(x)$ 在点 x_0 的某一个邻域内有定义，如果当自变量的增量 $\Delta x=x-x_0$ 趋于零时，对应的函数的增量 $\Delta y=f(x_0+\Delta x)-f(x_0)$ 也趋于零，即

$$\lim_{\Delta x\to 0}\Delta y=0\ 或\ \lim_{x\to x_0}f(x)=f(x_0),$$

那么就称函数 $y=f(x)$ 在点 x_0 处连续.

函数连续的等价定义如下：

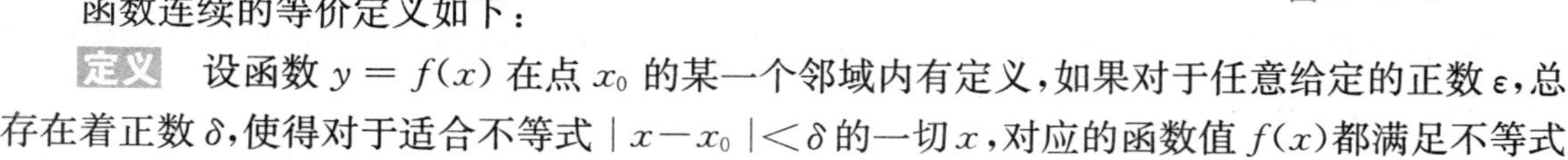

定义　设函数 $y=f(x)$ 在点 x_0 的某一个邻域内有定义，如果对于任意给定的正数 ε，总存在着正数 δ，使得对于适合不等式 $|x-x_0|<\delta$ 的一切 x，对应的函数值 $f(x)$都满足不等式

$$|f(x)-f(x_0)|<\varepsilon,$$

那么就称函数 $y=f(x)$ 在点 x_0 处连续.

连续是与极限联系紧密的一个概念. 与极限相类似，连续也分左连续与右连续.

如果 $\lim\limits_{x\to x_0^-}f(x)=f(x_0)$，则称 $y=f(x)$ 在点 x_0 处左连续；

如果 $\lim\limits_{x\to x_0^+}f(x)=f(x_0)$，则称 $y=f(x)$ 在点 x_0 处右连续.

我们有下面的定理：

定理 函数 $y=f(x)$ 在点 x_0 处连续 $\Leftrightarrow$ 函数 $y=f(x)$ 在点 x_0 处左连续且右连续.

在区间上每一点都连续的函数,叫做在该区间上的连续函数,或者说函数在该区间上连续.如果区间包括端点,那么函数在右端点连续是指左连续,在左端点连续是指右连续.

例如下面的几个例子:

(1) 如果 $y=P(x)$ 是多项式函数,则函数 $y=P(x)$ 在区间 $(-\infty, +\infty)$ 内是连续的.

这是因为,$y=P(x)$ 在 $(-\infty, +\infty)$ 内任意一点 x_0 处有定义,且

$$\lim_{x\to x_0}P(x)=P(x_0).$$

(2) 函数 $f(x)=\sqrt{x}$ 在区间 $[0, +\infty)$ 内是连续的.

(3) 函数 $y=\sin x$ 在区间 $(-\infty, +\infty)$ 内是连续的.这是因为,如果设 x 为区间 $(-\infty, +\infty)$ 内任意一点,则有

$$\Delta y=\sin(x+\Delta x)-\sin x=2\sin\frac{\Delta x}{2}\cos\left(x+\frac{\Delta x}{2}\right).$$

因为当 $\Delta x\to 0$ 时,Δy 是无穷小与有界函数的乘积,所以 $\lim\limits_{\Delta x\to 0}\Delta y=0$.这就证明了函数 $y=\sin x$ 在区间 $(-\infty, +\infty)$ 内任意一点 x 都是连续的.

同理,函数 $y=\cos x$ 在区间 $(-\infty, +\infty)$ 内是连续的.

2.4.2 连续函数的运算与初等函数的连续性

定理(连续函数的和、差、积、商的连续性) 设函数 $f(x)$ 和 $g(x)$ 在点 x_0 连续,则函数

$$f(x)\pm g(x),\ f(x)\cdot g(x),\ \frac{f(x)}{g(x)}\quad(\text{当 } g(x_0)\neq 0 \text{ 时})$$

在点 x_0 也连续.

定理的证明可以通过连续的定义和极限运算法则得到,这里略去.

例如,三角函数 $\sin x$ 和 $\cos x$ 都在区间 $(-\infty, +\infty)$ 内连续,故 $\tan x=\dfrac{\sin x}{\cos x}$, $\cot x=\dfrac{\cos x}{\sin x}$, $\sec x=\dfrac{1}{\cos x}$ 和 $\csc x=\dfrac{1}{\sin x}$ 在它们的定义域内是连续的.

定理(反函数的连续性) 如果函数 $y=f(x)$ 在区间 I_x 上单调增加(或单调减少)且连续,那么它的反函数 $x=g(y)$ 也在对应的区间 $I_y=\{y\mid y=f(x),\ x\in I_x\}$ 上单调增加(或单调减少)且连续.

例如,由于 $y=\sin x$ 在区间 $\left[-\dfrac{\pi}{2}, \dfrac{\pi}{2}\right]$ 上单调增加且连续,所以它的反函数 $y=\arcsin x$ 在区间 $[-1, 1]$ 上也是单调增加且连续的.同样,$y=\arccos x$ 在区间 $[-1, 1]$ 上也是单调减少且连续;$y=\arctan x$ 在区间 $(-\infty, +\infty)$ 内单调增加且连续;$y=\operatorname{arccot} x$ 在区间 $(-\infty, +\infty)$ 内单调减少且连续.

于是,反三角函数 $\arcsin x$, $\arccos x$, $\arctan x$, $\operatorname{arccot} x$ 在它们的定义域内都是连续的.

定理(复合函数的连续性) 设函数 $y=f[g(x)]$ 由函数 $y=f(x)$ 与函数 $u=g(x)$ 复合而成,$\mathring{U}(x_0)\subset D_{f\circ g}$.若 $\lim\limits_{x\to x_0}g(x)=u_0$,而函数 $y=f(u)$ 在 u_0 连续,则

$$\lim_{x \to x_0} f[g(x)] = \lim_{u \to u_0} f(u) = f(u_0).$$

简而言之，连续函数的复合函数仍是连续函数.

定理的结论也可写成

$$\lim_{x \to x_0} f[g(x)] = f[\lim_{x \to x_0} g(x)].$$

也就是说，求复合函数 $y = f[g(x)]$ 的极限时，函数符号 f 与极限号可以交换次序. 例如，复合函数 $y = f(x) = \ln\sin x$ 在点 $x_0 = \frac{\pi}{2}$ 是有定义的，所以

$$\lim_{x \to \frac{\pi}{2}} \ln\sin x = \ln(\lim_{x \to \frac{\pi}{2}} \sin x) = \ln\sin\frac{\pi}{2} = 0.$$

如果把定理中的 $x \to x_0$ 换成 $x \to \infty$，可得类似的定理.

例 1　讨论函数 $y = \sin\frac{1}{x}$ 的连续性.

解　函数 $y = \sin\frac{1}{x}$ 是由 $y = \sin u$ 及 $u = \frac{1}{x}$ 复合而成的.

$\sin u$ 当 $-\infty < u < +\infty$ 时是连续的，$\frac{1}{x}$ 当 $-\infty < x < 0$ 和 $0 < x < +\infty$ 时是连续的，根据复合函数的连续性定理，函数 $y = \sin\frac{1}{x}$ 在无限区间 $(-\infty, 0)$ 和 $(0, +\infty)$ 内是连续的.

下面来讨论初等函数的连续性.

指数函数 $y = a^x (a > 0, a \neq 1)$ 对于一切实数 x 都有定义，且在区间 $(-\infty, +\infty)$ 内是单调的和连续的，它的值域为 $(0, +\infty)$.

由反函数的连续性定理，对数函数 $y = \log_a x (a > 0, a \neq 1)$ 作为指数函数 $y = a^x (a > 0, a \neq 1)$ 的反函数在区间 $(0, +\infty)$ 内单调且连续.

幂函数 $y = x^u$ 的定义域随 u 的值而异，但无论 u 为何值，在区间 $(0, +\infty)$ 内幂函数总是有定义的. 可以证明，在区间 $(0, +\infty)$ 内幂函数是连续的. 事实上，设 $x > 0$，则

$$y = x^u = a^{u\log_a x}.$$

因此，幂函数 x^u 可看作是由 $y = a^t$ 和 $t = u\log_a x$ 复合而成的. 由此，根据复合函数的连续性定理，它在 $(0, +\infty)$ 内是连续的. 如果对于 u 取各种不同值加以分别讨论，可以证明幂函数在它的定义域内是连续的.

定理(初等函数的连续性)　基本初等函数在它们的定义域内都是连续的. 一切初等函数在其定义区间内都是连续的.

初等函数的连续性在求函数极限中有着重要的应用. 有如下结论：

如果 $y = f(x)$ 是初等函数，且 x_0 是 $f(x)$ 的定义区间内的点，则

$$\lim_{x \to x_0} f(x) = f(x_0).$$

上述结论就是在计算初等函数极限时用到的代入法. 例如初等函数 $f(x) = \sqrt{1 - x^2}$ 在点 $x_0 = 0$ 是有定义的，所以

$$\lim_{x \to 0} \sqrt{1 - x^2} = \sqrt{1} = 1.$$

2.4.3 函数的间断点

定义 设函数 $y=f(x)$ 在点 x_0 的某一去心邻域内有定义. 在此前提下，如果函数 $y=f(x)$ 有下列 3 种情形之一：

(1) 在 x_0 没有定义；

(2) 虽然在 x_0 有定义，但 $\lim\limits_{x\to x_0}f(x)$ 不存在；

(3) 虽然在 x_0 有定义且 $\lim\limits_{x\to x_0}f(x)$ 存在，但 $\lim\limits_{x\to x_0}f(x)\neq f(x_0)$，

则称函数 $y=f(x)$ 在点 x_0 不连续，而点 x_0 称为函数 $y=f(x)$ 的不连续点或间断点.

例 2 下列函数在何处是不连续的？

(1) $f(x)=\dfrac{x^2-x-2}{x-2}$； (2) $f(x)=\begin{cases}\dfrac{1}{x^2}, & x\neq 0,\\ 1, & x=0;\end{cases}$

(3) $f(x)=\begin{cases}\dfrac{x^2-x-2}{x-2}, & x\neq 2,\\ 1, & x=2;\end{cases}$ (4) $f(x)=[x]$.

解 (1) 注意到 $f(2)$ 没有定义，因此 f 在 $x=2$ 不连续.

(2) 这里 $f(0)=1$ 有定义，但是 $\lim\limits_{x\to 0}f(x)=\lim\limits_{x\to 0}\dfrac{1}{x^2}=\infty$ 不存在.

(3) 这里 $f(2)=1$ 有定义，并且

$$\lim_{x\to 2}f(x)=\lim_{x\to 2}\frac{x^2-x-2}{x-2}=\lim_{x\to 2}\frac{(x-2)(x+1)}{x-2}=\lim_{x\to 2}(x+1)=3$$

存在. 但是 $\lim\limits_{x\to 2}f(x)\neq f(2)$，因此 $f(x)$ 在 $x=2$ 不连续.

(4) 最大整数函数 $f(x)=[x]$ 在所有整数点间断，因为如果 n 是整数，$\lim\limits_{x\to n}[x]$ 不存在.

图 2-4-2 显示了例 2 中函数的图像. 从直观上看，每个图像都不能用一笔画出，因为在图像上或有“洞”，或是中断，或有跳跃. 图 2-4-2 中(a)和(c)的间断点称为可去间断点，因为

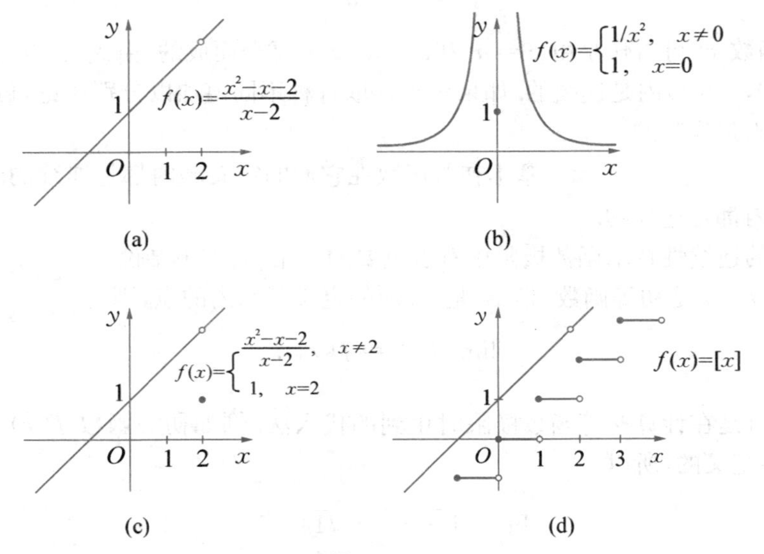

图 2-4-2

只要重新定义函数就可以去掉间断；(b)中的间断点称为无穷间断点，因为极限不存在且趋向于无穷大；(d)中的间断点称为跳跃间断点，因为从图像上看发生了跳跃.

例 3　函数 $y=\sin\dfrac{1}{x}$ 在点 $x=0$ 没有定义，所以点 $x=0$ 是函数 $y=\sin\dfrac{1}{x}$ 的间断点.

当 $x\to 0$ 时，函数值在 -1 与 $+1$ 之间变动无限多次，所以点 $x=0$ 称为函数 $y=\sin\dfrac{1}{x}$ 的振荡间断点，如图 2-4-3 所示.

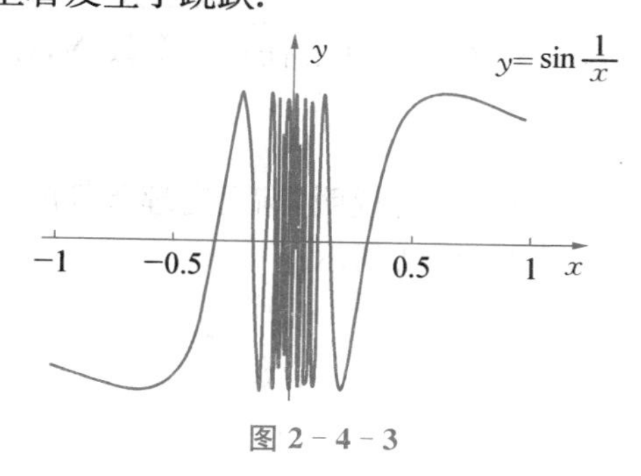

图 2-4-3

从例 2 和例 3 可以发现，间断点的类型比较多. 通常把间断点分成两类：如果 x_0 是函数 $y=f(x)$ 的间断点，但左极限 $f(x_0-0)$ 及右极限 $f(x_0+0)$ 都存在，那么 x_0 称为函数 $y=f(x)$ 的第一类间断点；不是第一类间断点的任何间断点，称为第二类间断点. 在第一类间断点中，左、右极限相等者称为可去间断点，不相等者称为跳跃间断点. 无穷间断点和振荡间断点显然属于第二类间断点.

2.4.4　闭区间上连续函数的性质

本节的最后来介绍闭区间上连续函数的一些重要性质与定理.

定义　对于在区间 I 上有定义的函数 $y=f(x)$，如果有 $x_0\in I$，使得对于任一 $x\in I$，都有

$$f(x)\leqslant f(x_0)\text{ 或 }f(x)\geqslant f(x_0),$$

则称 $f(x_0)$是函数 $y=f(x)$ 在区间 I 上的最大值(或最小值).

例如，函数 $f(x)=1+\sin x$ 在区间$[0,\ 2\pi]$上有最大值 2 和最小值 0. 又如，符号函数

$$y=\operatorname{sgn}x=\begin{cases}1, & x>0,\\ 0, & x=0,\\ -1, & x<0\end{cases}$$

在区间$(-\infty,\ +\infty)$内有最大值 1 和最小值-1. 在开区间$(0,\ +\infty)$内，$\operatorname{sgn}x$ 的最大值和最小值都是 1. 但函数 $f(x)=x$ 在开区间$(a,\ b)$内，既无最大值又无最小值. 可见，并不是任何一个区间上函数都是有最大值和最小值的. 有下面的定理：

定理(最大值和最小值定理)　在闭区间上连续的函数在该区间上一定能取得它的最大值和最小值.

最大值和最小值定理说明，如果函数 $y=f(x)$ 在闭区间$[a,\ b]$上连续，那么至少有一点 $\xi_1\in[a,\ b]$，使得$f(\xi_1)$是 $y=f(x)$ 在$[a,\ b]$上的最大值，又至少有一点 $\xi_2\in[a,\ b]$，使得 $f(\xi_2)$是 $y=f(x)$ 在$[a,\ b]$上的最小值.

注意　如果函数在开区间内连续，或函数在闭区间上有间断点，那么函数在该区间上就不一定有最大值或最小值.

例如，在开区间 $\left(-\dfrac{\pi}{2},\ \dfrac{\pi}{2}\right)$ 上考察函数 $y=\arctan x$，就没有最大值和最小值；$y=\dfrac{1}{x}$ 在闭区间$[-1,\ 1]$上不连续，也没有最大值和最小值.

由最大值和最小值定理，显然有下面的定理：

定理(有界性定理) 在闭区间上连续的函数一定在该区间上有界.

定理(介值定理) 设函数 $y=f(x)$ 在闭区间$[a, b]$上连续,且 $f(a)\neq f(b)$,那么,对于 $f(a)$与 $f(b)$之间的任意一个数 N,在开区间(a, b)内至少有一点 c,使得

$$f(c)=N.$$

介值定理说明,满足定理条件的连续曲线弧 $y=f(x)$ 与水平直线 $y=N$ 至少交于一点,如图 2-4-4 所示.

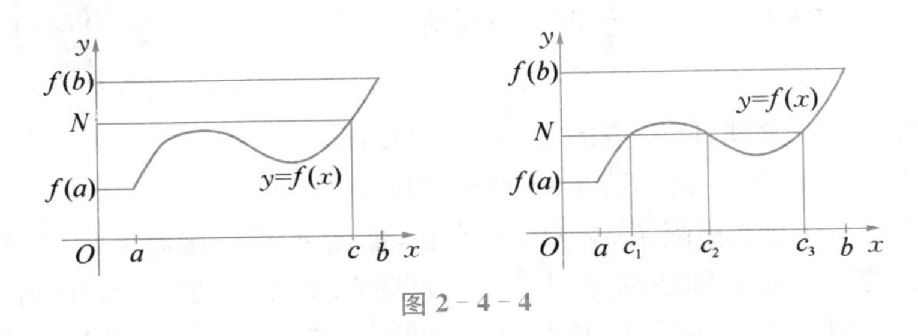

图 2-4-4

推论 在闭区间上连续函数必取得介于最大值 M 与最小值 m 之间的任何值.

例 4 若 $f(x)$在(a, b)内连续,且 $a<x_1<x_2<x_3<b$,试证:在$[x_1, x_3]$上至少存在一点 ξ,使得

$$f(\xi)=\frac{f(x_1)+f(x_2)+f(x_3)}{3}.$$

证明 由于 $f(x)$在(a, b)内连续,且 $a<x_1<x_2<x_3<b$,显然有 $f(x)$在$[x_1, x_3]$上连续. 由最值定理可知,在$[x_1, x_3]$上 $f(x)$有最大值 M 和最小值 m,即得

$$m\leqslant f(x_1)\leqslant M,\ m\leqslant f(x_2)\leqslant M,\ m\leqslant f(x_3)\leqslant M,$$

于是,可得

$$m\leqslant\frac{f(x_1)+f(x_2)+f(x_3)}{3}\leqslant M.$$

由介值定理可知,在$[x_1, x_3]$上至少存在一点 ξ,使得

$$f(\xi)=\frac{f(x_1)+f(x_2)+f(x_3)}{3}.$$

定理(零点定理) 设函数 $y=f(x)$ 在闭区间$[a, b]$上连续,且 $f(a)$与 $f(b)$异号,那么在开区间(a, b)内至少有一点 c,使得

$$f(c)=0.$$

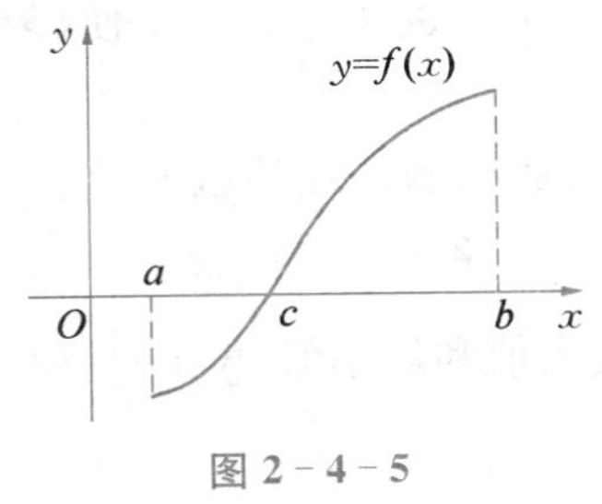

图 2-4-5

我们把使 $f(x_0)=0$ 的点 x_0 称为函数 $y=f(x)$ 的零点

零点定理说明,方程 $f(x)=0$ 在(a, b)内至少有一个实根. 满足定理条件的连续曲线弧 $y=f(x)$ 与 x 轴至少交于一点,如图 2-4-5 所示.

例 5 试证方程 $x\cdot 2^x=1$ 至少有一个小于 1 的正根.

证明　设 $f(x)=x\cdot 2^x-1$，显然，$f(x)$ 在 $[0,1]$ 上连续，且

$$f(0)=-1<0,\ f(1)=1>0.$$

于是，由零点定理可知，在 $(0,1)$ 内至少存在一点 x_0，使得 $f(x_0)=0$，即方程 $x\cdot 2^x=1$ 至少有一个小于 1 的正根.

介值定理的一个应用就是寻找方程的根的范围. 例如下面的例 6.

例 6　证明等式

$$4x^3-6x^2+3x-2=0$$

有一个介于 1 和 2 之间的根.

证明　设 $f(x)=4x^3-6x^2+3x-2$. 我们寻找所给等式的一个解，也就是使得 $f(c)=0$ 的一个介于 1 和 2 之间的数 c，所以在介值定理中取 $a=1,\ b=2,\ N=0$，有

$$f(1)=4-6+3-2=-1<0,$$
$$f(2)=32-24+6-2=12>0,$$

因此，$f(1)<0<f(2)$. 这就是说，$N=0$ 是一个介于 1 和 2 之间的数. 在这里 f 是连续的，因为它是多项式. 由介值定理，在 1 和 2 之间存在一个数 c，使得 $f(c)=0$. 换言之，等式 $4x^3-6x^2+3x-2=0$ 有一个介于 1 和 2 之间的根 c.

事实上，运用介值定理，可以找到一个更准确的根. 因为

$$f(1.2)=-0.128<0 \text{ 和 } f(1.3)=0.548>0,$$

在 1.2 和 1.3 之间必定存在一个根. 用计算器反复试验，可以得出

$$f(1.22)=-0.007\,008<0 \text{ 和 } f(1.23)=0.056\,068>0,$$

因此在区间 $(1.22,1.23)$ 内有一个根.

显然，如果用 1.22 或 1.23 来作为方程根的近似值，其误差都小于 10^{-2}.

练习 2.4

1. 证明下列函数在 $(-\infty,+\infty)$ 内是连续函数：

(1) $y=3x^2+1$；　　(2) $y=\cos x$.

2. 求下列函数的间断点，并判断间断点的类型：

(1) $y=\dfrac{1}{(x+2)^2}$；　　(2) $y=\dfrac{x^2-1}{x^2-3x+2}$；

(3) $y=\dfrac{\sin x}{x}$；　　(4) $y=\begin{cases}\dfrac{1-x^2}{1-x}, & x\neq 1,\\ 0, & x=1;\end{cases}$

(5) $y=\begin{cases}0, & x<1,\\ 2x+1, & 1<x<2,\\ 1+x^2, & 2\leqslant x;\end{cases}$　　(6) $y=\begin{cases}\dfrac{\sin x}{x}, & x<0,\\ 0, & x=0,\\ e^{-x}, & x>0.\end{cases}$

3. 函数 $f(x)=\begin{cases}x-1, & x\leqslant 0,\\ x^2, & x>0\end{cases}$ 在点 $x=0$ 处是否连续？作出 $f(x)$ 的图形.

4. 函数 $f(x)=\begin{cases}2x, & 0\leqslant x<1,\\ 3-x, & 1\leqslant x\leqslant 2\end{cases}$ 在闭区间上是否连续？作出 $f(x)$的图形.

5. 函数 $f(x)=\begin{cases}|x|, & |x|\leqslant 1,\\ \dfrac{x}{|x|}, & 1<|x|\leqslant 3\end{cases}$ 在其定义域[0，2]内是否连续？作出 $f(x)$的图形.

6. 设 $y=\begin{cases}\dfrac{1}{x}\sin x, & x<0,\\ k, & x=0,\\ x\sin\dfrac{1}{x}+1, & x>0\end{cases}$ (其中 k 为常数)，问 k 为何值时，函数 $f(x)$ 在其定义域内连续？为什么？

7. 下列函数 $f(x)$在点 $x=0$ 处是否连续？为什么？

(1) $f(x)=\begin{cases}x^2\sin\dfrac{1}{x}, & x\neq 0,\\ 0, & x=0;\end{cases}$　　(2) $f(x)=\begin{cases}e^{-\frac{1}{x^2}}, & x\neq 0,\\ 0, & x=0;\end{cases}$

(3) $f(x)=\begin{cases}\dfrac{\sin x}{|x|}, & x\neq 0,\\ 1, & x=0;\end{cases}$　　(4) $f(x)=\begin{cases}e^x, & x\leqslant 0,\\ \dfrac{\sin x}{x}, & x>0.\end{cases}$

8. 求 $f(x)=\dfrac{1}{1-e^{\frac{x}{1-x}}}$ 的连续区间及间断点，并判别其类型.

9. 试确定 a，b 的值，使 $f(x)=\dfrac{e^x-b}{(x-a)(x-1)}$ 有无穷间断点 $x=0$，有可去间断点 $x=1$.

10. 设 $f(x)=\lim\limits_{n\to\infty}\dfrac{x^{2n-1}+ax^2+bx}{x^{2n}+1}$ 为连续函数，试确定 a，b 的值.

11. 下列函数在指出的点处间断，说明这些间断点属于哪一类？如果是可去间断点，则补充或改变函数的定义使它连续.

(1) $y=\dfrac{x^2-1}{x^2-3x+2}$，$x=1$，$x=2$；

(2) $y=\dfrac{\tan x}{x}$，$x=k\pi$，$x=k\pi+\dfrac{\pi}{2}$，$k=0$，± 1，± 2，…；

(3) $y=\cos^2\dfrac{1}{x}$，$x=0$；

(4) $y=\begin{cases}x-1, & x\leqslant 1,\\ 3-x, & x>1.\end{cases}$

12. 设 $f(x)$对一切 x_1，x_2 满足 $f(x_1+x_2)=f(x_1)+f(x_2)$，并且 $f(x)$在 $x=0$ 处连续，证明：函数 $f(x)$在任意点 x_0 处连续.

13. 设 $f(x)=e^x-2$，试证：在区间(0，2)内至少存在一点 ξ，使得 $f(\xi)=\xi$.

14. 证明：方程 $x=a\sin x+b$ 至少有一个正根，并且它不超过 $a+b$（其中 $a>0$，$b>0$）.

15. 证明：方程 $x^5-3x=1$ 在 1 与 2 之间至少存在一个实根.

16. 证明：曲线 $y=x^4-3x^2+7x-10$ 在 $x=1$ 与 $x=2$ 之间至少与 x 轴有一个交点.

本章小结

本章主要介绍了数列极限的"$\varepsilon-N$"定义、函数极限的"$\varepsilon-\delta$"和"$\varepsilon-X$"定义、无穷小和无穷大的概念、极限的性质与运算、两个极限存在准则、两个重要极限、函数的连续性与间断点分类、连续函数的性质、介值定理等.通过学习，要会利用极限的四则运算法则、函数的连续性、极限的两个存在定理、两个重要极限和等价无穷小来计算数列极限、函数极限；要会利用极限精确定义验证简单的极限问题；要会判定函数在某一点的连续性；会用闭区间上连续函数的性质证明某些命题.

本章的重点：

(1) 极限的概念、极限的性质及四则运算法则.

(2) 极限的两个存在定理与两个重要极限.这是计算极限的重要方法，尤其是两个重要极限.

(3) 无穷小的概念以及无穷小之间的比较.等价无穷小能很好地简化极限的计算过程，但一定要注意等价无穷小使用的条件.

(4) 函数连续性及初等函数的连续性.函数在一点处的极限和函数在该点处有无定义无关，但函数在一点有定义时才有必要讨论函数在该点处的连续性.

(5) 闭区间上连续函数的性质、介值定理、零点存在定理.

本章的难点：

(1) 数列极限的"$\varepsilon-N$"定义、函数极限的"$\varepsilon-\delta$"与"$\varepsilon-X$"定义、极限精确定义(分析定义)的掌握，才是对极限的真正理解.

(2) 极限的计算.极限的四则运算法则、函数的连续性、极限的两个存在定理、两个重要极限和等价无穷小等，都可以用来计算极限，但掌握什么情况下用什么方法才是关键.有些数列极限问题可转化为函数极限问题来解决.

(3) 分段函数的连续性.主要注意分段点处的连续与否，涉及左右极限存在且等于函数值.

(4) 介值定理的应用.要正确构造函数和选择适当的区间.

复习题 2

1. 选择题.

(1) 下列数列发散的是(　　).

A. $\left\{1+\frac{1}{n}\right\}$　　B. 2, 2, 2, …, 2, …　　C. $\left\{(-1)^n\sin\frac{1}{n}\right\}$　　D. $\{(-1)^n\}$

(2) 数列1, 0, 1, 0, …的极限为(　　).

A. 0　　B. 1　　C. 发散　　D. 不能确定

(3) 数列$\frac{1}{2}$, 0, $\frac{1}{4}$, 0, $\frac{1}{8}$, 0, …的极限为(　　).

A. 0　　B. 1　　C. 发散　　D. 不能确定

(4) 数列通项 $y_n=\frac{1}{n^2}+\frac{2}{n^2}+\cdots+\frac{n}{n^2}$，那么 $\lim\limits_{n\to\infty}y_n=$(　　).

A. 0　　B. $\frac{1}{2}$　　C. 1　　D. ∞

(5) 数列单调是该数列有极限存在的(　　).

A. 必要非充分条件　　B. 充分非必要条件　　C. 充分必要条件　　D. 无关条件

(6) 数列的极限存在是该数列有界的(　　).

A. 必要条件　　B. 充分条件　　C. 充要条件　　D. 无关条件

(7) 函数 $f(x)$ 在 $x=x_0$ 处有定义是极限 $\lim\limits_{x\to x_0}f(x)$ 存在的(　　).

A. 必要非充分条件　　B. 充分非必要条件　　C. 充要条件　　D. 无关条件

(8) 设数列 $\{x_n\}$, $\{y_n\}$, $\{z_n\}$ 有 $\lim\limits_{n\to\infty}x_n=2$, $\lim\limits_{n\to\infty}z_n=3$, 且 $x_n<y_n<z_n$, 则 $\lim\limits_{n\to\infty}y_n=$ (　　).

A. 不大于 3　　B. 存在　　C. 不存在　　D. 不一定存在

(9) 单调数列 $\{y_n\}$ 有 $0<y_n<1$, 则 $\lim\limits_{n\to\infty}y_n=$ (　　).

A. 正数 a　　B. 存在　　C. 不存在　　D. 不一定存在

(10) 极限 $\lim\limits_{x\to 0}e^{\frac{1}{x}}=$ (　　).

A. 0　　B. 1　　C. ∞　　D. 不存在

(11) 极限 $\lim\limits_{x\to 2}\frac{|x-2|}{x-2}=$ (　　).

A. -1　　B. 1　　C. ∞　　D. 不存在

(12) 极限 $\lim\limits_{x\to+\infty}\frac{\sin x}{x}=$ (　　).

A. 0　　B. 1　　C. ∞　　D. 不存在

(13) 极限 $\lim\limits_{x\to+\infty}x\sin\frac{1}{x}=$ (　　).

A. 0　　B. 1　　C. ∞　　D. 不存在

(14) 极限 $\lim\limits_{x\to 0}\left(x\sin\frac{1}{x}+\frac{1}{x}\sin x\right)=$ (　　).

A. 0　　B. 1　　C. 2　　D. ∞

(15) 极限 $\lim\limits_{x\to 1}\left(\frac{1}{x-1}-\frac{2}{x^2-1}\right)=$ (　　).

A. -1　　B. 0　　C. $\frac{1}{2}$　　D. ∞

(16) 下列极限存在的是(　　).

A. $\lim\limits_{x\to+\infty}\sin x$　　B. $\lim\limits_{n\to\infty}(-1)^n$　　C. $\lim\limits_{x\to+\infty}\frac{x^2}{x^2-1}$　　D. $\lim\limits_{x\to+\infty}\tan x$

(17) 下列等式错误的是(　　).

A. $\lim\limits_{x\to 0^+}\left(\frac{1}{e}\right)^x=1$　　B. $\lim\limits_{x\to 0^-}\left(\frac{1}{e}\right)^x=-1$　　C. $\lim\limits_{x\to+\infty}\left(\frac{1}{e}\right)^x=0$　　D. $\lim\limits_{x\to-\infty}\left(\frac{1}{e}\right)^x=+\infty$

(18) 极限 $\lim\limits_{x\to 0}\frac{|\sin x|}{x}=$ (　　).

A. -1　　B. 0　　C. 1　　D. 不存在

(19) 若 $f(x)=\begin{cases}e^x, & x\neq 0,\\ 0, & x=0,\end{cases}$ 则 $\lim\limits_{x\to 0}f(x)=$ (　　).

A. 0　　B. 1　　C. ∞　　D. 不存在

(20) 若 $\lim\limits_{x\to+\infty}\left(1+ax\sin\frac{1}{x}\right)=1$, 则 $a=$ (　　).

A. -1　　B. 0　　C. 1　　D. 2

(21) 若 $\lim_{x\to 0}(1+ax)^{\frac{1}{x}}=\frac{1}{e}$,则 $a=$(　　).

A. -1　　B. -2　　C. 1　　D. 2

(22) 极限 $\lim_{x\to+\infty}\left(1+\frac{1}{2x}\right)^{x}=$(　　).

A. 1　　B. $\sqrt{e}$　　C. e　　D. ∞

(23) 若 $\lim_{x\to a}f(x)$ 存在, $\lim_{x\to a}g(x)$ 不存在, 则 $\lim_{x\to a}[f(x)+g(x)]$(　　).

A. 存在　　B. 不存在　　C. 可能存在　　D. 不能确定

(24) 若有 $\lim_{x\to a}f(x)=\infty$, $\lim_{x\to a}g(x)=\infty$,则有(　　).

A. $\lim_{x\to a}[f(x)+g(x)]=\infty$　　B. $\lim_{x\to a}[f(x)-g(x)]=0$

C. $\lim_{x\to a}\frac{1}{f(x)+g(x)}=0$　　D. $\lim_{x\to a}[f(x)-g(x)]$ 可能存在

(25) 下列变量在 $x\to 0$ 时为无穷小量的是(　　).

A. e^x　　B. $\ln x^2$　　C. $1-\frac{\sin x}{x}$　　D. $\cos x$

(26) 若 $e^x(\cos x-1)$ 为无穷小量,则有(　　).

A. $x\to 0$　　B. $x\to 1$　　C. $x\to\frac{\pi}{2}$　　D. $x\to\infty$

(27) 当 $x\to 0$ 时, $\ln(1+x)$ 是 $\sin x$ 的(　　).

A. 高阶无穷小量　　B. 低阶无穷小量

C. 等价无穷小量　　D. 不能比较阶的情况

(28) 若 $x\to 0$ 时, $3x^2+2x$ 与 x^k 是同阶无穷小量,则 $k=$(　　).

A. 1　　B. 2　　C. 3　　D. 4

(29) 以下变量为无穷大的是(　　).

A. $\sin\frac{1}{x}(x\to 0)$　　B. $x\cos x(x\to\infty)$

C. $-e^{-x}(x\to-\infty)$　　D. $x^{10}(x\to 100\,000)$

(30) 当 $x\to 0^+$ 时,与 x 相比较为低阶无穷小量的是(　　).

A. x^2+x　　B. $\ln(1+x)$　　C. $\sqrt{x^2}$　　D. e^x

(31) 函数 $f(x)$ 在点 x_0 处有定义是该函数在点 x_0 处连续的(　　).

A. 必要条件　　B. 充分条件　　C. 充分必要条件　　D. 无关条件

(32) $\lim_{x\to a}f(x)$ 存在是函数 $f(x)$ 在点 $x=a$ 处连续的(　　).

A. 必要条件　　B. 充分条件　　C. 充分必要条件　　D. 无关条件

(33) 若函数 $y=\begin{cases}x+1, & x<2,\\ \frac{1}{x}, & x\geqslant 2,\end{cases}$ 当 $x=2$, $\Delta x=-1$ 时,函数的增量 $\Delta y=$(　　).

A. $-\frac{1}{6}$　　B. 0　　C. $\frac{1}{2}$　　D. $\frac{3}{2}$

(34) 函数 $y=\frac{1}{\ln(x-1)}$ 的连续区间是(　　).

A. $[1, 2), (2, +\infty)$　　B. $(1, 2), (2, +\infty)$

C. $(1, +\infty)$　　D. $[1, +\infty)$

(35) 函数 $y=\frac{1}{\ln|x|}$ 的间断点有(　　).

A. 1个　　B. 2个　　C. 3个　　D. 4个

(36) 若 $f(x)=\begin{cases}e^x, & x\neq 0,\\ 0, & x=0,\end{cases}$ 则 $x=0$ 是 $f(x)$ 的(　　).

A. 可去间断点　　B. 跳跃间断点　　C. 无穷间断点　　D. 以上都不正确

(37) 若 $f(x)$ 在 $[a, b]$ 上连续，且 $f(a)\cdot f(b)<0$，则下列结论不正确的为(　　).

A. $f(x)$ 在 $[a, b]$ 上有界

B. $f(x)$ 在 (a, b) 内有最大值和最小值

C. 在 $[a, b]$ 上至少有一点 x_0，使 $f(x_0)$ 在 $f(x)$ 的最大值与最小值之间

D. 在 (a, b) 内至少有一点 x_0，使 $f(x_0)=0$

(38) 初等函数在其定义区间 $[a, b]$ 上错误的结论为(　　).

A. 连续　　B. 有界

C. 单调　　D. 有最大值和最小值

(39) 函数 $y=\frac{1}{x}$ 在区间 $(-1, 1)$ 内(　　).

A. 连续　　B. 有界

C. 单调　　D. 无最大值和最小值

(40) 若函数 $f(x)$ 在区间 $[a, b]$ 上连续，且 $f(a)$，$f(b)$ 异号，则方程 $f(x)=0$ (　　).

A. 无实根　　B. 有唯一实根　　C. 至少有一个实根　　D. 至多有一个实根

2. 求下列极限：

(1) $\lim\limits_{x\to 0}\frac{\sqrt{x+1}-1}{x}$；

(2) $\lim\limits_{x\to 1}\frac{\sqrt{5x-4}-\sqrt{x}}{x-1}$；

(3) $\lim\limits_{x\to \alpha}\frac{\sin x-\sin\alpha}{x-\alpha}$；

(4) $\lim\limits_{x\to +\infty}(\sqrt{x^2+x}-\sqrt{x^2-x})$；

(5) $\lim\limits_{x\to 0}(1+3\tan^2 x)^{\cot^2 x}$；

(6) $\lim\limits_{x\to +\infty}\left(\frac{3+x}{6+x}\right)^{\frac{x-1}{2}}$；

(7) $\lim\limits_{x\to 0}\frac{\sqrt{1+\tan x}-\sqrt{1+\sin x}}{x\sqrt{1+\sin^2 x}-x}$；

(8) $\lim\limits_{x\to 1}\frac{x^2-x+1}{(x-1)^2}$；

(9) $\lim\limits_{x\to +\infty}x(\sqrt{x^2+1}-x)$；

(10) $\lim\limits_{x\to +\infty}\left(\frac{3+2x}{1+2x}\right)^{x+1}$；

(11) $\lim\limits_{x\to 0}\frac{\tan x-\sin x}{x^3}$；

(12) $\lim\limits_{x\to \frac{\pi}{2}}(\sin x)^{\tan x}$；

(13) $\lim\limits_{x\to 0}\left(\frac{a^x+b^x+c^x}{3}\right)^{\frac{1}{x}}$，$a>0$，$b>0$，$c>0$.

3. 设函数

$$f(x)=\begin{cases}e^x, & x<0,\\ a+x, & x\geqslant 0,\end{cases}$$

应当怎样选择数 a，使得 $f(x)$ 成为在 $(-\infty, +\infty)$ 内的连续函数？

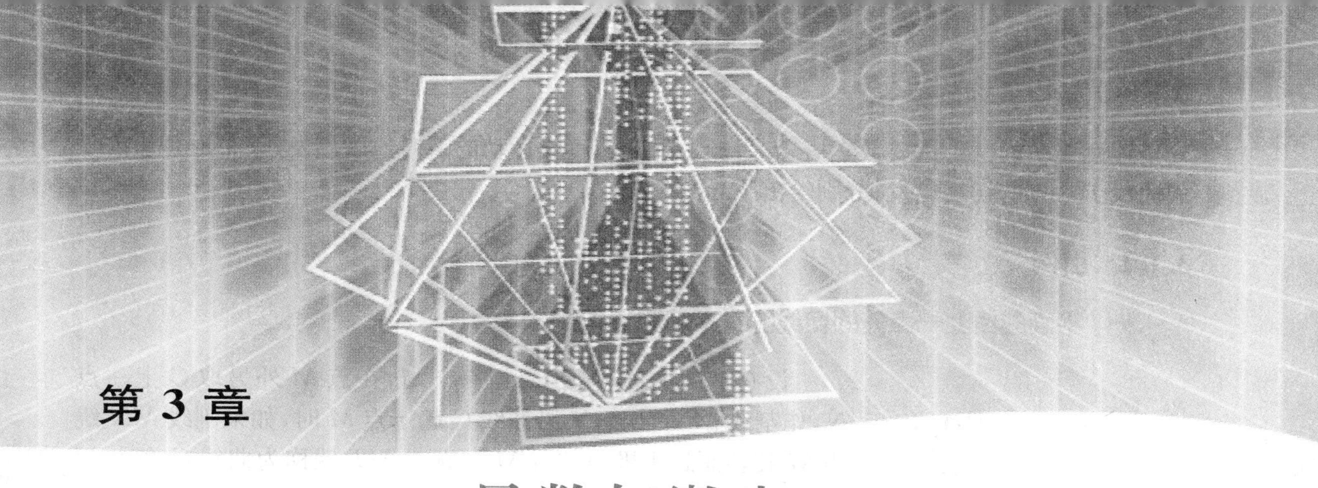

第3章

导数与微分

【学习目标】

(1) 理解导数和微分的概念、导数和微分之间的关系及两者的几何意义，会求平面曲线的切线方程和法线方程，了解导数的物理意义，会用导数描述一些物理量，理解函数的可导性与连续性之间的关系；

(2) 熟练掌握导数的四则运算法则和复合函数的求导法则，熟练掌握基本初等函数的导数公式，了解微分的四则运算法则和一阶微分形式的不变性，会求函数的微分；

(3) 了解高阶导数的概念，会求函数的 n 阶导数；

(4) 会求分段函数的导数；

(5) 会求隐函数和由参数方程确定的函数的一阶、二阶导数，会求反函数的导数；

(6) 理解边际的概念.

【学习要点】

切线的斜率；变速运动的瞬时速度；变化率；函数的导数；导数的运算法则；基本函数导数公式；链式法则；高阶导数；莱布尼兹公式；隐函数求导法则；对数求导法；参数方程确定的函数的导数；微分；微分在近似计算中的应用；微分基本公式；微分运算法则；边际.

微分学是微积分的重要组成部分，它的基本概念是导数与微分. 导数的概念建立在极限基础之上. 利用极限，人们解决平面曲线切线的斜率、变速直线运动的瞬时速度等实际问题时，引入了导数的概念. 导数在经济、物理、医学、生物、计算机科学等领域有广泛应用. 微分是一个与导数密切相关的概念，在实际中有着重要的应用. 本章讨论导数与微分的基本概念和基本计算.

§3.1 导数概念

在实际中，经常碰到一个量相对另一个量变化而变化的快慢问题，即函数的变化率. 导数是描述变化率的一个重要数学概念. 牛顿从求变速直线运动的瞬时速度出发,莱布尼兹从求平面曲线上一点的切线出发,分别给出了导数的概念.

3.1.1 引例

一、平面曲线上一点处的切线的斜率问题

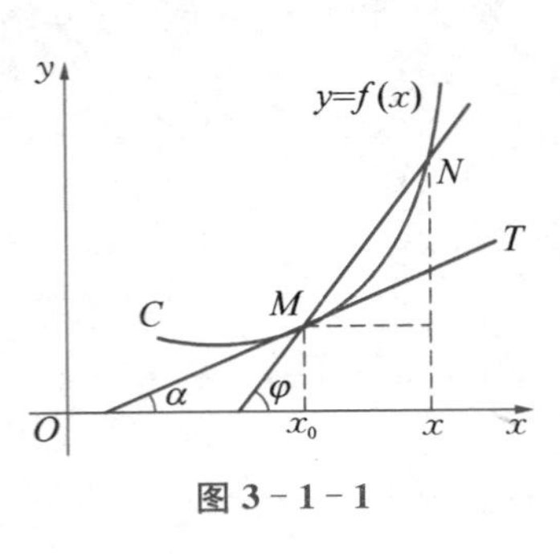

图 3-1-1

设有平面曲线 C 及 C 上一点 M,在点 M 外另取 C 上一点 N,作割线 MN. 当点 N 沿曲线 C 趋于点 M 时,如果割线 MN 绕点 M 旋转而趋于极限位置 MT,直线 MT 就称为曲线 C 在点 M 处的切线,如图 3-1-1 所示.

设曲线 C 是函数 $y=f(x)$ 的图形. 现在要确定曲线在点 $M(x_0,\ y_0)$处的切线,只要确定出切线的斜率,再根据点斜式写出切线方程就行了. 为此,在点 M 外另取曲线 C 上一点 $N(x,\ y)$,割线 MN 的斜率为

$$\tan\varphi=\frac{y-y_0}{x-x_0}=\frac{f(x)-f(x_0)}{x-x_0},$$

其中 φ 为割线 MN 的倾角. 当点 N 沿曲线 C 趋于点 M 时, $x\to x_0$. 如果当 $x\to x_0$ 时,上式的极限存在,设为 k,即

$$k=\lim_{x\to x_0}\frac{f(x)-f(x_0)}{x-x_0}$$

存在,此极限 k 是割线斜率的极限,也就是切线的斜率. 这里 $k=\tan\alpha$,其中 α 是切线 MT 的倾角. 于是,通过点 $M(x_0,\ f(x_0))$且以 k 为斜率的直线 MT 便是曲线 C 在点 M 处的切线.

如果令 $\Delta x=x-x_0$, $\Delta y=y-y_0=f(x)-f(x_0)$,则有

$$k=\lim_{\Delta x\to 0}\frac{\Delta y}{\Delta x}=\lim_{x\to x_0}\frac{f(x)-f(x_0)}{x-x_0}.$$

二、变速直线运动的瞬时速率问题

设一质点在坐标轴上作变速直线运动,时刻 t 质点的坐标为 s, s 是 t 的函数:

$$s=s(t),$$

求动点在时刻 t_0 的速率.

考虑比值

$$\frac{\Delta s}{\Delta t}=\frac{s-s_0}{t-t_0}=\frac{s(t)-s(t_0)}{t-t_0},$$

由物理学知识,可以知道这个比值就是质点在时间间隔 $\Delta t=t-t_0$ 内的平均速率 $\bar{v}$. 如果时间间隔非常短,平均速率 $\bar{v}$ 也可用来说明动点在时刻 t_0 的速率. 但这样做是不精确的,更确切地应当令 $t\to t_0$,取比值 $\dfrac{s(t)-s(t_0)}{t-t_0}$ 的极限,如果这个极限存在,设为 v,即

$$v=\lim_{\Delta t\to 0}\frac{\Delta s}{\Delta t}=\lim_{t\to t_0}\bar{v}=\lim_{t\to t_0}\frac{s(t)-s(t_0)}{t-t_0},$$

这时就把这个极限值 v 称为动点在时刻 t_0 的速率.

三、函数的变化率

从上面所讨论的两个问题可以看出,平面曲线上一点处的切线的斜率和变速直线运动的瞬时速率都归结为如下形式的极限:

$$\lim_{x\to x_0}\frac{f(x)-f(x_0)}{x-x_0}.$$

为此,我们定义函数的变化率.

设函数 $y=f(x)$,令 $\Delta x=x-x_0$,则 $\Delta y=f(x_0+\Delta x)-f(x_0)=f(x)-f(x_0)$,称两个差的商

$$\frac{\Delta y}{\Delta x}=\frac{f(x_0+\Delta x)-f(x_0)}{\Delta x}=\frac{f(x)-f(x_0)}{x-x_0}$$

为函数 $y=f(x)$ 在区间$[x_0, x]$上关于 x 的平均变化率,可以解释为图中的割线的斜率.

当 $x\to x_0$ 时,$\Delta x\to 0$,于是平均变化率的极限

$$\lim_{\Delta x\to 0}\frac{\Delta y}{\Delta x}\text{或}\lim_{x\to x_0}\frac{f(x)-f(x_0)}{x-x_0}\text{或}\lim_{\Delta x\to 0}\frac{f(x_0+\Delta x)-f(x_0)}{\Delta x},$$

称为函数 $y=f(x)$ 在 $x=x_0$ 处关于 x 的(瞬时)变化率,可解释为图 3-1-1 中的切线的斜率.

在实际问题中,需要讨论各种具有不同意义的变量的变化"快慢"问题.质点的速度是位移关于时间的变化率,学者们对其他变化率也非常感兴趣,例如,物理学家把功关于时间的变化率叫做功率;制造商关注每天生产 x 单位产品的成本关于 x 的变化率(经济学家称为边际成本);生物学家对细菌群落的种群数量关于时间的变化率感兴趣;而人口学家则关注人口的数量关于时间的变化率.事实上,变化率的计算在自然科学和工程中,甚至在社会科学中都是非常重要的.

一切变化率都可以解释为切线的斜率,所以切线问题是一个非常重要的问题.当求解涉及切线的问题时,不只是解决一个几何问题,是在不知不觉中解决科学和工程上各种各样涉及变化率的问题.

函数的变化率如果存在,数学上便有了导数的概念.(事实上,平面曲线上一点处的切线的斜率和变速直线运动的瞬时速率一般来说是存在的.)导数概念就是函数变化率这一概念的精确描述.

3.1.2 导数的定义

定义 设函数 $y=f(x)$ 在点 x_0 的某个邻域内有定义,当自变量 x 在 x_0 处取得增量 Δx(点 $x_0+\Delta x$ 仍在该邻域内)时,相应地函数 y 取得增量 $\Delta y=f(x_0+\Delta x)-f(x_0)$;当 $\Delta x\to 0$ 时,如果 Δy 与 Δx 之比的极限存在,则称函数 $y=f(x)$ 在点 x_0 处可导,并称这个极限为函数 $y=f(x)$ 在点 x_0 处的导数,记为 $y'|_{x=x_0}$,即

$$f'(x_0)=\lim_{\Delta x\to 0}\frac{\Delta y}{\Delta x}=\lim_{\Delta x\to 0}\frac{f(x_0+\Delta x)-f(x_0)}{\Delta x},$$

也可记为 $y'|_{x=x_0}$，$\left.\dfrac{dy}{dx}\right|_{x=x_0}$ 或 $\left.\dfrac{df(x)}{dx}\right|_{x=x_0}$.

函数 $f(x)$ 在点 x_0 处可导，有时也说成 $f(x)$ 在点 x_0 具有导数或导数存在.

导数的定义式也可取不同的形式，常见的有

$$f'(x_0)=\lim_{h\to 0}\frac{f(x_0+h)-f(x_0)}{h} \text{ 或 } f'(x_0)=\lim_{x\to x_0}\frac{f(x)-f(x_0)}{x-x_0}.$$

如果极限 $\lim\limits_{\Delta x\to 0}\dfrac{f(x_0+\Delta x)-f(x_0)}{\Delta x}$ 不存在，就说函数 $y=f(x)$ 在点 x_0 处不可导.

如果函数 $y=f(x)$ 在开区间 I 内的每点处都可导，就称函数 $f(x)$ 在开区间 I 内可导，这时，对于任一 $x\in I$，都对应着 $f(x)$ 的一个确定的导数值. 这样就构成了一个新的函数，这个函数叫做原来函数 $y=f(x)$ 的导函数，记作 y'，$f'(x)$，$\dfrac{dy}{dx}$ 或 $\dfrac{df(x)}{dx}$.

导函数的定义式为

$$y'=\lim_{\Delta x\to 0}\frac{f(x+\Delta x)-f(x)}{\Delta x} \text{ 或 } y'=\lim_{h\to 0}\frac{f(x+h)-f(x)}{h}.$$

不难知道，函数 $f(x)$ 在点 x_0 处的导数 $f'(x)$ 就是导函数 $f'(x)$ 在点 $x=x_0$ 处的函数值，即

$$f'(x_0)=f'(x)|_{x=x_0}.$$

导函数 $f'(x)$ 简称导数，而 $f'(x_0)$ 是 $f(x)$ 在 x_0 处的导数或导数 $f'(x)$ 在 x_0 处的值.

3.1.3 左、右导数

由导数的定义知道，导数的本质为一个增量之比的极限存在问题. 在第 2 章已定义过左、右极限，对应于左、右极限的概念，我们有左、右导数的定义.

定义 设函数 $y=f(x)$ 在点 x_0 的某个左邻域内 $(x_0+\Delta x, x_0]$ $(\Delta x<0)$ 有定义，如果极限

$$\lim_{\Delta x\to 0^-}\frac{\Delta y}{\Delta x}=\lim_{\Delta x\to 0^-}\frac{f(x_0+\Delta x)-f(x_0)}{\Delta x}$$

存在，则称函数 $y=f(x)$ 在点 x_0 处左可导，并称这个极限为函数 $y=f(x)$ 在点 x_0 处的左导数，记为 $f'_-(x_0)$，即

$$f'_-(x_0)=\lim_{\Delta x\to 0^-}\frac{f(x_0+\Delta x)-f(x_0)}{\Delta x}.$$

类似地，可定义 $f(x)$ 在点 x_0 处的右导数 $f'_+(x_0)$：

$$f'_+(x_0)=\lim_{\Delta x\to 0^+}\frac{f(x_0+\Delta x)-f(x_0)}{\Delta x}.$$

左导数 $f'_-(x_0)$ 也可表示为

$$f'_-(x_0)=\lim_{h\to 0^-}\frac{f(x+h)-f(x)}{h} \text{ 或 } f'_-(x_0)=\lim_{x\to x_0^-}\frac{f(x)-f(x_0)}{x-x_0};$$

右导数 $f'_+(x_0)$ 也可表示为

$$f'_+(x_0)=\lim_{h\to 0^+}\frac{f(x+h)-f(x)}{h} \text{ 或 } f'_+(x_0)=\lim_{x\to x_0^+}\frac{f(x)-f(x_0)}{x-x_0}.$$

根据极限与左、右极限的关系，极限 $\lim\limits_{h\to 0}\dfrac{f(x+h)-f(x)}{h}$ 存在的充分必要条件是

$$\lim_{h\to 0^-}\frac{f(x+h)-f(x)}{h} \text{ 及 } \lim_{h\to 0^+}\frac{f(x+h)-f(x)}{h}$$

都存在且相等. 于是不难得到导数与左、右导数的关系：

函数 $y=f(x)$ 在点 x_0 处可导的充分必要条件为函数 $y=f(x)$ 在点 x_0 处的左、右导数都存在并且相等，即

$$f'(x_0)=A \Leftrightarrow f'_-(x_0)=f'_+(x_0)=A.$$

我们规定，如果函数 $f(x)$ 在开区间 (a, b) 内可导，且右导数 $f'_+(a)$ 和左导数 $f'_-(b)$ 都存在，就说 $f(x)$ 在闭区间 $[a, b]$ 上可导.

例 1 考察函数 $f(x)=|x|$ 在 $x_0=0$ 处的可导性.

解 函数 $f(x)=|x|=\begin{cases}x, & x\geqslant 0,\\ -x, & x<0\end{cases}$ 在 $x_0=0$ 处的左、右两边表达式不同，必须先求左、右导数.

当 $\Delta x<0$ 时，$f(0+\Delta x)=-\Delta x$，

$$f'_-(0)=\lim_{\Delta x\to 0^-}\frac{f(0+\Delta x)-f(0)}{\Delta x}=\lim_{\Delta x\to 0^-}\frac{-\Delta x-0}{\Delta x}=-1;$$

当 $\Delta x>0$ 时，$f(0+\Delta x)=\Delta x$，

$$f'_+(0)=\lim_{\Delta x\to 0^+}\frac{f(0+\Delta x)-f(0)}{\Delta x}=\lim_{\Delta x\to 0^+}\frac{\Delta x-0}{\Delta x}=1.$$

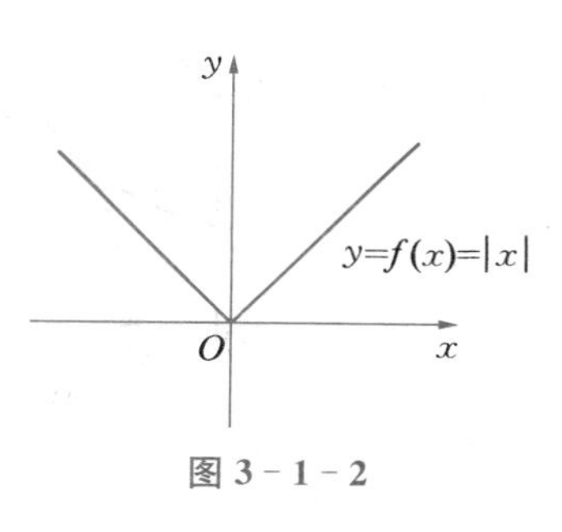

图 3-1-2

因为左、右导数都存在但不相等，所以函数 $f(x)=|x|$ 在 $x_0=0$ 处不可导.

从图 3-1-2 可见曲线 $f(x)=|x|$ 在 $x_0=0$ 处是尖点.

例 2 判断函数 $f(x)=\begin{cases}x^2+x, & x\leqslant 0,\\ \ln(x+1), & x>0\end{cases}$ 在 $x_0=0$ 处是否可导.

解 函数 $f(x)$ 在点 $x_0=0$ 处左、右两侧的表达式不同，必须先求 $f(x)$ 在点 $x_0=0$ 处的左、右导数.

当 $x<0$ 时，$f(x)=x^2+x$，

$$f'_-(0)=\lim_{x\to 0^-}\frac{f(x)-f(0)}{x-0}=\lim_{x\to 0^-}\frac{x^2+x-0}{x}=\lim_{x\to 0^-}(x+1)=1;$$

当 $x>0$ 时，$f(x)=\ln(1+x)$，

$$f'_+(0)=\lim_{x\to 0^+}\frac{f(x)-f(0)}{x-0}=\lim_{x\to 0^+}\frac{\ln(x+1)-0}{x}=1.$$

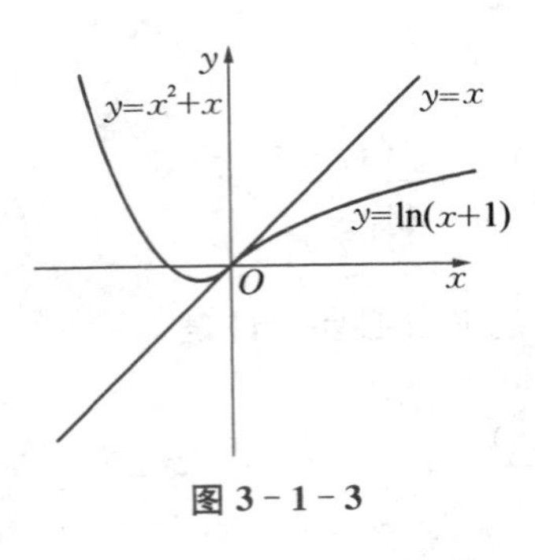

图 3-1-3

因为左、右导数存在且相等，所以 $f(x)$ 在点 $x_0=0$ 处可导，且 $f'(0)=1$.

从图 3-1-3 可见曲线 $f(x)=\begin{cases}x^2+x, & x\leqslant 0,\\ \ln(x+1), & x>0\end{cases}$ 在 $x_0=0$ 处的切线为 $y=x$.

例 1 和例 2 说明，如果 $x=x_0$ 是分段函数 $f(x)$ 的分段点，且 $f(x)$ 在点 x_0 的左、右两侧表达式不同，那么必须先用左、右导数定义求出函数在该点的左、右导数，然后判定 $f(x)$ 在点 x_0 处是否可导.

例 3 设函数 $f(x)=\begin{cases}x^2\sin\dfrac{1}{x}, & x\neq 0,\\ 0, & x=0,\end{cases}$ 讨论 $f(x)$ 在点 $x_0=0$ 处的可导性.

解 当 $x<0$ 和 $x>0$ 时，$f(x)$ 的值都是 $x^2\sin\dfrac{1}{x}$，不用先求左、右导数. 因为

$$f'(0)=\lim_{x\to 0}\frac{f(x)-f(0)}{x-0}=\lim_{x\to 0}\frac{x^2\sin\dfrac{1}{x}-0}{x}=0,$$

所以 $f(x)$ 在点 $x_0=0$ 处可导，且 $f'(0)=0$.

注意 曲线 $f(x)$ 在点 x_0 处出现下列情况时，函数 $f(x)$ 在点 x_0 处不可导，如图3-1-3所示.

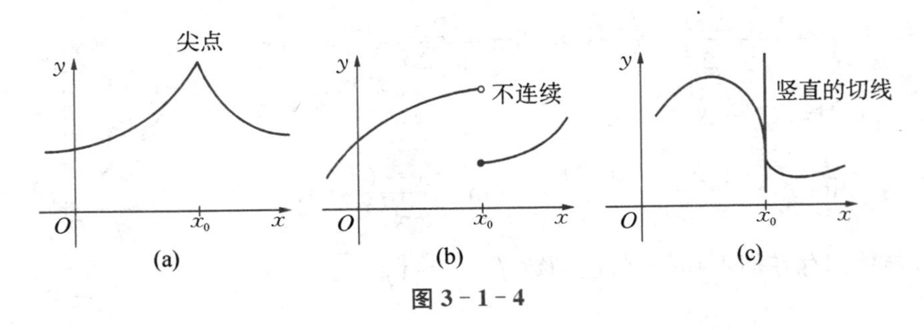

图 3-1-4

3.1.4 函数的可导性与连续性的关系

设函数 $y=f(x)$ 在点 x_0 处可导，即 $\lim\limits_{\Delta x\to 0}\dfrac{\Delta y}{\Delta x}=f'(x_0)$ 存在，则

$$\lim_{\Delta x\to 0}\Delta y=\lim_{\Delta x\to 0}\frac{\Delta y}{\Delta x}\cdot\Delta x=\lim_{\Delta x\to 0}\frac{\Delta y}{\Delta x}\cdot\lim_{\Delta x\to 0}\Delta x=f'(x_0)\cdot 0=0.$$

这就是说，函数 $y=f(x)$ 在点 x_0 处是连续的. 所以，如果函数 $y=f(x)$ 在点 x_0 处可导，则函数在该点必连续. 如果已经知道函数在某点处不连续，则立即可得出函数在该点不可导的结论.

另一方面，一个函数在某点连续却不一定在该点处可导. 下面来看一个例子.

例 4 函数 $f(x)=\sqrt[3]{x}$ 在区间 $(-\infty,+\infty)$ 内连续，但在点 $x=0$ 处不可导. 这是因为

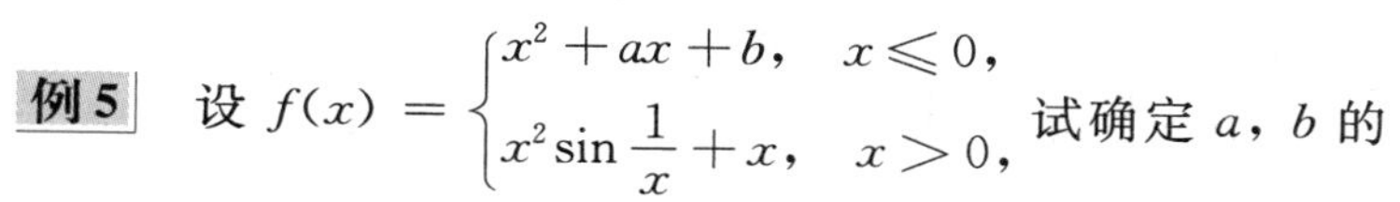

$$\lim_{h\to 0}\frac{f(0+h)-f(0)}{h}=\lim_{h\to 0}\frac{\sqrt[3]{h}-0}{h}=+\infty,$$

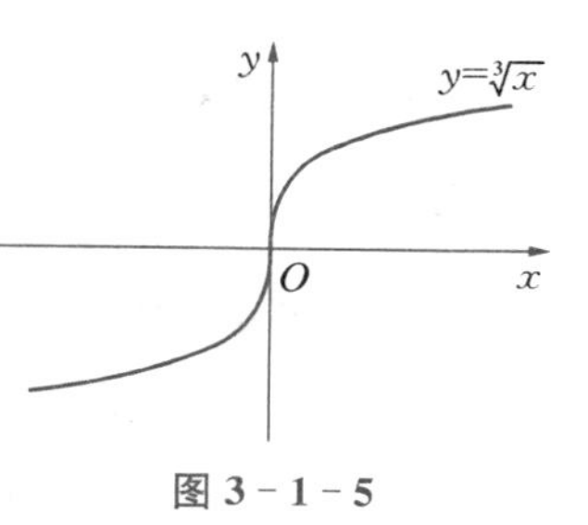

图 3-1-5

极限不存在. 函数 $f(x)=\sqrt[3]{x}$ 的图像如图 3-1-5 所示,可以看出,在点 $x=0$ 处有垂直的切线.

例 5　设 $f(x)=\begin{cases}x^2+ax+b, & x\leqslant 0,\\ x^2\sin\dfrac{1}{x}+x, & x>0,\end{cases}$ 试确定 a, b 的值,使 $f(x)$ 在 $x=0$ 处不但连续而且可导.

解　要使 $f(x)$在 $x=0$ 处连续,必须有 $\lim\limits_{x\to 0}f(x)=f(0)$.

$$\lim_{x\to 0^-}f(x)=\lim_{x\to 0^-}(x^2+ax+b)=b,$$

$$\lim_{x\to 0^+}f(x)=\lim_{x\to 0^+}\left(x^2\sin\frac{1}{x}+x\right)=0,$$

$$f(0)=b,$$

因此得出 $b=0$.

要使 $f(x)$在点 $x=0$ 处可导,必须 $f'_-(0)=f'_+(0)$.

$$f'_-(0)=\lim_{x\to 0^-}\frac{f(x)-f(0)}{x-0}=\lim_{x\to 0^-}\frac{x^2+ax}{x}=\lim_{x\to 0^-}(x+a)=a,$$

$$f'_+(0)=\lim_{x\to 0^+}\frac{f(x)-f(0)}{x-0}=\lim_{x\to 0^+}\frac{x^2\sin\frac{1}{x}+x}{x}=\lim_{x\to 0^+}\left(x\sin\frac{1}{x}+1\right)=1,$$

因此得出 $a=1$.

所以,当 $a=1$, $b=0$ 时,函数 $f(x)$在 $x=0$ 处连续且可导.

3.1.5　导数的几何意义

函数 $y=f(x)$ 在点 x_0 处的导数 $f'(x_0)$在几何上表示曲线 $y=f(x)$ 在点 $M(x_0, f(x_0))$ 处的切线的斜率,即

$$f'(x_0)=\tan\alpha,$$

其中 α 是切线的倾角,如图 3-1-6 所示.

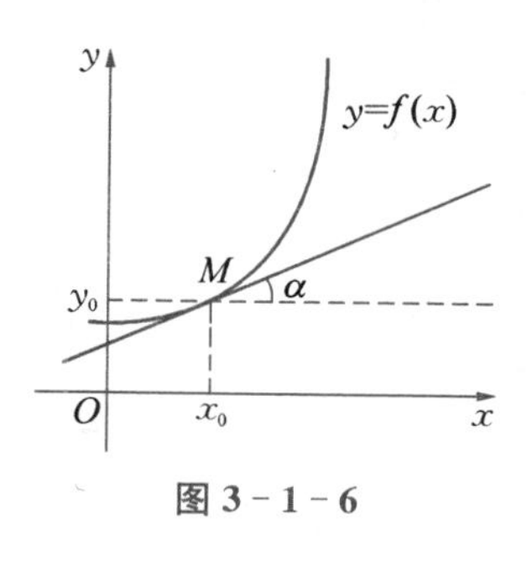

图 3-1-6

由直线的点斜式方程,可知曲线 $y=f(x)$ 在点 $M(x_0, y_0)$处的切线方程为

$$y-y_0=f'(x_0)(x-x_0)$$

过切点 $M(x_0, y_0)$且与切线垂直的直线叫做曲线 $y=f(x)$ 在点 M 处的法线. 如果 $f'(x_0)\neq 0$, 则法线的斜率为 $-\dfrac{1}{f'(x_0)}$, 从而法线方程为

$$y-y_0=-\frac{1}{f'(x_0)}(x-x_0).$$

例 6 求 $y=\cos x$ 在点 $\left(\frac{\pi}{3}, \frac{1}{2}\right)$ 处的切线的斜率，并写出在该点处的切线方程和法线方程.

解 切线斜率 $y'|_{x=\frac{\pi}{3}}=-\sin x|_{x=\frac{\pi}{3}}=-\sin\frac{\pi}{3}=-\frac{\sqrt{3}}{2}$，故在 $\left(\frac{\pi}{3}, \frac{1}{2}\right)$ 处，切线方程为

$$y-\frac{1}{2}=-\frac{\sqrt{3}}{2}\left(x-\frac{\pi}{3}\right).$$

法线斜率为 $-\dfrac{1}{-\frac{\sqrt{3}}{2}}=\dfrac{2}{\sqrt{3}}=\dfrac{2\sqrt{3}}{3}$，因此，法线方程为

$$y-\frac{1}{2}=\frac{2\sqrt{3}}{3}\left(x-\frac{\pi}{3}\right).$$

例 7 求曲线 $y=x\sqrt{x}$ 通过点 $(0, -4)$ 的切线方程.

解 设切点的横坐标为 x_0，则切线的斜率为

$$f'(x_0)=(x^{\frac{3}{2}})'=\frac{3}{2}x^{\frac{1}{2}}\bigg|_{x=x_0}=\frac{3}{2}\sqrt{x_0},$$

于是所求切线的方程可设为

$$y-x_0\sqrt{x_0}=\frac{3}{2}\sqrt{x_0}(x-x_0).$$

根据题目要求，点 $(0, -4)$ 在切线上，因此

$$-4-x_0\sqrt{x_0}=\frac{3}{2}\sqrt{x_0}(0-x_0),$$

解得 $x_0=4$. 于是所求切线的方程为

$$y-4\sqrt{4}=\frac{3}{2}\sqrt{4}(x-4)，即\ 3x-y-4=0.$$

习题 3.1

1. 利用导数的定义求函数 $y=1-2x^2$ 在点 $x=1$ 处的导数.
2. 利用导数的定义求下列函数的导(函)数：

(1) $y=1-2x^2$；　　(2) $y=\dfrac{1}{x^2}$；　　(3) $y=\sqrt[3]{x^2}$.

3. 给定函数 $f(x)=ax^2+bx+c$，其中 a, b, c 为常数，求：

$$f'(x), f'(0), f'\left(\frac{1}{2}\right), f'\left(-\frac{b}{2a}\right).$$

4. 一物体的运动方程为 $s=t^3+10$，求该物体在 $t=3$ 时的瞬时速度.
5. 求在抛物线 $y=x^2$ 上横坐标为 3 的点的切线方程.

6. 求曲线 $y=\sqrt[3]{x^2}$ 上点(1, 1)处的切线方程和法线方程.

7. 求过点 $\left(\frac{3}{2}, 0\right)$ 与曲线 $y=\frac{1}{x^2}$ 相切的直线方程.

8. 自变量 x 取哪些值时，曲线 $y=x^2$ 与 $y=x^3$ 的切线平行？

9. 讨论函数 $y=x\mid x\mid$ 在点 $x=0$ 处的可导性.

10. 函数 $f(x)=\begin{cases}x^2+1, & 0\leqslant x<1,\\ 3x-1, & x\geqslant 1\end{cases}$ 在点 $x=1$ 处是否可导？为什么？

11. 用导数定义求 $f(x)=\begin{cases}x, & x<0,\\ \ln(1+x), & x\geqslant 0\end{cases}$ 在点 $x=0$ 处的导数.

12. 设 $f(x)=\begin{cases}\ln(1+x), & -1\leqslant x\leqslant 0,\\ \sqrt{1+x}-\sqrt{1-x}, & 0<x<1,\end{cases}$ 讨论 $f(x)$ 在点 $x=0$ 处的连续性与可导性.

13. 函数 $f(x)=\begin{cases}x^2\sin\frac{1}{x}, & x\neq 0,\\ 0, & x=0\end{cases}$ 在点 $x=0$ 处是否连续？是否可导？

14. 讨论函数 $f(x)=\begin{cases}1, & x\leqslant 0,\\ 2x+1, & 0<x\leqslant 1,\\ x^2+2, & 1<x\leqslant 2,\\ x, & x>2\end{cases}$ 在点 $x=0$, $x=1$, $x=2$ 处的连续性与可导性.

§ 3.2　导数基本公式与求导运算法则

本节来推导导数基本公式与求导的一些运算法则. 这是今后求导的基本.

3.2.1　导数基本公式

例 1　求函数 $f(x)=C$ (C 为常数)的导数.

解　$f'(x)=\lim\limits_{h\to 0}\frac{f(x+h)-f(x)}{h}=\lim\limits_{h\to 0}\frac{C-C}{h}=0$，即 $(C)'=0$.

例 2　求 $f(x)=\frac{1}{x}$ 的导数.

解　由导数定义公式，有

$$
\begin{aligned}
f'(x)&=\lim_{h\to 0}\frac{f(x+h)-f(x)}{h}=\lim_{h\to 0}\frac{\frac{1}{x+h}-\frac{1}{x}}{h}\\
&=\lim_{h\to 0}\frac{-h}{h(x+h)x}=-\lim_{h\to 0}\frac{1}{(x+h)x}\\
&=-\frac{1}{x^2}=-x^{-2}.
\end{aligned}
$$

例 3　求 $f(x)=\sqrt{x}$ 的导数.

解　由导数定义公式,有

$$f'(x)=\lim_{h\to0}\frac{f(x+h)-f(x)}{h}=\lim_{h\to0}\frac{\sqrt{x+h}-\sqrt{x}}{h}$$

$$=\lim_{h\to0}\frac{h}{h(\sqrt{x+h}+\sqrt{x})}=\lim_{h\to0}\frac{1}{\sqrt{x+h}+\sqrt{x}}=\frac{1}{2\sqrt{x}}.$$

例4　求函数 $f(x)=x^n$ (n 为正整数)在 $x=a$ 处的导数.

解　**解法一**　由导数定义公式,有

$$f'(a)=\lim_{x\to a}\frac{f(x)-f(a)}{x-a}=\lim_{x\to a}\frac{x^n-a^n}{x-a}$$

$$=\lim_{x\to a}\frac{(x-a)(x^{n-1}+ax^{n-2}+\cdots+a^{n-1})}{x-a}$$

$$=\lim_{x\to a}(x^{n-1}+ax^{n-2}+\cdots+a^{n-1})=na^{n-1}.$$

解法二　由导数定义公式,有

$$f'(a)=\lim_{h\to0}\frac{f(a+h)-f(a)}{h}=\lim_{h\to0}\frac{(a+h)^n-a^n}{h}$$

$$=\lim_{h\to0}\frac{a^n+na^{n-1}h+\frac{n(n-1)}{2}a^{n-2}h^2+\cdots+nah^{n-1}+h^n-a^n}{h}$$

$$=\lim_{h\to0}\left(na^{n-1}+\frac{n(n-1)}{2}a^{n-2}h^1+\cdots+nah^{n-2}+h^{n-1}\right)=na^{n-1}.$$

把以上结果中的 a 换成 x 得 $f'(x)=nx^{n-1}$,即 $(x^n)'=nx^{n-1}$.

更一般地,有 $(x^\mu)'=\mu\cdot x^{\mu-1}$, 其中 μ 为常数.

例5　求函数 $f(x)=\sin x$ 的导数.

解　由导数定义公式,有

$$f'(x)=\lim_{h\to0}\frac{f(x+h)-f(x)}{h}=\lim_{h\to0}\frac{\sin(x+h)-\sin x}{h}$$

$$=\lim_{h\to0}\frac{1}{h}\cdot2\cos\left(x+\frac{h}{2}\right)\sin\frac{h}{2}=\lim_{h\to0}\cos\left(x+\frac{h}{2}\right)\cdot\frac{\sin\frac{h}{2}}{\frac{h}{2}}=\cos x,$$

即 $(\sin x)'=\cos x$.

用类似的方法,可求得 $(\cos x)'=-\sin x$.

例6　求函数 $f(x)=a^x(a>0,\ a\neq1)$ 的导数.

解　由导数定义公式,有

$$f'(x)=\lim_{h\to0}\frac{f(x+h)-f(x)}{h}=\lim_{h\to0}\frac{a^{x+h}-a^x}{h}=a^x\lim_{h\to0}\frac{a^h-1}{h}$$

$$=a^x\lim_{t\to0}\frac{t}{\log_a(1+t)}\qquad(令\ a^h-1=t)$$

$$=a^x\lim_{t\to0}\frac{1}{\frac{1}{t}\log_a(1+t)}=a^x\lim_{t\to0}\frac{1}{\log_a(1+t)^{\frac{1}{t}}}$$

$$= a^x \frac{1}{\log_a e} = a^x \ln a.$$

特别地有 $(e^x)' = e^x$.

例 7 求函数 $f(x) = \log_a x (a > 0, a \neq 1)$ 的导数.

解 由导数定义公式,有

$$f'(x) = \lim_{h \to 0} \frac{f(x+h) - f(x)}{h} = \lim_{h \to 0} \frac{\log_a (x+h) - \log_a x}{h}$$
$$= \lim_{h \to 0} \frac{1}{h} \log_a \left(\frac{x+h}{x} \right) = \frac{1}{x} \lim_{h \to 0} \frac{x}{h} \log_a \left(1 + \frac{h}{x}\right)$$
$$= \frac{1}{x} \lim_{h \to 0} \log_a \left(1 + \frac{h}{x}\right)^{\frac{x}{h}} = \frac{1}{x} \log_a e = \frac{1}{x \ln a}$$

即

$$(\log_a x)' = \frac{1}{x \ln a}.$$

特殊地,$(\ln x)' = \dfrac{1}{x}$.

3.2.2 函数的和、差、积、商的求导法则

定理(和差的求导法则) 如果函数 $u = u(x)$ 及 $v = v(x)$ 在点 x 具有导数,那么函数

$$y = u(x) \pm v(x)$$

在点 x 具有导数,并且

$$[u(x) \pm v(x)]' = u'(x) \pm v'(x).$$

证明

$$[u(x) \pm v(x)]' = \lim_{h \to 0} \frac{[u(x+h) \pm v(x+h)] - [u(x) \pm v(x)]}{h}$$
$$= \lim_{h \to 0} \left[\frac{u(x+h) - u(x)}{h} \pm \frac{v(x+h) - v(x)}{h} \right]$$
$$= u'(x) \pm v'(x).$$

和差的求导法则可简单地表示为

$$(u \pm v)' = u' \pm v'.$$

这个定理可推广到任意有限个可导函数的情形.

例如,设 $u = u(x)$, $v = v(x)$, $w = w(x)$ 均可导,则有

$$(u + v - w)' = u' + v' - w'.$$

定理(积的求导法则) 如果函数 $u = u(x)$ 及 $v = v(x)$ 在点 x 具有导数,那么函数

$$y = u(x)v(x)$$

在点 x 具有导数,并且

$$[u(x)\cdot v(x)]'=u'(x)v(x)+u(x)v'(x).$$

证明

$$\begin{aligned}[u(x)\cdot v(x)]'&=\lim_{h\to 0}\frac{u(x+h)v(x+h)-u(x)v(x)}{h}\\&=\lim_{h\to 0}\frac{1}{h}[u(x+h)v(x+h)-u(x)v(x+h)+u(x)v(x+h)-u(x)v(x)]\\&=\lim_{h\to 0}\left[\frac{u(x+h)-u(x)}{h}v(x+h)+u(x)\frac{v(x+h)-v(x)}{h}\right]\\&=\lim_{h\to 0}\frac{u(x+h)-u(x)}{h}\cdot\lim_{h\to 0}v(x+h)+u(x)\cdot\lim_{h\to 0}\frac{v(x+h)-v(x)}{h}\\&=u'(x)v(x)+u(x)v'(x),\end{aligned}$$

其中 $\lim\limits_{h\to 0}v(x+h)=v(x)$ 是由于 $v'(x)$ 存在,故 $v(x)$ 在点 x 连续.

积的求导法则可简单地表示为

$$(uv)'=u'v+uv'.$$

这个定理也可推广到任意有限个可导函数的情形.

例如,设 $u=u(x)$, $v=v(x)$, $w=w(x)$ 均可导,则有

$$\begin{aligned}(uvw)'&=[(uv)w]'=(uv)'w+(uv)w'\\&=(u'v+uv')w+uvw'=u'vw+uv'w+uvw',\end{aligned}$$

即

$$(uvw)'=u'vw+uv'w+uvw'.$$

在积的求导法则中,如果 $v=C$ (C 为常数),则有

$$(Cu)'=Cu'.$$

例 8 $y=2x^3-5x^2+3\sin x-7x$,求 y'.

解 利用和、差、积的求导法则,有

$$\begin{aligned}y'&=(2x^3-5x^2+3\sin x-7x)'=(2x^3)'-(5x^2)'+(3\sin x)'-(7x)'\\&=2(x^3)'-5(x^2)'+3(\sin x)'-7(x)'=2\cdot 3x^2-5\cdot 2x+3\cos x-7\\&=6x^2-10x+3\cos x-7.\end{aligned}$$

例 9 已知 $y=e^x(\sin x+\cos x)$,求 y'.

解
$$\begin{aligned}y'&=(e^x)'(\sin x+\cos x)+e^x(\sin x+\cos x)'\\&=e^x(\sin x+\cos x)+e^x(\cos x-\sin x)=2e^x\cos x.\end{aligned}$$

定理(商的求导法则) 如果函数 $u=u(x)$ 及 $v=v(x)$ 在点 x 具有导数,且 $v(x)\neq 0$,那么函数

$$y=\frac{u(x)}{v(x)}$$

在点 x 具有导数,并且

$$\left[\frac{u(x)}{v(x)}\right]'=\frac{u'(x)v(x)-u(x)v'(x)}{v^2(x)}.$$

证明

$$\begin{aligned}\left[\frac{u(x)}{v(x)}\right]'&=\lim_{h\to0}\frac{\dfrac{u(x+h)}{v(x+h)}-\dfrac{u(x)}{v(x)}}{h}=\lim_{h\to0}\frac{u(x+h)v(x)-u(x)v(x+h)}{v(x+h)v(x)h}\\&=\lim_{h\to0}\frac{[u(x+h)-u(x)]v(x)-u(x)[v(x+h)-v(x)]}{v(x+h)v(x)h}\\&=\lim_{h\to0}\frac{\dfrac{u(x+h)-u(x)}{h}v(x)-u(x)\dfrac{v(x+h)-v(x)}{h}}{v(x+h)v(x)}\\&=\frac{u'(x)v(x)-u(x)v'(x)}{v^2(x)}.\end{aligned}$$

商的求导法则可简单地表示为

$$\left(\frac{u}{v}\right)'=\frac{u'v-uv'}{v^2}.$$

特殊地，如果 $u=1$，则有函数倒数的求导法则：

$$\left(\frac{1}{v}\right)'=-\frac{v'}{v^2}.$$

例 10　已知 $y=\tan x$，求 y'.

解　由三角函数商的关系与函数的商的求导法则，有

$$\begin{aligned}y'&=(\tan x)'=\left(\frac{\sin x}{\cos x}\right)'\\&=\frac{(\sin x)'\cos x-\sin x(\cos x)'}{\cos^2 x}=\frac{\cos^2 x+\sin^2 x}{\cos^2 x}\\&=\frac{1}{\cos^2 x}=\sec^2 x,\end{aligned}$$

即 $(\tan x)'=\sec^2 x$.

用类似方法，还可求得余切函数导数公式：

$$(\cot x)'=-\csc^2 x.$$

例 11　$y=\sec x$，求 y'.

解　由三角函数的倒数关系与函数倒数的求导法则，有

$$\begin{aligned}y'&=(\sec x)'=\left(\frac{1}{\cos x}\right)'\\&=-\frac{1\cdot(\cos x)'}{\cos^2 x}=\frac{\sin x}{\cos^2 x}=\sec x\tan x,\end{aligned}$$

即 $(\sec x)'=\sec x\tan x$.

用类似方法，还可求得余割函数的导数公式：

$$(\csc x)'=-\csc x\cot x.$$

3.2.3 反函数的求导法则

定理(反函数的求导法则) 如果函数 $x=\varphi(y)$ 在某区间 I_y 内单调、可导且 $\varphi'(y)\neq 0$，那么它的反函数 $y=f(x)$ 在对应区间 $I_x=\{x \mid x=\varphi(y),\ y\in I_y\}$ 内也可导，并且

$$[f(x)]'=\frac{1}{\varphi'(y)} \text{ 或} \frac{\mathrm{d}y}{\mathrm{d}x}=\frac{1}{\frac{\mathrm{d}x}{\mathrm{d}y}}.$$

证明 由于 $x=\varphi(y)$ 在 I_y 内单调、可导(从而连续)，所以 $x=\varphi(y)$ 的反函数 $y=f(x)$ 存在，且 $f(x)$在 I_x 内也单调、连续.

任取 $x\in I_x$，给 x 以增量 $\Delta x(\Delta x\neq 0,\ x+\Delta x\in I_x)$，由 $y=f(x)$ 的单调性可知

$$\Delta y=f(x+\Delta x)-f(x)\neq 0,$$

于是

$$\frac{\Delta y}{\Delta x}=\frac{1}{\frac{\Delta x}{\Delta y}}.$$

因为 $y=f(x)$ 连续，所以有

$$\lim_{\Delta x\to 0}\Delta y=0,$$

又因为 $\varphi'(y)\neq 0$，从而

$$[f(x)]'=\lim_{\Delta x\to 0}\frac{\Delta y}{\Delta x}=\lim_{\Delta y\to 0}\frac{1}{\frac{\Delta x}{\Delta y}}=\frac{1}{\varphi'(y)}.$$

简单来说就是反函数的导数等于直接函数导数的倒数.

例 12 求反正弦函数 $y=\arcsin x$ 的导数.

解 设 $x=\sin y,\ y\in\left[-\frac{\pi}{2},\ \frac{\pi}{2}\right]$ 为直接函数，则 $y=\arcsin x$ 是它的反函数. 函数 $x=\sin y$ 在开区间$\left(-\frac{\pi}{2},\ \frac{\pi}{2}\right)$内单调、可导，且

$$(\sin y)'=\cos y>0.$$

因此，由反函数的求导法则，在对应区间 $I_x=(-1,\ 1)$ 内有

$$(\arcsin x)'=\frac{1}{(\sin y)'}=\frac{1}{\cos y}=\frac{1}{\sqrt{1-\sin^2 y}}=\frac{1}{\sqrt{1-x^2}},$$

即

$$(\arcsin x)'=\frac{1}{\sqrt{1-x^2}}.$$

类似地，我们可求

$$(\arccos x)' = -\frac{1}{\sqrt{1-x^2}}.$$

例 13 求反正切函数 $y=\arctan x$ 的导数.

解 设 $x=\tan y$，$y\in\left(-\frac{\pi}{2},\frac{\pi}{2}\right)$ 为直接函数，则 $y=\arctan x$ 是它的反函数. 函数 $x=\tan y$ 在区间 $\left(-\frac{\pi}{2},\frac{\pi}{2}\right)$ 内单调、可导，且

$$(\tan y)'=\sec^2 y\neq 0.$$

因此，由反函数的求导法则，在对应区间 $I_x=(-\infty,+\infty)$ 内有

$$(\arctan x)'=\frac{1}{(\tan y)'}=\frac{1}{\sec^2 y}=\frac{1}{1+\tan^2 y}=\frac{1}{1+x^2},$$

即

$$(\arctan x)'=\frac{1}{1+x^2}.$$

类似地，我们可求

$$(\operatorname{arccot} x)'=-\frac{1}{1+x^2}.$$

例 14 根据指数函数的导数，求对数函数 $y=\log_a x$ 的导数.

解 设 $x=a^y(a>0,a\neq 1)$ 为直接函数，则 $y=\log_a x$ 是它的反函数. 函数 $x=a^y$ 在区间 $I_y=(-\infty,+\infty)$ 内单调、可导，且

$$(a^y)'=a^y\ln a\neq 0.$$

因此，由反函数的求导法则，在对应区间 $I_x=(0,+\infty)$ 内有

$$(\log_a x)'=\frac{1}{(a^y)'}=\frac{1}{a^y\ln a}=\frac{1}{x\ln a}.$$

我们发现，这个结果与本节例 7 通过导数定义公式求得的结果一致.

3.2.4 复合函数的求导法则

到目前为止，所有基本初等函数的导数我们都已求出，那么由基本初等函数构成的较复杂的初等函数，如函数

$$\ln\arctan x,\ e^{x^3+2},\ \sin\frac{3x+6}{1+x^2}$$

的导数如何求呢？为解决这类问题，我们介绍复合函数的求导法则，其本质为数学中的乘法原理. 乘法原理告诉我们，当分步骤解决一个问题时，要用乘法.

定理(链式法则) 设函数 $y=f(u)$ 与 $u=g(x)$ 构成了复合函数 $y=f[g(x)]$，如果 $u=g(x)$ 在点 x 处可导，$y=f(u)$ 在点 $u=g(x)$ 处可导，则复合函数 $y=f[g(x)]$ 在点 x 可导，且其导数为

$$\frac{\mathrm{d}y}{\mathrm{d}x}=f'(u)\cdot g'(x),$$

或记为

$$\frac{\mathrm{d}y}{\mathrm{d}x}=\frac{\mathrm{d}y}{\mathrm{d}u}\cdot\frac{\mathrm{d}u}{\mathrm{d}x}.$$

这个公式称为链式公式,复合函数的求导法则也称为链式法则

证明　当 $u=g(x)$ 在 x 的某一邻域内为常数时，$\Delta u=0$，则 $y=f[\varphi(x)]$ 也是常数,此时导数为零,结论自然成立.

当 $u=g(x)$ 在 x 的某一邻域内不等于常数时，$\Delta u\neq 0$，此时有

$$\begin{aligned}\frac{\Delta y}{\Delta x}&=\frac{f[g(x+\Delta x)]-f[g(x)]}{\Delta x}\\&=\frac{f[g(x+\Delta x)]-f[g(x)]}{g(x+\Delta x)-g(x)}\cdot\frac{g(x+\Delta x)-g(x)}{\Delta x}\\&=\frac{f(u+\Delta u)-f(u)}{\Delta u}\cdot\frac{g(x+\Delta x)-g(x)}{\Delta x}.\end{aligned}$$

注意到 $u=g(x)$ 在点 x 处可导,故连续,当 $\Delta x\to 0$ 时，$\Delta u\to 0$. 上式两边取 $\Delta x\to 0$ 时的极限,得

$$\begin{aligned}\frac{\mathrm{d}y}{\mathrm{d}x}&=\lim_{\Delta x\to 0}\frac{\Delta y}{\Delta x}=\lim_{\Delta u\to 0}\frac{f(u+\Delta u)-f(u)}{\Delta u}\cdot\lim_{\Delta x\to 0}\frac{g(x+\Delta x)-g(x)}{\Delta x}\\&=f'(u)\cdot g'(x).\end{aligned}$$

链式法则告诉我们,完成二重复合函数 $y=f[g(x)]$ 对 x 的求导过程分两个步骤进行:先是求 y 对 u 的导数,后求 u 对 x 的导数,再将两个结果乘起来即可. 这充分体现了乘法原理.

例 15　已知 $y=\mathrm{e}^{x^3+2}$，求 $\frac{\mathrm{d}y}{\mathrm{d}x}$.

解　函数 $y=\mathrm{e}^{x^3+2}$ 可看作是由 $y=\mathrm{e}^u$，$u=x^3+2$ 复合而成,因此

$$\frac{\mathrm{d}y}{\mathrm{d}x}=\frac{\mathrm{d}y}{\mathrm{d}u}\cdot\frac{\mathrm{d}u}{\mathrm{d}x}=\mathrm{e}^u\cdot 3x^2=3x^2\mathrm{e}^{x^3+2}.$$

例 16　已知 $y=\sin\frac{2x}{1+x^2}$，求 $\frac{\mathrm{d}y}{\mathrm{d}x}$.

解　函数 $y=\sin\frac{2x}{1+x^2}$ 是由 $y=\sin u$，$u=\frac{2x}{1+x^2}$ 复合而成,因此

$$\begin{aligned}\frac{\mathrm{d}y}{\mathrm{d}x}&=\frac{\mathrm{d}y}{\mathrm{d}u}\cdot\frac{\mathrm{d}u}{\mathrm{d}x}=\cos u\cdot\frac{2(1+x^2)-(2x)^2}{(1+x^2)^2}\\&=\frac{2(1-x^2)}{(1+x^2)^2}\cdot\cos\frac{2x}{1+x^2}.\end{aligned}$$

复合函数的求导法则可以推广到多个中间变量的情形. 例如,设 $y=f(u)$，$u=\varphi(v)$，$v=g(x)$，则

$$\frac{dy}{dx}=\frac{dy}{du}\cdot\frac{du}{dv}\cdot\frac{dv}{dx}.$$

例 17 已知 $y=\tan[\ln(2+x^3)]$，求 y'.

解 $y=\tan u$，$u=\ln v$，$v=2+x^3$，则有

$$\frac{dy}{du}=\sec^2 u,\ \frac{du}{dv}=\frac{1}{v},\ \frac{dv}{dx}=3x^2.$$

因此，

$$\begin{aligned}\frac{dy}{dx}&=\sec^2 u\cdot\frac{1}{v}\cdot 3x^2\\&=\sec^2\ln(2+x^3)\cdot\frac{1}{2+x^3}\cdot 3x^2\\&=\frac{3x^2}{2+x^3}\sec^2\ln(2+x^3).\end{aligned}$$

为了书写简便，对复合函数的导数比较熟练后，就不必再写出中间变量，只需直接根据复合函数求导的链式法则，即由表及里、逐层求出导数再相乘便可得到结果.

例 18 设 $y=\ln\arctan\frac{1}{x}$，求 y'.

解 这是一个三重的复合函数求导问题.

$$\begin{aligned}y'&=\left(\ln\arctan\frac{1}{x}\right)'=\frac{1}{\arctan\frac{1}{x}}\cdot\left(\arctan\frac{1}{x}\right)'\\&=\frac{1}{\arctan\frac{1}{x}}\cdot\frac{1}{1+\left(\frac{1}{x}\right)^2}\cdot\left(\frac{1}{x}\right)'=\frac{1}{\arctan\frac{1}{x}}\cdot\frac{1}{1+\left(\frac{1}{x}\right)^2}\cdot\left(-\frac{1}{x^2}\right)\\&=-\frac{1}{(1+x^2)\arctan\frac{1}{x}}.\end{aligned}$$

例 19 求导数 $y=f(\sin^2 x)+f(\cos^2 x)$，且 $f(x)$可导.

解 对于未给出具体函数的复合函数求导问题，一定要注意写法.

$$\begin{aligned}y'&=[f(\sin^2 x)+f(\cos^2 x)]'\\&=2\sin x\cos xf'(\sin^2 x)-2\cos x\sin xf'(\cos^2 x)\\&=\sin 2x[f'(\sin^2 x)-f'(\cos^2 x)].\end{aligned}$$

例 20 $y=\ln\cos(e^x)$，求$\frac{dy}{dx}$.

解 这是一个三重的复合函数求导问题.

$$\begin{aligned}\frac{dy}{dx}&=[\ln\cos(e^x)]'=\frac{1}{\cos(e^x)}\cdot[\cos(e^x)]'\\&=\frac{1}{\cos(e^x)}\cdot[-\sin(e^x)]\cdot(e^x)'=-e^x\tan(e^x).\end{aligned}$$

例 21 设 $x>0$，证明幂函数的导数公式

$$(x^{\mu})'=\mu x^{\mu-1}.$$

解 因为 $x^{\mu}=(e^{\ln x})^{\mu}=e^{\mu\ln x}$，所以

$$(x^{\mu})'=(e^{\mu\ln x})'=e^{\mu\ln x}\cdot(\mu\ln x)'=e^{\mu\ln x}\cdot\mu x^{-1}=\mu x^{\mu-1}.$$

3.2.5 导数基本公式与求导运算法则

为了便于记忆和使用，这里列出导数基本公式与求导运算法则如下：

一、导数基本公式

(1) $(C)'=0$；

(2) $(x^{\mu})'=\mu x^{\mu-1}$，μ 为实数；

(3) $(\sin x)'=\cos x$；

(4) $(\cos x)'=-\sin x$；

(5) $(\tan x)'=\sec^2 x$；

(6) $(\cot x)'=-\csc^2 x$；

(7) $(\sec x)'=\sec x\cdot\tan x$；

(8) $(\csc x)'=-\csc x\cdot\cot x$；

(9) $(a^x)'=a^x\ln a$；

(10) $(e^x)'=e^x$；

(11) $(\log_a x)'=\dfrac{1}{x\ln a}$；

(12) $(\ln x)'=\dfrac{1}{x}$；

(13) $(\arcsin x)'=\dfrac{1}{\sqrt{1-x^2}}$；

(14) $(\arccos x)'=-\dfrac{1}{\sqrt{1-x^2}}$；

(15) $(\arctan x)'=\dfrac{1}{1+x^2}$；

(16) $(\operatorname{arccot} x)'=-\dfrac{1}{1+x^2}$.

二、函数的和、差、积、商的求导法则

设 $u=u(x)$ 和 $v=v(x)$ 都可导，则

(1) $(u\pm v)'=u'\pm v'$；

(2) $(Cu)'=Cu'$，C 为常数；

(3) $(u\cdot v)'=u'v+uv'$；

(4) $\left(\dfrac{u}{v}\right)'=\dfrac{u'v-uv'}{v^2}$.

三、反函数的求导法则

设 $x=\varphi(y)$ 在区间 I_y 内单调、可导且 $f'(y)\neq 0$，则它的反函数 $y=f(x)$ 在 $I_x=f(I_y)$ 内也可导，并且

$$[f(x)]'=\frac{1}{\varphi'(y)}.$$

四、复合函数的求导法则

设 $y=f(x)$，$u=g(x)$，且 $f(u)$及 $g(x)$都可导，则复合函数 $y=f[g(x)]$ 的导数为

$$\frac{\mathrm{d}y}{\mathrm{d}x}=\frac{\mathrm{d}y}{\mathrm{d}u}\cdot\frac{\mathrm{d}u}{\mathrm{d}x} \text{或} y'(x)=f'(u)\cdot g'(x).$$

本节的最后来介绍双曲函数与反双曲函数的导数.

例 22 求双曲正弦 $\operatorname{sh}x$ 的导数.

解 因为 $\operatorname{sh}x=\frac{1}{2}(\mathrm{e}^x-\mathrm{e}^{-x})$，所以

$$(\operatorname{sh}x)'=\frac{1}{2}(\mathrm{e}^x-\mathrm{e}^{-x})'=\frac{1}{2}(\mathrm{e}^x+\mathrm{e}^{-x})=\operatorname{ch}x,$$

即 $(\operatorname{sh}x)'=\operatorname{ch}x$.

类似地，可求

$$(\operatorname{ch}x)'=\operatorname{sh}x.$$

例 23 求双曲正切 $\operatorname{th}x$ 的导数.

解 因为 $\operatorname{th}x=\frac{\operatorname{sh}x}{\operatorname{ch}x}$，所以

$$(\operatorname{th}x)'=\frac{\operatorname{ch}^2x-\operatorname{sh}^2x}{\operatorname{ch}^2x}=\frac{1}{\operatorname{ch}^2x}.$$

例 24 求反双曲正弦 $\operatorname{arsh}x$ 的导数.

解 因为 $\operatorname{arsh}x=\ln(x+\sqrt{1+x^2})$，所以

$$(\operatorname{arsh}x)'=\frac{1}{x+\sqrt{1+x^2}}\cdot\left(1+\frac{x}{\sqrt{1+x^2}}\right)=\frac{1}{\sqrt{1+x^2}}.$$

类似地，由 $\operatorname{arch}x=\ln(x+\sqrt{x^2-1})$，可得$(\operatorname{arch}x)'=\frac{1}{\sqrt{x^2-1}}$.

由 $\operatorname{arth}x=\frac{1}{2}\ln\frac{1+x}{1-x}$，可得$(\operatorname{arth}x)'=\frac{1}{1-x^2}$.

习题 3.2

1. 求下列函数的导函数：

(1) $y=\dfrac{2}{x^3-1}$；

(2) $y=\sec x$；

(3) $y=\sin 3x+\cos 5x$；

(4) $y=\sin^3 x\cdot\cos 3x$；

(5) $y=\dfrac{1+\sin^2 x}{\cos(x^2)}$；

(6) $y=\dfrac{1}{3}\tan^3 x-\tan x+x$；

(7) $y=\mathrm{e}^{ax}\sin bx$；

(8) $y=\cos^5\sqrt{1+x^2}$；

(9) $y=\ln\left|\tan\left(\dfrac{x}{2}+\dfrac{\pi}{4}\right)\right|$；

(10) $y=\dfrac{1}{2a}\ln\left|\dfrac{x-a}{x+a}\right|$，$a>0$，$x\neq\pm a$.

2. 求下列函数的导函数：

(1) $y=\arcsin\dfrac{x}{a}$，$a>0$；

(2) $y=\dfrac{1}{a}\arctan\dfrac{x}{a}$，$a>0$；

(3) $y=x^2\arccos x$，$|x|<1$；

(4) $y=\arctan\dfrac{1}{x}$；

(5) $y=\dfrac{x}{2}\sqrt{a^2-x^2}+\dfrac{a^2}{2}\arcsin\dfrac{x}{a}$，$a>0$；

(6) $y=\dfrac{x}{2}\sqrt{a^2+x^2}+\dfrac{a^2}{2}\ln\dfrac{x+\sqrt{a^2+x^2}}{a}$，$a>0$；

(7) $y=\arcsin\dfrac{2x}{x^2+1}$，$x\neq\pm 1$；

(8) $y=\dfrac{2}{\sqrt{a^2-b^2}}\arctan\left(\sqrt{\dfrac{a-b}{a+b}}\tan\dfrac{x}{2}\right)$，$a>b\geqslant 0$；

(9) $y=(1+\sqrt{x})(1+\sqrt{2x})(1+\sqrt{3x})$；

(10) $y=\sqrt{1+x+2x^2}$；

(11) $y=\sqrt{a^2+x^2}$；

(12) $y=\sqrt{a^2-x^2}$；

(13) $y=\ln(x+\sqrt{a^2+x^2})$；

(14) $y=(x-1)\sqrt[3]{(3x+1)^2(2-x)}$；

(15) $y=\mathrm{e}^x+\mathrm{e}^{\mathrm{e}^x}$；

(16) $y=x^{a^a}+a^{x^a}+a^{a^{x}}$，$a>0$.

§3.3 高阶导数

我们已经知道，速率是位移的导数，加速度又是速率的导数，显然加速度是位移的导数的导数，数学上称为二阶导数.

一般地，函数 $y=f(x)$ 的导数 $y'=f'(x)$ 仍然是 x 的函数. 我们把 $y'=f'(x)$ 的导数叫做函数 $y=f(x)$ 的二阶导数，记作 y'' 或$\dfrac{\mathrm{d}^2y}{\mathrm{d}x^2}$，即

$$y''=(y')' \text{ 或 } \frac{\mathrm{d}^2y}{\mathrm{d}x^2}=\frac{\mathrm{d}}{\mathrm{d}x}\left(\frac{\mathrm{d}y}{\mathrm{d}x}\right).$$

函数 $y=f(x)$ 的二阶导数如果用导数的定义式来表示，就是

$$[f'(x)]'=\lim_{h\to 0}\frac{f'(x+h)-f'(x)}{h}.$$

相应地，把 $y=f(x)$ 的导数 $f'(x)$ 叫做函数 $y=f(x)$ 的一阶导数.

类似地，二阶导数的导数叫做**三阶导数**. 依此类推，$(n-1)$ 阶导数的导数叫做 **n 阶导数**，分别记作

$$y''',\ y^{(4)},\ \cdots,\ y^{(n)} \text{ 或 } \frac{\mathrm{d}^3y}{\mathrm{d}x^3},\ \frac{\mathrm{d}^4y}{\mathrm{d}x^4},\ \cdots,\ \frac{\mathrm{d}^ny}{\mathrm{d}x^n}.$$

函数 $f(x)$ 具有 n 阶导数，也常说成函数 $f(x)$ 为 n 阶可导. 如果函数 $f(x)$ 在点 x 处具有 n 阶导数，那么函数 $f(x)$ 在点 x 的某一邻域内必定具有一切低于 n 阶的导数. 我们把二阶及二阶以上的导数统称为**高阶导数**.

例1　$y=ax^2+bx+c$，求 y'''.

解　$y'=2ax+b$，$y''=2a$，$y'''=0$.

例2　求 n 次多项式 $y=a_0x^n+a_1x^{n-1}+\cdots+a_{n-1}x+a_n$ 的各阶导数.

解　$y'=a_0nx^{n-1}+a_1(n-1)x^{n-2}+\cdots+a_{n-1}$ 是 $n-1$ 次多项式；

$y''=a_0n(n-1)x^{n-2}+a_1(n-1)(n-2)x^{n-3}+\cdots+a_{n-2}$ 是 $n-2$ 次多项式；

依此类推，易知 n 阶导数 $y^{(n)}=a_0n!$ 是一个常数，于是

$$y^{(n+1)}=y^{(n+2)}=\cdots=0,$$

即一个 n 次多项式的一切高于 n 阶的导数都是零.

例3　证明函数 $y=\sqrt{2x-x^2}$ 满足关系式

$$y^3y''+1=0.$$

证明　因为 $y'=\dfrac{2-2x}{2\sqrt{2x-x^2}}=\dfrac{1-x}{\sqrt{2x-x^2}}$，

$$y''=\frac{-\sqrt{2x-x^2}-(1-x)\dfrac{2-2x}{2\sqrt{2x-x^2}}}{2x-x^2}$$

$$=\frac{-2x+x^2-(1-x)^2}{(2x-x^2)\sqrt{(2x-x^2)}}=-\frac{1}{(2x-x^2)^{\frac{3}{2}}}=-\frac{1}{y^3},$$

所以

$$y^3y''+1=0.$$

例4　求正弦函数与余弦函数的 n 阶导数.

解　$y=\sin x$，

$$y'=\cos x=\sin\left(x+\frac{\pi}{2}\right),$$

$$y''=\cos\left(x+\frac{\pi}{2}\right)=\sin\left(x+\frac{\pi}{2}+\frac{\pi}{2}\right)=\sin\left(x+2\cdot\frac{\pi}{2}\right),$$

$$y''' = \cos\left(x+2\cdot\frac{\pi}{2}\right) = \sin\left(x+2\cdot\frac{\pi}{2}+\frac{\pi}{2}\right) = \sin\left(x+3\cdot\frac{\pi}{2}\right),$$

$$y^{(4)} = \cos\left(x+3\cdot\frac{\pi}{2}\right) = \sin\left(x+4\cdot\frac{\pi}{2}\right),$$

一般地,可得

$$y^{(n)} = \sin\left(x+n\cdot\frac{\pi}{2}\right),\text{即}(\sin x)^{(n)} = \sin\left(x+n\cdot\frac{\pi}{2}\right).$$

用类似方法,可求得 $(\cos x)^{(n)} = \cos\left(x+n\cdot\frac{\pi}{2}\right)$.

例 5 求函数 $\ln(1+x)$ 的 n 阶导数.

解 $y=\ln(1+x)$, $y'=(1+x)^{-1}$, $y''=-(1+x)^{-2}$,

$y'''=(-1)(-2)(1+x)^{-3}$, $y^{(4)}=(-1)(-2)(-3)(1+x)^{-4}$,

一般地,可得

$$y^{(n)} = (-1)(-2)\cdots(-n+1)(1+x)^{-n} = (-1)^{n-1}\frac{(n-1)!}{(1+x)^n},$$

即

$$[\ln(1+x)]^{(n)} = (-1)^{n-1}\frac{(n-1)!}{(1+x)^n}.$$

求高阶导数时,一般是逐次求导,再从中找出相关规律,用数学归纳法确定出最终结果. 但求乘积的高阶导数时,有如下公式,可简便计算过程.

如果函数 $u=u(x)$ 及 $v=v(x)$ 都在点 x 处具有 n 阶导数,那么显然函数 $u(x)v(x)$ 也在点 x 处具有 n 阶导数,且

$$(uv)' = u'v+uv',$$
$$(uv)'' = u''v+2u'v'+uv'',$$
$$(uv)''' = u'''v+3u''v'+3u'v''+uv''',$$

用数学归纳法可以证明

$$\begin{aligned}(uv)^{(n)} &= \sum_{k=0}^{n} C_n^k u^{(n-k)} v^{(k)} \\ &= u^{(n)}v + C_n^1 u^{(n-1)}v' + C_n^2 u^{(n-2)}v'' + \cdots + C_n^k u^{(n-k)}v^{(k)} + \cdots + C_n^{n-1}u'v^{(n-1)} + uv^{(n)}.\end{aligned}$$

这一公式称为莱布尼兹公式. 其中 $u^{(0)}=u$, $v^{(0)}=v$,理解为函数的零阶导就是函数本身. 这个公式可根据二项展开式来记忆.

有了莱布尼兹公式,可很快算得某一指定阶数的导数.

例 6 已知 $y=x^3e^{2x}$,求 $y^{(20)}$.

解 设 $u=e^{2x}$, $v=x^3$,则

$$(u)^{(k)} = 2^k e^{2x},\ k=1,\ 2,\ \cdots 20,$$
$$v'=3x^2,\ v''=6x,\ v'''=6,\ (v)^{(k)}=0,\ k=4,\ \cdots,\ 20.$$

代入莱布尼兹公式,可得

$$
\begin{aligned}
y^{(20)} &= (uv)^{(20)} = u^{(20)} \cdot v + C_{20}^{1} u^{(19)} \cdot v' + C_{20}^{2} u^{(18)} \cdot v'' + C_{20}^{3} u^{(17)} \cdot v''' \\
&= 2^{20} e^{2x} \cdot x^3 + 20 \cdot 2^{19} e^{2x} \cdot 3x^2 + \frac{20 \cdot 19}{2!} 2^{18} e^{2x} \cdot 6x + \frac{20 \cdot 19 \cdot 18}{3!} 2^{17} e^{2x} \cdot 6 \\
&= 2^{20} e^{2x} (x^3 + 30x^2 + 285x + 855).
\end{aligned}
$$

练习 3.3

1. 求下列各函数的二阶导数：

(1) $y = \ln(1 + x^2)$；　(2) $y = x\ln x$；

(3) $y = (1 + x^2)\arctan x$；　(4) $y = xe^{x^2}$.

2. 验证：$y = e^x \sin x$ 满足关系式 $y'' - 2y' + 2y = 0$.

3. 试从 $\dfrac{dx}{dy} = \dfrac{1}{y'}$ 导出：

(1) $\dfrac{d^2x}{dy^2} = -\dfrac{y''}{(y')^3}$；　(2) $\dfrac{d^3x}{dy^3} = \dfrac{3(y'')^2 - y'y'''}{(y')^5}$.

4. 求下列函数所指定的阶数的导数：

(1) $y = e^x \cos x$，求 $y^{(4)}$；　(2) $y = x^2 \sin 2x$，求 $y^{(50)}$.

§ 3.4　隐函数与参数式函数的导数

3.4.1　隐函数的导数

第 1 章已经介绍了显函数与隐函数的概念.

一般来说，如果在方程 $F(x, y) = 0$ 中，当 x 取某一区间内的任一值时，相应地总有满足该方程的唯一的 y 值存在，那么就说方程 $F(x, y) = 0$ 在该区间内确定了一个隐函数. 例如，方程 $x + y^3 - 1 = 0$ 确定的隐函数为 $y = \sqrt[3]{1 - x}$.

形如 $y = f(x)$ 的函数称为显函数. 例如 $y = \sin x$，$y = \ln x + e^x$.

把一个隐函数化成显函数，叫做隐函数的显化. 通过前面的学习我们已经知道，隐函数的显化有时有困难，有时甚至是不可能的. 但在实际问题中，有时需要计算隐函数的导数. 因此，我们希望有一种方法，不管隐函数能否显化，都能直接由方程算出它所确定的隐函数的导数. 先看一个例子，再来介绍隐函数的求导方法.

例 1　设方程 $y^3 - x - 2 = 0$ 确定隐函数 $y = f(x)$，求 y'.

解　**解法一**　从方程 $y^3 - x - 2 = 0$ 求得函数 $y = \sqrt[3]{x + 2}$.

根据链式法则，

$$y' = \frac{1}{3}(x + 2)^{-\frac{2}{3}} = \frac{1}{3\sqrt[3]{(x + 2)^2}}.$$

解法二　设 $y = f(x)$ 是方程 $y^3 - x - 2 = 0$ 确定的隐函数，把 $y = f(x)$ 代入方程得

$$[f(x)]^3-x-2=0.$$

方程两边对 x 求导，由复合函数链式法则和差的求导法则，得

$$3[f(x)]^2f'(x)-1=0.$$

因为 $y=f(x)$，所以上式实际上的形式就是一个含 y' 的方程，即

$$3y^2y'-1=0,$$

其中 $3y^2y'$ 由函数 y^3 对 y 的导数 $3y^2$ 和 y 对 x 的导数 y' 的乘积构成.

解上述方程可得隐函数 $y=f(x)$ 的导数 $y'=\frac{1}{3y^2}$. 因为 $y=\sqrt[3]{x+2}$，所以

$$y'=\frac{1}{3y^2}=\frac{1}{3\sqrt[3]{(x+2)^2}}.$$

可见，两种方法的求解结果相同. 这说明求隐函数的导数不需要将隐函数显化，只要在方程 $F(x,y)=0$ 两边同时对 x 求导，且注意变量 y 是 x 的函数 $y=f(x)$，求导过程要用链式法则.

隐函数求导的一般步骤如下：

(1) 将方程 $F(x,y)=0$ 两边同时对 x 求导，得含 y' 的方程；

(2) 从(1)所得的方程中解出 y'.

需要说明的是，因为大多数隐函数不能转化为显函数，所以隐函数的导数结论中一般既含自变量 x，又含变量 y，这不影响隐函数导数的应用.

例 2 求由方程 $e^y+xy-e=0$ 所确定的隐函数 y 的导数.

解 把方程两边的每一项对 x 求导数，得

$$(e^y)'+(xy)'-(e)'=(0)',$$

即

$$e^y\cdot y'+y+xy'=0,$$

从而，当 $x+e^y\neq 0$ 时，$y'=-\frac{y}{x+e^y}$.

例 3 已知方程 $y=1+xe^y$ 确定了隐函数 $y=f(x)$，求曲线 $y=f(x)$ 上点 $(0,1)$ 处的切线方程.

解 方程两边对 x 求导，得 $y'=e^y+xe^y\cdot y'$，即有

$$y'=\frac{e^y}{1-xe^y},$$

可见在点 $(0,1)$ 处的切线斜率为

$$k=y'\big|_{x=0}=\frac{e^y}{1-xe^y}\bigg|_{(0,1)}=e,$$

因此，所求的切线为 $y-1=e(x-0)$，即 $y=ex+1$.

例 4 求由方程 $x-y+\frac{1}{2}\sin y=0$ 所确定的隐函数 $y=f(x)$ 的二阶导数.

解 方程两边对 x 求导，得

$$1-\frac{\mathrm{d}y}{\mathrm{d}x}+\frac{1}{2}\cos y\cdot\frac{\mathrm{d}y}{\mathrm{d}x}=0,$$

于是

$$\frac{\mathrm{d}y}{\mathrm{d}x}=\frac{2}{2-\cos y}.$$

上式两边再对 x 求导，得

$$\frac{\mathrm{d}^2y}{\mathrm{d}x^2}=\frac{-2\sin y\cdot\frac{\mathrm{d}y}{\mathrm{d}x}}{(2-\cos y)^2}=\frac{-4\sin y}{(2-\cos y)^3}.$$

3.4.2 对数求导法

用导数运算法则直接求函数 $y=\sqrt[3]{\frac{(2x-1)^2(x-2)}{(x+3)(x-4)^3}}$ 的导数时，计算相当复杂. 如果利用对数函数的性质，在函数的两边同时取自然对数，把函数 y 转化为由一个二元方程确定的隐函数，则可用隐函数求导方法求 y'. 这种方法称为对数求导法.

对数求导法是先在 $y=f(x)$ 的两边取自然对数，然后再求出 y 的导数.

设 $y=f(x)$，两边取自然对数，得

$$\ln y=\ln f(x),$$

两边对 x 求导，得

$$\frac{1}{y}y'=[\ln f(x)]',$$

解出

$$y'=f(x)\cdot[\ln f(x)]'.$$

例5 求函数 $y=\sqrt[3]{\frac{(2x-1)^2(x-2)}{(x+3)(x-4)^3}}$ 的导数.

解 先在两边取绝对值后取自然对数，得

$$\ln y=\frac{1}{3}[2\ln|2x-1|+\ln|x-2|-\ln|x+3|-3\ln|x-4|],$$

上式两边对 x 求导，得

$$\frac{1}{y}y'=\frac{1}{3}\left(\frac{4}{2x-1}+\frac{1}{x-2}-\frac{1}{x+3}-\frac{3}{x-4}\right),$$

于是

$$y'=\frac{y}{3}\left(\frac{4}{2x-1}+\frac{1}{x-2}-\frac{1}{x+3}-\frac{3}{x-4}\right)$$

$$=\frac{1}{3}\sqrt[3]{\frac{(2x-1)^2(x-2)}{(x+3)(x-4)^3}}\left(\frac{4}{2x-1}+\frac{1}{x-2}-\frac{1}{x+3}-\frac{3}{x-4}\right).$$

除了多因子的积、商及幂的导数外,对数求导法也适用于求幂指函数 $y=[u(x)]^{v(x)}$ 的导数.

例 6 求 $y=x^{\sin x}(x>0)$ 的导数.

解 **解法一** 两边取自然对数,得

$$\ln y=\sin x\cdot\ln x,$$

上式两边对 x 求导,得

$$\frac{1}{y}y'=\cos x\cdot\ln x+\sin x\cdot\frac{1}{x},$$

于是

$$y'=y\left(\cos x\cdot\ln x+\sin x\cdot\frac{1}{x}\right)=x^{\sin x}\left(\cos x\cdot\ln x+\frac{\sin x}{x}\right).$$

解法二 这种幂指函数的导数也可按复合函数求导的方法来求. 先用指数恒等式将函数变为复合函数

$$y=x^{\sin x}=\mathrm{e}^{\sin x\cdot\ln x}.$$

这是一个二重复合函数,其导数为

$$y'=\mathrm{e}^{\sin x\cdot\ln x}(\sin x\cdot\ln x)'=x^{\sin x}\left(\cos x\cdot\ln x+\frac{\sin x}{x}\right).$$

与解法一所得结果相同.

3.4.3 参数式函数的导数

设 y 与 x 的函数关系是由参数方程

$$\begin{cases}x=\varphi(t),\\ y=\psi(t)\end{cases}$$

确定的,则称此函数关系所表达的函数为由参数方程所确定的函数.

在实际问题中,需要计算由参数方程所确定的函数的导数. 但从参数方程中消去参数 t 有时会有困难. 因此,希望有一种方法能直接由参数方程算出它所确定的函数的导数.

设 $x=\varphi(t)$ 具有单调连续反函数 $t=\varphi^{-1}(x)$,且此反函数能与函数 $y=\psi(t)$ 构成复合函数 $y=\psi[\varphi^{-1}(x)]$,若 $x=\varphi(t)$ 和 $y=\psi(t)$ 都可导,则

$$\frac{\mathrm{d}y}{\mathrm{d}x}=\frac{\mathrm{d}y}{\mathrm{d}t}\cdot\frac{\mathrm{d}t}{\mathrm{d}x}=\frac{\mathrm{d}y}{\mathrm{d}t}\cdot\frac{1}{\frac{\mathrm{d}x}{\mathrm{d}t}}=\frac{\psi'(t)}{\varphi'(t)},$$

即

$$\frac{\mathrm{d}y}{\mathrm{d}x}=\frac{\psi'(t)}{\varphi'(t)}\text{ 或 }\frac{\mathrm{d}y}{\mathrm{d}x}=\frac{\frac{\mathrm{d}y}{\mathrm{d}t}}{\frac{\mathrm{d}x}{\mathrm{d}t}}.$$

二阶导数

$$\frac{d^2y}{dx^2}=\frac{d}{dx}\left(\frac{dy}{dx}\right)=\frac{d}{dt}\left(\frac{\psi'(t)}{\varphi'(t)}\right)\frac{dt}{dx}$$
$$=\frac{\psi''(t)\varphi'(t)-\psi'(t)\varphi''(t)}{\varphi'^2(t)}\cdot\frac{1}{\varphi'(t)}=\frac{\psi''(t)\varphi'(t)-\psi'(t)\varphi''(t)}{\varphi'^3(t)}.$$

例 7　当一个圆沿直线运动时，圆周上一点 P 所经过的轨迹称为摆线或旋轮线，其图像如图 3-4-1 所示. 根据图 3-4-2 可知其参数方程为 $\begin{cases}x=r(\theta-\sin\theta),\\ y=r(1-\cos\theta),\end{cases}$ 求由其所确定的函数 $y=f(x)$ 在 $\theta=\frac{\pi}{3}$ 处的切线方程.

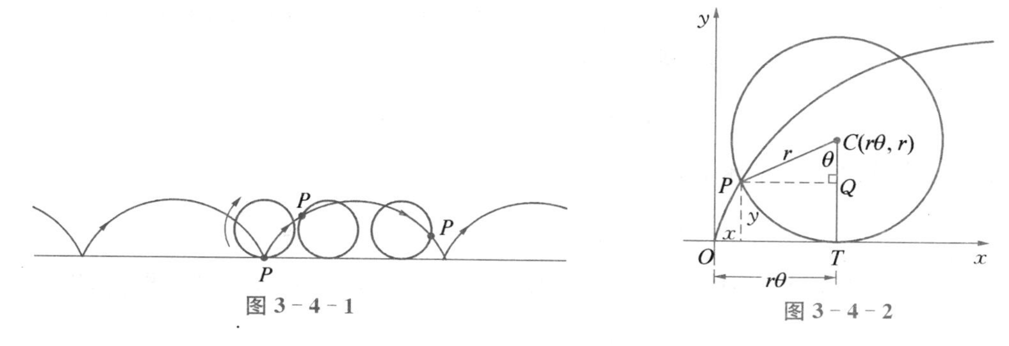

图 3-4-1　　图 3-4-2

解　切线的斜率为

$$\frac{dy}{dx}=\frac{y'(\theta)}{x'(\theta)}=\frac{[r(1-\cos\theta)]'}{[r(t-\sin\theta)]'}=\frac{\sin\theta}{1-\cos\theta}.$$

当 $\theta=\frac{\pi}{3}$ 时，$\left.\frac{dy}{dx}\right|_{\theta=\frac{\pi}{3}}=\left.\frac{\sin\theta}{1-\cos\theta}\right|_{\theta=\frac{\pi}{3}}=\sqrt{3}$，且

$$x=r\left(\frac{\pi}{3}-\sin\frac{\pi}{3}\right)=r\left(\frac{\pi}{3}-\frac{\sqrt{3}}{2}\right),\ y=r\left(1-\cos\frac{\pi}{3}\right)=\frac{r}{2},$$

故切线方程为

$$y-\frac{r}{2}=\sqrt{3}\left(x-\frac{r\pi}{3}+\frac{r\sqrt{3}}{2}\right),$$

即

$$\sqrt{3}x-y=r\left(\frac{\sqrt{3}}{3}\pi-2\right).$$

例 8　求由参数方程 $\begin{cases}x=\ln(1+t^2),\\ y=t-\arctan t\end{cases}$ 所确定的函数的二阶导数 $\frac{d^2y}{dx^2}$.

解　函数的一阶导数为

$$\frac{dy}{dx}=\frac{dy}{dt}\Big/\frac{dx}{dt}=\frac{1-\frac{1}{1+t^2}}{\frac{2t}{1+t^2}}=\frac{t}{2},$$

二阶导数

$$\frac{\mathrm{d}^2 y}{\mathrm{d}x^2}=\frac{\mathrm{d}}{\mathrm{d}x}\left(\frac{\mathrm{d}y}{\mathrm{d}x}\right)=\frac{\mathrm{d}}{\mathrm{d}x}\left(\frac{t}{2}\right)=\frac{\mathrm{d}}{\mathrm{d}t}\left(\frac{t}{2}\right)\cdot\frac{\mathrm{d}t}{\mathrm{d}x}=\frac{\frac{\mathrm{d}}{\mathrm{d}t}\left(\frac{t}{2}\right)}{\frac{\mathrm{d}x}{\mathrm{d}t}}=\frac{\frac{1}{2}}{\frac{2t}{1+t^2}}=\frac{1+t^2}{4t}.$$

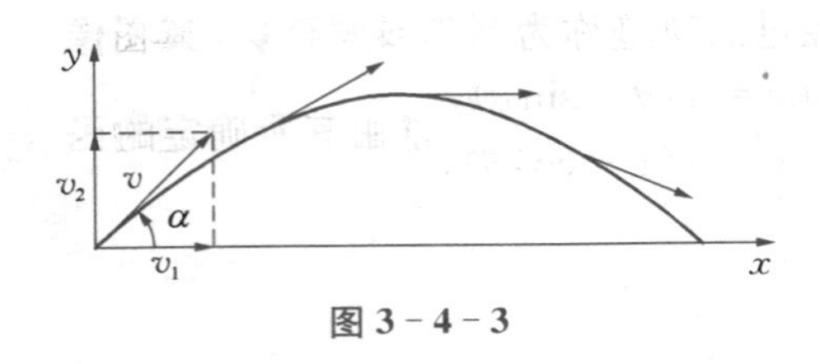

图 3-4-3

例 9 如果不考虑空气阻力，如图 3-4-3 所示的抛射体运动轨迹的参数方程为

$$\begin{cases} x=v_1 t, \\ y=v_2 t-\frac{1}{2}gt^2, \end{cases}$$

求抛射体在时刻 t 的运动速度的大小和方向.

解 先求速度的大小. 速度的水平分量与垂直分量分别为

$$x'(t)=v_1,\ y'(t)=v_2-gt,$$

所以抛射体在时刻 t 的运动速度的大小为

$$v=\sqrt{[x'(t)]^2+[y'(t)]^2}=\sqrt{v_1^2+(v_2-gt)^2}.$$

再求速度的方向. 设 α 是切线的倾角，由导数的几何意义，可得轨道的切线方向为

$$\tan\alpha=\frac{\mathrm{d}y}{\mathrm{d}x}=\frac{y'(t)}{x'(t)}=\frac{v_2-gt}{v_1}.$$

当 $t=0$ 时，即抛射体刚抛射出，

$$\tan\alpha\big|_{t=0}=\frac{v_2}{v_1};$$

当 $t=\frac{v_2}{g}$ 时，

$$\tan\alpha\big|_{t=\frac{v_2}{g}}=0,$$

这时运动方向是水平的，即抛射体到达最高点.

练习 3.4

1. 利用对数求导法求下列函数的导数：

(1) $y=x\sqrt{\frac{1-x}{1+x}}$;

(2) $y=\frac{x^2}{1-x}\cdot\sqrt[3]{\frac{3-x}{(3+x)^2}}$;

(3) $y=(x+\sqrt{1+x^2})^n$;

(4) $y=(x-a_1)^{a_1}(x-a_2)^{a_2}\cdots(x-a_n)^{a_n}$，其中，$a_1,\ a_2,\ \cdots,\ a_n,\ n$ 为常数；

(5) $y=(\sin x)^{\tan x}$.

2. 求下列函数的导数：

(1) 已知 $\begin{cases} x = 2t - t^2, \\ y = 3t - t^3, \end{cases}$ 求 $\dfrac{dy}{dx}$.

(2) 已知 $\begin{cases} x = a\sin 3\theta\cos\theta, \\ y = a\sin 3\theta\sin\theta, \end{cases}$ 其中 a 为常数，求 $\left.\dfrac{dy}{dx}\right|_{\theta=\frac{\pi}{3}}$.

3. 已知函数 $x^2 + y^2 = a^2 (y > 0)$，求 y 对 x 的二阶导数.

4. 方程 $y - xe^y = 1$ 确定 y 是 x 的函数，求 $y''|_{x=0}$.

5. 方程 $xy - \sin(\pi y^2) = 0$ 确定 y 是 x 的函数，求 $y'\Big|_{\substack{x=0\\y=-1}}$ 及 $y''\Big|_{\substack{x=0\\y=-1}}$.

6. 求隐函数 $xy = e^{x+y}$ 的微分 dy.

§3.5 边际与相关变化率

导数反映函数的变化率，在现实世界有广泛的应用. 经济学家称函数的变化率或导数为边际，如边际成本、边际收益、边际利润等.

3.5.1 边际

一、边际成本

例1 设 $C(q)$ 是一个公司生产 q 单位某产品所付出的总成本，函数 C 称为成本函数. 如生产该项产品的数量从 q_1 增加到 q_2，增加成本为 $\Delta C = C(q_2) - C(q_1)$，成本的平均变化率为

$$\frac{\Delta C}{\Delta q} = \frac{C(q_2) - C(q_1)}{q_2 - q_1} = \frac{C(q_1 + \Delta q) - C(q_1)}{\Delta q}.$$

当 $\Delta q \to 0$ 时，这个数量的极限，即关于生产该项产品的数量的成本瞬时变化率，被经济学家称为边际成本，并用 MC(Marginal Cost) 表示，即

$$MC = \frac{dC}{dq} = \lim_{\Delta q \to 0} \frac{\Delta C}{\Delta q} = \lim_{\Delta q \to 0} \frac{C(q + \Delta q) - C(q)}{\Delta q}.$$

实际中由于 q 取整数，所以让 Δq 趋于 0 可能没有实际意义，但是可利用平滑的近似曲线来代替 $C(q)$.

取 $\Delta q = 1$，当 n 很大(使得 Δq 相对很小)，有

$$C'(n) \approx C(n+1) - C(n),$$

因此，生产 n 单位产品的边际成本大约等于多生产一单位产品的成本，即第 $(n+1)$ 个单位产品的成本.

经常把总成本函数表示成一个多项式：

$$C(q) = a + bq + cq^2 + dq^3,$$

其中 a 代表额外费用，其他项分别代表原材料成本、劳动成本等. (原材料成本可能与 q 成比

例,但由于大规模生产中可能产生加班费和低效率等,因此劳动力成本可能部分依赖于 q 的高次幂.)

例 2 已知某公司生产 q 单位产品的成本(单位:元)为

$$C(q)=10\,000+5q+0.01q^2,$$

则边际成本函数为

$$C'(q)=5+0.02q.$$

在生产规模为 500 单位时,边际成本为

$$C'(500)=5+0.02\times 500=15(\text{元}/\text{单位}),$$

这给出了相对于生产规模 $x=500$ 单位时,成本的变化率是增加的,并且估算第 501 个产品的成本.

生产第 501 个产品的实际成本为

$$\begin{aligned}C(501)-C(500)&=[10\,000+5\times 501+0.01\times(501)^2]-[10\,000+5\times 500+0.01\times(500)^2]\\&=15.01.\end{aligned}$$

我们不难注意到

$$C'(500)\approx C(501)-C(500).$$

二、边际收益

设某公司销售某种产品(商品)的总收益函数为 $R=R(q)$,q 为销售量,称收益函数 $R(q)$ 相对于销售量 q 的变化率 $R'(q)$ 为边际收益函数,并用 MR(Marginal Revenue)表示,即

$$MR=R'(q)=\frac{\mathrm{d}R}{\mathrm{d}q}=\lim_{\Delta q\to 0}\frac{\Delta R}{\Delta q}.$$

$R'(q_0)$是销售量为 q_0 时的边际收益,其经济意义是在销售量为 q_0 时,多销售一个单位的产品总收益的改变量,或表示在已销售 q_0 个单位商品时,销售第 q_0+1 个单位商品所增加的收益.

例 3 设某商品的需求函数 $q=200-10p$,q 为需求量(单位为件),p 为价格(单位为元/件),求这种商品的边际收益函数及销售量为 15 件的边际收益.

解 将需求函数化为

$$p=20-\frac{q}{10},$$

则收益函数为

$$R(q)=pq=20q-\frac{q^2}{10},$$

边际收益函数为

$$R'(q)=20-\frac{q}{5},$$

因此

$$R'(15) = 17.$$

其经济意义为当销售量为 15 件时，再销售一件商品总收益将增加 17 元.

三、边际利润

设某公司销售某种产品(商品)的总利润函数为 $P = P(q)$，q 为销售量. 总利润函数 $P(q)$ 相对于销售量 q 的变化率 $P'(q)$ 称为边际利润函数. 在经济学中边际利润记为 MP(Marginal Profit).

$P'(q_0)$ 为销售量为 q_0 时的边际利润，其经济意义是在销售 q_0 个单位产品的基础上再多销售一个单位产品时总利润的改变量，或表示在已销售了 q_0 个单位产品的情况下，销售第 q_0+1 个单位产品所带来增加的利润.

因为市场均衡时利润等于收益减成本，即

$$P(q) = R(q) - C(q),$$

q 为产量(销售量)，所以边际利润等于边际收益减边际成本，即

$$P'(q) = R'(q) - C'(q).$$

当 $P'(q) = 0$，即 $R'(q) = C'(q)$ 时，表示销售量为 q 时，再多销售一个单位产品总利润的改变量为零，一般意味着总利润在 q 处达到最大. 经济学中等式 $R'(q) = C'(q)$ 被称为厂商理论，使边际收益等于边际成本的产量 q 称为最优产量(销售量)

例 4　设某商品的需求函数为 $p = 10 - \frac{q}{5}$，总成本函数为 $C(q) = 50 + 2q$，求该商品的边际利润函数和 $q = 20$ 时的边际利润.

解　总收益函数为

$$R(q) = pq = 10q - \frac{q^2}{5},$$

总利润函数为

$$P(q) = R(q) - C(q) = 8q - \frac{q^2}{5} - 50,$$

边际利润函数为

$$P'(q) = 8 - \frac{2q}{5},$$

$q = 20$ 时的边际利润

$$P'(20) = 0.$$

这表明，在产量为 20 单位的基础上，再多生产一个单位产品将不会产生利润，因此，$q = 20$ 为最优产量.

3.5.2　相关变化率

设 $x = x(t)$ 及 $y = y(t)$ 都是可导函数，而变量 x 与 y 间存在某种关系，从而变化率 $\frac{\mathrm{d}x}{\mathrm{d}t}$ 与

$\frac{dy}{dt}$ 间也存在一定关系. 这两个相互依赖的变化率称为**相关变化率**. 相关变化率问题就是研究这两个变化率之间的关系,以便从其中一个变化率求出另一个变化率.

例 5 一气球从距离观察员 500 m 处离地面铅直上升,其速度为 140 m/min. 当气球高度为 500 m 时,观察员视线的仰角增加率是多少?

解 设气球上升 t s 后,其高度为 h m,观察员视线的仰角为 α,则

$$\tan\alpha = \frac{h}{500},$$

其中 α 及 h 都是时间 t 的函数. 上式两边对 t 求导,得

$$\sec^2\alpha \cdot \frac{d\alpha}{dt} = \frac{1}{500} \cdot \frac{dh}{dt}.$$

已知 $\frac{dh}{dt} = 140$ m/min,又当 $h = 500$ m 时,$\tan\alpha = 1$, $\sec^2\alpha = 2$,代入上式得

$$2\frac{d\alpha}{dt} = \frac{1}{500} \cdot 140,$$

所以

$$\frac{d\alpha}{dt} = \frac{70}{500} = 0.14 \text{ 弧度 /min},$$

即观察员视线的仰角增加率是每分钟 0.14 弧度.

例 6 一个长为 10 m 的梯子斜靠在垂直的墙壁上,如果梯子的底部以 1 m/s 的速率向远离墙的方向滑动. 当梯子的底部距离墙 6 m 时,梯子的顶部以多快的速率沿着墙滑下?

解 首先根据题意画图,如图 3-5-1 所示. 设梯子底部到墙的距离为 x m,梯子顶部距离地面的距离是 y m. 注意 x 和 y 都是时间 t 的函数.

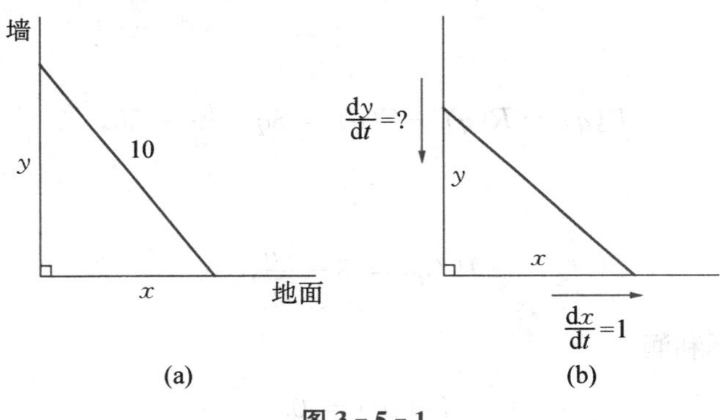

图 3-5-1

已知 $\frac{dx}{dt} = 1$ m/s,当 $x = 6$ m 时,求 $\frac{dy}{dt}$. 在这个问题中,x 和 y 之间的关系由勾股定理可知,

$$x^2 + y^2 = 100,$$

两边对 t 微分,应用链式法则,可得

$$2x\frac{\mathrm{d}x}{\mathrm{d}t}+2y\frac{\mathrm{d}y}{\mathrm{d}t}=0,$$

解方程求速率,可得

$$\frac{\mathrm{d}y}{\mathrm{d}t}=-\frac{x}{y}\frac{\mathrm{d}x}{\mathrm{d}t}.$$

当 $x=6$ 时,由勾股定理知 $y=8$,将这些值和$\frac{\mathrm{d}x}{\mathrm{d}t}=1\ \mathrm{m/s}$代入,可得

$$\frac{\mathrm{d}y}{\mathrm{d}t}=-\frac{6}{8}\times 1=-\frac{3}{4}(\mathrm{m/s}),$$

$\frac{\mathrm{d}y}{\mathrm{d}t}$的值为负,意味着梯子的顶部和地面间的距离以$\frac{3}{4}$ m/s 的速率减少. 换句话来说,梯子的顶部沿着墙以$\frac{3}{4}$ m/s 的速率下滑.

练习 3.5

1. 已知生产某产品 x 单位的总成本函数为

$$C(x)=100+3x-0.001x^2(\text{单位:万元}),$$

求生产 500 单位产品的边际成本,并指出其经济意义.

2. 设销售某商品 x 件的总收益函数为

$$R(x)=100x-0.005x^2(\text{单位:元}),$$

求销售量分别为 100 件和 1 000 件时的边际收益,并指出其经济意义.

3. 设某商品的成本函数为 $C(q)=100+5q$,需求函数为 $q=100-5p$,求该商品的边际利润函数,并求产量为 30 时的边际利润及此时的价格.

4. 将水注入深为 8 m、上顶直径为 8 m 的正圆锥形容器中,其速率为 4 $\mathrm{m^3/min}$,问当水深为 5 m 时,其水面上升的速率是多少?

5. 落在平静水面上的石头产生同心圆形波纹,若最外一圈半径的增大率总是 6 m/s,问 2 s 末受到扰动的水面面积的增大率为多少?

6. 有一边长为 x 的正方形,其边长以 2 cm/s 的速度增长,问当边长为 2 m 时,此时正方形面积的增长速度是多少?

§3.6 函数的微分

3.6.1 微分的定义

我们通过学习一个引例来研究函数增量的计算及增量的构成.

引例 如图 3-6-1 所示,一块正方形金属薄片受温度变化的影响,其边长由 x_0 变到

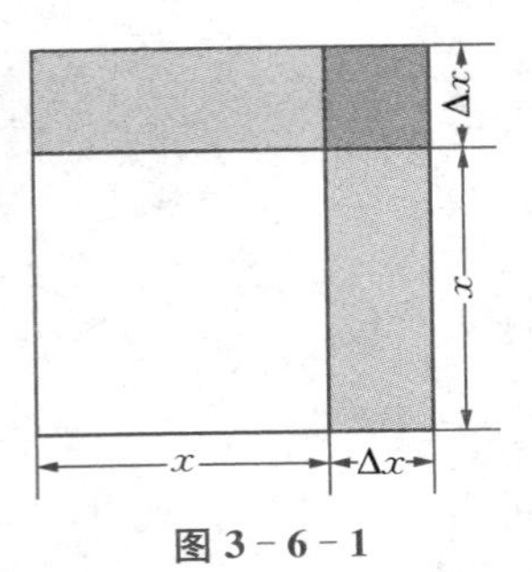

图 3-6-1

$x_0+\Delta x$，问此薄片的面积改变了多少？

设此正方形的边长为 x，面积为 A，则 A 是 x 的函数：$A=x^2$. 金属薄片的面积改变量为

$$\Delta A=(x_0+\Delta x)^2-(x_0)^2=2x_0\Delta x+(\Delta x)^2.$$

我们来分析一下上式的几何意义：$2x_0\Delta x$ 表示两个长为 x_0、宽为 Δx 的长方形面积；$(\Delta x)^2$ 表示边长为 Δx 的正方形的面积.

当 $\Delta x\to 0$ 时，$(\Delta x)^2$ 是比 Δx 高阶的无穷小，即 $(\Delta x)^2=o(\Delta x)$；$2x_0\Delta x$ 是 Δx 的线性函数，是 ΔA 的主要部分，可以近似地代替 ΔA.

定义 设函数 $y=f(x)$ 在某区间内有定义，x_0 及 $x_0+\Delta x$ 在此区间内，如果函数的增量

$$\Delta y=f(x_0+\Delta x)-f(x_0)$$

可表示为

$$\Delta y=A\Delta x+o(\Delta x),$$

其中 A 是不依赖于 Δx 的常数，那么称函数 $y=f(x)$ 在点 x_0 处可微，而 $A\Delta x$ 叫做函数 $y=f(x)$ 在点 x_0 处相应于自变量增量 Δx 的微分，记作 $\mathrm{d}y$，即

$$\mathrm{d}y=A\Delta x.$$

下面来讨论函数可微的条件，有如下定理：

定理 函数 $f(x)$ 在点 x_0 处可微的充分必要条件是函数 $f(x)$ 在点 x_0 处可导，且当函数 $f(x)$ 在点 x_0 处可微时，其微分一定是

$$\mathrm{d}y=f'(x_0)\Delta x.$$

证明 设函数 $f(x)$ 在点 x_0 处可微，则按定义有

$$\Delta y=A\Delta x+o(\Delta x),$$

上式两边除以 Δx，得

$$\frac{\Delta y}{\Delta x}=A+\frac{o(\Delta x)}{\Delta x},$$

于是，当 $\Delta x\to 0$ 时，由上式就得到

$$A=\lim_{\Delta x\to 0}\frac{\Delta y}{\Delta x}=f'(x_0).$$

因此，如果函数 $f(x)$ 在点 x_0 处可微，则 $f(x)$ 在点 x_0 也一定可导，且 $A=f'(x_0)$.

反之，如果 $f(x)$ 在点 x_0 处可导，即

$$\lim_{\Delta x\to 0}\frac{\Delta y}{\Delta x}=f'(x_0)$$

存在，根据极限与无穷小的关系，上式可写成

$$\frac{\Delta y}{\Delta x}=f'(x_0)+\alpha,$$

其中 $\alpha \to 0$（当 $\Delta x \to 0$），且 $A = f(x_0)$ 是常数，$\alpha\Delta x = o(\Delta x)$. 因此又有

$$\Delta y = f'(x_0)\Delta x + \alpha\Delta x,$$

而且 $f'(x_0)$ 不依赖于 Δx，故上式相当于

$$\Delta y = A\Delta x + o(\Delta x),$$

所以 $f(x)$ 在点 x_0 处也是可导的.

由微分的定义可知，在 $f'(x_0) \neq 0$ 的条件下，以微分 $\mathrm{d}y = f'(x_0)\Delta x$ 近似代替增量 $\Delta y = f(x_0 + \Delta x) - f(x_0)$ 时，其误差为 $o(\mathrm{d}y)$. 因此，在 $|\Delta x|$ 很小时，有近似等式

$$\Delta y \approx \mathrm{d}y.$$

函数 $y = f(x)$ 在任意点 x 处的微分，称为函数的微分，记作 $\mathrm{d}y$ 或 $\mathrm{d}f(x)$，即

$$\mathrm{d}y = f'(x)\Delta x.$$

例如，$\mathrm{d}(\cos x) = (\cos x)'\Delta x = -\sin x\Delta x$，$\mathrm{d}(\mathrm{e}^x) = (\mathrm{e}^x)'\Delta x = \mathrm{e}^x\Delta x$.

例 1 如果 $y = f(x) = x^3 + x^2 - 2x + 1$，比较 Δy 和 $\mathrm{d}y$ 的值，其中 x 的变化如下：

(1) 从 2 到 2.05； (2) 从 2 到 2.01.

解 (1) $f(2) = 2^3 + 2^2 - 2\times 2 + 1 = 9$，

$f(2.05) = (2.05)^3 + (2.05)^2 - 2\times(2.05) + 1 = 9.717\,625$，

$\Delta y = f(2.05) - f(2) = 0.717\,625$.

一般情况下，

$$\mathrm{d}y = f'(x)\mathrm{d}x = (3x^2 + 2x - 2)\mathrm{d}x,$$

当 $x = 2$ 和 $\mathrm{d}x = \Delta x = 0.05$，$\mathrm{d}y$ 将变为

$$\mathrm{d}y = [3\times(2)^2 + 2\times 2 - 2]\times 0.05 = 0.7.$$

(2) $f(2.01) = (2.01)^3 + (2.01)^2 - 2\times(2.01) + 1 = 9.140\,701$，

$\Delta y = f(2.01) - f(2) = 0.140\,701$.

当 $\mathrm{d}x = \Delta x = 0.01$ 时，

$$\mathrm{d}y = [3\times(2)^2 + 2\times 2 - 2]\times 0.01 = 0.14.$$

比较发现，Δy 和 $\mathrm{d}y$ 相差很小.

因为当 $y = x$ 时，$\mathrm{d}y = \mathrm{d}x = (x)'\Delta x = \Delta x$，所以通常把自变量 x 的增量 Δx 称为自变量的微分，记作 $\mathrm{d}x$，即 $\mathrm{d}x = \Delta x$. 于是函数 $y = f(x)$ 的微分又可记作

$$\mathrm{d}y = f'(x)\mathrm{d}x,$$

从而有

$$\frac{\mathrm{d}y}{\mathrm{d}x} = f'(x).$$

这也就是说，函数的微分 $\mathrm{d}y$ 与自变量的微分 $\mathrm{d}x$ 之商等于该函数的导数. 因此，导数又叫做“微商

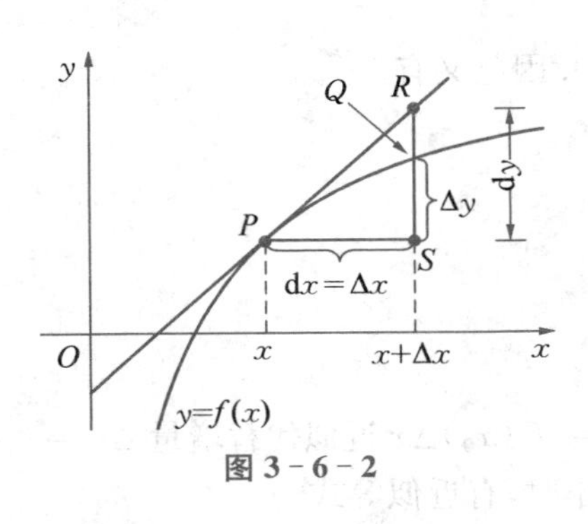

图 3-6-2

3.6.2 微分的几何意义

微分的几何意义如图 3-6-2 所示. 设 $P(x, f(x))$ 和 $Q(x+\Delta x, f(x+\Delta x))$ 是 $f(x)$ 图像上的点，并设 $\mathrm{d}x=\Delta x$. y 相应的变化是

$$\Delta y = f(x+\Delta x) - f(x).$$

切线 PR 的斜率是导数 $f'(x)$，因此，从 S 到 R 的有向距离为 $f'(x)\mathrm{d}x=\mathrm{d}y$. 其中，$\mathrm{d}y$ 代表切线上升和下降的数量(线性化中的变化)，Δy 代表当 x 的变化量是 $\mathrm{d}x$ 时，曲线 $y=f(x)$ 上升或下降的数量.

当 Δy 是曲线 $y=f(x)$ 上点的纵坐标的增量时，$\mathrm{d}y$ 就是曲线的切线上点的纵坐标的相应增量. 当 $|\Delta x|$ 很小时，$|\Delta y-\mathrm{d}y|$ 比 $|\Delta x|$ 小得多，因此在点 P 的邻近，可以用切线段 PR 来近似代替曲线段 PQ.

3.6.3 基本初等函数的微分公式与微分运算法则

从函数的微分的表达式

$$\mathrm{d}y = f'(x)\mathrm{d}x$$

可以看出，要计算函数的微分，只要计算函数的导数，再乘以自变量的微分即可. 因此，可得如下的微分公式和微分运算法则. 为了便于记忆，列表如表 3-6-1 和表 3-6-2 所示.

一、基本初等函数的微分公式

表 3-6-1

导数公式	微分公式
$(x^\mu)'=\mu x^{\mu-1}$	$\mathrm{d}(x^\mu)=\mu x^{\mu-1}\mathrm{d}x$
$(\sin x)'=\cos x$	$\mathrm{d}(\sin x)=\cos x\mathrm{d}x$
$(\cos x)'=-\sin x$	$\mathrm{d}(\cos x)=-\sin x\mathrm{d}x$
$(\tan x)'=\sec^2 x$	$\mathrm{d}(\tan x)=\sec^2 x\mathrm{d}x$
$(\cot x)'=-\csc^2 x$	$\mathrm{d}(\cot x)=-\csc^2 x\mathrm{d}x$
$(\sec x)'=\sec x\cdot\tan x$	$\mathrm{d}(\sec x)=\sec x\cdot\tan x\mathrm{d}x$
$(\csc x)'=-\csc x\cdot\cot x$	$\mathrm{d}(\csc x)=-\csc x\cdot\cot x\mathrm{d}x$
$(a^x)'=a^x\ln a$	$\mathrm{d}(a^x)=a^x\ln a\mathrm{d}x$
$(\mathrm{e}^x)'=\mathrm{e}^x$	$\mathrm{d}(\mathrm{e}^x)=\mathrm{e}^x\mathrm{d}x$
$(\log_a x)'=\dfrac{1}{x\ln a}$	$\mathrm{d}(\log_a x)=\dfrac{1}{x\ln a}\mathrm{d}x$
$(\ln x)'=\dfrac{1}{x}$	$\mathrm{d}(\ln x)=\dfrac{1}{x}\mathrm{d}x$
$(\arcsin x)'=\dfrac{1}{\sqrt{1-x^2}}$	$\mathrm{d}(\arcsin x)=\dfrac{1}{\sqrt{1-x^2}}\mathrm{d}x$

续表

导数公式	微分公式
$(\arccos x)'=-\frac{1}{\sqrt{1-x^2}}$	$d(\arccos x)=-\frac{1}{\sqrt{1-x^2}}dx$
$(\arctan x)'=\frac{1}{1+x^2}$	$d(\arctan x)=\frac{1}{1+x^2}dx$
$(\text{arccot}\, x)'=-\frac{1}{1+x^2}$	$d(\text{arccot}\, x)=-\frac{1}{1+x^2}dx$

二、函数和、差、积、商的微分法则

表 3-6-2

求导法则	微分法则
$(u\pm v)'=u'\pm v'$	$d(u\pm v)=du\pm dv$
$(Cu)'=Cu'$	$d(Cu)=Cdu$
$(u\cdot v)'=u'v+uv'$	$d(u\cdot v)=vdu+udv$
$\left(\frac{u}{v}\right)'=\frac{u'v-uv'}{v^2},\ v\neq 0$	$d\left(\frac{u}{v}\right)=\frac{vdu-udv}{v^2},\ v\neq 0$

上述微分法则容易由微分的定义得到，证明略.

三、复合函数的微分法则

设 $y=f(u)$ 及 $u=\varphi(x)$ 都可导，则复合函数 $y=f[\varphi(x)]$ 的微分为

$$dy=y'_x dx=f'(u)\varphi'(x)dx.$$

由于 $\varphi'(x)dx=du$，复合函数 $y=f[\varphi(x)]$ 的微分公式也可以写成

$$dy=f'(u)du \text{ 或 } dy=y'_u du.$$

由此可见，无论 u 是自变量还是另一个变量的可微函数，微分形式 $dy=f'(u)du$ 保持不变. 这一性质称为微分形式不变性. 这一性质表示当变换自变量时，微分形式 $dy=f'(u)du$ 并不改变.

例 2 $y=\cos(2x^2+1)$，求 dy.

解 把 $2x^2+1$ 看成中间变量 u，则

$$\begin{aligned} dy&=d(\cos u)=-\sin u du \\ &=-\sin(2x^2+1)d(2x^2+1) \\ &=-\sin(2x^2+1)\cdot 4xdx \\ &=-4x\sin(2x^2+1)dx. \end{aligned}$$

当计算熟练时，在求复合函数的导数时也可以不写出中间变量.

例 3 设 $y=\ln^2(1-x)$，求 dy.

解 $dy=2\ln(1-x)d[\ln(1-x)]=2\ln(1-x)\cdot\frac{-1}{1-x}dx=\frac{2}{x-1}\ln(1-x)dx.$

例 4 设 $y=e^{1-3x}\sin x$,求 dy.

解 应用积的微分法则,得

$$\begin{aligned}dy&=d(e^{1-3x}\sin x)=\sin x d(e^{1-3x})+e^{1-3x}d(\sin x)\\&=(\sin x)e^{1-3x}(-3dx)+e^{1-3x}(\cos x dx)=e^{1-3x}(\cos x-3\sin x)dx.\end{aligned}$$

例 5 在括号中填入适当的函数,使等式成立.

(1) $d(\quad)=4xdx$; (2) $d(\quad)=\sin 2tdt$.

解 (1) 因为 $d(x^2)=2xdx$,所以

$$4xdx=2d(x^2)=d(2x^2),\text{即 } d(2x^2)=4xdx.$$

一般地,有 $d(2x^2+C)=4xdx$(C 为任意常数).

(2) 因为 $d(\cos 2t)=-2\sin 2tdt$,所以

$$\sin 2tdt=-\frac{1}{2}d(\cos 2t)=d\left(-\frac{1}{2}\cos 2t\right).$$

$$d\left(-\frac{1}{2}\cos 2t+C\right)=\sin 2tdt \quad (C\text{ 为任意常数}).$$

*3.6.4 微分在近似计算中的应用

一、函数的近似计算

在实际问题中经常会遇到一些复杂的计算公式,如果直接用这些公式进行计算,一般会较为繁琐.利用微分往往可以把一些复杂的计算公式改用简单的近似公式来代替.

由微分的定义可知,如果函数 $y=f(x)$ 在点 x_0 处的导数 $f'(x)\neq 0$,且 $|\Delta x|$ 很小时,有

$$\Delta y\approx dy=f'(x_0)\Delta x,$$

$$\Delta y=f(x_0+\Delta x)-f(x_0)\approx dy=f'(x_0)\Delta x,$$

即

$$f(x_0+\Delta x)\approx f(x_0)+f'(x_0)\Delta x.$$

若令 $x=x_0+\Delta x$,即 $\Delta x=x-x_0$,又有

$$f(x)\approx f(x_0)+f'(x_0)(x-x_0).$$

特别当 $x_0=0$ 时,有

$$f(x)\approx f(0)+f'(0)x.$$

这些都是近似计算公式.

二、微分在近似计算中的应用

例 6 半径为 10 cm 的金属圆片加热后,半径增长了 0.05 cm,问面积大约增加了多少?

解 设 S 和 R 分别表示金属圆片的面积与半径,则

$$S=\pi R^2,$$

于是

$$\Delta S \approx \mathrm{d}S = (\pi R^2)'\Delta R = 2\pi R\Delta R.$$

现以 $R = 10$ cm，$\Delta R = 0.05$ cm 代入，得

$$\Delta S \approx 2\pi \cdot 10 \cdot 0.05 = \pi(\mathrm{cm}^2),$$

所以面积大约增加了 π cm^2.

例 7　求 $\sqrt[4]{82}$ 的近似值(精确到 0.000 1).

解
$$\sqrt[4]{82} = \sqrt[4]{81\left(1+\frac{1}{81}\right)} = 3\sqrt[4]{1+\frac{1}{81}},$$

不妨令 $f(x) = 3\sqrt[4]{x}$，则 $f'(x) = \frac{3}{4}x^{-\frac{3}{4}}$，于是

$$\sqrt[4]{82} = f\left(1+\frac{1}{81}\right) \approx f(1) + f'(1) \cdot \frac{1}{81} = 3 + \frac{3}{4} \cdot \frac{1}{81} = 3 + \frac{1}{108} \approx 3.0093.$$

例 8　利用微分计算 $\sin 30°30'$ 的近似值(精确到 0.000 1).

解　已知 $30°30' = \frac{\pi}{6} + \frac{\pi}{360}$，$x_0 = \frac{\pi}{6}$，$\Delta x = \frac{\pi}{360}$.

由题意，设 $f(x) = \sin x$，$f'(x) = \cos x$，

$$\begin{aligned}\sin 30°30' &= \sin(x_0 + \Delta x) \approx \sin x_0 + \Delta x \cos x_0 \\ &= \sin\frac{\pi}{6} + \cos\frac{\pi}{6} \cdot \frac{\pi}{360} = \frac{1}{2} + \frac{\sqrt{3}}{2} \cdot \frac{\pi}{360} = 0.5076,\end{aligned}$$

即

$$\sin 30°30' \approx 0.5076.$$

我们在下面的例 9 中将说明微分在由于近似测量而引起的误差估计中的应用.

例 9　经测量发现一个球的半径为 21 cm，可能的测量误差大约为 0.05 cm，利用这个测量的半径值来计算球的体积时，最大的误差为多少？

解　如果球的半径为 r，则它的体积为 $V = \frac{4}{3}\pi r^3$. 如果 r 的测量值的误差记为 $\mathrm{d}r = \Delta r$，则相应的计算球的体积的误差为 ΔV，它可以通过下面的微分来逼近，

$$\mathrm{d}V = 4\pi r^2 \mathrm{d}r.$$

当 $r = 21$ 和 $\mathrm{d}r = 0.05$ 时，可得

$$\mathrm{d}V = 4\pi(21)^2 0.05 \approx 277,$$

即在计算体积时的最大误差大约为 277 cm^3.

注意　例 9 中的误差可能出现得比较大，一种较好的误差表述为相对误差，它的值等于误差除以总体积：

$$\frac{\Delta V}{V} \approx \frac{\mathrm{d}V}{V} = \frac{4\pi r^2 \mathrm{d}r}{\frac{4}{3}\pi r^3} = 3\,\frac{\mathrm{d}r}{r},$$

因此,体积的相对误差大约是半径的相对误差的 3 倍. 在例 9 中,半径的相对误差大约为 $\frac{dr}{r}=\frac{0.05}{21}\approx 0.0024$,体积由此产生的相对误差为 0.007. 误差也可以用百分误差来表示,半径的百分误差为 0.24%,体积的百分误差为 0.7%.

练习 3.6

1. 计算下列函数在指定点 x_0 处的微分:

(1) $x\sin x$, $x_0=\pi/4$;

(2) $(1+x)^{\alpha}$, $x_0=0$,其中 $\alpha>0$ 是常数.

2. 求下列各函数的微分:

(1) $y=\frac{1-x}{1+x}$, $x\neq -1$;　　(2) $y=xe^{x}$.

3. 设 $y=\frac{2}{x-1}(x\neq 1)$,计算自变量由 3 变到 3.001 时,函数的增量与相应的微分.

4. 试计算 $\sqrt[5]{32.16}$ 的近似值(精确到 0.001).

5. 已知 $y=x^3-x$,计算 $x=2$ 处当 $\Delta x=0.1$ 时的 Δy 及 dy.

6. 求下列函数的微分:

(1) $y=\frac{x}{\sqrt{x^2+1}}$;　　(2) $y=[\ln(1-x)]^2$;

(3) $y=\arcsin\sqrt{1-x^2}$;　　(4) $y=x^2e^{2x}$.

7. 计算 $\cos 29^{\circ}$ 的近似值(精确到 0.0001).

8. 在下列括号内填入适当的函数:

(1) $c\mathrm{d}x=\mathrm{d}(\quad)$, c 为常数;　　(2) $\mathrm{d}x=\frac{1}{2}\mathrm{d}(\quad)$;

(3) $\mathrm{d}x=5\mathrm{d}(\quad)$;　　(4) $x\mathrm{d}x=\frac{1}{2}\mathrm{d}(\quad)$;

(5) $\frac{1}{\sqrt{x}}\mathrm{d}x=\mathrm{d}(\quad)$;　　(6) $x^{a}\mathrm{d}x=\mathrm{d}(\quad)$, $a\neq -1$;

(7) $\frac{1}{x}\mathrm{d}x=\mathrm{d}(\quad)$;　　(8) $a^{x}\mathrm{d}x=\mathrm{d}(\quad)$;

(9) $\sin x\mathrm{d}x=\mathrm{d}(\quad)$;　　(10) $\cos x\mathrm{d}x=\mathrm{d}(\quad)$;

(11) $\sec^2 x\mathrm{d}x=\mathrm{d}(\quad)$;　　(12) $\csc^2 x\mathrm{d}x=\mathrm{d}(\quad)$;

(13) $\sec x\tan x\mathrm{d}x=\mathrm{d}(\quad)$;　　(14) $\csc x\cot x\mathrm{d}x=\mathrm{d}(\quad)$;

(15) $\frac{1}{\sqrt{1-x^2}}\mathrm{d}x=\mathrm{d}(\quad)$;　　(16) $\frac{1}{1+x^2}\mathrm{d}x=\mathrm{d}(\quad)$.

本章小结

本章主要介绍了导数、高阶导数、微分和边际的概念,分析了导数和微分之间的关系及两者的几何意义,介绍了导数的四则运算法则、基本初等函数的导数公式、复合函数求导的链式法则、隐函数求导法、对数求导法和由参数方程确定的函数的导数的计算. 通过学习,要会利用导数定义来求函数的导数(或函数在某一点处的导数);要会利用导数的四则运算法则、链式法则、隐函数求导法、对数求导法、莱布尼兹公式等来求函数的导数;要会利用相关方法求函数的微分;要理解边际的经济意义.

本章的重点:

(1) 导数和微分的概念,导数与连续的关系,导数与微分的关系. 对于一元函数,可导一定连续,但连续不一定可导,不连续一定不可导,可导一定可微,可微一定可导.

(2) 导数的四则运算法则、复合函数的求导法则和基本初等函数的导数公式.

(3) 分段函数的导数. 分段函数在分段点的导数要用导数定义求.

(4) 高阶导数. 要学会边计算边整理边归纳.

(5) 隐函数和由参数方程确定的函数的导数. 它们都涉及复合函数的求导. 求隐函数导数时一般都不用将隐函数显化,而是直接在方程两边对自变量求导,所得导数表达式中含自变量和因变量.

(6) 对数求导法. 一种用来解决幂指数函数 $y=[f(x)]^{g(x)}$ 和含幂函数、指数函数及它们的乘除运算的函数的求导问题的简便方法.

(7) 边际的概念和经济意义.

本章的难点:

(1) 复合函数求导的链式法则. 这与数学中的乘法原理相一致.

(2) 分段函数的导数. 分段函数在分段点的导数一定要用导数定义求.

(3) 反函数的导数. 反函数 $x=\varphi(y)$ 的导数等于直接函数 $y=f(x)$ 的导数的倒数. 注意两个函数的自变量和因变量.

(4) 隐函数和由参数方程确定的函数的导数.

(5) 导数与微分的几何意义. 一个是切线的斜率,一个是切线上点的纵坐标的改变量.

复习题 3

1. 选择题.

(1) $f(x)$ 在点 x_0 附近有定义,则 $\lim\limits_{\Delta x\to 0}\dfrac{f(x_0+\Delta x)-f(x_0)}{\Delta x}=$ (   ).

A. $f'(x_0)$ B. $f(x_0)$ C. 不存在 D. 无法确定

(2) 函数 $f(x)$ 在点 x_0 处连续是 $f(x)$ 在点 x_0 处可导的(   ).

A. 必要条件 B. 充分条件 C. 充要条件 D. 无关条件

(3) 若函数 $f(x)$ 在 $[a, b]$ 上连续,则 $f(x)$ 在 (a, b) 内(   ).

A. 单调 B. 有界 C. 可导 D. 可微

(4) 极限 $\lim\limits_{\Delta x\to 0}\dfrac{f(\Delta x)-f(0)}{\Delta x}$ 存在,则它等于(   ).

A. 0 B. $f(0)$ C. $f'(0)$ D. $f'(x)$

(5) $f(x)$ 在 $x=0$ 处有 $\lim\limits_{x\to 0}f(x)=f(0)$,则 $f(x)$ 在 $x=0$ 处(   ).

A. 可导 B. 连续

C. 左、右导数存在且相等 D. 有切线

(6) 设函数 $f(x)$ 可导,则 $\lim\limits_{h\to 0}\dfrac{f(x+h)-f(x)}{2h}=($　　$)$.

A. $\dfrac{1}{2}f'(x)$　　B. $f'(x)$　　C. $2f'(x)$　　D. $3f'(x)$

(7) 设 $f(x)$ 可导且 $f(0)=0$,则 $\lim\limits_{x\to 0}\dfrac{f(-x)}{x}=($　　$)$.

A. $f(-x)$　　B. $-f'(x)$　　C. $f'(x)$　　D. $-f'(0)$

(8) 设 $f'(0)=1$,则 $\lim\limits_{x\to 0}\dfrac{f(3x)-f(x)}{x}=($　　$)$.

A. 0　　B. 1　　C. 2　　D. 3

(9) 设 $f'(x_0)=1$,则 $\lim\limits_{x\to 0}\dfrac{x}{f(x_0+x)-f(x_0)}=($　　$)$.

A. -1　　B. 0　　C. 1　　D. x

(10) $f(x)$ 满足 $f(-x)=f(x)$,且 $f'(0)$ 存在,则 $f'(0)=($　　$)$.

A. 0　　B. 非零常数　　C. 1　　D. 不存在

(11) 设函数 $f(x)$ 在点 $x=x_0$ 处的导数为 $f'(x_0)=1$,则曲线 $y=f(x)$ 在点 $(x_0,\ f(x_0))$ 处的切线(　　).

A. 过点 $(x_0,\ 1)$　　B. 过点 $(1,\ f(x_0))$

C. 平行于直线 $y=1$　　D. 平行于直线 $y=x$

(12) 曲线 $y=x^2+x$ 在点 P 处的切线斜率为 3,则点 P 的坐标是(　　).

A. $(0,\ 0)$　　B. $(-1,\ 2)$　　C. $(1,\ 2)$　　D. $(1,\ 3)$

(13) 设曲线 $y=\sqrt[3]{x}$ 在某点的切线垂直于 x 轴,则该点是(　　).

A. $(0,\ 0)$　　B. $(1,\ 1)$　　C. $(-1,\ -1)$　　D. $(8,\ 2)$

(14) 曲线 $y=\ln x$ 与直线 $x=\mathrm{e}$ 的交点为 P,则该曲线在点 P 处的切线方程为(　　).

A. $x-\mathrm{e}y=0$　　B. $x-\mathrm{e}y-\mathrm{e}=0$　　C. $\mathrm{e}x-y=0$　　D. $\mathrm{e}x-y-\mathrm{e}=0$

(15) $(\ln 3)'=($　　$)$.

A. $\dfrac{1}{3}$　　B. 0　　C. $\dfrac{3}{x}$　　D. $\dfrac{1}{x\ln 3}$

(16) $(a^x)'=($　　$)$.

A. xa^{x-1}　　B. a^x　　C. $a^x\log_a\mathrm{e}$　　D. $\dfrac{a^x}{\log_a\mathrm{e}}$

(17) $(\log_a x)'=($　　$)$.

A. $\dfrac{1}{x}$　　B. $\dfrac{1}{x}\ln a$　　C. $\dfrac{1}{x}\log_a\mathrm{e}$　　D. $\dfrac{1}{x}\lg a$

(18) 函数 $y=\sqrt{x+1}\cdot\sqrt{x+4}$,则 $y'|_{x=0}=($　　$)$.

A. 0　　B. 1　　C. $\dfrac{1}{4}$　　D. $\dfrac{5}{4}$

(19) 设 $f(x)=\arctan(1+x)$,则 $[f(0)]'=($　　$)$.

A. 0　　B. $\dfrac{\pi}{4}$　　C. $\dfrac{1}{2}$　　D. 1

(20) 设 $y=f(\mathrm{e}^x)$ 可导,则 $y'=($　　$)$.

A. e^x　　B. $f(\mathrm{e}^x)$　　C. $f'(\mathrm{e}^x)$　　D. $\mathrm{e}^x f'(\mathrm{e}^x)$

(21) 设 $f(x)=x^2$,则 $[f(\mathrm{e}^x)]'=($　　$)$.

A. $2\mathrm{e}^x$　　B. $2\mathrm{e}^{2x}$　　C. $2x\mathrm{e}^x$　　D. e^x

(22) 设 $y=x^x$,则 $y'=($　　$)$.

A. 1　　B. $x\cdot x^{x-1}$　　C. $x^x\ln x$　　D. $x^x(\ln x+1)$

(23) 设 $y-e^x=0$,则 $x'=($　　$)$.

A. 0　　B. e^x　　C. $-e^x$　　D. $\frac{1}{y}$

(24) 设 $f(x)=\begin{cases}x^2-1, & x<0,\\ x-1, & x\geqslant 0,\end{cases}$ 则 $f(x)$ 在 $x=0$ 处(　　).

A. 不连续　　B. 连续但不可导　　C. 可导　　D. 可微

(25) 函数 $f(x)$ 在 $x=x_0$ 可导是它在该点可微的(　　).

A. 必要条件　　B. 充分条件　　C. 充要条件　　D. 无关条件

(26) 若函数 $f(x)$ 在 $x=x_0$ 处不可微,则(　　).

A. $\lim\limits_{x\to x_0}f(x)$不存在

B. $f(x)$在 $x=x_0$ 不连续

C. 曲线 $y=f(x)$ 在点$(x_0, f(x_0))$处无切线

D. $f(x)$ 在 $x=x_0$ 处不可导

(27) 若 $y=\ln|x|$,则 y' 的定义域为(　　).

A. $(0, +\infty)$　　B. $(-\infty, +\infty)$

C. $(-\infty, 0)\cup(0, +\infty)$　　D. $(1, +\infty)$

(28) $\lim\limits_{\Delta x\to 0}\frac{f(1+2\Delta x)-f(1)}{\Delta x}=1$,则 $f(x)$ 在 $x=1$ 处(　　).

A. 不可导　　B. 可导且 $f'(x)=1$

C. 可导且 $f'(1)=\frac{1}{2}$　　D. 可导且 $f'(1)=2$

(29) $[f(x)]^n$ 的导数为(　　).

A. $n[f(x)]^{n-1}$　　B. $n[f(x)]^{n-1}f'(x)$　　C. 不存在　　D. 不一定存在

(30) 微分 $d(e^{x^2})=($　　$)$.

A. $e^{x^2}dx$　　B. $e^{x^2}d(x^2)$　　C. $x^2e^{x^2}dx$　　D. $xe^{x^2}dx$

(31) 设 $f'(x)=2x$,则 $f(x)=($　　$)$.

A. 2　　B. x　　C. x^2+5　　D. 以上答案都不对

(32) 设 $f(x)$ 可微,则 $d[e^{f(x)}]=($　　$)$.

A. $f'(x)dx$　　B. $e^{f(x)}dx$　　C. $f'(x)\cdot e^{f(x)}dx$　　D. $f'(x)d[e^{f(x)}]$

(33) 设 $y=x^2$,则 $\Delta y-dy=($　　$)$.

A. 0　　B. Δx　　C. $x^2+(\Delta x)^2$　　D. $(\Delta x)^2$

(34) 设 $y=f(x)$ 可微,则当 $\Delta x\to 0$ 时,$\Delta y-dy$ 是 Δx 的(　　).

A. 高阶无穷小量　　B. 同阶无穷小量　　C. 低阶无穷小量　　D. 不可比

(35) 若 $y=xe^x$,则 $dy=($　　$)$.

A. e^xdx-xe^xdx　　B. e^xdx+xe^xdx　　C. $dx+e^xdx$　　D. e^xdx

(36) 设 $u=\sin e^x$, $v=e^x$,则$\frac{du}{dv}=($　　$)$.

A. $\sin e^x$　　B. $\cos e^x$　　C. $e^x\sin e^x$　　D. $e^x\cos e^x$

(37) 若 $xe^{x^2}dx=kd(e^{x^2})$,则 $k=($　　$)$.

A. $\frac{1}{2}$　　B. 1　　C. 2　　D. x

(38) 若 $y=e^{x^2}$，则 $y''=$（　　）.

A. e^{x^2}　　B. $2e^{x^2}$　　C. $4x^2e^{x^2}$　　D. $2e^{x^2}+4x^2e^{x^2}$

(39) 若 $y=x^n$（n 为正整数），则 $y^{(n)}(1)=$（　　）.

A. 0　　B. 1　　C. n　　D. $n!$

(40) 设 $y=f(x^2)$ 二阶可微，则 $y''=$（　　）.

A. $f''(x^2)$　　B. $4x^2f''(x^2)$　　C. $2f''(x^2)$　　D. $4x^2f''(x^2)+2f'(x^2)$

(41) 设函数 $y=f(x)$ 具有二阶导数，且 $f'(x)>0$，$f''(x)>0$，Δx 为自变量 x 在点 x_0 处的增量，Δy 与 dy 分别为 $f(x)$ 在点 x_0 处对应的增量与微分，若 $\Delta x>0$，则（　　）.

A. $0<dy<\Delta y$　　B. $0<\Delta y<dy$　　C. $\Delta y<dy<0$　　D. $dy<\Delta y<0$

(42) 设 $f(x)$ 为可导函数，且满足条件 $\lim\limits_{x\to 0}\dfrac{f(1)-f(1-x)}{2x}=-1$，则曲线 $y=f(x)$ 在点 $(1, f(x))$ 处的切线斜率为（　　）.

A. 2　　B. -1　　C. $\dfrac{1}{2}$　　D. -2

(43) 设 $f(x)$ 为不恒等于零的奇函数，且 $f'(0)$ 存在，则函数 $g(x)=\dfrac{f(x)}{x}$（　　）.

A. 在 $x=0$ 处左极限不存在　　B. 有跳跃间断点 $x=0$

C. 在 $x=0$ 处右极限不存在　　D. 有可去间断点 $x=0$

(44) 设函数 $f(x)$ 在点 $x=a$ 处可导，则函数 $|f(x)|$ 在点 $x=a$ 处不可导的充分条件是（　　）.

A. $f(a)=0$ 且 $f'(a)=0$　　B. $f(a)=0$ 且 $f'(a)\neq 0$

C. $f(a)>0$ 且 $f'(a)>0$　　D. $f(a)<0$ 且 $f'(a)<0$

(45) 设 $f(x)=\begin{cases}\dfrac{1-\cos x}{\sqrt{x}}, & x>0,\\ x^2g(x), & x\leqslant 0,\end{cases}$ 其中 $g(x)$ 为有界函数，则 $f(x)$ 在点 $x=0$ 处（　　）.

A. 极限不存在　　B. 极限存在但不连续

C. 连续但不可导　　D. 可导

(46) 设 $y=\cos x$，则 $y^{(100)}=$（　　）.

A. $\cos x$　　B. $\sin x$　　C. $-\cos x$　　D. $-\sin x$

(47) 已知 $\dfrac{d}{dx}f\left(-\dfrac{1}{x}\right)=x$，则 $f'\left(\dfrac{1}{2}\right)=$（　　）.

A. $\dfrac{1}{8}$　　B. $-\dfrac{1}{8}$　　C. $\dfrac{1}{2}$　　D. -8

(48) 设 $y=(x+1)^n$，n 为正整数，则 $y^{(n)}(-1)=$（　　）.

A. 0　　B. 1　　C. $-n!$　　D. $n!$

(49) 若 $f'(x_0)=\dfrac{1}{3}$，则当 $\Delta x\to 0$ 时，该函数在 $x=x_0$ 处的微分 dy 是 Δx 的（　　）.

A. 等价无穷小　　B. 同阶但不等价无穷小

C. 低阶无穷小　　D. 高阶无穷小

(50) 设 $f(x)$ 在点 x_0 处可导，则（　　）.

A. $\Delta y=0$　　B. $dy=0$　　C. $\Delta y=dy$　　D. $\lim\limits_{x\to x_0}\Delta y=0$

(51) 设函数 $f(x)=\begin{cases}1-x^2, & |x|<1,\\ 0, & |x|\geqslant 1,\end{cases}$ 则 $f(x)$ 在点 $x=1$ 处的左导数 $f'_-(1)=$（　　）.

A. 0　　B. 1　　C. 2　　D. -2

(52) 设函数 $f(x)=\begin{cases} x^{\alpha}\sin\dfrac{1}{x}, & x>0, \\ 0, & x\leqslant 0 \end{cases}$ 在 $x=0$ 处连续但不可微，则(　　).

A. $\alpha>0$　　B. $\alpha\leqslant 1$　　C. $0<\alpha\leqslant 1$　　D. $\alpha=2$

(53) 设函数 $f(x)$ 在 $x=x_0$ 处可导，则下列各式中错误的是(　　).

A. $\lim\limits_{h\to 0}\dfrac{f(x_0+h)-f(x_0-2h)}{h}=3f'(x_0)$　　B. $\lim\limits_{h\to 0}\dfrac{f(x_0-h)-f(x_0-2h)}{h}=f'(x_0)$

C. $\lim\limits_{h\to 0}\dfrac{f(x_0)-f(x_0+h)}{h}=f'(x_0)$　　D. $\lim\limits_{h\to 0}\dfrac{f(x_0+2h)-f(x_0-2h)}{h}=4f'(x_0)$

(54) $f(x)=\begin{cases} \dfrac{1-\cos 2x}{x}, & x\neq 0, \\ 0, & x=0, \end{cases}$ 则 $f'(0)=$(　　).

A. 0　　B. 2　　C. -2　　D. 4

(55) 设 $f\left(\dfrac{1}{x}\right)=\dfrac{x}{1+x}$, $g(x)=\ln x$，则 $f'(g'(x))$ 等于(　　).

A. $\dfrac{1}{(1+x)^2}$　　B. $-\dfrac{1}{(1+x)^2}$　　C. $\dfrac{x^2}{(1+x)^2}$　　D. $-\dfrac{x^2}{(1+x)^2}$

(56) 若 $f'(e^x)=1+x$，则 $f(x)=$(　　).

A. $x+\dfrac{1}{x}+c$　　B. $x+\dfrac{x^2}{2}+c$　　C. $x\ln x+c$　　D. xe^x+c

(57) 设函数 $f(x)$ 在 $x=1$ 处连续，且 $\lim\limits_{x\to 1}\dfrac{f(x)}{\sqrt{x+3}-2}=2$，则 $f'(1)$ 等于(　　).

A. 2　　B. -2　　C. $\dfrac{1}{2}$　　D. $\dfrac{1}{4}$

(58) 若 $f(x)$ 在 $x=0$ 处连续可导，则 $f(|x|)$ 在 $x=0$ 处(　　).

A. 连续且可导　　B. 连续但不一定可导

C. 一定不可导　　D. 不一定连续

(59) 设函数 $f(x)$ 对任意 x 均满足等式 $f(1+x)=af(x)$，且有 $f'(0)=b$，其中 a, b 是非零常数，则(　　).

A. $f(x)$ 在 $x=1$ 处不可导　　B. $f(x)$ 在 $x=1$ 处可导，且 $f'(1)=a$

C. $f(x)$ 在 $x=1$ 处可导，且 $f'(1)=b$　　D. $f(x)$ 在 $x=1$ 处可导，且 $f'(1)=ab$

(60) 设周期函数 $f(x)$ 在 $(-\infty,+\infty)$ 内可导，周期为 4，又 $\lim\limits_{x\to 0}\dfrac{f(1)-f(1-x)}{2x}=-1$，则曲线 $y=f(x)$ 在点 $(5, f(5))$ 的切线斜率为(　　).

A. $\dfrac{1}{2}$　　B. 0　　C. -1　　D. -2

(61) 设 $x=1$ 时，$\dfrac{d}{dx}f(x^2)=\dfrac{d}{dx}f^2(x)$，且 $f(1)=-1$，则 $f'(1)=$(　　).

A. 0　　B. 1　　C. -1　　D. -2

(62) 设 $f(x)$ 在 $[0, 1]$ 连续，在 $(0, 1)$ 内可导，且 $f'(x)<0$，令 $F(x)=\dfrac{1}{x}\int_0^x f(t)dt$，则 $F'(x)$(　　).

A. >0　　B. $=1$　　C. $\leqslant 0$　　D. 不能确定

(63) 设 $z+\ln\sqrt{x^2+y^2}=\arctan\dfrac{y}{x}$，则 $dz=$(　　).

A. $\dfrac{x\mathrm{d}x+y\mathrm{d}y}{x^2+y^2}$　　B. $\dfrac{x\mathrm{d}x-y\mathrm{d}y}{2(x^2+y^2)}$

C. $\dfrac{-(x+y)\mathrm{d}x+(x-y)\mathrm{d}y}{x^2+y^2}$　　D. 0

(64) 设 $f(x)$ 为连续可导函数，且满足条件 $\lim\limits_{x\to 0}\dfrac{f(1+x)-f(1-x)}{x}=-1$，则曲线 $y=f(x)$ 在点 $(1, f(1))$ 处的法线斜率为(　　).

A. $\dfrac{1}{2}$　　B. 2　　C. $-\dfrac{1}{2}$　　D. -2

(65) 若 $y=f(x)$ 有 $f'(x_0)=\dfrac{1}{2}$，则当 $\Delta x\to 0$ 时，该函数在 x_0 处的微分 $\mathrm{d}y$ 是(　　).

A. 与 Δx 等价的无穷小　　B. 与 Δx 同阶的无穷小

C. 比 Δx 低阶的无穷小　　D. 比 Δx 高阶的无穷小

2. 解答题.

(1) $y=\arctan \mathrm{e}^x-\ln\sqrt{\dfrac{\mathrm{e}^{2x}}{\mathrm{e}^{2x}+1}}$，求 $\dfrac{\mathrm{d}y}{\mathrm{d}x}$；

(2) 设 $y=\begin{cases}\sqrt{1+x^2}-1, & x\geqslant 0,\\ x^2\sin\dfrac{1}{x}, & x<0,\end{cases}$ 求 $\dfrac{\mathrm{d}y}{\mathrm{d}x}$；

(3) 设 $y=\sqrt{1-x^2}\arcsin x$，求 $\dfrac{\mathrm{d}y}{\mathrm{d}x}$ 和 $\dfrac{\mathrm{d}^2y}{\mathrm{d}x^2}$.

3. 求下列函数的导数：

(1) $y=(x^4-3x^2+5)^3$；　　(2) $y=\sqrt{x}+\dfrac{1}{\sqrt[3]{x^4}}$；

(3) $y=2x\sqrt{x^2+1}$；　　(4) $y=\mathrm{e}^{\sin 2\theta}$；

(5) $y=\dfrac{t}{1-t^2}$；　　(6) $y=x\mathrm{e}^{-1/x}$；

(7) $y=\tan\sqrt{1-x}$；　　(8) $xy^4+x^2y=x+3y$；

(9) $y=\dfrac{\sec 2\theta}{1+\tan 2\theta}$；　　(10) $y=\mathrm{e}^{cx}(c\sin x-\cos x)$；

(11) $y=\mathrm{e}^{\mathrm{e}^x}$；　　(12) $y=(1-x^{-1})^{-1}$；

(13) $\sin(xy)=x^2-y$；　　(14) $y=\log_5(1+2x)$；

(15) $y=\ln\sin x-\dfrac{1}{2}\sin^2 x$；　　(16) $y=x\tan^{-1}(4x)$；

(17) $y=\ln|\sec 5x+\tan 5x|$；　　(18) $y=\cot(3x^2+5)$；

(19) $y=\sin(\tan\sqrt{1+x^3})$；　　(20) $y=\tan^2(\sin\theta)$；

(21) $y=\dfrac{\sqrt{x+1}(2-x)^5}{(x+3)^7}$；

(22) 如果 $f(t)=\sqrt{4t+1}$，求 $f''(2)$；

(23) 如果 $x^6+y^6=1$，求 $g''(\pi/6)$.

4. 求曲线在给定点处的切线方程：

(1) $y=4\sin^2 x$，$(\pi/6, 1)$；

(2) $y=\sqrt{1+4\sin x}$，$(0, 1)$；

(3) $y=(2+x)\mathrm{e}^{-x}$，$(0, 2)$.

5. 曲线 $y=[\ln(x+4)]^2$ 上的哪些点具有水平切线？

6. 求通过点 (1，4) 的抛物线方程 $y=ax^2+bx+c$，使得该抛物线在 $x=-1$ 和 $x=5$ 处的切线斜率分别为 6 和 -2.

7. 一个立方体的体积以 10 cm^3/min 的速度增大，当一边的长度为 30 cm 时，该立方体的表面积增加得有多快？

8. 一个气球以恒定速度 5 ft/s 上升，一个男孩以 15 ft/s 的速度沿直路骑车，当他通过气球下面时，气球的高度为 45 ft，3 s 后男孩和气球之间的距离增加得有多快？

9. 计算 $\lim\limits_{x\to 0}\dfrac{\sqrt{1+\tan x}-\sqrt{1+\sin x}}{x^3}$.

10. 已知 $\dfrac{\mathrm{d}}{\mathrm{d}x}[f(2x)]=x^2$，求 $f'(x)$.

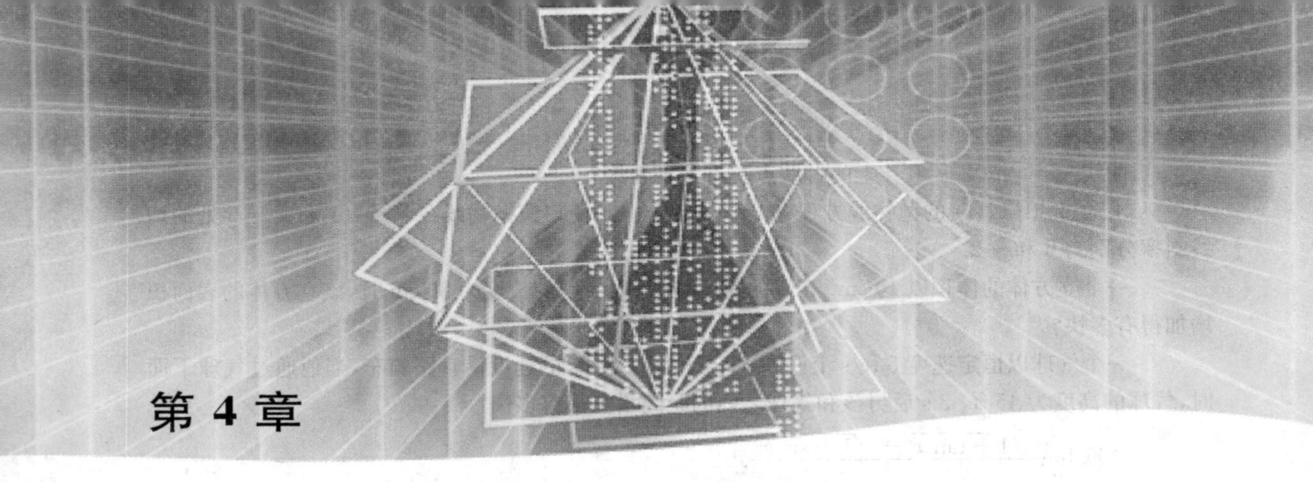

第 4 章

中值定理与导数的应用

【学习目标】

(1) 理解并会应用罗尔定理、拉格朗日中值定理，了解柯西中值定理和泰勒中值定理；

(2) 理解函数的极值概念，掌握用导数判断函数的单调性和求函数极值的方法，掌握函数最大值和最小值的求法及其简单应用；

(3) 会用二阶导数判断函数图形的凹凸性，会求函数图形的拐点以及水平、垂直和斜渐近线，会描绘函数的图形；

(4) 掌握利用洛必达法则求未定式的极限；

(5) 利用导数解决优化问题；

(6) 掌握导数在经济上的应用；

(7) 了解曲率和曲率半径的概念，会计算曲率和曲率半径.

【学习要点】

罗尔定理；拉格朗日中值定理；柯西中值定理；泰勒中值定理；中值定理的应用；洛必达法则；单调区间与极值，利用函数单调性证明不等式；最大值和最小值；曲线的凹向区间及拐点；函数图形的描绘；优化问题；导数在经济上的应用；曲率和曲率半径.

在第 3 章中，我们从切线问题、速率问题等中因变量相对于自变量变化快慢出发引入了导数的概念，并讨论了导数与微分的计算方法. 本章将应用导数来研究函数及其曲线的某些性态，并利用这些知识解决一些实际优化问题.

§ 4.1 微分中值定理

因为本章的许多结果都是建立在中值定理的基础之上，为此先介绍微分学的几个中值定理,它们是导数应用的理论基础.我们先介绍费马①定理,然后介绍罗尔②定理,再根据罗尔定理推出拉格朗日③中值定理和柯西④中值定理.

4.1.1　费马定理和罗尔定理

定义　设 $y=f(x)$ 在点 x_0 的某个邻域 $U_\delta(x_0)$ 内有定义,如果在任一点 $x\in U_\delta(x_0)$ 处都满足 $f(x)\leqslant f(x_0)$(或者 $f(x)\geqslant f(x_0)$),那么就称点 x_0 为函数 f 的一个**极大(或极小)值点**,而称函数在这点处的值 $f(x_0)$ 为它的一个**极大(极小)值**.极大值点和极小值点统称**极值点**.极大值或极小值统称**极值**.

如图 4-1-1 所示,$y=f(x)$ 在点 $x=x_1$, $x=x_3$, $x=x_5$ 处取得极小值,在点 $x=x_2$, $x=x_4$ 处取得极大值.由定义可知,极值点是函数单调增加区间与单调减少区间的分界点,它只能是给定区间内部的点,不会是区间的端点.极值点都是 $y=f(x)$ 单调减少区间与单调增加区间的分界点.另外,极值是局部性的概念,它只是在极值点的某邻域内与所有点的函数值作比较为最大或者最小,即极值是极值点某邻域内的函数的最大值或者最小值,并不一定是函数在定义域内的最大值或最小值.

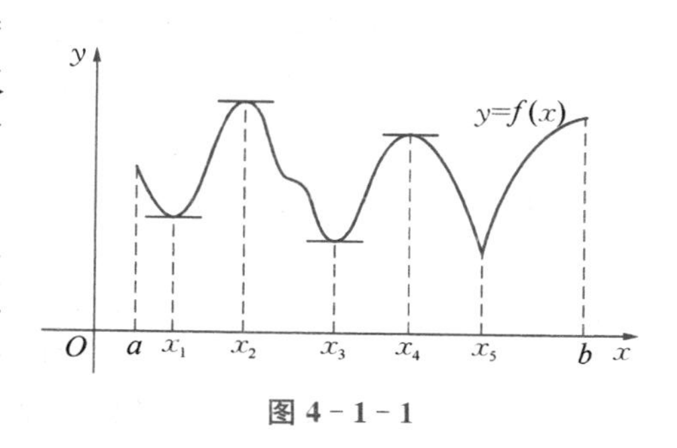

图 4-1-1

有如下定理:

定理(费马定理)　设 $y=f(x)$ 在点 x_0 的某个邻域 $U_\delta(x_0)$ 内有定义,如果函数在极值点 x_0 处可导,则它在点 x_0 处的导数等于零,即 $f'(x_0)=0$.

证明　假设 x_0 为极小值点,即 $x\in U_\delta(x_0)$ 时,$f(x)\geqslant f(x_0)$.

设 $h\to 0$, $x_0+h\in U_\delta(x_0)$,则有

$$\frac{f(x_0+h)-f(x_0)}{h}\to\begin{cases}\geqslant 0,\ h\to 0^+.\\ \leqslant 0,\ h\to 0^-.\end{cases}$$

根据函数在点 x_0 处可导及极限的保号性,可得

$$f'(x_0)=f'_+(x_0)=\lim_{h\to 0^+}\frac{f(x_0+h)-f(x_0)}{h}\geqslant 0,$$

---

① 费马(Fermat, 1601—1665),17世纪法国最伟大的数学家之一,被誉为"业余数学家之王".费马建立了求切线、求极大值和极小值以及定积分的方法,对微积分做出了重大贡献.费马独立于勒奈·笛卡儿发现了解析几何的基本原理.他还是概率论的主要创始人.

② 罗尔(Michel Rolle, 1652—1719),法国数学家.他于1691年在题为"任意次方程的一个解法的证明"的论文中指出:在多项式方程的两个相邻的实根之间,方程至少有一个根.1846年,尤斯托·伯拉维提斯(Giusto Bellavitis)将这一定理推广到可微函数,并把此定理命名为罗尔定理.

③ 拉格朗日(Joseph-Louis Lagrange, 1736—1813),法国著名数学家.他在数学、力学和天文学3个学科领域中都有历史性的贡献,但他最突出的贡献是在把数学分析的基础与几何和力学脱离方面起了决定性的作用,使数学的独立性更为清楚,而不仅是其他学科的工具.

④ 柯西(Augustin Louis Cauchy, 1789—1857),法国著名数学家.他是数学分析严格化的开拓者,复变函数论的奠基者,也是弹性力学理论基础的建立者.他在数学上做了大量的开创性工作,开创了近代数学严密性的新纪元.

$$f'(x_0)=f'_-(x_0)=\lim_{h\to 0^-}\frac{f(x_0+h)-f(x_0)}{h}\leqslant 0,$$

即 $f'(x_0)=0$.

同理可证 x_0 为极大值点的情况.

注意 (1) 费马定理给出了可导函数的极值点的必要条件.

(2) 定理在几何上是十分明显的,因为它断定在可导函数的极值点处,函数图像的切线是水平的(如图 4-1-1,须知 $f'(x_0)$的切线对 x 轴的倾角的正切).

(3) 定理在物理上表示沿直线运动的物体,在开始返回时(极值)的瞬时速度等于零.

函数的导数值为零的点称为函数的驻点.

从刚才证明的定理和关于闭区间上连续函数的最大(小)值定理,可推出下面的定理.

定理(罗尔定理) 若函数 $y=f(x)$ 在闭区间$[a, b]$上连续,在开区间(a, b) 上可导,并且 $f(a)=f(b)$,则至少存在一点 $\xi\in(a, b)$,使得 $f'(\xi)=0$.

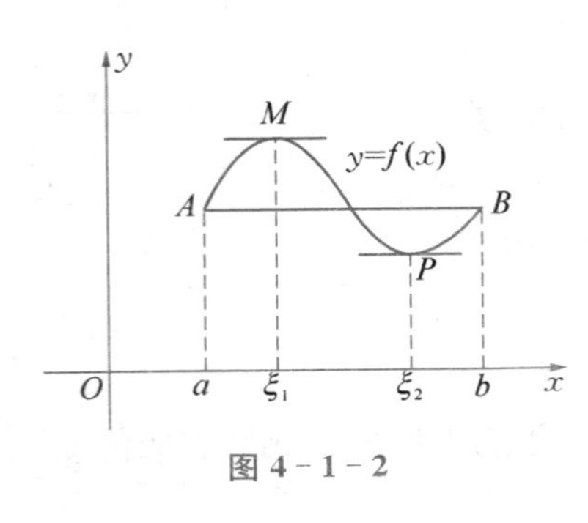

图 4-1-2

证明 因为函数 f 在闭区间$[a, b]$上连续,所以,存在点 x_m, $x_M\in[a, b]$,在这两点函数分别取它在闭区间上的最小值和最大值,如果 $f(x_m)=f(x_M)$,那么函数在$[a, b]$上是常数,而此时 $f'(x)=0$,故结论显然成立;若 $f(x_m)<f(x_M)$,则因 $f(a)=f(b)$,点 x_m 和 x_M 中必有一个落在开区间(a, b)中,把它记为 ξ. 根据费马定理,$f'(\xi)=0$.

罗尔定理的几何意义如图 4-1-2 所示.

例 1 设 $f(x)=\ln\sin x$, $x\in\left[\frac{\pi}{6}, \frac{5\pi}{6}\right]$,试验证 $f(x)$ 是否符合罗尔定理的条件?如符合,求出相应的 ξ,使 $f'(\xi)=0$.

解 在$\left[\frac{\pi}{6}, \frac{5\pi}{6}\right]$上 $\sin x>0$,所以函数 $f(x)=\ln\sin x$ 在$\left[\frac{\pi}{6}, \frac{5\pi}{6}\right]$上有意义,这是一个初等函数,从而是连续函数,它在$\left[\frac{\pi}{6}, \frac{5\pi}{6}\right]$中可导,其导数为

$$f'(x)=(\ln\sin x)'=\frac{1}{\sin x}\cos x=\cot x.$$

又

$$f\left(\frac{5\pi}{6}\right)=\ln\sin\frac{5\pi}{6}=\ln\sin\left(\pi-\frac{\pi}{6}\right)=\ln\sin\frac{\pi}{6}=f\left(\frac{\pi}{6}\right),$$

故 $f(x)$满足罗尔定理条件,从方程

$$f'(\xi)=\cot\xi=0,\quad \frac{\pi}{6}<\xi<\frac{5\pi}{6},$$

可解得

$$\xi=\frac{\pi}{2}.$$

例 2 不求导数,判别函数 $f(x)=x(2x-1)(x-2)$ 的导数方程(即 $f'(x)=0$) 有几个实根,以及它们所在的范围.

解 由于 $f(x)$ 为多项式函数,故 $f(x)$ 在$\left[0, \frac{1}{2}\right]$, $\left[\frac{1}{2}, 2\right]$上连续;在$\left(0, \frac{1}{2}\right)$,

$\left(\frac{1}{2}, 2\right)$内可导，且 $f(0)=f\left(\frac{1}{2}\right)=f(2)=0$，即函数满足罗尔定理的条件.

由罗尔定理在 $\left(0, \frac{1}{2}\right)$内至少存在一点 ξ_1，使得 $f'(\xi_1)=0$，即 ξ_1 为 $f'(x)=0$ 的一个实根，$\xi_1 \in \left(0, \frac{1}{2}\right)$.

在 $\left(\frac{1}{2}, 2\right)$内至少存在一点 ξ_2，使得 $f'(\xi_2)=0$，即 ξ_2 为 $f'(x)=0$ 的一个实根，$\xi_2 \in \left(\frac{1}{2}, 2\right)$.

又 $f'(x)=0$ 为二次方程，至多有两个实根，故 $f'(x)=0$ 有两个实根，它们分别在 $\left(0, \frac{1}{2}\right)$及$\left(\frac{1}{2}, 2\right)$内.

例 3 设函数 $f(x)$ 在$[0, 1]$上连续，在$(0, 1)$内可导，且 $f(0)=f(1)=0$，$f\left(\frac{1}{2}\right)=1$，试证：

(1) 存在 $\eta \in \left(\frac{1}{2}, 1\right)$，使得 $f(\eta)=\eta$；

(2) 对任意实数 λ，$\exists \xi \in (0, \eta)$，使得 $f'(\xi)-\lambda[f(\xi)-\xi]=1$.

证明 (1) 令 $F(x)=f(x)-x$，则 $F(x)$ 在闭区间$\left[\frac{1}{2}, 1\right]$上连续，又

$$F\left(\frac{1}{2}\right)=f\left(\frac{1}{2}\right)-\frac{1}{2}=1-\frac{1}{2}>0,$$
$$F(1)=f(1)-1=-1<0.$$

由零点定理，必 $\exists \eta \in \left(\frac{1}{2}, 1\right)$，使 $F(\eta)=0$，即 $f(\eta)=\eta$.

(2) 设$G(x)=e^{-\lambda x}F(x)=e^{-\lambda x}[f(x)-x]$，则$G(x)$在$[0, \eta]$上连续，在$(0, \eta)$内可导，且$G(0)=G(\eta)=0$，由罗尔定理，$\exists \xi \in (0, \eta)$，使得 $G'(\xi)=0$，即

$$e^{-\lambda\xi}(f'(\xi)-1-\lambda[f(\xi)-\xi])=0,$$

从而

$$f'(\xi)-\lambda[f(\xi)-\xi]=1.$$

例 4 设函数 $y=f(x)$ 在$[a, b](0<a<b)$上连续，在(a, b)内可导，且 $f(a)=b$，$f(b)=a$，证明：在(a, b)内至少存在一点 ξ，使得

$$f'(\xi)=-\frac{f(\xi)}{\xi}.$$

分析 将结论变形为 $\xi f'(\xi)+f(\xi)=0$，即

$$(xf(x))'\big|_{x=\xi}=0,$$

故构造辅助函数 $F(x)=xf(x)$，利用罗尔定理证明.

证明 令 $F(x)=xf(x)$，由已知可以得到 $F(x)$ 在$[a, b]$上连续，在(a, b)内可导，并且有 $F(a)=F(b)=ab$，即 $F(x)$ 在$[a, b]$上满足罗尔定理条件，于是至少存在一点 $\xi \in (a, b)$，

使得 $F'(\xi)=0$，即 $\xi f'(\xi)+f(\xi)=0$，所以有

$$f'(\xi)=-\frac{f(\xi)}{\xi},\quad a<\xi<b.$$

4.1.2 拉格朗日中值定理

罗尔中值定理中 $f(a)=f(b)$ 这个条件相当特殊，它使得罗尔定理的应用受到限制，如果把 $f(a)=f(b)$ 这个条件取消，但仍然保留其余两个条件，并相应改变结论，那么就得到了微分学中十分重要的拉格朗日中值定理.

定理(拉格朗日中值定理) 若函数 $y=f(x)$ 在闭区间 $[a, b]$ 上连续，且在开区间 (a, b) 中可导，则至少存在点 $\xi\in(a, b)$，使得

$$f'(\xi)=\frac{f(b)-f(a)}{b-a},$$

或写为

$$f(b)-f(a)=f'(\xi)(b-a).$$

在证明拉格朗日中值定理之前，先给出定理的几何解释：如图 4-1-3 所示，拉格朗日定理在几何上表示在某一点 $(\xi, f(\xi))$ 处，其中 $\xi\in(a, b)$，函数图像的切线平行于两个端点 $(a, f(a))$，$(b, f(b))$ 的连线，因为后者的斜率等于 $\dfrac{f(b)-f(a)}{b-a}$.

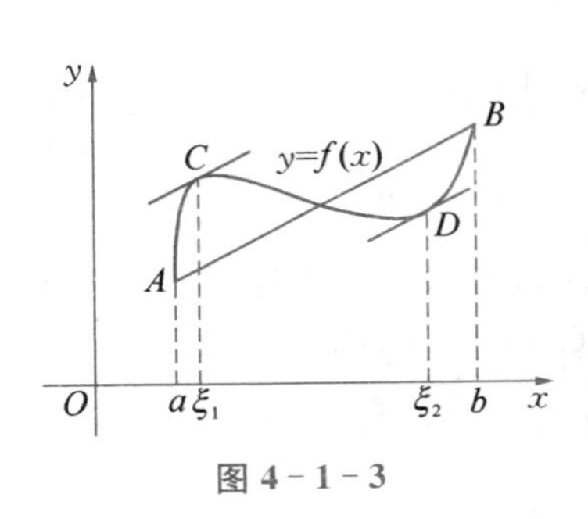

图 4-1-3

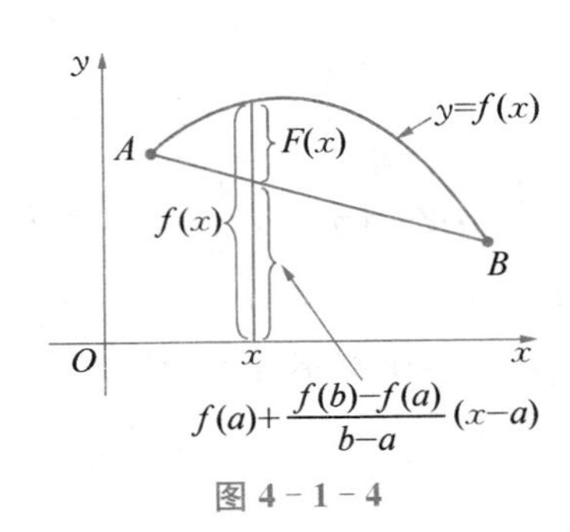

图 4-1-4

证明 为证明定理，考察辅助函数 $F(x)=f(x)-f(a)-\dfrac{f(b)-f(a)}{b-a}(x-a)$，如图 4-1-4 所示，显然，这个函数是 $y=f(x)$ 和直线 AB 的函数的差.

可以验证，辅助函数显然在闭区间 $[a, b]$ 上连续，在开区间 (a, b) 中可导，且在它的端点处取相等的值 $F(a)=F(b)=0$. 对 $F(x)$ 应用罗尔定理，得到至少存在点 $\xi\in(a, b)$，使

$$F'(\xi)=f'(\xi)-\frac{f(b)-f(a)}{b-a}=0,$$

即

$$f'(\xi)=\frac{f(b)-f(a)}{b-a}.$$

注意 (1) 拉格朗日中值定理也称为微分中值定理，最早由拉格朗日提出并公式化. 其重

要性还表现在定理的另两种表达：

$$f(x_2)-f(x_1)=f'(\xi)(x_2-x_1),$$
$$f(x_2)-f(x_1)=f'[x_1+\theta(x_2-x_1)](x_2-x_1),$$

其中 x_1, x_2 为$[a, b]$上任意两点，ξ介于x_1, x_2之间，$0<\theta<1$. 上两式也常称为微分中值公式，是利用导数研究函数性质的重要工具.

(2) 可以看出，罗尔定理是拉格朗日中值定理的特殊情形.

(3) 拉格朗日中值定理之所以重要，在于它把函数在有限闭区间上的增量同函数在这个区间上的导数联系起来，在此之前我们还不曾有过这种关于有限增量的定理，只是通过在固定点处的导数或微分来刻画函数的局部(无穷小)增量.

例 5 验证函数 $f(x)=x^3$ 在$[-1, 0]$上满足拉格朗日中值定理的条件，并求定理中 ξ 的值.

解 显然 $f(x)$ 在$[-1, 0]$上连续，$f'(x)=3x^2$ 在$(-1, 0)$内有意义，即 $f(x)$ 在$(-1, 0)$内可导，故 $f(x)$ 在$[-1, 0]$上满足拉格朗日中值定理的条件. 根据拉格朗日中值定理得

$$f(0)-f(-1)=f'(\xi)[0-(-1)]=3\xi^2,$$

所以 $\xi^2=\frac{1}{3}$，即 $\xi=-\frac{\sqrt{3}}{3}$.

由拉格朗日中值定理可得下面两个推论：

推论 1(常数函数判别法) 如果函数 $f(x)$在区间 I 上的导数恒为零，那么 $f(x)$在区间 I 上是一个常数.

证明 在区间 I 上任取两点 $x_1, x_2(x_1<x_2)$，应用拉格朗日中值定理公式就可以得到

$$f(x_2)-f(x_1)=f'(\xi)(x_2-x_1), \quad x_1<\xi<x_2.$$

由假定，$f'(\xi)=0$，所以 $f(x_2)-f(x_1)=0$，即

$$f(x_2)=f(x_1).$$

因为 x_1, x_2 是 I 上任意两点，所以上面的等式表明：$f(x)$ 在 I 上的函数值总是相等的，这就是说，$f(x)$ 在区间 I 上是一个常数.

从上述论证中可以看出，虽然拉格朗日中值定理中 ξ 的准确数值不知，但在这里并不妨碍它的应用.

推论 2 如果函数 $f(x)$ 与 $g(x)$ 在区间 I 上的导数相等，那么 $f(x)$ 与 $g(x)$ 在区间 I 上相差一个常数.

证明 构造函数 $h(x)=f(x)-g(x), x\in I$.

由题设，$f'(x)=g'(x)$，所以 $h'(x)=f'(x)-g'(x)=0$，由推论 1，$h(x)=C$，C 为常数，即

$$f(x)-g(x)=C.$$

这就是说，$f(x)$ 与 $g(x)$ 在区间 I 上相差一个常数.

例 6 证明等式 $\arctan x+\operatorname{arccot} x=\frac{\pi}{2}$.

证明 虽然可用初等方法证明这个等式，但是应用微积分来证明还是比较简单的. 设

$$f(x) = \arctan x + \operatorname{arccot} x,$$
$$f'(x) = \frac{1}{1+x^2} - \frac{1}{1+x^2} = 0,$$

因此，$f(x) = C$（C为常数）. 为了得到常数C的值，令$x = 1$（因为可以容易地算出$f(1)$的值），那么

$$C = f(1) = \arctan x + \operatorname{arccot} x = \frac{\pi}{4} + \frac{\pi}{4} = \frac{\pi}{2}.$$

因此，$\arctan x + \operatorname{arccot} x = \frac{\pi}{2}$ 得证.

例 7 证明：当 $x > 0$ 时，

$$\frac{x}{1+x} < \ln(1+x) < x.$$

证明 设 $f(x) = \ln(1+x)$，显然 $f(x)$ 在区间$[0, x]$上满足拉格朗日中值定理的条件，根据定理，应有

$$f(x) - f(0) = f'(\xi)(x-0), \quad 0 < \xi < x.$$

由于 $f(0) = 0$，$f'(x) = \frac{1}{1+x}$，因此上式即为

$$\ln(1+x) = \frac{x}{1+\xi}.$$

又由 $0 < \xi < x$，有

$$\frac{x}{1+x} < \frac{x}{1+\xi} < x,$$

即

$$\frac{x}{1+x} < \ln(1+x) < x, \quad x > 0.$$

4.1.3 柯西中值定理

定理（柯西中值定理） 若函数 $f(x)$ 与 $g(x)$ 在闭区间$[a, b]$上连续，在开区间(a, b)中可导，且 $g'(x) \neq 0$，则至少存在一点 $\xi \in (a, b)$，使得

$$\frac{f'(\xi)}{g'(\xi)} = \frac{f(b) - f(a)}{g(b) - g(a)}.$$

证明 由 $g'(x) \neq 0$ 与拉格朗日中值定理可知

$$g(b) - g(a) = g'(\theta)(b-a) \neq 0, \quad a < \theta < b.$$

构造辅助函数

$$F(x) = f(x) - \frac{f(b) - f(a)}{g(b) - g(a)}[g(x) - g(a)].$$

显然 $F(x)$ 在闭区间$[a, b]$上满足罗尔中值定理的条件. 由罗尔中值定理可得，至少存在一点 $\xi\in(a, b)$，使得 $F'(\xi)=0$，即

$$\frac{f'(\xi)}{g'(\xi)}=\frac{f(b)-f(a)}{g(b)-g(a)}.$$

容易看出，当 $g(x)=x$ 时，柯西中值定理就变成了拉格朗日中值定理.

例 8　若 $f(x)$ 在$[a, b]$上连续，在(a, b)内可导，证明：必存在 $\xi\in(a, b)$，使得

$$e^{a+b}[f(b)-f(a)]=(e^b-e^a)e^{\xi}f'(\xi).$$

证明　由于

$$(e^x)'=e^x\neq 0,\ x\in(-\infty, +\infty),$$

因此，由微分中值定理公式可得

$$e^b-e^a\neq 0.$$

将所证等式变形为

$$\frac{f(b)-f(a)}{e^b-e^a}e^{a+b}=e^{\xi}f'(\xi),$$

再变形为

$$\frac{f(b)-f(a)}{e^{-b}-e^{-a}}=-\frac{f'(\xi)}{e^{-\xi}}.$$

因此对 $f(x)$ 和 $g(x)=e^{-x}$ 在$[a, b]$上应用柯西中值定理即得所证的等式.

练习 4.1

1. 函数 $f(x)=4x^3-5x^2+x-2$ 在区间$[0, 1]$上是否满足罗尔定理的所有条件?若满足，求出使定理结论成立的 ξ 值.
2. 证明：方程 $x^3-3x+1=0$ 在$[0, 1]$上存在一个实根.
3. 利用拉格朗日中值定理证明下列不等式：
(1) $|\arctan x-\arctan y|\leqslant|x-y|$；
(2) 若 $0<b\leqslant a$，则$\dfrac{a-b}{a}\leqslant\ln\dfrac{a}{b}\leqslant\dfrac{a}{b}$；
(3) 若 $x>1$，则 $e^x>ex$.
4. 证明恒等式：$\arcsin x+\arccos x=\dfrac{\pi}{2}$.
5. 写出函数 $f(x)=\ln x$ 在区间$[1, e]$上的微分中值公式，并求出其中的 ξ 值.
6. 证明多项式 $P(x)=(x^2-1)(x^2-4)$ 的导函数的 3 个根都是实根，并指出它们的范围.
7. 设 $c_1, c_2, \cdots, c_n$ 为任意实数，证明：函数 $f(x)=c_1\cos x+c_2\cos 2x+\cdots+c_n\cos nx$ 在$(0, \pi)$内必有根.
8. 设函数 $f(x)$ 与 $g(x)$ 在(a, b)内可微，$g(x)\neq 0$，且

$$\begin{vmatrix} f(x) & g(x) \\ f'(x) & g'(x) \end{vmatrix}\equiv 0,\quad x\in(a, b).$$

证明:存在常数 k,使 $f(x)=kg(x)$, $x\in(a,b)$.

9. 证明不等式:

$$\frac{2}{\pi}<\frac{\sin x}{x}<1,$$

其中 $0<x<\frac{\pi}{2}$.[提示:考虑函数 $f(x)=\frac{\sin x}{x}$.]

§4.2 洛必达法则

如果当 $x\to a$(或 $x\to\infty$)时,两个函数 $f(x)$ 与 $F(x)$ 都趋近于零或都趋近于无穷大,那么极限 $\lim\limits_{\substack{x\to a\\(x\to\infty)}}\frac{f(x)}{F(x)}$ 可能存在,也可能不存在,通常把这种极限叫做未定式,并分别简记为$\frac{0}{0}$ 或$\frac{\infty}{\infty}$.在第1章中讨论过的重要极限$\lim\limits_{x\to 0}\frac{\sin x}{x}=1$ 就是未定式$\frac{0}{0}$ 的一个例子.对于这类极限,即使它存在,也不能用“商的极限等于极限的商”这一法则.下面将根据柯西中值定理来推出这类极限的一种简便而且重要的方法——洛必达[1]法则.

我们着重讨论 $x\to X(x\to a$ 或 $x\to\infty)$ 时的未定式$\frac{0}{0}$ 的情形,关于此情形有以下定理:

定理(洛必达法则$\frac{0}{0}$型1) 设

(1) 当 $x\to a$ 时,函数 $f(x)$ 及 $F(x)$ 都趋近于零;

(2) 在点 a 的某一去心邻域内,$f'(x)$ 及 $F'(x)$ 都存在且 $F'(x)\neq 0$;

(3) $\lim\limits_{x\to a}\frac{f'(x)}{F'(x)}$ 存在(或为无穷大),

那么

$$\lim_{x\to a}\frac{f(x)}{F(x)}=\lim_{x\to a}\frac{f'(x)}{F'(x)}.$$

这就是说,当 $\lim\limits_{x\to a}\frac{f'(x)}{F'(x)}$ 存在时,$\lim\limits_{x\to a}\frac{f(x)}{F(x)}$ 也存在且等于$\lim\limits_{x\to a}\frac{f'(x)}{F'(x)}$;当$\lim\limits_{x\to a}\frac{f'(x)}{F'(x)}$ 为无穷大时,$\lim\limits_{x\to a}\frac{f(x)}{F(x)}$ 也是无穷大.

这种在一定条件下通过分子分母分别求导再求极限来确定未定式的值的方法称为洛必达法则

证明 因为求 $\frac{f(x)}{F(x)}$ 当 $x\to a$ 时的极限与 $f(a)$ 及 $F(a)$ 无关,可以假定 $f(a)=F(a)=$

---

① 洛必达(Marquis de L'Hôpital, 1661—1704),法国数学家.他15岁时就解出帕斯卡的摆线难题,以后又解出约翰·伯努利向欧洲挑战的“最速降曲线问题”.他最重要的著作是《阐明曲线的无穷小于分析》(1696),这本书是世界上第一本系统的微积分学教科书,这对传播新创建的微积分理论起了很大的作用.在书中第九章记载着约翰·伯努利于1694年7月22日告诉他的一个著名定理——洛必达法则,求一个未定式分式的极限的法则.

0，于是由条件(1)和(2)可知，$f(x)$ 及 $F(x)$ 在点 a 的某一邻域内是连续的. 设 x 是该邻域内的一点，那么在以 x 及 a 为端点的区间上，柯西中值定理的条件均满足，因此有

$$\frac{f(x)}{F(x)}=\frac{f(x)-f(a)}{F(x)-F(a)}=\frac{f'(\xi)}{F'(\xi)},\quad \xi\text{ 在 } x \text{ 与 } a \text{ 之间}.$$

令 $x\to a$，并对上式两端求极限，注意到 $x\to a$ 时 $\xi\to a$，再根据条件(3)便证得要证明的结论.

如果 $\frac{f'(x)}{F'(x)}$ 当 $x\to a$ 时仍属 $\frac{0}{0}$ 型，而且此时 $f'(x)$，$F'(x)$ 能满足定理中 $f(x)$，$F(x)$ 所要满足的条件，那么可以继续使用洛必达法则先确定 $\lim\limits_{x\to a}\frac{f'(x)}{F'(x)}$，从而确定 $\lim\limits_{x\to a}\frac{f(x)}{F(x)}$，并可以依此类推，即

$$\lim_{x\to a}\frac{f(x)}{F(x)}=\lim_{x\to a}\frac{f'(x)}{F'(x)}=\lim_{x\to a}\frac{f''(x)}{F''(x)}=\cdots.$$

定理(洛必达法则 $\frac{0}{0}$ 型 2)　设

(1) 当 $x\to\infty$ 时，函数 $f(x)$ 及 $F(x)$ 都趋近于零；

(2) 当 $f'(x)$ 与 $F'(x)$ 都存在，且 $F'(x)\neq 0$；

(3) $\lim\limits_{x\to+\infty}\frac{f'(x)}{F'(x)}$ 存在(或为无穷大)，

那么

$$\lim_{x\to+\infty}\frac{f(x)}{F(x)}=\lim_{x\to+\infty}\frac{f'(x)}{F'(x)}.$$

在应用洛必达法则求解极限举例之前，请读者判断下列求极限过程是否正确，并说明原因：

(1) $\lim\limits_{x\to0}\frac{x^2}{e^x}=\lim\limits_{x\to0}\frac{2x}{e^x}$；

(2) $\lim\limits_{x\to0}\frac{x^2\sin\frac{1}{x}}{\sin x}=\lim\limits_{x\to0}\frac{2x\sin\frac{1}{x}-\cos\frac{1}{x}}{\cos x}$；

(3) $\lim\limits_{x\to0^+}\frac{x}{\frac{1}{\ln x}}=\lim\limits_{x\to0^+}\frac{1}{-\frac{1}{x\ln^2 x}}$；

(4) $\lim\limits_{x\to+\infty}\frac{3x+\sin x}{x-2\cos x}=\lim\limits_{x\to+\infty}\frac{3-\cos x}{1+2\sin x}$.

我们来看几个例子.

例1　求极限 $\lim\limits_{x\to1}\frac{x^3-3x+2}{x^3-x^2-x+1}$.

解　$\lim\limits_{x\to1}\frac{x^3-3x+2}{x^3-x^2-x+1}=\lim\limits_{x\to1}\frac{3x^2-3}{3x^2-2x-1}=\lim\limits_{x\to1}\frac{6x}{6x-2}=\frac{3}{2}$.

注意　上式中的 $\lim\limits_{x\to1}\frac{6x}{6x-2}$ 已不是未定式，不能对它应用洛必达法则，否则要导致错误结果，以后使用洛必达法则时应当注意这一点，如果不是未定式，就不能应用洛必达法则.

例2　求极限 $\lim\limits_{x\to0}\frac{\tan x-\sin x}{x^3}$.

解 $\lim\limits_{x\to 0}\dfrac{x-\sin x}{x^3}=\lim\limits_{x\to 0}\dfrac{1-\cos x}{3x^2}=\lim\limits_{x\to 0}\dfrac{\sin x}{6x}=\dfrac{1}{6}$.

例 3 求极限 $\lim\limits_{x\to+\infty}\dfrac{\dfrac{\pi}{2}-\arctan x}{\dfrac{1}{x}}$.

解 $\lim\limits_{x\to+\infty}\dfrac{\dfrac{\pi}{2}-\arctan x}{\dfrac{1}{x}}=\lim\limits_{x\to+\infty}\dfrac{-\dfrac{1}{1+x^2}}{-\dfrac{1}{x^2}}=\lim\limits_{x\to+\infty}\dfrac{x^2}{1+x^2}=1$.

当 $x\to X(x\to a$ 或 $x\to\infty)$ 时，未定式$\dfrac{\infty}{\infty}$ 也有类似的定理.

定理(洛必达法则$\dfrac{\infty}{\infty}$型) 设

(1) 当 $x\to a$ 时，函数 $f(x)$ 及 $F(x)$ 都趋近于 ∞；

(2) 在点 a 的某去心邻域内，$f'(x)$ 及 $F'(x)$ 都存在且 $F'(x)\neq 0$；

(3) $\lim\limits_{x\to a}\dfrac{f'(x)}{F'(x)}$ 存在(或为无穷大)，

那么

$$\lim_{x\to a}\frac{f(x)}{F(x)}=\lim_{x\to a}\frac{f'(x)}{F'(x)}.$$

上述定理中的 $x\to a$ 换为 $x\to\infty$，洛必达法则($\dfrac{\infty}{\infty}$ 型) 同样有类似的结论：

$$\lim_{x\to+\infty}\frac{f(x)}{F(x)}=\lim_{x\to+\infty}\frac{f'(x)}{F'(x)}.$$

例 4 求极限 $\lim\limits_{x\to 0^+}\dfrac{\ln\tan 5x}{\ln\tan 3x}$.

解 $\lim\limits_{x\to 0^+}\dfrac{\ln\tan 5x}{\ln\tan 3x}=\lim\limits_{x\to 0^+}\dfrac{\dfrac{5\sec^2 5x}{\tan 5x}}{\dfrac{3\sec^2 3x}{\tan 3x}}=\lim\limits_{x\to 0^+}\dfrac{5\tan 3x}{3\tan 5x}\cdot\lim\limits_{x\to 0^+}\dfrac{1+\tan^2 5x}{1+\tan^2 3x}=1$.

例 5 求极限 $\lim\limits_{x\to+\infty}\dfrac{\ln x}{x^n}$($n$ 为正整数).

解 $\lim\limits_{x\to+\infty}\dfrac{\ln x}{x^n}=\lim\limits_{x\to+\infty}\dfrac{\dfrac{1}{x}}{nx^{n-1}}=\lim\limits_{x\to+\infty}\dfrac{1}{nx^n}=0$.

例 6 求极限 $\lim\limits_{x\to+\infty}\dfrac{e^x+2x\arctan x}{e^x-\pi x}$.

解 由于

$$\lim_{x\to+\infty}\frac{e^x+2x\arctan x}{e^x-\pi x}=\lim_{x\to+\infty}\frac{e^x+2\arctan x+\dfrac{2x}{1+x^2}}{e^x-\pi x}$$

$$=\lim_{x\to+\infty}\frac{1+2e^{-x}\arctan x+\dfrac{2x}{1+x^2}e^{-x}}{1-\pi e^{-x}}=1,$$

且

$$\lim_{x\to-\infty}\frac{e^x+2x\arctan x}{e^x-\pi x}=\lim_{x\to-\infty}\frac{\frac{e^x}{x}+2\arctan x}{\frac{e^x}{x}-\pi}=\frac{2\left(-\frac{\pi}{2}\right)}{-\pi}=1.$$

所以

$$\lim_{x\to+\infty}\frac{e^x+2x\arctan x}{e^x-\pi x}=1.$$

洛必达法则还可以用来解决其他形式的未定式的极限，如 $0\cdot\infty$，$\infty-\infty$，0^0，1^∞，∞^0 型等，关键在于通过一些方法，将它们变形为$\frac{0}{0}$或$\frac{\infty}{\infty}$型的未定式来计算，如图 4-2-1 所示.

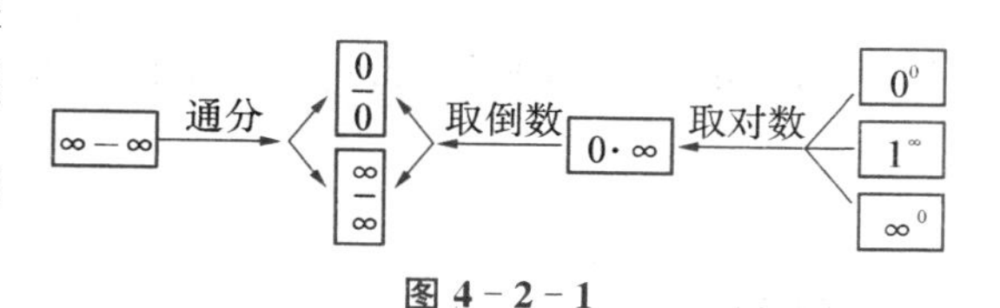

图 4-2-1

下面用例子来说明.

例 7 $\lim\limits_{x\to0}x^2e^{\frac{1}{x^2}}$.

解 这是 $0\cdot\infty$型的未定式.

$$\lim_{x\to0}x^2e^{\frac{1}{x^2}}=\lim_{x\to0}\frac{e^{\frac{1}{x^2}}}{\frac{1}{x^2}}=\lim_{x\to0}\frac{e^{\frac{1}{x^2}}\left(\frac{1}{x^2}\right)'}{\left(\frac{1}{x^2}\right)'}=\lim_{\frac{1}{x^2}\to+\infty}e^{\frac{1}{x^2}}=+\infty.$$

例 8 $\lim\limits_{x\to\frac{\pi}{2}}(\sec x-\tan x)$.

解 这是$\infty-\infty$型的未定式.一般先将其变形为商式，再用洛必达法则来求解.

$$\lim_{x\to\frac{\pi}{2}}(\sec x-\tan x)=\lim_{x\to\frac{\pi}{2}}\left(\frac{1}{\cos x}-\frac{\sin x}{\cos x}\right)=\lim_{x\to\frac{\pi}{2}}\frac{1-\sin x}{\cos x}$$

$$=\lim_{x\to\frac{\pi}{2}}\frac{-\cos x}{-\sin x}=\frac{\cos\frac{\pi}{2}}{\sin\frac{\pi}{2}}=0.$$

例 9 $\lim\limits_{x\to0^+}x^{\tan x}$.

解 这是 0^0 型的未定式. 令 $y=x^{\tan x}$，引入对数，则

$$\ln y=\ln x^{\tan x}=\tan x\ln x=\frac{\ln x}{\cot x},$$

于是，

$$\lim_{x\to0^+}\ln y=\lim_{x\to0^+}\frac{\ln x}{\cot x}=\lim_{x\to0^+}\frac{\frac{1}{x}}{-\csc^2x}=\lim_{x\to0^+}\frac{\sin^2x}{x}=\lim_{x\to0^+}\frac{x^2}{x}=\lim_{x\to0^+}x=0,$$

得到 $\lim\limits_{x\to0^+}\ln y=0$，即$\lim\limits_{x\to0^+}x^{\tan x}=1$.

例 10 $\lim\limits_{x\to+\infty} x^{\frac{1}{x}}$.

解 这是 ∞^0 型的未定式. 令 $y=x^{\frac{1}{x}}$,引入对数,则

$$\ln y=\ln x^{\frac{1}{x}}=\frac{\ln x}{x}.$$

于是,

$$\lim_{x\to+\infty}\ln y=\lim_{x\to+\infty}\frac{\ln x}{x}=\lim_{x\to+\infty}\frac{\frac{1}{x}}{1}=0,$$

得到 $\lim\limits_{x\to+\infty}\ln y=0$,即 $\ln\lim\limits_{x\to+\infty}y=0$,于是 $\lim\limits_{x\to+\infty}y=\mathrm{e}^0=1$,即

$$\lim_{x\to+\infty}x^{\frac{1}{x}}=1.$$

例 11 $\lim\limits_{x\to0}(1+\sin x)^{\frac{1}{x}}$.

解 这是 1^∞ 型的未定式. 引入对数,化为商式极限后应用洛必达法则和相关方法(如等价无穷小)求解.

令 $y=(1+\sin x)^{\frac{1}{x}}$,则 $\ln y=\dfrac{\ln(1+\sin x)}{x}$,于是,

$$\lim_{x\to0}\ln y=\lim_{x\to0}\frac{\ln(1+\sin x)}{x}=\lim_{x\to0}\frac{1+\sin x}{x}$$
$$=\lim_{x\to0}\frac{\cos x}{1}=\frac{\cos 0}{1}=1,$$

得到

$$\lim_{x\to0}(1+\sin x)^{\frac{1}{x}}=\mathrm{e}.$$

练习 4.2

1. 用洛必达法则求下列极限:

(1) $\lim\limits_{x\to0}\dfrac{\ln(1+x^2)}{x^2}$;

(2) $\lim\limits_{x\to\frac{\pi}{6}}\dfrac{1-2\sin x}{\cos 3x}$;

(3) $\lim\limits_{x\to\frac{\pi}{2}}\dfrac{\ln\sin x}{(\pi-2x)^2}$;

(4) $\lim\limits_{x\to0^+}\dfrac{\ln\tan 7x}{\ln\tan x}$;

(5) $\lim\limits_{x\to+\infty}\dfrac{\ln\left(1+\frac{1}{x}\right)}{\operatorname{arccot} x}$;

(6) $\lim\limits_{x\to0}x\cot 2x$;

(7) $\lim\limits_{x\to1}\left(\dfrac{2}{x^2-1}-\dfrac{1}{x-1}\right)$;

(8) $\lim\limits_{x\to0^+}x^{\sin x}$;

(9) $\lim\limits_{x\to0}\dfrac{\cos x-1}{x-\ln(1+x)}$;

(10) $\lim\limits_{x\to\frac{\pi}{2}}\dfrac{\tan 3x}{\tan x}$;

(11) $\lim\limits_{x\to0^+}x^a\ln x,\quad a>0$;

(12) $\lim\limits_{x\to\frac{\pi}{2}^-}(\tan x)^{2x-\pi}$;

(13) $\lim\limits_{y\to 0}\dfrac{y-\arcsin y}{\sin^3 y}$；

(14) $\lim\limits_{x\to 0}\dfrac{1-x^2-e^{-x^2}}{x\sin^3 x}$；

(15) $\lim\limits_{x\to+\infty}\left(\dfrac{\pi}{2}-\arctan x\right)^{\frac{1}{\ln x}}$；

(16) $\lim\limits_{x\to 0}\dfrac{\operatorname{ch} x-\cos x}{x^2}$；

(17) $\lim\limits_{x\to+\infty}\left(\dfrac{2}{\pi}\arctan x\right)^x$；

(18) $\lim\limits_{x\to 0}\cot 2x\sin 6x$；

(19) $\lim\limits_{x\to+\infty}x^3 e^{-x^2}$；

(20) $\lim\limits_{x\to 1^+}\ln x\tan(\pi x/2)$；

(21) $\lim\limits_{x\to 0}\left(\dfrac{1}{x}-\csc x\right)$；

(22) $\lim\limits_{x\to+\infty}(\sqrt{x^2+x}-x)$；

(23) $\lim\limits_{x\to+\infty}(x-\ln x)$；

(24) $\lim\limits_{x\to 0^+}x^{x^2}$；

(25) $\lim\limits_{x\to 0}(1-2x)^{1/x}$；

(26) $\lim\limits_{x\to+\infty}\left(1+\dfrac{3}{x}+\dfrac{5}{x^2}\right)^x$；

(27) $\lim\limits_{x\to+\infty}x^{1/x}$；

(28) $\lim\limits_{x\to+\infty}\left(\dfrac{x}{x+1}\right)^x$；

(29) $\lim\limits_{x\to 0^+}(\cos x)^{1/x^2}$.

2. 验证极限 $\lim\limits_{x\to 0}\dfrac{x+\sin x}{x-\sin x}$ 存在，但不能用洛必达法则得出.

§4.3 泰 勒 公 式

对于一些比较复杂的函数，为了便于研究，往往希望用一些简单的函数来近似表达. 多项式函数是最为简单的一类函数，它只要对自变量进行有限次的加、减、乘3种算术运算，就能求出其函数值. 因此，多项式经常被用于近似地表达函数，这种近似表达在数学上常称为逼近. 英国数学家泰勒①在这方面作出了不朽的贡献，其研究结果表明：具有直到 $n+1$ 阶导数的函数在一个点的邻域内的值可以用函数在该点的函数值及各阶导数值组成的 n 次多项式近似表达. 本节将介绍泰勒公式及其简单应用.

我们知道，$\lim\limits_{x\to 0}\dfrac{e^x-1}{x}=1$，则根据前面所学，

$$\frac{e^x-1}{x}=1+a(x),\ a(x)=o(x)(x\to 0).$$

或者说，当 x 的绝对值充分小(包括 $x=0$) 时，有

$$e^x-1=x+a(x)x,$$

移项并应用高阶无穷小，上式可记为

$$e^x=(1+x)+o(x),$$

等号右边有两项：一项"$(1+x)$"是 x 的一次多项式，另一项"$o(x)$"称为余项，再次计算得

① 泰勒(Brook Taylor，1685—1731)，英国数学家，主要以泰勒公式和泰勒级数出名.

$$\lim_{x\to 0}\frac{e^x-(1+x)}{x^2}=\lim_{x\to 0}\frac{e^x-1}{2x}=\frac{1}{2}.$$

完全相同于上面的讨论，上式可记为：当$|x|$充分小时，

$$e^x-(1+x)=\frac{1}{2}x^2+o(x^2)$$

或者

$$e^x=\left(1+x+\frac{1}{2}x^2\right)+o(x^2),$$

等号右边仍然是两项，一项“$1+x+\frac{1}{2}x^2$”是x的二次多项式，另一项“$o(x^2)$”是余项.

继续做下去，相信一定能得到：当$|x|$充分小时，有

$$e^x=P_n(x)+o(x^n),$$

其中，$P_n(x)$是x的n次多项式，余项是$o(x^n)$.

推广到一般情形：如果$f(x)$满足一定的条件，那么对于任意的x_0，当$|x-x_0|$充分小时，有

$$f(x)=P_n(x-x_0)+o((x-x_0)^n),$$

其中的$P_n(x-x_0)$是$x-x_0$的n次多项式.

这个想法来源于人类处理问题的基本思想：用已知的、简单的、比较容易掌握的事物去认识那些新的、不熟悉的或不容易理解的事物. 多项式是最简单的一类初等函数，也是人们非常熟悉并经常使用的一种数学工具. 对于任意给定的函数$f(x)$，人们希望找到一个n次多项式，它至少在局部上与$f(x)$相当接近，因而可以在需要(如在作数值计算)时用以代替$f(x)$. 下面来寻找这个n次多项式.

不难发现，如果$f(x)$本身就是一个n次多项式，即

$$f(x)=a_0+a_1(x-x_0)+a_2(x-x_0)^2+\cdots+a_n(x-x_0)^n,$$

那么，代入$x=x_0$得

$$a_0=f(x_0).$$

两边求导，再代入$x=x_0$得

$$a_1=f'(x_0).$$

逐次求导后，再代入$x=x_0$得

$$a_k=\frac{f^{(k)}(x_0)}{k!},\quad 1\leqslant k\leqslant n.$$

因此，$f(x)$正好是

$$f(x)=f(x_0)+f'(x_0)(x-x_0)+\frac{f''(x_0)}{2!}(x-x_0)^2+\cdots+\frac{f^{(n)}(x_0)}{n!}(x-x_0)^n. \quad ①$$

这一事实使问题的提法更为直接：假定$f^{(n)}(x_0)$存在，那么在$x=x_0$附近，能不能有

$$f(x)=P_n(x-x_0)+r_n(x-x_0)?$$

如果有，把其中的 $P_n(x-x_0)$（即 ① 式）等号右边的多项式，称为 n 次泰勒多项式. 余项 $r_n(x-x_0)$ 的出现是因为现在的 $f(x)$ 不是 n 次多项式. 前面给出的余项的形式

$$r_n(x-x_0)=o[(x-x_0)^n]$$

称为佩亚诺(Peano)形式的余项，简称**佩亚诺型余项**. 有下面的定理：

定理　设 $f^{(n)}(x_0)$ 存在，则有

$$f(x)=f(x_0)+\frac{f'(x_0)}{1!}(x-x_0)+\frac{f''(x_0)}{2!}(x-x_0)^2+\cdots$$
$$+\frac{f^{(n)}(x_0)}{n!}(x-x_0)^n+o[(x-x_0)^n], \quad ②$$

②式称为函数 $f(x)$ 在 $x-x_0$ 处的带佩亚诺型余项的泰勒公式.

证明　由高阶无穷小的定义要证明的是

$$\lim_{x\to 0}\frac{f(x)-P_n(x-x_0)}{(x-x_0)^n}=0,$$

上式左边应用 $n-1$ 次洛必达法则后得

$$\lim_{x\to x_0}\frac{f^{(n-1)}(x)-[f^{(n-1)}(x_0)+f^{(n)}(x_0)(x-x_0)]}{n(n-1)\cdots 2(x-x_0)}$$
$$=\frac{1}{n!}\lim_{x\to x_0}\left[\frac{f^{(n-1)}(x)-f^{(n-1)}(x_0)}{x-x_0}-f^{(n)}(x_0)\right]=0,$$

最后一个等号是根据 $f^{(n)}(x_0)$的定义，定理得证.

由于历史的原因，通常称在 $x_0=0$ 的泰勒公式为**麦克劳林**[①](Maclaurin)**公式**，即

$$f(x)=f(0)+f'(0)x+\frac{f''(0)}{2!}x^2+\cdots+\frac{f^{(n)}(x_0)}{n!}x^n+o(x^n). \quad ③$$

以后的学习中会经常用到这个公式，在②式中作替换 $y=x-x_0$ 后即得③的形式. 通常称公式②和③为函数的(有限)展开式.

例 1　写出函数 $f(x)=\mathrm{e}^x$ 的带有佩亚诺型余项 n 阶麦克劳林公式.

解　$f^{(k)}(x)=\mathrm{e}^x$，则有

$$a_k=\frac{f^{(k)}(0)}{k!}=\frac{1}{k!},\quad k=1,2,\cdots,n,$$

因此，

$$\mathrm{e}^x=1+x+\frac{x^2}{2}+\cdots+\frac{x^n}{n!}+o(x^n).$$

例 2　求 $f(x)=\sin x$ 及 $g(x)=\cos x$ 带佩亚诺型余项 n 阶麦克劳林展开式.

① 麦克劳林(Colin Maclaurin，1698—1746)，18 世纪英国最具有影响的数学家之一. 他是牛顿的学生，终生不忘牛顿对他的栽培，并为继承、捍卫和发展牛顿的学说而奋斗.

解　由于 $\sin^{(k)} x = \sin\left(x + k \cdot \frac{\pi}{2}\right)$，因此，

$$f^{(2k)}(0) = 0,\ f^{(2k+1)}(0) = (-1)^k,\quad k = 0, 1, \cdots, n.$$

于是，

$$\sin x = x - \frac{x^3}{3!} + \frac{x^5}{5!} - \cdots + (-1)^n \frac{x^{2n+1}}{(2n+1)!} + o(x^{2n+1}).$$

又因为

$$\cos^{(k)} x = \cos\left(x + k \cdot \frac{\pi}{2}\right),$$

$$g^{(2k)}(0) = (-1)^k,\ g^{(2k+1)}(0) = 0,\quad k = 0, 1, \cdots, n,$$

因此

$$\cos x = 1 - \frac{x^2}{2!} + \frac{x^4}{4!} - \cdots + (-1)^n \frac{x^{2n}}{(2n)!} + o(x^{2n}).$$

类似地，还可以得到以下几个公式：

$$\ln(1+x) = x - \frac{x^2}{2} + \frac{x^3}{3} - \cdots + (-1)^{n-1} \frac{x^n}{n} + o(x^n),$$

$$(1+x)^a = 1 + ax + \frac{a(a-1)}{2!}x^2 + \cdots + \frac{a(a-1)\cdots(a-n+1)}{n!} + o(x^n),$$

$$\frac{1}{1-x} = 1 + x + x^2 + \cdots + x^n + o(x^n).$$

下面来讨论带拉格朗日型余项的泰勒展开式.

前面讨论的是函数在一个点附近用多项式逼近的问题，产生的误差即佩亚诺型余项 $o(x^n)$ 只是定性的，但若要求给出逼近误差的量的估计，前面的定理就不够用了，需要别的形式的余项.

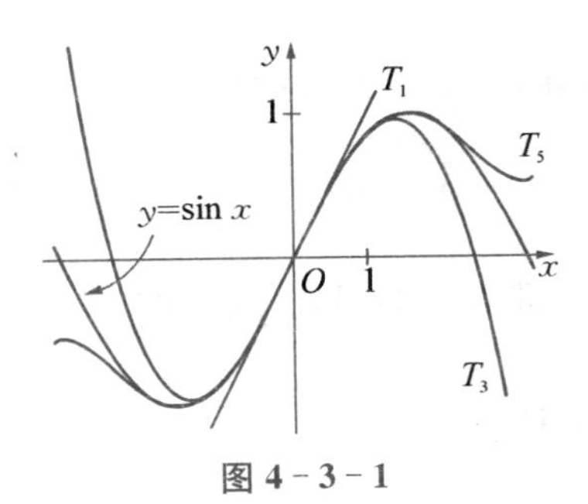

图 4-3-1

图 4-3-1 显示了函数 $y = \sin x$ 分别用一阶泰勒多项式 $T_1: y = x$、三阶泰勒多项式 $T_3: y = x - \frac{x^3}{6}$ 和五阶泰勒多项式 $T_5: y = x - \frac{x^3}{6} + \frac{x^5}{120}$ 逼近的结果.

由图 4-3-1 可以看到，多项式次数越高，逼近效果越佳，曲线越接近于正弦曲线. 这说明，用泰勒多项式逼近初等函数可以有很好的整体误差估计，这就是下面的定理：

定理(泰勒中值定理)　设 f 在 $[a, b]$ 上连续，且在 (a, b) 上有 $(n+1)$ 阶可导，则对于 x，$x_0 \in [a, b]$，有

$$f(x) = f(x_0) + f'(x_0)(x - x_0) + \frac{f''(x_0)}{2!}(x - x_0)^2 + \cdots + \frac{f^{(n)}(x_0)}{n!} + \frac{f^{(n+1)}(\xi)}{(n+1)!}(x - x_0)^{n+1},$$

其中 ξ 介于 x 与 x_0 之间，公式中的余项称为拉格朗日型余项，还可以写成

$$\frac{f^{(n+1)}(x_0 + \theta(x - x_0))}{(n+1)!}(x - x_0)^{n+1},\quad 0 < \theta < 1,$$

展开式称为拉格朗日型余项的泰勒展开式

证明 不妨设 $x > x_0$，令

$$F(t) = f(x) - \left[f(t) + f'(t)(x-t) + \frac{f''(t)}{2!}(x-t)^2 + \cdots + \frac{f^{(n)}(t)}{n!}(x-t)^n\right],$$

$$G(t) = (x-t)^{n+1}.$$

显然，$F,\ G \in C[x_0,\ x]$ 在 $(x,\ x_0)$ 上可导，而且 $F(x) = G(x) = 0$，

$$F'(t) = \frac{f^{(n+1)}(t)}{n!}(x-t)^n,$$

$$G'(t) = -(n+1)(x-t)^n.$$

于是由柯西中值定理得

$$\frac{F(x_0)}{G(x_0)} = \frac{F(x_0)-F(x)}{G(x_0)-G(x)} = \frac{F'(\xi)}{G'(\xi)} = \frac{f^{(n+1)}(\xi)}{(n+1)!},$$

$$F(x_0) = \frac{f^{(n+1)}(\xi)}{(n+1)!}\cdot G(x_0) = \frac{f^{(n+1)}(\xi)}{(n+1)!}(x-x_0)^{n+1},$$

其中的 $\xi \in (x_0,\ x)$ 代入 $F(t)$ 的表达式，定理即得证.

下面给出几个常用函数的带拉格朗日型余项的麦克劳林展开式，请读者自行验证，并注意其中列出的使等式成立的 x 的范围.

$$\mathrm{e}^x = 1 + x + \frac{x^2}{2} + \cdots + \frac{x^n}{n!} + \frac{\mathrm{e}^{\theta x}}{(n+1)!},\ -\infty < x < \infty,\quad 0 < \theta < 1;$$

$$\sin x = x - \frac{x^3}{3!} + \frac{x^5}{5!} - \cdots + (-1)^n\frac{x^{2n-1}}{(2n-1)!} + (-1)^n\frac{\cos\theta x}{(2n+1)!}x^{2n+1},$$
$$-\infty < x < \infty,\ 0 < \theta < 1;$$

$$\cos x = 1 - \frac{x^2}{2!} + \frac{x^4}{4!} - \cdots + (-1)^n\frac{x^{2n}}{(2n)!} + (-1)^{n+1}\frac{\cos\theta x}{(2n+2)!}x^{2n+2},$$
$$-\infty < x < \infty,\ 0 < \theta < 1;$$

$$\ln(1+x) = x - \frac{x^2}{2} + \frac{x^3}{3} - \cdots + (-1)^{n-1}\frac{x^n}{n} + (-1)^n\frac{x^{n+1}}{(n+1)(1+\theta x)^{n+1}},$$
$$-1 < x < 1,\ 0 < \theta < 1;$$

$$(1+x)^a = 1 + ax + \frac{a(a-1)}{2!}x^2 + \cdots + \frac{a(a-1)\cdots(a-n+1)}{n!}$$
$$+ \frac{a(a-1)\cdots(a-n)}{(n+1)!}(1+\theta x)^{a-n-1}x^{n+1},\quad -1 < x < 1,\ 0 < \theta < 1.$$

分析一下图 4-3-1 显示的信息，对于函数 $y=\sin x$，它的麦克劳林展开式中的拉格朗日型余项有估计：

$$|r_n(x)| = \left|(-1)^n\frac{\cos\theta x}{(2n+1)!}x^{2n+1}\right| \leqslant \frac{|x|^{2n+1}}{(2n+1)!}.$$

对于 x，可以证得上式最后一项的极限是零，从而余项是无穷小，因此，泰勒多项式的次数越高，它在 x 处的值就越近于 $\sin x$.

拉格朗日型余项的优点是能给出误差的估计：一种是“点态”误差，从而确定多项式展开的

次数，获得准确的近似值；另一种是整体误差，给出函数和逼近多项式在一个区间上的误差估计. 随着计算机的日益发展，这方面的优势已经不那么明显.

例 3 在区间$\left[0, \frac{1}{4}\right]$上用一个三次多项式近似函数$\frac{x}{\sqrt[3]{1-x}}$，并估计整体误差.

解 当$x \in \left[0, \frac{1}{4}\right](\subset (-1, 1))$时，由$(1+x)^a$的麦克劳林展开式得

$$(1-x)^{-\frac{1}{3}} = 1 + \left(-\frac{1}{3}\right)(-x) + \frac{1}{2!}\left(-\frac{1}{3}\right)\left(-\frac{1}{3}-1\right)(-x)^2 + r_2(x),$$

其中的

$$r_2(x) = \frac{1}{3!}\left(-\frac{1}{3}\right)\left(-\frac{1}{3}-1\right)\left(-\frac{1}{3}-2\right)(1+\theta(-x))^{\frac{1}{3}-2-1}(-x)^3, \quad 0<\theta<1,$$

因此

$$\frac{x}{\sqrt[3]{1-x}} \approx x + \frac{1}{3}x^2 + \frac{2}{9}x^3, \quad x \in \left[0, \frac{1}{4}\right].$$

误差

$$|xr_2(x)| = \frac{14}{81(1-\theta x)^{\frac{10}{3}}}x^4 \leqslant \frac{14}{81}\left(1-1\cdot\frac{1}{4}\right)^{-\frac{10}{3}}\left(\frac{1}{4}\right)^4 \leqslant \frac{14}{81}\left(\frac{4}{3}\right)^4 \cdot \frac{1}{4^4} < 0.002\,2.$$

这表明在区间$\left[0, \frac{1}{4}\right]$上用上述三次多项式表明函数$\frac{x}{\sqrt[3]{1-x}}$时，每一点的误差不会超过 0.003.

由泰勒中值定理可以推出一个重要的结果.

推论 如果$f(x)$在(a, b)上的$(n+1)$阶导数恒等于零，则$f(x)$至多是一个n次多项式.

对于$\forall x_0 \in (a, b)$，可以得到$f(x)$在x_0点的带拉格朗日型余项的n次泰勒展开式，而且由已知条件可知它的余项恒等于零.

我们还可以利用泰勒公式尤其是麦克劳林公式求相关极限.

例 4 求$\lim\limits_{x\to 0}\frac{\sin x - x}{x\ln(1+x^2)}$.

解 由$\ln(1+x) = x - \frac{x^2}{2} + \cdots + \frac{(-1)^{n-1}}{n}x^n + R_n(x)$可知，当$x \to 0$时，$\ln(1+x)$的主部是$x$，$x\ln(1+x^2)$的主部是$x^3$，即

$$x\ln(1+x^3) = x^3 + o(x^3), \quad x \to 0.$$

由$\sin x = x - \frac{x^3}{3!} + \cdots + (-1)^{k-1}\frac{x^{2k-1}}{(2k-1)!} + R_n(x)$可知，当$x \to 0$时，$\sin x - x$的主部是$-\frac{x^3}{3!}$，

即

$$\sin x - x = -\frac{x^3}{6} + o(x^3), \quad x \to 0,$$

因此

$$\lim_{x \to 0}\frac{\sin x - x}{x\ln(1+x^2)} = \lim_{x \to 0}\frac{-\frac{x^3}{6}+o(x^3)}{x^3+o(x^3)} = \lim_{x \to 0}\frac{-\frac{1}{6}+\frac{o(x^3)}{x^3}}{1+\frac{o(x^3)}{x^3}} = -\frac{1}{6}.$$

例 5　求 $\lim\limits_{x \to 0}\dfrac{\sqrt{1-2x}-1+x}{1-\cos x}$.

解　由 $(1+x)^a = 1+ax+\dfrac{a(a-1)}{2!}x^2+\cdots+\dfrac{a(a-1)\cdots(a-n+1)}{n!}x^n+R_n(x)$ 可知，当 $x \in (-1, 1)$ 时，

$$\sqrt{1+x} = 1+\frac{1}{2}x-\frac{1}{2!}\left(\frac{x}{2}\right)^2+\cdots+\frac{(-1)^{n-1}}{n!}\left(\frac{x}{2}\right)^n+R_n(x),$$

$$R_n(x) = \frac{(1)^n}{(n+1)!}\left(\frac{x}{2}\right)^{n+1}(1+\theta x)^{\frac{1}{2}-n-1},\quad 0<\theta<1,$$

因此当 $x \to 0$ 时，

$$\sqrt{1-2x}-1+x = -\frac{1}{2}x^2+o(x^2).$$

由 $\cos x = 1-\dfrac{x^2}{2!}+\cdots+\dfrac{(-1)^{k-1}}{(2k-2)!}x^{2k-2}+R_n(x)$ 可知，

$$1-\cos x = \frac{1}{2}x^2+o(x^2),\quad x \to 0,$$

因此

$$\lim_{x \to 0}\frac{\sqrt{1-2x}-1+x}{1-\cos x} = \lim_{x \to 0}\frac{-\frac{1}{2}x^2+o(x^2)}{\frac{1}{2}x^2+o(x^2)} = -1.$$

习题 4.3

1. 求下列函数在点 $x=0$ 处带有佩亚诺型余项的 n 阶泰勒公式：

(1) $\dfrac{1}{2}\ln\dfrac{1-x}{1+x}$；　　(2) $\sin^2 x$；

(3) $\dfrac{x^2+2x-1}{x-1}$；　　(4) $\cos^3 x$.

2. 求下列函数在点 $x=0$ 处带有佩亚诺型余项的泰勒公式(阶数已指定)：

(1) $e^x\sin x$　(x^4)；　　(2) $\sqrt{1+x}\cos x$　(x^4)；

(3) $\sqrt{1-2x+x^3}-\sqrt{1-3x+x^2}$　(x^3).

3. 求函数 $f(x)=\ln x$ 按 $x-2$ 的幂展开的带有佩亚诺型余项的 n 阶泰勒公式.

4. 求函数 $f(x)=\tan x$ 的带有佩亚诺余项的 3 阶麦克劳林公式.

5. 验证当 $0<x\leqslant\frac{1}{2}$ 时，按公式 $e^x\approx1+x+\frac{x^2}{2}+\frac{x^3}{6}$ 计算 e^x 的近似值时所产生的误差小于 0.01，并求 $\sqrt{e}$ 的近似值，使误差小于 0.01.

6. 利用泰勒公式求下列极限：

(1) $\lim\limits_{x\to0}\frac{1-x^2-e^{-x^2}}{x\sin^3 2x}$；

(2) $\lim\limits_{x\to0}\left(\frac{1}{x}-\frac{1}{e^x-1}\right)$；

(3) $\lim\limits_{x\to0}\left(\frac{1}{x}-\frac{\cos x}{\sin x}\right)\frac{1}{\sin x}$.

§4.4 函数的单调性、凹性、极值与最值

4.4.1 函数单调性的判定法

第 1 章中已经介绍了函数单调的概念，下面利用中值定理与导数来对函数的单调性进行研究.

如果函数 $y=f(x)$ 在某一区间上单调增加（单调减少），那么它的图形在区间上是一条沿 x 轴正向上升（下降）的曲线，这时，曲线上各点处的切线斜率是非负的（或是非正的），即 $y'=f'(x)\geqslant0$（或 $y'=f'(x)\leqslant0$），如图 4-4-1 所示. 由此可见，函数的单调性与导数的符号有着密切联系.

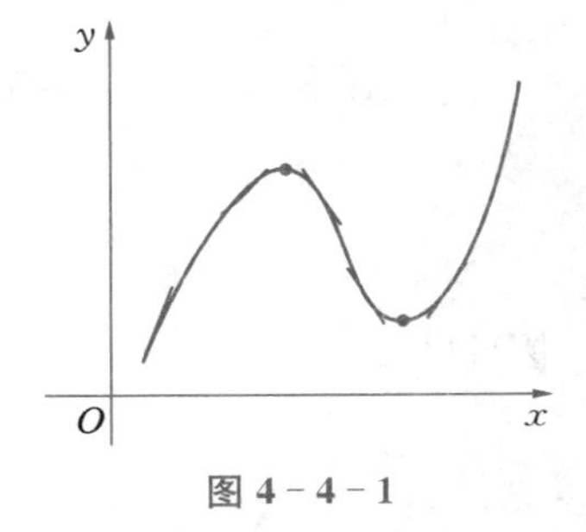

图 4-4-1

反过来，能否用导数的符号来判定函数的单调性呢？下面用拉格朗日中值定理来进行讨论.

设函数 $y=f(x)$ 在 $[a,b]$ 上连续，在 (a,b) 内可导，在 $[a,b]$ 上任取两点 $x_1,x_2(x_1<x_2)$，应用拉格朗日中值定理，得到

$$f(x_1)-f(x_2)=f'(\xi)(x_2-x_1),\quad x_1<\xi<x_2.$$

由于在上式中，$x_2-x_1>0$，因此，如果在 (a,b) 内导数 $f'(x)$ 保持正号，即 $f'(x)>0$，那么也有 $f'(\xi)>0$. 于是

$$f(x_2)-f(x_1)=f'(\xi)(x_2-x_1)>0,$$

即

$$f(x_1)<f(x_2).$$

这表明函数 $y=f(x)$ 在 $[a,b]$ 上单调增加.

同理，如果在 (a,b) 内导数 $f'(x)$ 保持负号，即 $f'(x)<0$，那么 $f'(\xi)<0$，于是 $f(x_2)-f(x_1)<0$，即 $f(x_2)>f(x_1)$，表明函数 $y=f(x)$ 在 $[a,b]$ 上单调减少.

综上所述，可得下面的定理：

定理（单调判定定理） 设函数 $y=f(x)$ 在 $[a,b]$ 上连续，在 (a,b) 内可导.

(1) 如果在 (a,b) 内 $f'(x)>0$，那么函数 $y=f(x)$ 在 $[a,b]$ 上单调增加；

(2) 如果在 (a,b) 内 $f'(x)<0$，那么函数 $y=f(x)$ 在 $[a,b]$ 上单调减少.

如果把这个判定法中的闭区间换成其他各种区间(包括无穷区间)，那么结论也成立.

例 1　判定函数 $y = x - \sin x$ 在$[0, 2\pi]$上的单调性.

解　因为在 $(0, 2\pi)$ 内，

$$y' = 1 - \cos x > 0,$$

所以由单调判定定理可知，函数 $y = x - \sin x$ 在$[0, 2\pi]$上单调增加.

求解函数 $y = f(x)$ 单调区间的步骤如下：

(1) 求 $f'(x)$；

(2) 令 $f'(x) = 0$，解出方程在区间(a, b)内的实根(即驻点)，并求出在区间(a, b)内 $f'(x)$ 不存在的点；

(3) 对于(2)中求出的每一个实根或者一阶导数不存在的点 x_0，分区间(a, b)为若干子区间，再根据子区间 $f'(x)$的符号来确定其单调性.

例 2　判定函数 $y = e^x - x - 1$ 的单调性.

解

$$y' = e^x - 1.$$

函数 $y = e^x - x - 1$ 的定义域为$(-\infty, +\infty)$. 因为在$(-\infty, 0)$内，$y' < 0$，所以函数 $y = e^x - x - 1$ 在$(-\infty, 0]$上单调减少；因为在$(0, +\infty)$内，$y' > 0$，所以函数 $y = e^x - x - 1$ 在$(0, +\infty)$上单调增加.

4.4.2　曲线的凹性与拐点

在前面研究了函数单调性的判定. 函数的单调性反映在图形上就是图形的上升或下降，但是，曲线在上升或下降的过程中，还有一个弯曲方向的问题. 高等数学上的许多概念最早都源自欧美，对于弯曲方向，欧美的概念中只有凹向. 为了保证知识的一致性，给出下面的定义：

定义　如果在某区间内的弧线位于其任一点切线的上方，那么此曲线弧叫做在该区间内是上凹的；如果在某区间内的曲线弧位于其任一点切线的下方，那么此曲线弧叫做在该区间内是下凹的.

例如，图 4-4-2(a)中曲线 AB 在区间是上凹的，(b)中曲线 AB 在区间是下凹的.

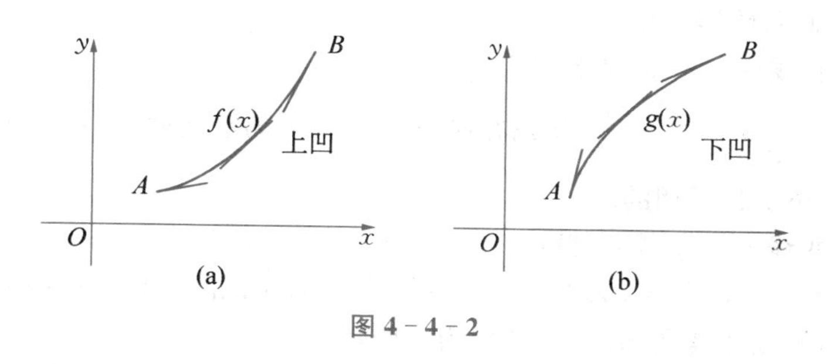

图 4-4-2

由图 4-4-2 还可以看出，对于上凹的曲线弧，切线的斜率随 x 的增大而增大；对于下凹的曲线弧，切线的斜率随 x 的增大而减小. 由于切线的斜率就是函数 $y = f(x)$ 的导数，因此上凹的曲线弧，导数是单调增加的，而下凹的曲线弧，导数是单调减少的. 由此可见，曲线 $y = f(x)$ 的凹性可以用导数 $f'(x)$ 的单调性来判定. 而 $f'(x)$ 的单调性又可以用它的导数，即 $y = f(x)$ 的二阶导数 $f''(x)$ 的符号来判定，故曲线 $y = f(x)$ 的凹性与 $f''(x)$ 的符号有关. 由此提

出了函数曲线的凹性判定定理.

定理(凹性判定定理) 设函数 $y=f(x)$ 在(a, b)内具有二阶导数.

(1) 如果在 (a, b) 内，$f''(x)>0$,那么曲线在(a, b) 内是上凹的；

(2) 如果在 (a, b) 内，$f''(x)<0$,那么曲线在(a, b) 内是下凹的.

证明 在情形(1)中,设 x_1 和 x_2 为$[a, b]$ 内任意两点,且 $x_1<x_2$.

记 $\frac{x_1+x_2}{2}=x_0$,并记 $x_2-x_0=x_0-x_1=h$,则 $x_1=x_0-h$, $x_2=x_0+h$. 由拉格朗日中值定理公式,得

$$f(x_0+h)-f(x_0)=f'(x_0+\theta_1 h)h,$$
$$f(x_0)-f(x_0-h)=f'(x_0-\theta_2 h)h,$$

其中 $0<\theta_1<1$, $0<\theta_2<2$. 两式相减,即得

$$f(x_0+h)+f(x_0-h)-2f(x_0)=[f'(x_0+\theta_1 h)-f'(x_0-\theta_2 h)]h.$$

对 $f'(x)$ 在区间$[x_0-\theta_2 h, x_0+\theta_1 h]$ 上再次利用拉格朗日中值公式,得

$$[f'(x_0+\theta_1 h)-f'(x_0-\theta_2 h)]h=f''(\xi)(\theta_1+\theta_2)h^2,$$

其中 $x_0-\theta_2 h<\xi<x_0+\theta_1 h$,按情形(1) 的假设 $f''(\xi)>0$,则有

$$f(x_0+h)+f(x_0-h)-2f(x_0)>0,$$

即

$$\frac{f(x_0+h)+f(x_0-h)}{2}>f(x_0),$$

亦即

$$\frac{f(x_0+h)+f(x_0-h)}{2}>f\left(\frac{x_1+x_2}{2}\right).$$

所以,$f(x)$在$[a, b]$上的图形是上凹的.

类似地,可以证明情形(2).

例 3 判定曲线 $y=\ln x$ 是下凹的.

解 因为 $y'=\frac{1}{x}$, $y''=-\frac{1}{x^2}$,所以在函数 $y=\ln x$ 的定义域$[0, +\infty)$ 内，$y''<0$. 由定理可知,曲线 $y=\ln x$ 是下凹的.

例 4 判定曲线 $y=x^3$ 的凹性.

解 因为 $y'=3x^2$, $y''=6x$. 当 $x<0$ 时,$y''<0$,所以曲线在$(-\infty, 0]$ 内为下凹弧；当 $x>0$ 时,$y''>0$,所以曲线在$[0, +\infty)$ 内为上凹弧.

一般地,设 $y=f(x)$ 在区间$[a, b]$上连续，$a<x_0<b$. 如果曲线 $y=f(x)$ 在经过点$(x_0, f(x_0))$ 时,曲线的凹性改变,那么就称点$(x_0, f(x_0))$ 为该曲线在区间$[a, b]$ 的拐点.

例如,在图 4-4-4 中,点 B, C, D, E 均为拐点.

求解函数 $y=f(x)$ 拐点的步骤如下：

(1) 求$f''(x)$；

(2) 令 $f''(x)=0$,解出方程在区间$[a, b]$ 内的实根,并求出在区间$[a, b]$ 内 $f''(x)$ 不存在

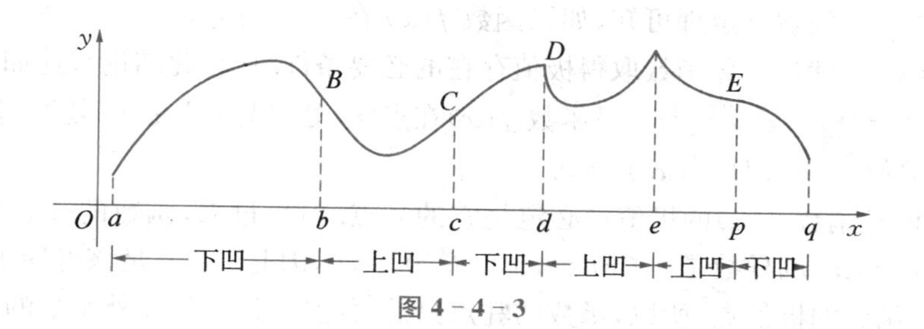

图 4-4-3

的点；

(3) 对于(2)中求出的每一个实根或者二阶导数不存在的点 x_0，检查 $f''(x)$ 在 x_0 左右两侧邻近的符号，那么当两侧符号相反时，点$(x_0, f(x_0))$是拐点；当两侧的符号相同时，点$(x_0, f(x_0))$不是拐点.

例 5　求曲线 $y = 2x^3 + 3x^2 - 12x + 14$ 的拐点.

解

$$y' = 6x^2 + 6x - 12,\ y'' = 12x + 6.$$

解方程 $y'' = 0$，得 $x = -\frac{1}{2}$. 当 $x < -\frac{1}{2}$ 时，$y'' < 0$；当 $x > -\frac{1}{2}$ 时，$y'' > 0$. 因此，点$\left(-\frac{1}{2}, 20\frac{1}{2}\right)$是曲线的拐点.

4.4.3　函数的极值及其求法

从例 5 中可以看到，点 $x = 1$ 及 $x = -2$ 是函数

$$f(x) = 2x^3 + 3x^2 - 12x + 14$$

的单调区间的分界点. 而且在点 $x = -2$ 的左侧邻近，函数 $f(x)$ 单调增加；在点 $x = -2$ 的右侧邻近，函数 $f(x)$ 单调减少，因此存在点 $x = -2$ 的一个去心邻域. 对于该去心邻域内的任何点 x，$f(x) < f(-2)$ 均成立. 类似地，关于点 $x = 1$，也存在一个去心邻域. 对于该去心邻域内的任何点 x，$f(x) > f(1)$ 均成立，具有这种性质的点(如 $x = -2$ 及 $x = 1$)，是函数 $f(x)$ 的极值点. 易知，函数有极大值 $f(-2) = 34$ 和极小值 $f(1) = 7$，点 $x = -2$ 和 $x = 1$ 是函数 $f(x)$ 的极值点.

前面已经知道，极大值和极小值的概念是局部性的，如果 $f(x_0)$ 是函数 $f(x)$ 的一个极大值，那只是就 x_0 附近的一个局部范围来说，$f(x_0)$ 是 $f(x)$ 的一个最大值；如果就 $f(x)$ 的整个定义域来说，$f(x_0)$ 不见得是最大值. 关于极小值也有类似情形. 在图 4-4-4 中，函数 $f(x)$ 有 $f(x_2)$，$f(x_5)$ 两个极大值和 $f(x_1)$，$f(x_4)$，$f(x_6)$3 个极小值.

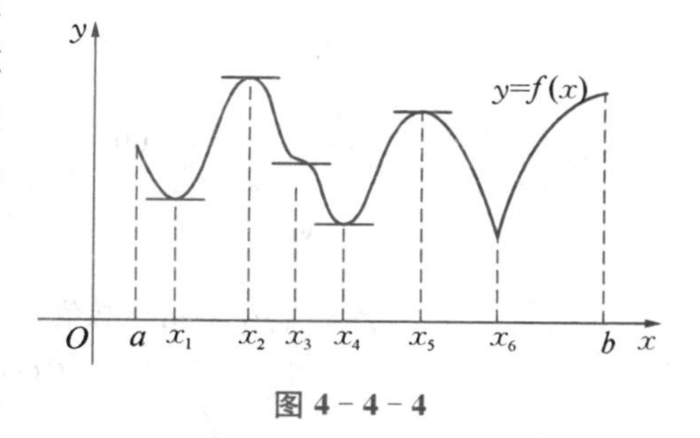

图 4-4-4

下面来研究下极值与水平切线的关系. 从图 4-4-4 中可以看出，在函数取得极值处，曲线的切线都是水平的，但曲线上有水平切线的地方，函数不一定取得极值. 例如，图 4-4-4 中的 $x = x_3$ 处，曲线上有水平切线，但 $f(x_3)$ 不是极值.

由本章§4.1节的费马定理可知，如果函数 $f(x)$ 在 x_0 处可导，且 $f(x)$ 在 x_0 处取得极值，那么 $f'(x_0)=0$，这就是可导函数取得极值存在的必要条件. 现将此结论叙述如下：

定理(极值存在的必要条件) 设函数 $f(x)$ 在点 x_0 处可导，且在 x_0 处取得极值，那么该函数在 x_0 处的导数为零，即 $f'(x_0)=0$.

定理说明可导函数 $f(x)$ 的极值点必定是它的驻点. 但反过来，函数的驻点却不一定是极值点. 例如 $f(x)=x^3$ 的导数是 $f'(x)=3x^2$，$f'(0)=0$，因此 $x=0$ 是该可导函数的驻点，但 $x=0$ 却不是这函数的极值点. 所以，函数的驻点只是可能的极值点. 此外函数的导数不存在的点处也可能取得极值. 例如，函数 $f(x)=|x|$ 在点 $x=0$ 处不可导，但函数在该点取得极小值.

数学中定义一阶导数为零的点(即驻点)和一阶导数不存在的点统称函数的临界点.

怎么判定函数在驻点或不可导的点处究竟是否取得极值? 下面给出两个判定极值的充分条件：

定理(极值存在的第一充分条件) 设函数 $f(x)$ 在 x_0 处连续，且在 x_0 的某一去心邻域 $\mathring{U}(x_0,\delta)$ 内可导.

(1) 若 $x\in(x_0-\delta,x_0)$ 时，$f'(x)>0$，而 $x\in(x_0,x_0+\delta)$ 时，$f'(x)<0$，则 $f(x)$ 在 x_0 处取得极大值；

(2) 若 $x\in(x_0-\delta,x_0)$ 时，$f'(x)<0$，而 $x\in(x_0,x_0+\delta)$ 时，$f'(x)>0$，则 $f(x)$ 在 x_0 处取得极小值；

(3) 若 $x\in\mathring{U}(x_0,\delta)$ 时，$f'(x)$ 的符号保持不变，则 $f(x)$ 在 x_0 处没有极值.

证明　事实上，就情形(1)来说，根据函数单调性的判定法，函数 $f(x)$ 在 $(x_0-\delta,x_0)$ 内单调增加，而在 $(x_0,x_0+\delta)$ 单调减少. 又由于函数 $f(x)$ 在 x_0 处是连续的，故当 $x\in\mathring{U}(x_0,\delta)$ 时，总有 $f(x)<f(x_0)$，所以，$f(x_0)$ 是 $f(x)$ 的一个极大值.

类似地，可证明情形(2)和情形(3).

上述定理可以通过图4-4-5来帮助记忆.

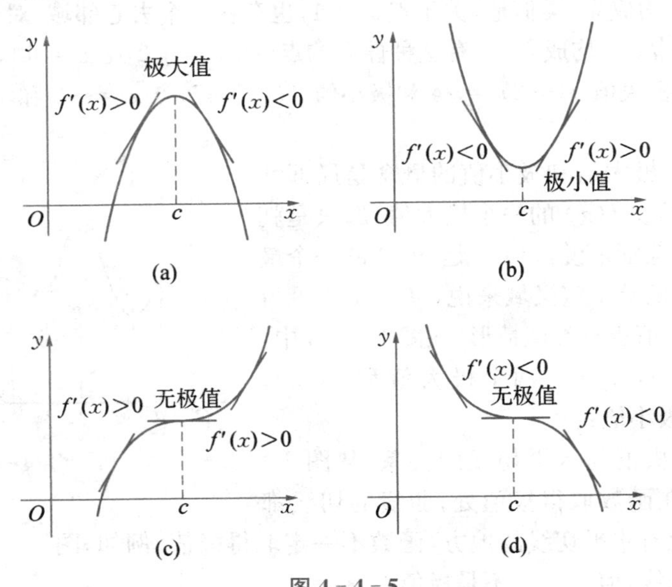

图4-4-5

根据上面的两个定理，如果函数 $f(x)$在所讨论的区间内连续，除个别点外处处可导，那么就按下列步骤来求 $f(x)$在该区间内的极值点和相应的极值：

(1) 求出导数 $f'(x)$；

(2) 求出 $f(x)$的临界点，即全部驻点和不可导点；

(3) 考察 $f'(x)$符号在每个驻点或不可导点的左、右邻近的情形，以确定该点是否为极值点；如果是极值点，进一步确定是极大值点还是极小值点；

(4) 求出各极值点的函数值，就得到函数 $f(x)$的全部极值.

例 6 求函数 $f(x)=(x-4)\sqrt[3]{(x+1)^2}$ 的极值.

解 (1) $f(x)$ 在$(-\infty,+\infty)$ 内连续，除 $x=-1$ 外处处可导，且

$$f'(x)=\frac{5(x-1)}{3\sqrt[3]{(x+1)^2}}.$$

(2) 令 $f'(x)=0$，得驻点 $x=1$，$x=-1$ 为 $f(x)$ 的不可导点.

(3) 在 $(-\infty,-1)$ 内，$f'(x)>0$；在$(-1,1)$ 内，$f'(x)<0$，故不可导点 $x=-1$ 是一个极大值点；又在$(1,+\infty)$ 内，$f'(x)>0$，故驻点 $x=1$ 是一个极小值点.

(4) 极大值为 $f(-1)=0$，极小值为 $f(1)=-3\sqrt[3]{4}$.

当函数 $f(x)$ 在驻点处的二阶导数存在且不为零时，也可以利用下述定理来判定 $f(x)$ 在驻点处取得极大值还是极小值：

定理(极值存在的第二充分条件) 设函数 $f(x)$在点 x_0 处具有二阶导数，且 $f'(x_0)=0$，$f''(x_0)\neq 0$，那么

(1) 当 $f''(x_0)<0$ 时，函数 $f(x)$ 在 x_0 处取得极大值；

(2) 当 $f''(x_0)>0$ 时，函数 $f(x)$ 在 x_0 处取得极小值.

证明 在情形(1)中，由于 $f''(x_0)<0$，按二阶导数的定义有

$$f''(x_0)=\lim_{x\to x_0}\frac{f'(x)-f'(x_0)}{x-x_0}<0.$$

根据函数极限的局部保号性，当 x 在 x_0 的足够小的去心邻域内，

$$\frac{f'(x)-f'(x_0)}{x-x_0}<0,$$

但 $f'(x_0)=0$，所以上式即

$$\frac{f'(x)}{x-x_0}<0.$$

对于去心邻域内的 x 来说，$f'(x)$ 与 $x-x_0$ 符号相反，因此，当 $x-x_0<0$(即 $x<x_0$)时，$f'(x)>0$；当 $x-x_0>0$(即 $x>x_0$)时，$f'(x)<0$. 于是根据定理可知，$f(x)$ 在点 x_0 处取得极大值.

类似地，可以证明情形(2).

例 7 求函数 $f(x)=(x^2-1)^3+1$ 的极值.

解
$$f'(x)=6x(x^2-1)^2.$$

令 $f'(x)=0$，求得驻点 $x_1=-1$，$x_2=0$，$x_3=1$.

又因为

$$f''(x)=6(x^2-1)(5x^2-1),$$

因 $f''(0)=6>0$,故 $f(x)$ 在 $x=0$ 处取得极小值,极小值为 $f(0)=0$.

因 $f''(-1)=f''(1)=0$,故用极值存在的第二充分条件无法判别.考察一阶导数 $f'(x)$ 在驻点 $x_1=-1$ 及 $x_3=1$ 左右邻近的符号:当 x 取 -1 左侧邻近的值时,$f'(x)<0$;当 x 取 -1 右侧邻近的值时,$f'(x)<0$;因为 $f'(x)$ 的符号没有改变,所以 $f(x)$ 在 $x=-1$ 处没有极值.同理,$f(x)$ 在 $x=1$ 处也没有极值,如图 4-4-6 所示.

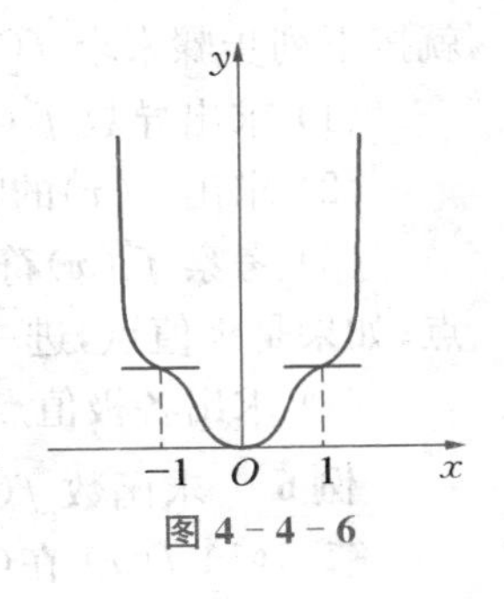

图 4-4-6

4.4.4 最大值和最小值问题

与极大值和极小值不同的是,最大值和最小值是对整体而言的,因此也称为绝对极大值和绝对极小值.求最大值和最小值的问题是一类重要的优化问题.函数的最优点往往就是最大值或最小值点.根据闭区间上连续函数的性质可知:闭区间上的连续函数一定有最大值和最小值,非有界闭区间的情形,则不一定有最大值或最小值.

因此,闭区间上的连续函数的最值只有两种可能:最大值和最小值点或者出现在区间内部,或者出现在区间的端点上.如果是前者,则它们本身也是极大值和极小值点;如果是后者则更为简单,只需要计算两个端点的值即可.

因此,求闭区间上连续函数的最大值和最小值的步骤可以归纳为:比较在所有临界点以及区间端点上的函数值,最大者为最大值,最小者即为最小值.

例 8 求函数 $y=3x^5-5x^3-2$ 在 $[-2,2]$ 上的最大值和最小值.

解 $$y'=15(x^4-x^2)=15x^2(x-1)(x+1).$$

令 $y'=0$,解得驻点是 $x=0,-1,1$.计算这些点及在区间端点上的函数值,分别得到下列结果:

$y(0)=-2$, $y(-1)=0$, $y(1)=4$, $y(-2)=-58$, $y(2)=54$.

通过比较,函数的最大值和最小值分别是

$$y_{\max}=y(2)=54,\ y_{\min}=y(-2)=-58.$$

它们出现在区间端点上,如图 4-4-7 所示,并请留意驻点 $x=0$ 其实并不是极值点.

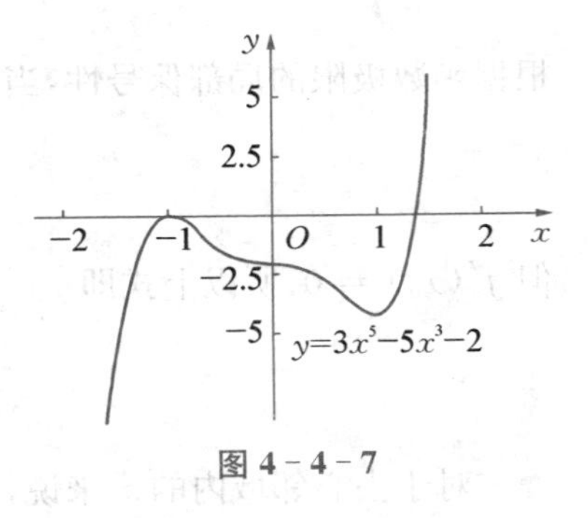

图 4-4-7

如果已经知道实际问题有最大值和最小值,而且是在区间内部取到,计算后又发现函数只有一个临界点,那么这个临界点就是问题的解.这特别适合于有界区间的情形.

例 9 求容器容积 $V(x)=x(50-2x)^2\quad(0<x<25)$ 的最大值.

解 容积有最大值而且肯定不在区间端点 $x=0$, $x=25$ 上取到,导数

$$V'(x)=2\,500-400x+12x^2$$

在 $(0,25)$ 内只有一个临界点 $x=\frac{25}{3}$,因此它就是最大值点,最大值为

$$V\left(\frac{25}{3}\right)=\frac{250\ 000}{27}.$$

例 10　要做一个能容纳 1 L 油的圆柱体，要使制造该油罐所用的金属成本最少，则直径应该为多大？

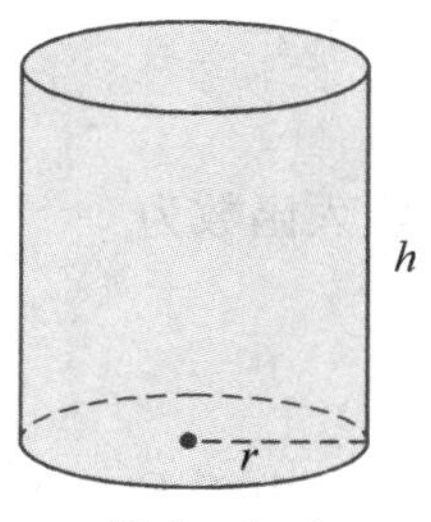

图 4－4－8

解　如图 4－4－8 所示，其中 r 为半径，h 为高（单位：cm）. 要使所用的金属成本最少，则圆柱体的表面积（表面积包括底面、顶和侧面）应该最小. 由图 4－4－8 可知侧面是由长为 $2\pi r$、宽为 h 的矩形所围成. 因此表面积为

$$A=2\pi r^2+2\pi rh.$$

已知容积为 1 L，换算为 1 000 cm^3，利用这个已知条件消去 h，得到

$$\pi r^2 h=1\ 000,$$

即 $h=1\ 000/(\pi r^2)$，代入 A 的表达式，可得

$$A=2\pi r^2+2\pi r\left(\frac{1\ 000}{\pi r^2}\right)=2\pi r^2+\frac{2\ 000}{r},$$

因此，问题为求函数

$$A(r)=2\pi r^2+\frac{2\ 000}{r}$$

当 $r>0$ 时的最小值. 要找到临界点，对函数求微分：

$$A'(r)=4\pi r-\frac{2\ 000}{r^2}=\frac{4(\pi r^3-500)}{r^2}.$$

当 $\pi r^3=500$ 时，$A'(r)=0$，因此唯一的临界点为 $r=\sqrt[3]{500/\pi}$.

由于 A 的定义域为$(0,\ +\infty)$，$r<\sqrt[3]{500/\pi}$ 时，$A'(r)<0$；$r>\sqrt[3]{500/\pi}$ 时，$A'(r)>0$，所以对临界点左边的所有 r，A 递减；对临界点右边的所有 r，A 递增. 因此 $r=\sqrt[3]{500/\pi}$ 一定是最小值.

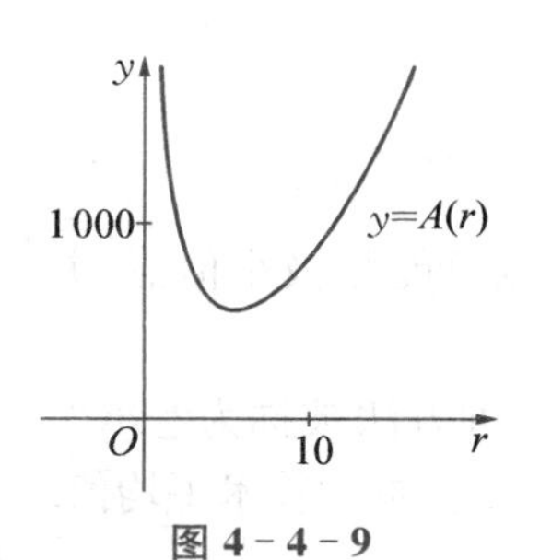

图 4－4－9

也可以这样认为，因为 $r\to 0^+$ 时，$A(r)\to+\infty$；$r\to+\infty$ 时，$A(r)\to+\infty$，因此 $A(r)$ 一定有最小值，且一定在临界点处取得，如图4－4－9 所示.

由 $r=\sqrt[3]{500/\pi}$ 可得 h 值如下：

$$h=\frac{1\ 000}{\pi r^2}=\frac{1\ 000}{\pi(500/\pi)^{2/3}}=2\sqrt[3]{\frac{500}{\pi}}=2r.$$

因此，要使制造油罐的成本最少，半径应为 $\sqrt[3]{500/\pi}$ cm，高应为半径的 2 倍，即与直径相等.

例 11　一个商店一星期内以每台 350 元的价格出售了 2 台 DVD 播放机. 市场调查表明如果每台给顾客优惠 10 元，则每周 DVD 播放机的销售数量会增加 20 台，求需求函数和收入函数，商店应该优惠多少才能获得最大收入？

解　用 x 表示每周出售 DVD 播放机的数量，则每周增加的销售量为 $x-200$，销售量每增加 20 台，价格降低 10 元，对每台额外销售的 DVD 机，价格减少 $\frac{1}{20}\times 10$，则需求函数为

$$p(x)=350-\frac{10}{20}(x-200)=450-\frac{1}{2}x,$$

收入函数为

$$R(x)=xp(x)=450x-\frac{1}{2}x^2.$$

由于 $R'(x)=450-x$，当 $x=450$ 时，$R'(x)=0$，收入函数取得最大值，可通过二阶求导验证(也可以从 R 的图形上观察得到，因为抛物线开口向下). 对应的价格为

$$p(450)=450-\frac{1}{2}\times 450=225.$$

优惠幅度为 $350-225=125$(元). 因此商店要获得最大收入，应该优惠 125 元.

例 12(最小二乘法) 这是一个有广泛应用的有关数据处理的方法. 假定要测定某一个量的值，共作了 n 次试验，测得的数据分别是 $a_1, a_2, \cdots, a_n$，到底应该取怎样的值来代表测定量呢？有一个简单而有效的方法，就是找一个这样的值 x_0，使得平方和函数

$$f(x)=\sum_{i=1}^{n}(x-a_i)^2$$

达到最小. 用这样的 x_0 作为要测定量的值，有较大的把握使误差较小.

现在问题不是讨论最后一句话的合理性(这要用数理统计的知识说明)，而是讨论怎样求出这样的 x_0.

上述函数 $y=f(x)$ 在整个实轴上有定义，并当 $x\to+\infty$ 或 $x\to-\infty$ 时，$f(x)\to+\infty$，因此，它有极小值，另一方面，它的驻点很容易由

$$f'(x)=2\sum_{i=1}^{n}(x-a_i)=0$$

求出，且不难看出只有一个驻点：

$$x_0=\frac{1}{n}(a_1+\cdots+a_n).$$

前面已经说明这个函数至少有一个极小值点. 因此，这个唯一的驻点只能是极小值点，并且它对应的极小值就是函数的最小值，故由上式确定的 x_0 即为所求值.

以上利用求平方和函数的最小值方法，来确定待测量的估计值 x_0，这种方法被称为最小二乘法. 从讨论的结果看出，用最小二乘法所确定的 x_0，恰好就是所测得的 n 个数据的算术平均值.

习题 4.4

1. 求下列函数的单调性区间、极值点、凹区间和拐点：

(1) $f(x)=x^3-12x+1$；　　(2) $f(x)=x^4-2x^2+3$；

(3) $f(x)=x-2\sin x,\ 0<x<3\pi$；　　(4) $f(x)=xe^x$；

(5) $f(x)=(\ln x)/\sqrt{x}$；

(6) $f(x)=2x^3-3x^2-12x$；

(7) $f(x)=x^4-6x^2$；

(8) $h(x)=3x^5-5x^3+3$；

(9) $A(x)=x\sqrt{x+3}$；

(10) $C(x)=x^{1/3}(x+4)$；

(11) $f(\theta)=2\cos\theta-\cos 2\theta$, $0\leqslant\theta\leqslant 2\pi$.

2. 求下列函数的单调性区间与极值点：

(1) $y=3x^5-5x^3$；

(2) $y=\dfrac{1}{x^2}-\dfrac{1}{x}$；

(3) $y=\dfrac{2x}{1+x^2}$；

(4) $y=\dfrac{1}{x}\ln^2 x$.

3. 证明下列不等式：

(1) 当 $x>0$ 时，$1+\dfrac{1}{2}x>\sqrt{1+x}$；

(2) 当 $x>0$ 时，$1+x\ln(x+\sqrt{1+x^2})>\sqrt{1+x^2}$；

(3) 当 $0<x<\dfrac{\pi}{2}$ 时，$\tan x>x+\dfrac{1}{3}x^3$；

(4) 当 $x>4$ 时，$2^x>x^2$.

4. 求函数 $f(x)=2x^3-9x^2+12x+2$ 在区间 $[-1,3]$ 上的最大值与最小值，并指明最大值点与最小值点.

5. 将周长为 $2p$ 的等腰三角形绕其底边旋转一周，求使得旋转体面积最大的等腰三角形的底边长度.

6. 求出常数 l 与 k 的值，使函数

$$f(x)=x^3+lx^2+kx$$

在 $x=1$ 处有极值2，并求出在这样的 l 与 k 之下函数 $f(x)$ 的所有极值点，以及在 $[0,3]$ 上的最小值和最大值.

7. 在曲线 $y^2=4x$ 上求出到点 $(18,0)$ 的距离最短的点.

8. 证明：方程 $\sin x=x$ 有且只有一个实根.

9. 设产品需求函数为 $q=30-p$（q 为需求量，单位：件；p 为价格，单位：百元/件），若生产该产品时的固定成本为100（百元），多生产一件产品成本增加2（百元），并假定市场均衡，问如何定价可获得最大利润?最大利润是多少?

10. 某航空公司的广告说："到奥地利去滑雪旅行，100人包机的票价为1 350元一张，100人以上包机时，每超出10人，则票价降低30元."问多少人包机时可使该航空公司的收入达到最大?

11. 一商家销售某种商品的价格满足关系：$p=7-0.2q$（万元/吨），q 为销售量（单位：吨），商品的成本函数为 $C(q)=3q+1$（万元/吨）.

(1) 若每销售1吨商品，政府要征税 t（万元），求该商家获最大利润的销售量.

(2) 在最优销售量的前提下，政府应如何确定税率 t，使税收总额最大?

§4.5 函数图形的描绘

本节讨论徒手绘制函数的简图. 所谓函数的简图是指图形的基本样式正确，能反映出函数的重要特点与基本性质，但细微之处可以不必深究.

在函数图形中，下述特征必不可少：定义域、奇偶性、对称性、周期性、连续性、单调性、凹性、极值、最大值和最小值、渐近线，以及一些特殊点，特别是临界点的函数值等. 其中定义域、单调性、奇偶性、对称性、周期性等为第 1 章介绍，连续性、渐近线(极限)等为第 2 章介绍，单调性、凹性、极值和最值为第 3 章和本章刚刚介绍. 可见，“麻雀虽小，五脏俱全”，画一张函数的简图几乎用到前面所学的全部知识.

一般来说，徒手作一个函数的图形应该按以下 7 个步骤进行：

(1) 定义域：确定函数 $y=f(x)$ 的定义域 D，可以确定函数图形大致所在范围.

一般来说，有定义的地方就要有图像，无限区间时要画出无限延伸的趋向来.

(2) 截距：与两坐标轴的交点. 可分别令 $x=0$ 或 $y=0$ 来求解.

一般要找出截距，如方程求解较难可忽略.

(3) 对称性：

如果函数 $y=f(x)$ 为奇函数，也就是说 $f(-x)=-f(x)$，则函数图像关于原点中心对称；只要画出 y 轴右边的图像，通过对称性就可得整个函数图像.

如果函数 $y=f(x)$ 为偶函数，也就是说 $f(-x)=f(x)$，则函数图像关于 y 轴对称；也只要画出 y 轴右边的图像，通过对称性就可得整个函数图像.

如果函数 $y=f(x)$ 为周期函数，也就是说 $f(x+p)=f(x)$，其中 $p>0$ 为函数的周期，最小的 p 称为最小正周期. 如 $y=\sin x$ 为周期函数，2π 就是最小正周期. 只要画出最小正周期内的图像，然后通过平移就可得整个函数图像.

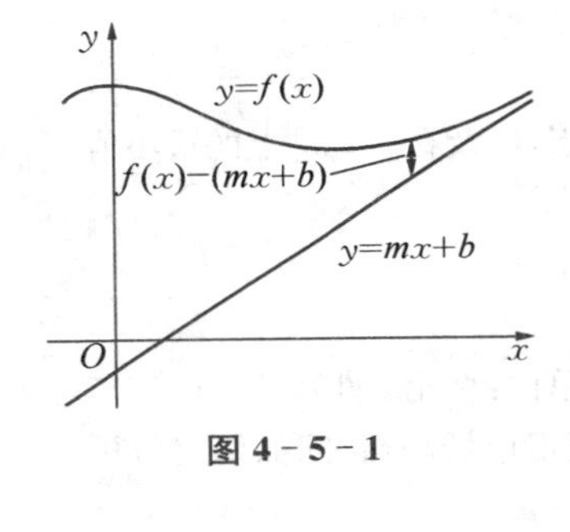

图 4-5-1

(4) 渐近线：

水平渐近线：$x\to\pm\infty$，$y\to c$，则 $y=c$ 就是函数的水平渐近线；

垂直渐近线：$x\to c^+$，$y\to\pm\infty$ 或 $x\to c^-$，$y\to\pm\infty$，则 $x=c$ 就是函数的垂直渐近线；

斜渐近线：如果 $\lim\limits_{x\to+\infty}[f(x)-(mx+b)]=0$ 或 $\lim\limits_{x\to-\infty}[f(x)-(mx+b)]=0$，则直线 $y=mx+b$ 称为函数 $y=f(x)$ 的斜渐近线，如图 4-5-1 所示. 一般用 $m=\lim\limits_{x\to\pm\infty}\dfrac{f(x)}{x}$ 来确定 m，之后再用 $b=\lim\limits_{x\to\pm\infty}[f(x)-mx]$ 来确定 b.

注意 当 $x\to\pm\infty$ 时，$y\to\pm\infty$. 这时左或右没有渐近线，但还是要分析，可有助于作图.

(5) 单调区间与极值点：求出函数的一阶导数 $f'(x)$，找出函数 $y=f(x)$ 的临界点，即全部驻点和不可导点.

临界点分区间为若干个子区间，考察 $f'(x)$ 符号在每个子区间的情形，以确定单调区间并判断该点是否为极值点；如果是极值点，进一步确定是极大值点还是极小值点并求出.

(6) 凹向与拐点：求出函数的二阶导数 $f''(x)$，找出二阶导数为零的点和二阶导数不存在的点. 这些点分区间为若干个子区间，考察 $f''(x)$ 的符号在每个子区间的情形，确定在这些子区间内 $f''(x)$ 的符号，并由此确定函数图形的凹向. 凹向发生改变的点就是拐点.

(7) 列表描点画图：根据上述(1)至(6)中的信息列出相关表格，描点，画出函数 $y=f(x)$ 的图像.

有时为了把图形描绘得更准确些，还要补充一些点.

例 1 画出函数 $y=x^3-x^2-x+1$ 的图形.

解　(1) 所给函数 $y=f(x)$ 的定义域为 $(-\infty,+\infty)$.

(2) $x=0$ 时，$y=1$；$y=0$ 时，$x=\pm 1$.

(3) 函数 $y=x^3-x^2-x+1$ 为三次多项式，是非奇非偶函数，也没有周期性.

(4) 当 $x\to+\infty$ 时，$y\to+\infty$；当 $x\to-\infty$ 时，$x\to-\infty$.

(5) 因为

$$f'(x)=3x^2-2x-1=(3x+1)(x-1),$$

所以 $f'(x)$ 的零点为 $x=-\frac{1}{3}$ 和 $x=1$. 它们依次把定义域 $(-\infty,+\infty)$ 划分成下列 3 个子区间：

$$\left(-\infty,-\frac{1}{3}\right),\left(-\frac{1}{3},1\right),(1,+\infty).$$

不难得到，在 $\left(-\infty,-\frac{1}{3}\right)$ 内，$f'(x)>0$，所以函数在 $\left(-\infty,-\frac{1}{3}\right)$ 上单调增加；

在 $\left(-\frac{1}{3},1\right)$ 内，$f'(x)<0$，所以函数在 $\left(-\frac{1}{3},\frac{1}{3}\right)$ 上单调减少；

在 $(1,+\infty)$ 内，$f'(x)>0$，所以函数在 $(1,+\infty)$ 上单调增加.

显然，函数在 $x=-\frac{1}{3}$ 取极大值 $f\left(-\frac{1}{3}\right)=\frac{32}{27}$，在 $x=1$ 取极小值 $f(1)=0$.

(6) 因为

$$f''(x)=6x-2=2(3x-1),$$

则 $x=\frac{1}{3}$ 时，$f''(x)=0$. $x=\frac{1}{3}$ 把定义域 $(-\infty,+\infty)$ 划分成下列两个子区间：

$$\left(-\infty,\frac{1}{3}\right),\left(\frac{1}{3},+\infty\right).$$

在 $\left(-\infty,\frac{1}{3}\right)$ 内，$f''(x)<0$，所以函数曲线在 $\left(-\infty,\frac{1}{3}\right)$ 上是下凹的；

在 $\left(\frac{1}{3},+\infty\right)$ 内，$f''(x)<0$，所以函数曲线在 $\left(\frac{1}{3},+\infty\right)$ 上是上凹的.

(7) 画图.

为了明确起见，我们把所得的结论列成表 4-5-1.

表 4-5-1

x	$\left(-\infty,-\frac{1}{3}\right]$	$-\frac{1}{3}$	$\left[-\frac{1}{3},\frac{1}{3}\right]$	$\frac{1}{3}$	$\left[\frac{1}{3},1\right]$	1	$[1,+\infty)$
$f'(x)$	+	0	−	−	−	0	+
$f''(x)$	−	−	−	0	+	+	+
$y=f(x)$	下凹↗	极大	下凹↘	拐点	上凹↘	极小	上凹↗

也可适当补充一些点，例如计算出 $f\left(\frac{3}{2}\right)=\frac{5}{8}$.

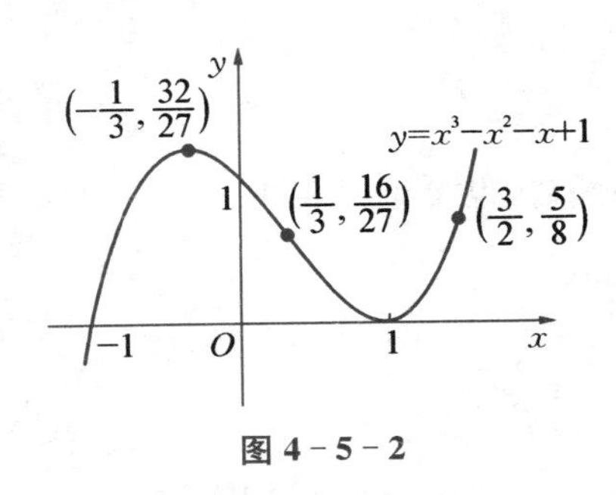

图 4-5-2

综合上述信息就可以画出 $y=x^3-x^2-x+1$ 的图形，如图 4-5-2 所示.

例 2 画出 $f(x)=xe^x$ 的图形.

解 (1) 定义域为 **R**.

(2) x 轴和 y 轴的截距都是 0.

(3) 非对称函数.

(4) 当 $x\to+\infty$ 时，x 和 e^x 都增大，则 $\lim\limits_{x\to+\infty} xe^x=+\infty$. 当 $x\to-\infty$ 时，$e^x\to 0$，所以需要使用洛必达法则：

$$\lim_{x\to+\infty} xe^x = \lim_{x\to-\infty}\frac{1}{-e^{-x}} = \lim_{x\to-\infty}(-e^x)=0,$$

所以，x 轴为水平渐近线.

(5)
$$f'(x)=xe^x+e^x=(x+1)e^x.$$

因为 e^x 恒为正，所以 $x+1>0$ 时，$f'(x)>0$，$x+1<0$ 时，$f'(x)<0$. 因此 f 在区间 $(-\infty, 1)$ 上递减.

因为 $f'(-1)=0$，$f(x)$ 在 $x=-1$ 处由负变正，所以 $f(-1)=-e^{-1}$ 是极小值(也是最小值).

(6)
$$f''(x)=(x+1)e^x+e^x=(x+2)e^x.$$

因为 $x>-2$ 时，$f''(x)>0$，$x<-2$ 时，$f''(x)<0$，f 在区间 $(-2, +\infty)$ 上凹，在区间 $(-\infty, -2)$ 下凹，拐点为 $(-2, -2e^{-2})$.

(7) 画图.

为了明确起见，把所得的结论列成表 4-5-2.

表 4-5-2

x	$(-\infty, -2]$	-2	$[-2, -1]$	-1	$[-1, +\infty]$
$f'(x)$	−	−	−	0	+
$f''(x)$	−	0	+	+	+
$y=f(x)$	下凹↘	拐点	上凹↘	极小	上凹↗

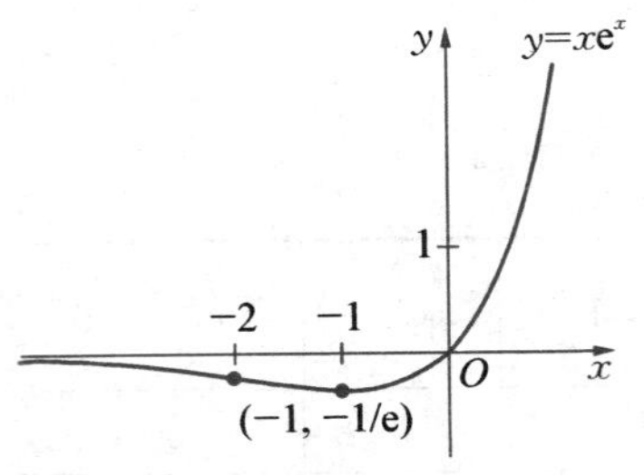

图 4-5-3

利用上面的信息画出图形，如图 4-5-3 所示.

例 3 画出函数 $f(x)=\dfrac{x^3}{x^2+1}$ 的图形.

解 (1) 定义域为 $\mathbf{R}=(-\infty, +\infty)$.

(2) x 轴和 y 轴的截距都是 0.

(3) 因为 $f(-x)=-f(x)$，所以 f 是奇函数，它的图形关于原点对称.

(4) 因为 x^2+1 永不等于 0，则没有垂直渐进线；因为 $x\to+\infty$ 时，$f(x)\to+\infty$，$x\to-\infty$ 时，$f(x)\to-\infty$，所以没有水平渐近线. 通过长除法可得

$$f(x)=\frac{x^3}{x^2+1}=x-\frac{x}{x^2+1},$$

$$f(x)-x=-\frac{x}{x^2+1}=-\frac{\frac{1}{x}}{1+\frac{1}{x^2}}\to 0,\quad x\to\pm\infty,$$

因此直线 $y=x$ 为斜渐近线.

(5) 因为

$$f'(x)=\frac{3x^2(x^2+1)-x^2\cdot 2x}{(x^2+1)}=\frac{x^2(x^2+3)}{(x^2+1)^2},$$

对所有除去 0 之外的 x,都有 $f'(x)>0$,所以 f 在区间$[-\infty,+\infty]$上递增.

尽管 $f'(0)=0$, f' 在 $x=0$ 处不改变符号,所以没有极大值或极小值.

(6) 因为

$$f''(x)=\frac{(4x^3+6x)(x^2+1)^2-(x^4+3x^2)\cdot 2(x^2+1)2x}{(x^2+1)^4}=\frac{2x(3-x^2)}{(x^2+1)^3},$$

则 $x=0$ 或 $x=\pm\sqrt{3}$ 时,$f''(x)=0$.

因为当 $x<-\sqrt{3}$ 和 $0<x<\sqrt{3}$ 时,$f''(x)>0$,当 $-\sqrt{3}<x<0$ 和 $x>\sqrt{3}$ 时,$f''(x)<0$,故 f 在区间$(-\infty,-\sqrt{3})$和$(0,\sqrt{3})$上凹,在区间$(-\sqrt{3},0)$和$(\sqrt{3},+\infty)$下凹,拐点为$(-\sqrt{3},-3\sqrt{3}/4)$,$(0,0)$和$(\sqrt{3},3\sqrt{3}/4)$.

(7) 画图.

为了明确起见,把所得的结论列成表 4-5-3.

表 4-5-3

x	$(-\infty,-\sqrt{3}]$	$-\sqrt{3}$	$[-\sqrt{3},0]$	0	$[0,\sqrt{3}]$	$\sqrt{3}$	$[\sqrt{3},+\infty)$
$f'(x)$	+	+	+	0	+	+	+
$f''(x)$	+	0	−	0	+	0	−
$y=f(x)$	上凹↗	极大	下凹↘	拐点	上凹↘	极小	下凹↗

画出 $f(x)$的图形,如图 4-5-4 所示.

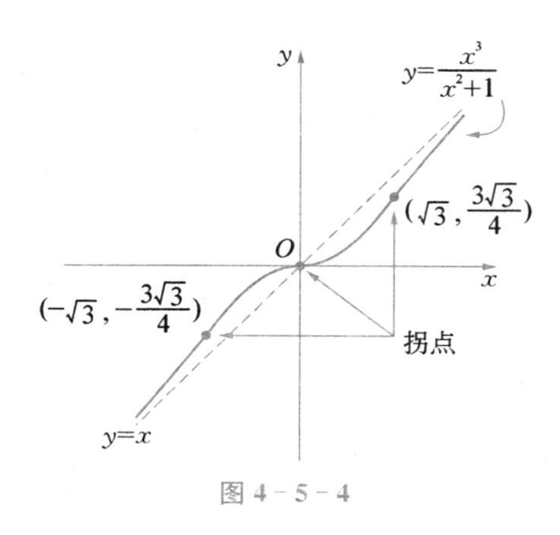

图 4-5-4

习题 4.5

1. 使用本节的方法画出下列曲线：

(1) $y=2-15x+9x^2-x^3$；　　(2) $y=\dfrac{x}{x^2+9}$；

(3) $y=x\sqrt{5-x}$；　　(4) $y=\dfrac{x}{\sqrt{x^2+1}}$；

(5) $y=x\tan x$，$-\pi/2<x<\pi/2$；　　(6) $y=\sin 2x-2\sin x$；

(7) $y=x\mathrm{e}^{-x}$；　　(8) $y=\mathrm{e}^{3x}+\mathrm{e}^{-2x}$.

2. 求下列曲线的渐近线的表达式，不需要画出函数图形.

(1) $y=\dfrac{x^2+1}{x+1}$；　　(2) $y=\dfrac{4x^3-2x^2+5}{2x^2+x-3}$.

* § 4.6　曲　　率

我们已经知道函数的二阶导数的符号可以确定函数图形的凹向，在本节将用函数的一阶导数、二阶导数来表示函数图形的弯曲程度——曲率. 作为曲率的预备知识，先介绍弧微分的概念.

4.6.1　弧微分

设函数 $f(x)$ 在区间 (a, b) 内具有连续的导数，在曲线 $y=f(x)$ 上取固定点 $A(x_0, y_0)$ 作为度量弧长的基点，对曲线上任一点 $M(x, y)$，规定：

(1) 取 x 增大的方向作为曲线的正向；

(2) $|\widehat{AM}|=s$，当有向弧段 $\widehat{AM}$ 的方向与曲线的正向一致时，$s>0$，相反时则 $s<0$. 显然，$s=s(x)$ 是 x 的单调增加函数.

下面来求 $s(x)$ 的导数及微分.

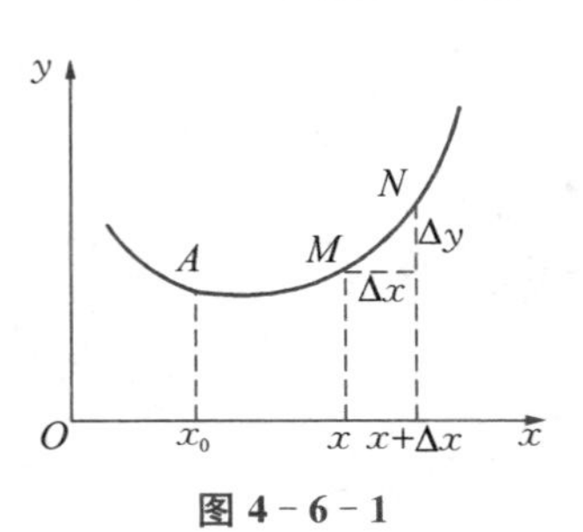

图 4-6-1

设 $N(x+\Delta x, y+\Delta y)$ 为曲线上的另一点，$\Delta s=\widehat{MN}$，如图 4-6-1所示.

$$\left(\frac{\Delta s}{\Delta x}\right)^2=\left(\frac{\widehat{MN}}{\Delta x}\right)^2=\left(\frac{\widehat{MN}}{|MN|}\right)^2\cdot\left(\frac{|MN|}{\Delta x}\right)^2$$

$$=\left(\frac{\widehat{MN}}{|MN|}\right)^2\cdot\frac{(\Delta x)^2+(\Delta y)^2}{(\Delta x)^2}$$

$$=\left(\frac{\widehat{MN}}{|MN|}\right)^2\cdot\left(1+\frac{(\Delta y)^2}{(\Delta x)^2}\right),$$

于是

$$\frac{\Delta s}{\Delta x}=\pm\sqrt{\left(\frac{\widehat{MN}}{|MN|}\right)^2\cdot\left(1+\frac{(\Delta y)^2}{(\Delta x)^2}\right)}.$$

当 $\Delta x \to 0$ 时，$N \to M$，

$$\lim_{N\to M}\left(\frac{\widehat{MN}}{|MN|}\right)^2 = 1 \text{ 且 } \lim_{\Delta x\to 0}\frac{\Delta y}{\Delta x} = y',$$

故

$$\frac{\mathrm{d}s}{\mathrm{d}x} = \pm\sqrt{1+y'^2}.$$

由于 $s = s(x)$ 是单调函数，故弧 s 的导数为

$$\frac{\mathrm{d}s}{\mathrm{d}x} = \pm\sqrt{1+y'^2}.$$

弧 s 的微分为 $\mathrm{d}s = \pm\sqrt{1+y'^2}\,\mathrm{d}x$，这就是弧微分公式.

4.6.2　曲率及其计算公式

一、曲率的定义

曲率是描述曲线局部性质弯曲程度的量. 如何来定义曲线的曲率呢？

从图 4－6－2(a)中可以看出，弧段 $\widehat{M_1M_2}$ 比较平直，当动点沿这段弧从 M_1 移动到 M_2 时，切线转过的角度 φ_1 不大，而弧段 $\widehat{M_2M_3}$ 弯曲得比较厉害，φ_2 的角度就比较大. 由此可见，曲线弧的弯曲程度与弧段的切线转过的角度的大小有关.

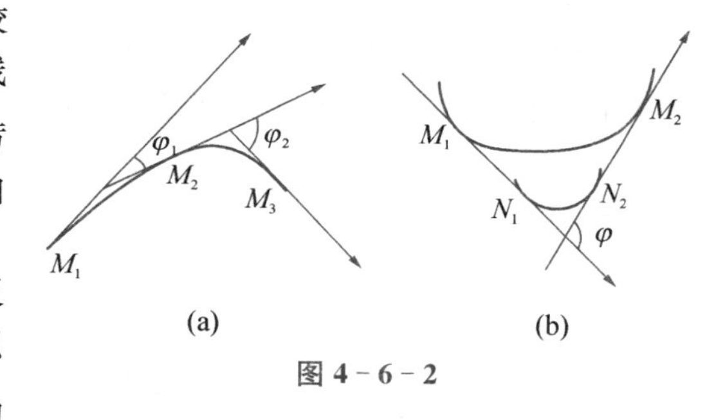

图 4－6－2

但是，切线转过的角度的大小还不能完全反映曲线弯曲的程度. 例如，从图 4－6－2(b)中可以看出，$\widehat{M_1M_2}$ 及 $\widehat{N_1N_2}$ 两端曲线弧尽管切线转过的角度都是 φ，然而弯曲程度并不相同，短弧段比长弧段弯曲得厉害些. 由此可见，曲线弧的弯曲程度还与弧段的长度有关.

按照上述分析引入曲率的概念如下：

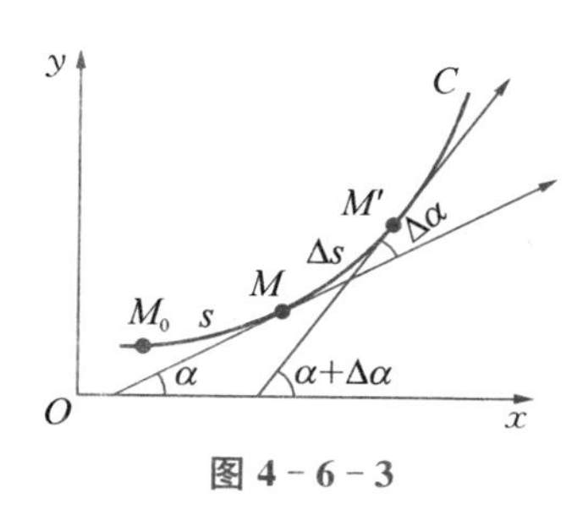

图 4－6－3

设曲线 C 是光滑的，在曲线 C 上选定一点 M_0 作为度量弧 s 的基点. 设曲线上点 M 对应于弧 s，在点 M 处切线的倾角为 α，曲线上另外一点 M' 对应于弧 $s+\Delta s$，在点 M' 处切线的倾角为 $\alpha+\Delta\alpha$，那么弧段 $\widehat{MM'}$ 的长度为 $|\Delta s|$，当动点 M 移动到 M' 时切线转过的角度为 $|\Delta\alpha|$，如图 4－6－3 所示.

可以用比值 $\left|\frac{\Delta\alpha}{\Delta s}\right|$，即单位弧段上切线转过的角度的大小来表达弧段 $\widehat{MM'}$ 的平均弯曲程度，记 $\overline{K} = \left|\frac{\Delta\alpha}{\Delta s}\right|$，称 $\overline{K}$ 为弧段 $\widehat{MM'}$ 的平均曲率.

类似于从平均速度引进瞬时速度的方法，当 $\Delta s \to 0$ 时，上述平均曲率的极限叫做曲线 C

在点M处的曲率，记作K，即$K=\lim\limits_{\Delta s\to 0}\left|\dfrac{\Delta\alpha}{\Delta s}\right|$. 在$\lim\limits_{\Delta s\to 0}\dfrac{\Delta\alpha}{\Delta s}=\dfrac{\mathrm{d}\alpha}{\mathrm{d}s}$存在的条件下，$K=\left|\dfrac{\mathrm{d}\alpha}{\mathrm{d}s}\right|$.

例如，直线的曲率处处为零.

事实上，$\Delta\alpha=0$，$K=\left|\dfrac{\Delta\alpha}{\Delta s}\right|=0$.

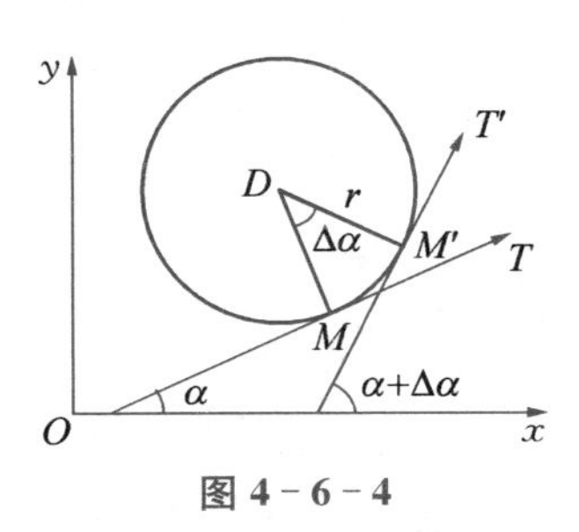

图 4-6-4

又如，圆上各点处的曲率等于半径的倒数，且半径越小，曲率越大.

事实上，如图 4-6-4 所示，设圆的半径为r，则由弧长、圆心角和半径的关系，有

$$\Delta\alpha=\frac{\Delta s}{r},\ 即\ \frac{\Delta\alpha}{\Delta s}=\frac{1}{r},$$

故

$$K=\left|\frac{\Delta\alpha}{\Delta s}\right|=\frac{1}{r}.$$

二、曲率的计算公式

现在来推导曲率的计算公式.

设曲线的直角坐标方程是$y=f(x)$，且$f(x)$具有二阶导数(这时$f'(x)$连续，从而曲线是光滑的). 因为$\tan\alpha=y'$，所以两边同时对x求导，得

$$\sec^2\alpha\frac{\mathrm{d}\alpha}{\mathrm{d}x}=y'',$$

于是有

$$\mathrm{d}\alpha=\frac{y''}{\sec^2\alpha}\mathrm{d}x=\frac{y''}{1+\tan^2\alpha}\mathrm{d}x=\frac{y''}{1+y'^2}\mathrm{d}x.$$

又知$\mathrm{d}s=\sqrt{1+y'^2}\,\mathrm{d}x$，从而得曲率的计算公式为

$$K=\left|\frac{\mathrm{d}\alpha}{\mathrm{d}s}\right|=\frac{|y''|}{(1+y'^2)^{3/2}}.$$

例 1 计算正弦曲线$y=\sin 2x$在点$\left(\dfrac{\pi}{4},1\right)$处的曲率.

解 由$y=\sin 2x$，得

$$y'=2\cos 2x,\ y''=-4\sin 2x,$$

因此，

$$y'|_{x=\frac{\pi}{4}}=0,\ y''|_{x=\frac{\pi}{4}}=-4.$$

代入曲率公式便得曲线$y=\sin 2x$在点$\left(\dfrac{\pi}{4},1\right)$处的曲率为

$$K=\frac{4}{[1+0^2]^{\frac{3}{2}}}=4.$$

例 2　抛物线 $y=ax^2+bx+c$ 上哪一点处的曲率最大？

解　由 $y=ax^2+bx+c$，得

$$y'=2ax+b,\ y''=2a.$$

代入曲率公式得

$$K=\frac{|2a|}{[1+(2ax+b)^2]^{\frac{3}{2}}}.$$

显然，当 $2ax+b=0$ 时，曲率最大；曲率最大时，$x=-\dfrac{b}{2a}$，对应的点为抛物线的顶点. 因此，抛物线在顶点处的曲率最大，最大曲率为 $K=|2a|$.

例 3　试给出由参数方程

$$\begin{cases}x=x(t),\\ y=y(t),\end{cases}\quad \alpha\leqslant t\leqslant\beta$$

确定的曲线的曲率计算公式.

解

$$\frac{\mathrm{d}y}{\mathrm{d}x}=\frac{y'(t)}{x'(t)},$$

$$\begin{aligned}\frac{\mathrm{d}^2y}{\mathrm{d}x^2}&=\frac{\mathrm{d}}{\mathrm{d}x}\left(\frac{\mathrm{d}y}{\mathrm{d}x}\right)=\frac{\mathrm{d}}{\mathrm{d}t}\left(\frac{\mathrm{d}y}{\mathrm{d}x}\right)\cdot\frac{\mathrm{d}t}{\mathrm{d}x}\\&=\frac{y''(t)x'(t)-y'(t)x''(t)}{x'^2(t)}\cdot\frac{1}{x'(t)}=\frac{y''(t)x'(t)-y'(t)x''(t)}{x'^3(t)},\end{aligned}$$

所以由参数方程确定的曲线的曲率计算公式为

$$\begin{aligned}K&=\frac{|y''|}{(1+y'^2)^{3/2}}=\frac{\left|\dfrac{y''(t)x'(t)-y'(t)x''(t)}{x'^3(t)}\right|}{\left[1+\dfrac{y'^2(t)}{x'^2(t)}\right]^{3/2}}\\&=\frac{|y''(t)x'(t)-y'(t)x''(t)|}{[x'^2(t)+y'^2(t)]^{3/2}}.\end{aligned}$$

4.6.3　曲率圆与曲率半径

我们已经知道，圆上各点处的曲率等于半径的倒数. 受此启发，对于一般的曲线，如果它上面一点处的曲率等于 $K(K\neq 0)$，则称 $\dfrac{1}{K}$ 为曲线在该点处的曲率半径. 也就是说，曲线在该点处的弯曲程度与半径为 $\dfrac{1}{K}$ 的圆的弯曲程度相同. 为此，引入曲率圆与曲率中心的概念.

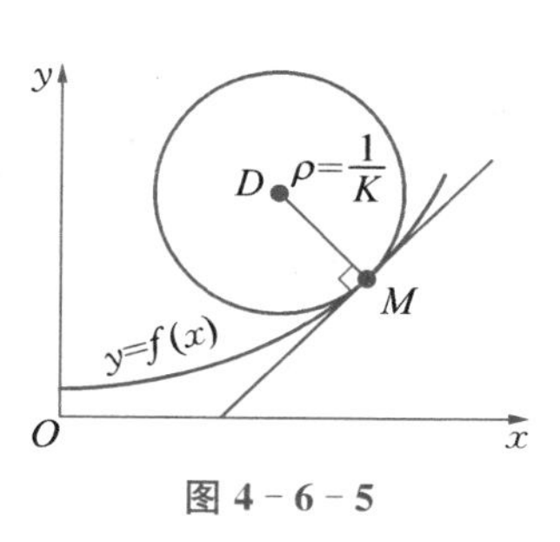

图 4-6-5

设曲线 $y=f(x)$ 在点 $M(x,y)$ 处的曲率为 $K(K\neq 0)$，在点 M 处的曲线的法线上，在凹的一侧取一点 D，使 $|DM|=\dfrac{1}{K}=\rho$. 以 D 为圆心、ρ 为半径作圆，如图 4-6-5 所示，这个圆叫做曲线在点 M 处的曲率圆，曲率圆的圆心 D 叫做曲线在 M 处的曲率中心，曲率圆的

半径 ρ 叫做曲线在点 M 处的曲率半径.

曲线在点 M 处的曲率 $K(K\neq 0)$ 与曲线在点 M 处的曲率半径 ρ 有如下关系：

$$\rho=\frac{1}{K},\ K=\frac{1}{\rho}.$$

这就是说：曲线上一点处的曲率半径与曲线在该点处的曲率互为倒数.

曲线 $y=f(x)$ 上一点 $(x_0,\ y_0)$ 处的曲率圆的曲率中心 $(\alpha,\ \beta)$ 的计算公式为

$$\alpha=x_0-\left.\frac{y'(1+y'^2)}{y''}\right|_{x=x_0},$$

$$\beta=y_0+\left.\frac{1+y'^2}{y''}\right|_{x=x_0}.$$

其推导过程如下：

曲线 $y=f(x)$ 上一点 $(x_0,\ y_0)$ 处的曲率圆的方程为

$$(\gamma-\alpha)^2+(\delta-\beta)^2=\rho^2,$$

其中，$\gamma,\ \delta$ 为曲率圆上的任意一点和坐标.

点 $(x_0,\ y_0)$ 在曲率圆上，$\rho=\dfrac{1}{K}=\dfrac{(1+y'^2)^{3/2}}{|y''|}$，所以，

$$(x_0-\alpha)^2+(y_0-\beta)^2=\frac{(1+y'^2)^3}{y''^2}.$$

以过点 $(x_0,\ y_0)$ 的切线与曲率中心 $(\alpha,\ \beta)$ 和点 $(x_0,\ y_0)$ 的连线（半径）相互垂直，所以，

$$y'=-\frac{\alpha-x_0}{\beta-y_0}.$$

联立解方程，并分析可得

$$\beta-y_0=\left.\frac{1+y'^2}{y''}\right|_{x=x_0},$$

$$\alpha-x_0=-(\beta-y_0)y'=-\left.\frac{y'(1+y'^2)}{y''}\right|_{x=x_0}.$$

整理后即为曲率中心 $(\alpha,\ \beta)$ 的计算公式.

曲率圆及曲率中心的概念在工程设计中有很多应用.

例 4 设工作表面的截线为抛物线 $y=0.4x^2$，如图 4-6-6 所示. 现在要用砂轮磨削其内表面，问用直径多大的砂轮才比较合适？

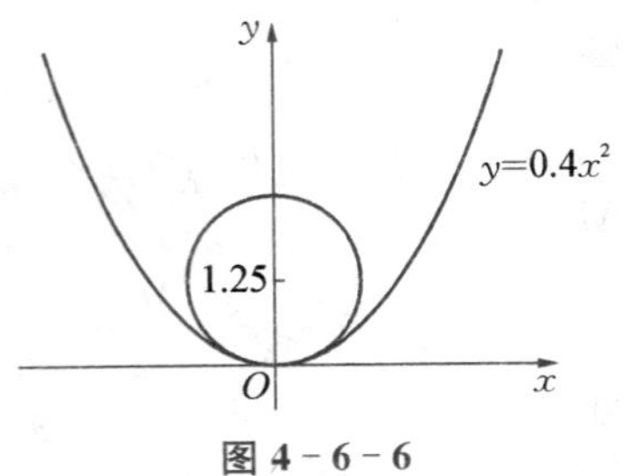

图 4-6-6

解 为了使磨削时不使砂轮与工件接触处附近的那部分工件磨去太多，砂轮的半径应该不大于抛物线上各点处曲率半径中的最小值. 由本节所学可知，抛物线在其顶点处的曲率最大，也就是说，抛物线在其顶点处的曲率半径最小，因此只要求出抛物线 $y=0.4x^2$ 在顶点 $O(0,\ 0)$ 处的曲率半径.

由

$$y' = 0.8x,\ y'' = 0.8$$

有

$$y'|_{x=0} = 0,\ y''|_{x=0} = 0.8.$$

把它们代入曲率公式，得到

$$K = 0.8.$$

因而求得抛物线顶点处的曲率半径

$$\rho = \frac{1}{K} = 1.25,$$

所以选用砂轮的半径不得超过 1.25 单位长，即直径不得超过 2.5 单位长.

练习 4.6

1. 求下列函数在指定点处的曲率：

(1) $y = 3x^2 - x + 1$，在 $\left(-\frac{1}{3}, \frac{11}{9}\right)$ 处；

(2) $y = \frac{x^2}{x-1}$，在 $\left(3, \frac{9}{2}\right)$ 处；

(3) $x(t) = a(t - \sin t)$，$y(t) = a(1 - \cos t)$（其中 $a > 0$ 为常数），在 $t = \pi/2$ 处.

2. 求在曲线 $y = 2x^2 + 1$ 上的点 $(0, 1)$ 处的曲率圆的方程.

3. 问曲线 $y = 2x^2 - 4x + 3$ 上哪一点处曲率最大？并试对其做出几何解释.

本章小结

本章主要介绍了罗尔定理、拉格朗日中值定理、柯西中值定理、泰勒中值定理等 4 个中值定理，介绍了洛必达法则，分析了一阶导数和二阶导数如何影响函数的图像，介绍了函数最大值和最小值的求法及其简单应用，介绍了弧微分和曲率概念. 通过学习，要掌握 4 个中值定理的简单应用，要会利用洛必达法则来求未定式的极限；要能比较准确地进行函数图形的描绘；会利用函数最值的求法来解决一些最优化问题.

本章的重点：

(1) 罗尔定理、拉格朗日中值定理. 拉格朗日中值定理是罗尔定理的推广. 应用这两个定理证明时，关键在于构造合适的辅助函数.

(2) 函数的极值，判断函数的单调性和求函数极值的方法.

(3) 函数图形的凹性与拐点. 要分清上凹和下凹，以及如何利用导数来判定相关区间，并找到拐点.

(4) 洛必达法则. 洛必达法则主要用来解决求未定式的极限问题，是一种有效的方法. 但最好结合其他求极限的方法来用，如等价无穷小等.

(5) 函数图形的描绘. 可以说函数图形的描绘涉及先前所学的所有知识点（极限、导数及其应用等),是对所学知识的一个很好的检测.

本章的难点:

(1) 罗尔定理、拉格朗日中值定理的应用;

(2) 泰勒中值定理及其应用;

(3) 极值的判断方法;

(4) 洛必达法则的灵活运用;

(5) 函数图形的描绘.

复习题 4

1. 选择题.

(1) 下列函数中,(　　)在区间$[-1, 1]$上满足罗尔定理的所有条件.

A. $f(x)=\frac{1}{x^2}$　　B. $f(x)=|x|$　　C. $f(x)=x^3$　　D. $f(x)=\cos x$

(2) 函数 $y=\ln\cos x$ 满足罗尔定理所有条件的区间是(　　).

A. $[-1, 0]$　　B. $[0, 1]$　　C. $[-1, 1]$　　D. $\left[0, \frac{\pi}{2}\right]$

(3) 函数 $f(x)=\frac{x+1}{x}$ 在区间$[1, 2]$上符合拉格朗日中值定理,结论中的 $\xi=$(　　).

A. $-\frac{1}{\sqrt{2}}$　　B. $\frac{1}{\sqrt{2}}$　　C. $-\sqrt{2}$　　D. $\sqrt{2}$

(4) 极限 $\lim\limits_{x\to 0}\frac{2^x-1}{x}=$(　　).

A. 0　　B. $\ln 2$　　C. 1　　D. ∞

(5) 极限 $\lim\limits_{x\to 1}\frac{\ln x}{1-x}=$(　　).

A. -1　　B. 0　　C. 1　　D. ∞

(6) 极限 $\lim\limits_{x\to 0}\frac{\sin\sin x}{x}=$(　　)

A. 0　　B. 1　　C. 2　　D. ∞

(7) 函数 $f(x)$ 在(a, b)内可导,则 $f'(x)$ 是函数 $f(x)$ 在(a, b)内单调减少的(　　).

A. 充分非必要条件　　B. 必要非充分条件

C. 充分必要条件　　D. 无关条件

(8) 函数 $f(x)=ax^2+c$ 在$(0, +\infty)$内单调增加,则 a, c 应满足(　　).

A. $a<0$ 且 $c=0$　　B. $a>0$ 且 $c\in\mathbf{R}$　　C. $a<0$ 且 $c\neq 0$　　D. $a<0$ 且 $c\in\mathbf{R}$

(9) 设函数 $f(x)$ 在点 $x=x_0$ 处有极大值,则(　　).

A. $f'(x_0)=0$　　B. $f''(x_0)<0$

C. $f'(x_0)=0$ 且 $f''(x_0)<0$　　D. $f'(x_0)=0$ 或 $f'(x_0)<0$

(10) 点 $x=0$ 是函数(　　)的极值点.

A. $f(x)=x^3$　　B. $f(x)=(x-1)e^x$

C. $f(x)=x-\sin x$　　D. $f(x)=x-\arctan x$

(11) 设 $\lim\limits_{x\to x_0}\frac{f(x)-f(x_0)}{(x-x_0)^2}=-1$,则在点 $x=x_0$ 处(　　).

A．$f'(x_0)$不存在　　B．$f'(x_0)$存在但不为零

C．$f(x)$取得极大值　　D．$f(x)$取得极小值

(12) 曲线 $f(x)=x^2+x$ 在定义域内(　　).

A．单调增加　　B．单调减少　　C．上凹　　D．下凹

(13) 曲线 $f(x)=(x-1)^3-1$ 的拐点是(　　).

A．(2, 0)　　B．(1, −1)　　C．(0, −2)　　D．不存在

(14) 如果点 (0, 1) 是曲线 $y=px^3+qx^2+m$ 的一个拐点,则有(　　).

A．$p=0,\ q\neq 0,\ m=1$　　B．$p\neq 0,\ q=0,\ m=1$

C．$p,\ q$ 为任意实数，$m=1$　　D．$p\neq 0,\ q\neq 0,\ m\in\mathbf{R}$

(15) 曲线 $f(x)=\dfrac{\sin x}{x}$(　　).

A．只有垂直渐近线　　B．只有水平渐近线

C．既有垂直渐近线,又有水平渐近线　　D．无渐近线

(16) 下列曲线中既有垂直渐近线,又有水平渐近线的是(　　).

A．$y=\mathrm{e}^x$　　B．$y=\mathrm{e}^{\frac{1}{x}}$　　C．$y=\ln x$　　D．$y=\ln\dfrac{1}{x}$

(17) 某产品总成本 $c(x)=a+bx^2(a>0,\ b>0)$,则生产 m 个单位产品的边际成本为(　　).

A．$a+bm^2$　　B．bm^2　　C．$\dfrac{a}{m}+bm$　　D．$2bm$

(18) 某商品的销售量 q 为单价 p 的函数,$q=15-\dfrac{p}{4}$,则当 $p=$(　　)时,总收入 R 最高.

A．15　　B．30　　C．45　　D．60

2. 求下列函数在给定区间上的极值和最值:

(1) $f(x)=10+27x-x^3$, $[0,\ 4]$;

(2) $f(x)=\dfrac{x}{x^2+x+1}$, $[-2,\ 0]$;

(3) $f(x)=x+\sin 2x$, $[0,\ \pi]$.

3. 求下列极限:

(1) $\lim\limits_{x\to 0}\dfrac{\tan \pi x}{\ln(1+x)}$;　　(2) $\lim\limits_{x\to 0}\dfrac{\mathrm{e}^{4x}-1-4x}{x^2}$;

(3) $\lim\limits_{x\to 0^+}x^3\mathrm{e}^{-x}$;　　(4) $\lim\limits_{x\to 1^+}\left(\dfrac{x}{x-1}-\dfrac{1}{\ln x}\right)$;

(5) $\lim\limits_{x\to 1}\dfrac{x-x^x}{1-x+\ln x}$;　　(6) $\lim\limits_{x\to 0}\left[\dfrac{1}{\ln(1+x)}-\dfrac{1}{x}\right]$;

(7) $\lim\limits_{x\to +\infty}\left(\dfrac{2}{\pi}\arctan x\right)^x$;

(8) $\lim\limits_{x\to +\infty}\left[\left(a_1^{\frac{1}{x}}+a_2^{\frac{2}{x}}+\cdots+a_n^{\frac{1}{x}}\right)/n\right]^{nx}$,　其中 $a_1,\ a_2,\ \cdots,\ a_n>0$.

4. 画出下列曲线:

(1) $y=2-2x-x^3$;　　(2) $y=x^4-3x^3+3x^2-x$;

(3) $y=\sin^2 x-2\cos x$;　　(4) $y=\arcsin(1/x)$;

(5) $y=\dfrac{x^2-1}{x^3}$.

5. 深水中波长为 L 的水波的速度为

$$v = K\sqrt{\frac{L}{C} + \frac{C}{L}},$$

其中，K 和 C 为已知的正数常量，则波长为多少时速度最小？

6. 马戏团在可容纳 15 000 名观众的场地中表演. 每张票定价为 12 元，平均每场售出 11 000 张票. 市场调查表明：票价每降低 1 元，平均售票量就会增加 1 000 张. 马戏团的拥有者该如何定价才能从售票中获得最大收益？

7. 求下列 $f(x)$：

(1) $f'(x) = \sqrt{x^5} - \dfrac{4}{\sqrt[5]{x}}$； (2) $f'(x) = e^x - (2/\sqrt{x})$；

(3) $f'(t) = 2t - 3\sin t,\ f(0) = 5$；

(4) $f''(x) = 1 - 6x + 48x^2,\ f(0) = 1,\ f'(0) = 2$.

8. 证明：对 $x > 0$，有 $\dfrac{x}{1+x^2} < \arctan x < x$.

9. 设 $b > a > e$，求证：$a^b > b^a$.

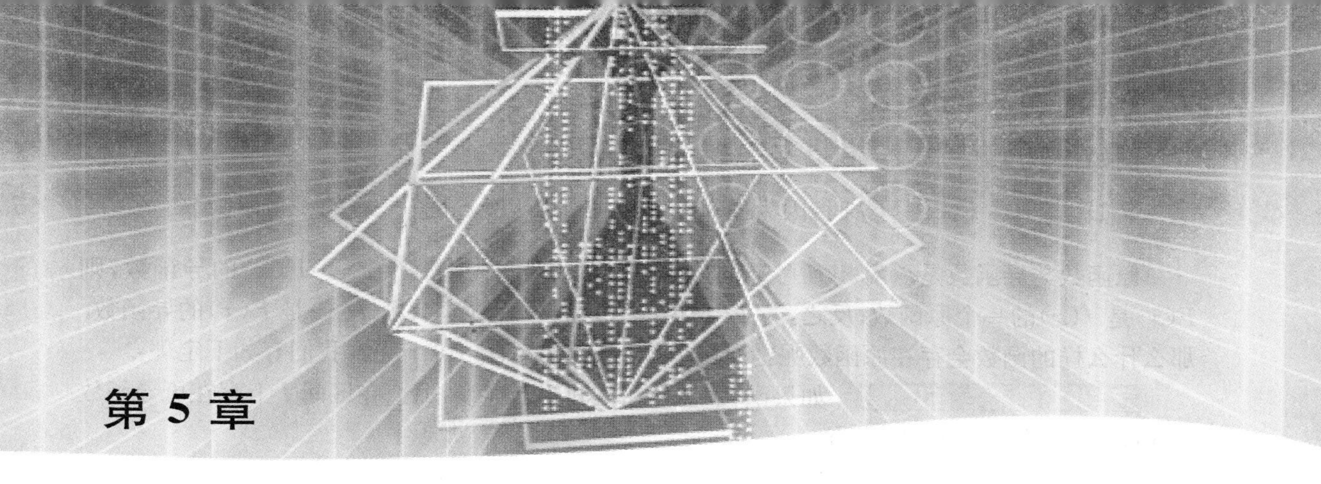

第 5 章

不定积分

【学习目标】

(1) 理解原函数的概念、不定积分的概念；

(2) 掌握不定积分的基本公式，掌握不定积分的性质；

(3) 掌握换元积分法(第一类、第二类)与分部积分法；

(4) 会求有理函数、三角函数和简单无理函数的积分.

【学习要点】

不定积分；不定积分的性质及基本公式；换元积分法；分部积分法；有理函数的部分分式积分法；三角函数的积分法.

在微积分学中，微分与积分一定意义下可看成是相互可逆的. 通过前面的学习我们已经知道如何求一个已知函数的导数和微分，但在科学技术的许多领域往往会遇到与此相反的问题，即已知一个函数的导数(或微分)，求这个函数. 例如，物理运动学中已知质点运动的速度 $v(t)$，要求位移 $s(t)$；或经济学中已知边际成本 $C'(x)$，要求总成本函数 $C(x)$ 等. 从数学角度来说，即找到一个函数 F，使得它的导数等于已知函数 f. 这种问题在数学及其应用中具有普遍意义，是积分学的基本问题之一，因而有必要在一般形式上对它进行讨论.

§ 5.1 不定积分的概念与性质

5.1.1 原函数与不定积分

定义 如果在区间 I 上，可导函数 $F(x)$ 的导函数为 $f(x)$，即对任一 $x \in I$，都有

$$F'(x) = f(x) \text{ 或 } \mathrm{d}F(x) = f(x)\mathrm{d}x,$$

那么函数 $F(x)$ 就称为 $f(x)$ 在区间 I 上的一个原函数.

例如，因为 $(x^2)' = 2x$，所以 x^2 是 $2x$ 的一个原函数.

又如，当 $x \in (1, +\infty)$ 时，因为$(\sqrt{x})' = \dfrac{1}{2\sqrt{x}}$，所以$\sqrt{x}$ 是$\dfrac{1}{2\sqrt{x}}$ 的一个原函数.

原函数与导函数是一对相互可逆的概念. 在某一区间内，若 $f(x)$ 是 $F(x)$ 的导函数，则 $F(x)$是 $f(x)$的一个原函数；反之，若 $F(x)$是 $f(x)$的一个原函数，则 $f(x)$是 $F(x)$的导函数. 那么什么样的函数会存在原函数呢？原函数如果存在，又有多少个呢？我们有如下定理：

定理(原函数存在定理) 如果函数 $f(x)$在区间 I 上连续，那么在区间 I 上存在可导函数 $F(x)$，使对于任一 $x \in I$，都有

$$F'(x) = f(x).$$

简单地说就是：连续函数一定有原函数.

由常函数的导数为零，我们可得下面的结论：

第一，如果函数 $f(x)$ 在区间 I 上有原函数 $F(x)$，那么 $f(x)$ 就有无限多个原函数，$F(x)+C$都是 $f(x)$ 的原函数，其中 C 是任意常数.

因为 $[F(x)+C]' = F'(x) = f(x)$，所以 $F(x)+C$ 也是 $f(x)$ 的原函数.

第二，$f(x)$的任意两个原函数之间只差一个常数，即如果 $G(x)$和 $F(x)$都是 $f(x)$的原函数，则

$$G(x) - F(x) = C(C\text{ 为某个常数}).$$

这是因为

$$[G(x) - F(x)]' = G'(x) - F'(x) = g(x) - f(x) = 0,$$

由拉格朗日定理知

$$G(x) - F(x) = C,\ C\text{ 为某个常数}.$$

由此可见：若 $F(x)$是 $f(x)$的一个原函数，则表达式 $F(x)+C$ 为 $f(x)$ 的原函数的通式，可表示 $f(x)$ 的所有原函数.

综合上述，我们有如下定义：

定义 在区间 I 上，函数 $f(x)$的带有任意常数项的原函数称为 $f(x)$(或 $f(x)\mathrm{d}x$)在区间 I 上的不定积分，记作

$$\int f(x)\mathrm{d}x.$$

其中记号“$\int$”称为积分号*，$f(x)$称为被积函数，$f(x)\mathrm{d}x$ 称为被积表达式，x 称为积分变量.

根据定义，如果 $F(x)$是 $f(x)$在区间 I 上的一个原函数，那么 $F(x)+C$ 就是 $f(x)$ 的不定积分，即

$$\int f(x)\mathrm{d}x = F(x) + C.$$

* “$\int$”是英文单词“sum”的第一个字母“s”拉长后的写法，这是因为定积分本质上是一个乘积和式的极限存在问题. 第 6 章我们会作介绍.

因而不定积分 $\int f(x)\mathrm{d}x$ 可以表示 $f(x)$ 的任意一个原函数.

例1 求 $\cos x$ 和 $\frac{1}{2\sqrt{x}}$ 的不定积分.

解 因为 $\sin x$ 是 $\cos x$ 的原函数,所以

$$\int \cos x\mathrm{d}x = \sin x + C.$$

因为 $\sqrt{x}$ 是 $\frac{1}{2\sqrt{x}}$ 的原函数,所以

$$\int \frac{1}{2\sqrt{x}}\mathrm{d}x = \sqrt{x} + C.$$

例2 求函数 $f(x) = \frac{1}{x}$ 的不定积分.

解 当 $x > 0$ 时,

$$(\ln x)' = \frac{1}{x}, \int \frac{1}{x}\mathrm{d}x = \ln x + C, \quad x > 0;$$

当 $x < 0$ 时,

$$[\ln(-x)]' = \frac{1}{-x}\cdot(-1) = \frac{1}{x}, \int \frac{1}{x}\mathrm{d}x = \ln(-x) + C, \quad x < 0;$$

合并上面两式,得到

$$\int \frac{1}{x}\mathrm{d}x = \ln|x| + C, \quad x \neq 0.$$

5.1.2 不定积分的几何意义

函数 $f(x)$ 的原函数图形称为 $f(x)$ 的积分曲线. 而 $\int f(x)\mathrm{d}x$ 是 $f(x)$ 的原函数一般表达式,所以它对应的图形是一簇积分曲线,称它为积分曲线族,其特点如下:

(1) 积分曲线族中任意一条曲线可由其中某一条(如 $y = f(x)$)沿 y 轴平行移动 $|C|$ 个单位而得到. 当 $C > 0$ 时,向上移动;当 $C < 0$ 时,向下移动.

以 $f(x) = x^2$ 为例,其原函数为 $\frac{1}{3}x^3 + C$,表示的是一簇函数,这些函数图像之间有垂直偏移,如图 5-1-1 所示.

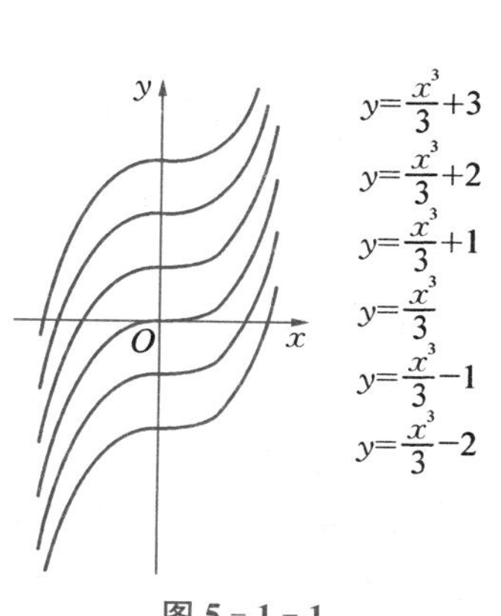

图 5-1-1

(2) 由 $[F(x) + C]' = F'(x) = f(x)$ 可知,在横坐标相同点处,每条积分曲线上相应点的切线斜率相等,都为 $f(x)$,从而相应点的切线相互平行.

如果需要从积分曲线族中求出过点 (x_0, y_0) 的一条积分曲线时,只需把 (x_0, y_0) 代入 $y = F(x) + C$ 中解出 C 即可.

例3 设曲线通过点(2, 5),且其上任一点处的切线斜率等于该点横坐标的两倍,求此曲线的方程.

解 设所求的曲线方程为 $y = f(x)$,由题设可知曲线上任一

点(x, y)处的切线斜率为

$$y' = f'(x) = 2x,$$

即$f(x)$是$2x$的一个原函数.

因为

$$\int 2x\mathrm{d}x = x^2 + C,$$

故必有某个常数C使$f(x) = x^2 + C$,即曲线方程为$y = x^2 + C$. 因所求曲线通过点$(2, 5)$,故

$$5 = 4 + C, C = 1,$$

于是所求曲线方程为$y = x^2 + 1$.

从不定积分的定义,我们可得下述关系:

$$\frac{\mathrm{d}}{\mathrm{d}x}\left[\int f(x)\mathrm{d}x\right] = f(x) \text{ 或 } \mathrm{d}\left[\int f(x)\mathrm{d}x\right] = f(x)\mathrm{d}x;$$

又由于$F(x)$是$F'(x)$的原函数,所以

$$\int F'(x)\mathrm{d}x = F(x) + C,$$

或记作

$$\int \mathrm{d}F(x) = F(x) + C.$$

由此可见,微分运算(以记号 d 表示)与求不定积分的运算(简称积分运算,以记号$\int$表示)是互逆的. 当记号$\int$与 d 连在一起时,或者抵消,或者抵消后差一个常数.

5.1.3 不定积分的性质

由不定积分的定义,直接可以得到下述性质:

性质 1 函数的和(差)的不定积分等于各个函数的不定积分的和(差),即

$$\int [f(x) \pm g(x)]\mathrm{d}x = \int f(x)\mathrm{d}x \pm \int g(x)\mathrm{d}x.$$

这是因为,上式右边求导,

$$\left[\int f(x)\mathrm{d}x \pm \int g(x)\mathrm{d}x\right]' = \left[\int f(x)\mathrm{d}x\right]' \pm \left[\int g(x)\mathrm{d}x\right]' = f(x) \pm g(x).$$

上式左边求导,

$$\left\{\int [f(x) \pm g(x)]\mathrm{d}x\right\}' = f(x) \pm g(x).$$

发现结果相同. 而左右两边都含有一个任意常数,故它们是相等的.

上述性质可以推广到有限多个函数.

性质 2 设函数$f(x)$的原函数存在,k是常数且$k \neq 0$,则有

$$\int kf(x)\mathrm{d}x = k\int f(x)\mathrm{d}x.$$

也就是说，求不定积分时，被积函数中不为零的常数因子可以提到积分号外面来.

5.1.4 基本积分表

我们在求函数导数时必须掌握基本初等函数的求导公式，为了有效地计算不定积分，必须掌握一些基本积分公式. 由于求不定积分是求微分的逆运算，因此任何一个微分公式，反过来就是一个求不定积分的公式，故由基本求导公式可以得到下面的基本积分公式：

(1) $\int k\mathrm{d}x = kx + C$ （k 是常数）；

(2) $\int x^{\mu}\mathrm{d}x = \frac{1}{\mu+1}x^{\mu+1} + C$ （$\mu \neq -1$，为常数）；

(3) $\int \frac{1}{x}\mathrm{d}x = \ln|x| + C$；

(4) $\int \mathrm{e}^{x}\mathrm{d}x = \mathrm{e}^{x} + C$；

(5) $\int a^{x}\mathrm{d}x = \frac{a^{x}}{\ln a} + C$；

(6) $\int \cos x\mathrm{d}x = \sin x + C$；

(7) $\int \sin x\mathrm{d}x = -\cos x + C$；

(8) $\int \sec^{2}x\mathrm{d}x = \tan x + C$；

(9) $\int \csc^{2}x\mathrm{d}x = -\cot x + C$；

(10) $\int \frac{1}{1+x^{2}}\mathrm{d}x = \arctan x + C$；

(11) $\int \frac{1}{\sqrt{1-x^{2}}}\mathrm{d}x = \arcsin x + C$；

(12) $\int \sec x\tan x\mathrm{d}x = \sec x + C$；

(13) $\int \csc x\cot \mathrm{d}x = -\csc x + C$；

(14) $\int \mathrm{sh}\, x\mathrm{d}x = \mathrm{ch}\, x + C$；

(15) $\int \mathrm{ch}\, x\mathrm{d}x = \mathrm{sh}\, x + C$.

另外下面几个公式也很重要，我们会在后面进行推导，这里放在一起来记忆.

(16) $\int \tan x\mathrm{d}x = -\ln|\cos x| + C = \ln|\sec x| + C$；

(17) $\int \cot x\mathrm{d}x = \ln|\sin x| + C = -\ln|\csc x| + C$；

(18) $\int \sec x\mathrm{d}x = \ln|\sec x + \tan x| + C$；

(19) $\int \csc x\mathrm{d}x = \ln|\csc x - \cot x| + C$.

这些公式是做积分运算的基本工具，一定要记清楚. 除这些公式外，其他公式在计算中运用时都要作相应推导.

利用不定积分的性质和基本积分公式，通过对被积函数作适当代数或三角恒等式变形，可计算一些简单的不定积分. 这种方法称为直接积分法. 下面来看一些例子.

例 4 求下列不定积分:

(1) $\int \sqrt[3]{x}(x^2-4)\mathrm{d}x$; (2) $\int \frac{(x-1)^2}{x}\mathrm{d}x$;

(3) $\int 3^x(\mathrm{e}^x-1)\mathrm{d}x$; (4) $\int \frac{x^4+1}{x^2+1}\mathrm{d}x$.

解 (1)

$$\int \sqrt[3]{x}(x^2-4)\mathrm{d}x = \int (x^{\frac{7}{3}} - 4x^{\frac{1}{3}})\mathrm{d}x = \int x^{\frac{7}{3}}\mathrm{d}x - 4\int x^{\frac{1}{3}}\mathrm{d}x = \frac{3}{10}x^{\frac{10}{3}} - 3x^{\frac{4}{3}} + C.$$

(2)

$$\int \frac{(x-1)^2}{x}\mathrm{d}x = \int \frac{x^2-2x+1}{x}\mathrm{d}x = \int\left(x-2+\frac{1}{x}\right)\mathrm{d}x$$
$$= \int x\mathrm{d}x - 2\int\mathrm{d}x + \int\frac{1}{x}\mathrm{d}x = \frac{1}{2}x^2 - 2x + \ln|x| + C.$$

(3) $$\int 3^x(\mathrm{e}^x-1)\mathrm{d}x = \int (3\mathrm{e})^x\mathrm{d}x - \int 3^x\mathrm{d}x = \frac{(3\mathrm{e})^x}{1+\ln 3} - \frac{3^x}{\ln 3} + C.$$

(4)

$$\int \frac{x^4+1}{x^2+1}\mathrm{d}x = \int\left(x^2-1+\frac{2}{x^2+1}\right)\mathrm{d}x = \int x^2\mathrm{d}x - \int\mathrm{d}x + 2\int\frac{1}{x^2+1}\mathrm{d}x$$
$$= \frac{1}{3}x^3 - x + 2\arctan x + C.$$

例 5 求下列不定积分:

(1) $\int \cos^2\frac{x}{2}\mathrm{d}x$; (2) $\int \frac{1}{\sin^2\frac{x}{2}\cos^2\frac{x}{2}}\mathrm{d}x$;

(3) $\int (\tan x + \cot x)^2\mathrm{d}x$; (4) $\int \frac{1}{\sin^2 x\cos^2 x}\mathrm{d}x$.

解 (1) $\int \cos^2\frac{x}{2}\mathrm{d}x = \int \frac{1+\cos x}{2}\mathrm{d}x = \frac{1}{2}\int\mathrm{d}x + \frac{1}{2}\int\cos x\mathrm{d}x = \frac{1}{2}x + \frac{1}{2}\sin x + C$.

(2) $$\int \frac{1}{\sin^2\frac{x}{2}\cos^2\frac{x}{2}}\mathrm{d}x = \int\frac{1}{\left(\frac{\sin x}{2}\right)^2}\mathrm{d}x = 4\int\csc^2 x\mathrm{d}x = -4\cot x + C.$$

(3) $$\int(\tan x+\cot x)^2\mathrm{d}x = \int(\tan^2 x + 2 + \cot x^2)\mathrm{d}x = \int\sec^2 x\mathrm{d}x + \int\csc^2 x\mathrm{d}x$$
$$= \tan x - \cot x + C.$$

(4) $$\int\frac{1}{\sin^2 x\cos^2 x}\mathrm{d}x = \int\frac{\sin^2 x+\cos^2 x}{\sin^2 x\cos^2 x}\mathrm{d}x = \int\sec^2 x\mathrm{d}x + \int\csc^2 x\mathrm{d}x = \tan x - \cot x + C.$$

注意 检验积分结果是否正确，只要对结果进行求导，看它的导数是否等于被积函数即可.

例6 设生产 x 个单位产品时的边际成本 $C'(x)=100x-e^x$，其中固定成本为200，求总成本函数 $C(x)$.

解 $$C(x)=\int C'(x)dx=\int(100x-e^x)dx=50x^2-e^x+C.$$

固定成本即产量 $x=0$ 时的成本，$C(0)=200$，代入上式得 $C=201$，所以，

$$C(x)=50x^2-e^x+201.$$

练习5.1

1. 填空题：

(1) $\frac{d}{dx}\int e^{-x^2}dx=$ ________；　　(2) $\int d(\cos x)=$ ________；

(3) $dx=$ ________ $d(ax+b)(a\neq 0)$；　　(4) $\frac{1}{\sqrt{x}}dx=$ ________ $d(\sqrt{x})$；

(5) $\frac{1}{1-x}dx=$ ________ $d(\ln(1-x))$；　　(6) $xe^{-x^2}dx=$ ________ $d(e^{-x^2})$；

(7) $\sin 2x dx=$ ________ $d(\cos 2x)$.

2. 已知 $f'(x)=\sqrt{x}$，且 $f(1)=1$，求 $f(x)$.

3. 一个物体由静止开始运动，经 t s后的速度是 $3t^2$ m/s，问：

(1) 3 s后物体离开出发点的距离是多少？

(2) 物体走完360 m需要多长时间？

4. 求下列不定积分：

(1) $\int\left(x+\frac{1}{x}+\frac{1}{x^2}\right)dx$；　　(2) $\int(x^e+e^x+e^e)dx$；

(3) $\int\sqrt{x\sqrt{x\sqrt{x}}}\,dx$；　　(4) $\int\frac{x^4+1}{1+x^2}dx$；

(5) $\int\cos^2\frac{x}{2}dx$；　　(6) $\int\cot^2 t dx$.

5. 某厂生产某种产品的边际成本为 $C'(x)=7+\frac{25}{\sqrt{x}}$，已知固定成本为1 000元，求总成本函数 $C(x)$.

§5.2 换元积分法

能利用直接积分法求出的不定积分是很有限的，为了求出更多函数的不定积分，我们需要掌握更多的有效的积分方法. 从本节开始，我们将介绍一些求不定积分的常规方法，主要有换元积分法、分部积分法等.

本节首先介绍与复合函数求导法则相对应的求不定积分的方法——换元法. 换元法的关键是找到合适的换元,通常可分为两类:第一类是把积分变量 x 作为自变量,引入中间变量 $u=\varphi(x)$,化繁(待求的复杂的式子且难求)为简(简单的易求的式子);第二类是把积分变量 x 作为中间变量,引入自变量 t,作变换 $x=\varphi(t)$,化简(待求的简单的式子且难求)为繁(看似复杂但整理后为简单的易求的式子),然后进一步利用基本积分公式与不定积分的性质求出积分. 下面先讨论第一类换元积分法.

5.2.1 第一类换元法(凑微分法)

设 $f(u)$ 有原函数 $F(u)$, $u=\varphi(x)$,且 $\varphi(x)$ 可微,那么,根据复合函数微分法,有

$$\mathrm{d}F[\varphi(x)]=\mathrm{d}F(u)=F'(u)\mathrm{d}u=F'[\varphi(x)]\mathrm{d}\varphi(x)=F'[\varphi(x)]\varphi'(x)\mathrm{d}x,$$

所以

$$F'[\varphi(x)]\varphi'(x)\mathrm{d}x=F'[\varphi(x)]\mathrm{d}\varphi(x)=F'(u)\mathrm{d}u=\mathrm{d}F(u)=\mathrm{d}F[\varphi(x)],$$

因此

$$\begin{aligned}\int F'[\varphi(x)]\varphi'(x)\mathrm{d}x&=\int F'[\varphi(x)]\mathrm{d}\varphi(x)=\int F'(u)\mathrm{d}u=\int \mathrm{d}F(u)\\&=\int \mathrm{d}F[\varphi(x)]=F[\varphi(x)]+C,\end{aligned}$$

即

$$\begin{aligned}\int f[\varphi(x)]\varphi'(x)\mathrm{d}x&=\int f[\varphi(x)]\mathrm{d}\varphi(x)=\left[\int f(u)\mathrm{d}u\right]_{u=\varphi(x)}\\&=[F(u)+C]_{u=\varphi(x)}=F[\varphi(x)]+C.\end{aligned}$$

定理(第一类换元法) 设 $f(u)$ 具有原函数 $F(u)+C$, $u=\varphi(x)$ 可导,则有换元公式

$$\int f[\varphi(x)]\varphi'(x)\mathrm{d}x=\int f[\varphi(x)]\mathrm{d}\varphi(x)=\int f(u)\mathrm{d}u=F(u)+C=F[\varphi(x)]+C.$$

我们把这种求积分方法称为**第一换元积分法**.

被积表达式中的 $\mathrm{d}x$ 可当作变量 x 的微分来对待,从而微分等式 $\varphi'(x)\mathrm{d}x=\mathrm{d}u$ 可以应用到被积表达式中. 在求积分 $\int g(x)\mathrm{d}x$ 时,如果函数 $g(x)$ 可以化为 $g(x)=f[\varphi(x)]\varphi'(x)$ 的形式,那么

$$\int g(x)\mathrm{d}x=\int f[\varphi(x)]\varphi'(x)\mathrm{d}x=\left[\int f(u)\mathrm{d}u\right]_{u=\varphi(x)}.$$

我们来看几个例子.

例 1 计算 $\int x^3\cos(x^4+2)\mathrm{d}x$.

解 令 $u=x^4+2$. 因为 $\mathrm{d}u=4x^3\mathrm{d}x$,比积分中多了个因子 4,所以利用 $\mathrm{d}u=4x^3\mathrm{d}x$ 和换元法,有

$$\int x^3\cos(x^4+2)\mathrm{d}x=\int\cos u\cdot\frac{1}{4}\mathrm{d}u=\frac{1}{4}\int\cos u\mathrm{d}u=\frac{1}{4}\sin u+C=\frac{1}{4}\sin(x^4+2)+C.$$

注意到最后的结果包含变量 x.

换元法的主要问题是如何选取适当的代替元，可以试着选取 u 等于积分中的一些因式（如例 1）. 如果不可行，可以试着选择 u 等于积分中一些复杂的部分. 寻找合适的代替元还需要一些技巧. 有时会出现错误，第一次若选不对，可再试其他的代替元.

例 2　计算 $\int\sqrt{2x+1}\,dx$.

解　令 $u=2x+1$. 由于 $du=2dx$，于是 $dx=\frac{1}{2}du$. 由换元法有

$$\int\sqrt{2x+1}\,dx=\int\frac{1}{2}\sqrt{u}\,du=\frac{1}{2}\int u^{1/2}du=\frac{1}{2}\frac{u^{3/2}}{3/2}+C=\frac{1}{3}u^{3/2}+C=\frac{1}{3}(2x+1)^{3/2}+C.$$

例 3　计算 $\int\frac{x}{\sqrt{1-4x^2}}dx$.

解　令 $u=1-4x^2$，那么 $du=-8xdx$，$xdx=-\frac{1}{8}du$，

$$\int\frac{x}{\sqrt{1-4x^2}}dx=-\frac{1}{8}\int\frac{du}{\sqrt{u}}=-\frac{1}{8}\int u^{-1/2}du=-\frac{1}{8}(2\sqrt{u})+C$$
$$=-\frac{1}{4}\sqrt{1-4x^2}+C.$$

例 3 的结果可由求导来验证，但是现在用作图的方法进行验证. 在图 5-2-1 中我们用计算机画出函数 $f(x)=\frac{x}{\sqrt{1-4x^2}}$ 和它的不定积分 $g(x)=-\frac{1}{4}\sqrt{1-4x^2}$ 的图形（为方便可取 $C=0$）. 注意到当 $f(x)$ 取负值时，$g(x)$ 递减；相反 $f(x)$ 取正值时，$g(x)$ 递增，并且当 $f(x)=0$ 时 $g(x)$ 取最小值. 因此，g 差不多应该是 f 的不定积分.

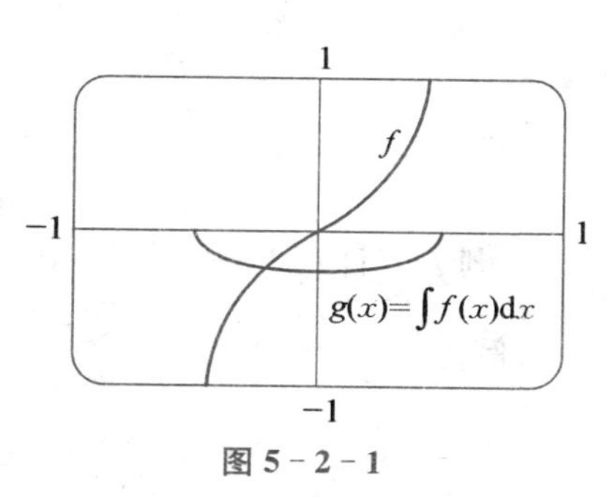

图 5-2-1

例 4　计算 $\int e^{5x}dx$.

解　令 $u=5x$，那么 $du=5dx$，于是 $dx=\frac{1}{5}du$. 因此

$$\int e^{5x}dx=\frac{1}{5}\int e^u du=\frac{1}{5}e^u+C=\frac{1}{5}e^{5x}+C.$$

例 5　计算 $\int\sqrt{1+x^2}\,x^5dx$.

解　将 x^5 写成 $x^4\cdot x$ 有利于更明显地找出代替元. 令 $u=1+x^2$，那么 $du=2xdx$，于是 $xdx=\frac{1}{2}du$，也可写成 $x^2=u-1$，则 $x^4=(u-1)^2$.

$$\int\sqrt{1+x^2}\,x^5dx=\int\sqrt{1+x^2}\,x^4\cdot xdx=\int\sqrt{u}(u-1)^2\frac{du}{2}$$
$$=\frac{1}{2}\int\sqrt{u}(u^2-2u+1)du=\frac{1}{2}\int(u^{5/2}-2u^{3/2}+u^{1/2})du$$
$$=\frac{1}{2}\left(\frac{2}{7}u^{7/2}-2\cdot\frac{2}{5}u^{5/2}+\frac{2}{3}u^{3/2}\right)+C$$

$$= \frac{1}{7}(1+x^2)^{7/2} - \frac{2}{5}(1+x^2)^{5/2} + \frac{1}{3}(1+x^2)^{3/2} + C.$$

当计算熟练后我们可省略中间换元的过程，所以第一换元积分法又称凑微分法. 它可用在下面两种情形：

(1) 根据被积函数的特点和基本积分公式的形式，依据恒等变形原则，把 dx 凑成 $d\varphi(x)$. 例如，

$$\int e^{2x} dx = \frac{1}{2}\int e^{2x} d(2x) = \frac{1}{2}e^{2x} + C.$$

(2) 把被积函数的某一因子 dx 凑成一个新的微分 $d\varphi(x)$. 例如，

$$\int \frac{\sqrt{\ln x}}{x} dx = \int \sqrt{\ln x}\, d(\ln x) = \frac{2}{3}(\ln x)^{\frac{3}{2}} + C.$$

我们再来看几个例子.

例 6 计算 $\int \frac{1}{a^2+x^2} dx$.

解

$$\int \frac{1}{a^2+x^2} dx = \frac{1}{a^2}\int \frac{1}{1+\left(\frac{x}{a}\right)^2} dx = \frac{1}{a}\int \frac{1}{1+\left(\frac{x}{a}\right)^2} d\left(\frac{x}{a}\right) = \frac{1}{a}\arctan\frac{x}{a} + C,$$

即

$$\int \frac{1}{a^2+x^2} dx = \frac{1}{a}\arctan\frac{x}{a} + C.$$

例 7 计算 $\int \frac{1}{\sqrt{a^2-x^2}} dx$，$a>0$.

解

$$\int \frac{1}{\sqrt{a^2-x^2}} dx = \frac{1}{a}\int \frac{1}{\sqrt{1-\left(\frac{x}{a}\right)^2}} dx = \int \frac{1}{\sqrt{1-\left(\frac{x}{a}\right)^2}} d\left(\frac{x}{a}\right) = \arcsin\frac{x}{a} + C,$$

即

$$\int \frac{1}{\sqrt{a^2-x^2}} dx = \arcsin\frac{x}{a} + C.$$

例 8 计算 $\int \frac{1}{x^2-a^2} dx$.

解

$$\begin{aligned}\int \frac{1}{x^2-a^2} dx &= \frac{1}{2a}\int \left(\frac{1}{x-a} - \frac{1}{x+a}\right) dx = \frac{1}{2a}\left[\int \frac{1}{x-a} dx - \int \frac{1}{x+a} dx\right] \\ &= \frac{1}{2a}\left[\int \frac{1}{x-a} d(x-a) - \int \frac{1}{x+a} d(x+a)\right] \\ &= \frac{1}{2a}[\ln|x-a| - \ln|x+a|] + C = \frac{1}{2a}\ln\left|\frac{x-a}{x+a}\right| + C,\end{aligned}$$

即

$$\int \frac{1}{x^2-a^2} dx = \frac{1}{2a}\ln\left|\frac{x-a}{x+a}\right| + C.$$

例9 计算不定积分$\int \tan x \mathrm{d}x$.

解 $\int \tan x \mathrm{d}x = \int \frac{\sin x}{\cos x}\mathrm{d}x = -\int \frac{1}{\cos x}\mathrm{d}(\cos x) = -\ln|\cos x| + C = \ln|\sec x| + C.$

类似可求，

$$\int \cot x \mathrm{d}x = \ln|\sin x| + C = -\ln|\csc x| + C.$$

第一换元积分法在积分学中应用非常广泛，并且可以从上面的例题中看出，用第一换元积分法求不定积分时，不但要熟悉基本公式，而且需要一定技巧. 因而，要掌握这种积分方法，除了熟悉一些典型例题外，还应多做练习，不断积累经验.

上述各例用的都是第一换元积分法，但在很多情形下用上述方法积分将很困难，所以还要掌握一些别的积分方法，下面我们来学习第二换元积分法，即利用代换$x=\varphi(t)$的方法.

5.2.2 第二类换元法

定理(第二类换元法) 设$x=\varphi(t)$是单调、可导函数，并且$x'=\varphi'(t)\neq 0$. 又设$f[\varphi(t)]\varphi'(t)$具有原函数$F(t)+C$，则有换元公式

$$\int f(x)\mathrm{d}x = \int f[\varphi(t)]\varphi'(t)\mathrm{d}t = F(t) + C = F[\varphi^{-1}(x)] + C,$$

其中$t=\varphi^{-1}(x)$是$x=\varphi(t)$的反函数.

我们把这种求积分方法称为第二换元积分法，有时也称逆代换. 这是因为

$$\{F[\varphi^{-1}(x)]\}' = F'(t)\frac{\mathrm{d}t}{\mathrm{d}x} = f[\varphi(t)]\varphi'(t)\frac{1}{\frac{\mathrm{d}x}{\mathrm{d}t}} = f[\varphi(t)] = f(x).$$

在此方法中要注意两个问题：一是函数$f[\varphi(t)]\varphi'(t)$的原函数存在；二是要求代换式$x=\varphi(t)$的反函数存在且唯一.

下面通过介绍三角代换和倒代换来说明第二类换元法的应用.

一、三角代换

在求圆或椭圆的面积时，会碰到如下类似积分：

$$\int \sqrt{a^2-x^2}\mathrm{d}x (a>0).$$

如果是$\int x\sqrt{a^2-x^2}\mathrm{d}x$，通过第一类换元法（令$t=a^2-x^2$）可很快得到答案. 但实际上$\int \sqrt{a^2-x^2}\mathrm{d}x(a>0)$并不能用类似方法解决. 我们分析发现，被积函数含有根式，如果能去掉，对于解题很有帮助. 如何将a^2-x^2化成一个式子的平方形式呢?通过三角函数的恒等式可以发现，如果令$x=a\sin\theta$，则$a^2-x^2=a^2(1-\sin^2\theta)=a^2\cos^2\theta$，可以达到目的. 我们来看下面的例子.

例10 计算$\int \sqrt{a^2-x^2}\mathrm{d}x(a>0)$.

解　设 $x=a\sin t,-\frac{\pi}{2}\leqslant t\leqslant\frac{\pi}{2}$，那么 $\sqrt{a^2-x^2}=\sqrt{a^2-a^2\sin^2 t}=a\cos t,\mathrm{d}x=a\cos t\mathrm{d}t$，于是

$$\int\sqrt{a^2-x^2}\,\mathrm{d}x=\int a\cos t\cdot a\cos t\mathrm{d}t=a^2\int\cos^2 t\mathrm{d}t=a^2\left(\frac{1}{2}t+\frac{1}{4}\sin 2t\right)+C.$$

因为 $t=\arcsin\frac{x}{a}$，$\sin 2t=2\sin t\cos t=2\,\frac{x}{a}\cdot\frac{\sqrt{a^2-x^2}}{a}$，所以

$$\int\sqrt{a^2-x^2}\,\mathrm{d}x=a^2\left(\frac{1}{2}t+\frac{1}{4}\sin 2t\right)+C=\frac{a^2}{2}\arcsin\frac{x}{a}+\frac{1}{2}x\sqrt{a^2-x^2}+C.$$

一般来说，三角代换通常有 3 种换元方式，如表 5－2－1 所示.

表 5－2－1

表达式	换元	三角函数的恒等式
$\sqrt{a^2-x^2}$	$x=a\sin t,-\frac{\pi}{2}\leqslant t\leqslant\frac{\pi}{2}$	$1-\sin^2 t=\cos^2 t$
$\sqrt{a^2+x^2}$	$x=a\tan t,-\frac{\pi}{2}<t<\frac{\pi}{2}$	$1+\tan^2 t=\sec^2 t$
$\sqrt{x^2-a^2}$	$x=a\sec t$，$0\leqslant t<\frac{\pi}{2}$ 或 $\pi\leqslant t<\frac{3\pi}{2}$	$\sec^2 t-1=\tan^2 t$

例 11　计算 $\int\frac{\mathrm{d}x}{\sqrt{x^2+a^2}}(a>0)$.

解　设 $x=a\tan t,-\frac{\pi}{2}<t<\frac{\pi}{2}$，那么 $\mathrm{d}x=a\sec^2 t\mathrm{d}t$，且

$$\sqrt{x^2+a^2}=\sqrt{a^2+a^2\tan^2 t}=a\sqrt{1+\tan^2 t}=a\sec t,$$

于是

$$\int\frac{\mathrm{d}x}{\sqrt{x^2+a^2}}=\int\frac{a\sec^2 t}{a\sec t}\mathrm{d}t=\int\sec t\mathrm{d}t=\ln|\sec t+\tan t|+C_1.$$

因为 $\sec t=\frac{\sqrt{x^2+a^2}}{a}$，$\tan t=\frac{x}{a}$，所以

$$\int\frac{\mathrm{d}x}{\sqrt{x^2+a^2}}=\ln|\sec t+\tan t|+C_1=\ln\left(\frac{x}{a}+\frac{\sqrt{x^2+a^2}}{a}\right)+C_1=\ln(x+\sqrt{x^2+a^2})+C,$$

其中 $C=C_1-\ln a$.

例 12　计算 $\int\frac{1}{x^2\sqrt{x^2+4}}\mathrm{d}x$.

解　令 $x=2\tan t,-\frac{\pi}{2}<t<\frac{\pi}{2}$，那么 $\mathrm{d}x=2\sec^2 t\mathrm{d}t$.

$$\sqrt{x^2+4}=\sqrt{4(\tan^2 t+1)}=\sqrt{4\sec^2 t}=2|\sec t|=2\sec t.$$

于是,我们有

$$\int \frac{1}{x^2\sqrt{x^2+4}}\mathrm{d}x=\int \frac{2\sec^2 t\mathrm{d}t}{4\tan^2 t\cdot 2\sec t}=\frac{1}{4}\int \frac{\sec t}{\tan^2 t}\mathrm{d}t.$$

为了计算三角积分,将每一项表示成 $\sin t$ 和 $\cos t$,然后进行换元 $u=\sin t$,有

$$\begin{aligned}\int \frac{1}{x^2\sqrt{x^2+4}}\mathrm{d}x&=\frac{1}{4}\int \frac{\cos t}{\sin^2 t}\mathrm{d}t=\frac{1}{4}\int \frac{\mathrm{d}u}{u^2}\\&=\frac{1}{4}\left(-\frac{1}{u}\right)+C=-\frac{1}{4\sin t}+C\\&=-\frac{\csc t}{4}+C.\end{aligned}$$

因为 $\csc t=\sqrt{\cot^2 t+1}=\dfrac{\sqrt{x^2+4}}{x}$,于是

$$\int \frac{1}{x^2\sqrt{x^2+4}}\mathrm{d}x=-\frac{\sqrt{x^2+4}}{4x}+C.$$

例 13 计算 $\displaystyle\int \frac{\mathrm{d}x}{\sqrt{x^2-a^2}}\quad (a>0)$.

解 设 $x=a\sec t$, $0\leqslant t<\dfrac{\pi}{2}$ 或 $\pi\leqslant t<\dfrac{3\pi}{2}$,那么 $\mathrm{d}x=a\sec t\tan t\mathrm{d}t$,

$$\sqrt{x^2-a^2}=\sqrt{a^2\sec^2 t-a^2}=a\sqrt{\sec^2 t-1}=a\tan t,$$

于是

$$\int \frac{\mathrm{d}x}{\sqrt{x^2-a^2}}=\int \frac{a\sec t\tan t}{a\tan t}\mathrm{d}t=\int \sec t\mathrm{d}t=\ln|\sec t+\tan t|+C_1.$$

因为 $\tan t=\dfrac{\sqrt{x^2-a^2}}{a}$, $\sec t=\dfrac{x}{a}$,所以

$$\begin{aligned}\int \frac{\mathrm{d}x}{\sqrt{x^2-a^2}}&=\ln|\sec t+\tan t|+C_1=\ln\left|\frac{x}{a}+\frac{\sqrt{x^2-a^2}}{a}\right|+C_1\\&=\ln(x+\sqrt{x^2-a^2})+C,\end{aligned}$$

其中 $C=C_1-\ln a$.

综合起来有

$$\int \frac{\mathrm{d}x}{\sqrt{x^2-a^2}}=\ln|x+\sqrt{x^2-a^2}|+C.$$

以下几个积分结果在计算中会经常出现,所以也可以作为补充公式,但在详细计算中一般应当有适当的推导:

(20) $\displaystyle\int \frac{1}{a^2+x^2}\mathrm{d}x=\frac{1}{a}\arctan\frac{x}{a}+C$;

(21) $\int \frac{1}{x^2-a^2}\mathrm{d}x = \frac{1}{2a}\ln\left|\frac{x-a}{x+a}\right| + C$;

(22) $\int \frac{1}{\sqrt{a^2-x^2}}\mathrm{d}x = \arcsin\frac{x}{a} + C$;

(23) $\int \frac{\mathrm{d}x}{\sqrt{x^2+a^2}} = \ln(x+\sqrt{x^2+a^2}) + C$;

(24) $\int \frac{\mathrm{d}x}{\sqrt{x^2-a^2}} = \ln|x+\sqrt{x^2-a^2}| + C$.

例 14 计算 $\int \frac{\mathrm{d}x}{\sqrt{4x^2+9}}$.

解 $\int \frac{\mathrm{d}x}{\sqrt{4x^2+9}} = \int \frac{\mathrm{d}x}{\sqrt{(2x)^2+3^2}} = \frac{1}{2}\int \frac{\mathrm{d}(2x)}{\sqrt{(2x)^2+3^2}} = \frac{1}{2}\ln(2x+\sqrt{4x^2+9}) + C.$

例 15 计算 $\int \frac{\mathrm{d}x}{\sqrt{x^2+2x+3}}$.

解 $\int \frac{\mathrm{d}x}{\sqrt{x^2+2x+3}} = \int \frac{\mathrm{d}(x+1)}{\sqrt{(x+1)^2+(\sqrt{2})^2}} = \ln(x+1+\sqrt{x^2+2x+3}) + C.$

例 16 计算 $\int \frac{\mathrm{d}x}{\sqrt{1+x-x^2}}$.

解
$$\int \frac{\mathrm{d}x}{\sqrt{1+x-x^2}} = \int \frac{\mathrm{d}\left(x-\frac{1}{2}\right)}{\sqrt{\left(\frac{\sqrt{5}}{2}\right)^2-\left(x-\frac{1}{2}\right)^2}} = \arcsin\frac{x-\frac{1}{2}}{\frac{\sqrt{5}}{2}} + C$$
$$= \arcsin\frac{2x-1}{\sqrt{5}} + C.$$

利用变换 $x = a\tan t$,可消去被积函数中的根式 $\sqrt{x^2+a^2}$. 有时还用这个变换来消去被积函数中 x^2+a^2 的高次幂. 我们来看一个例子.

例 17 计算 $\int \frac{x^3}{(x^2-2x+2)^2}\mathrm{d}x$.

解 分母是二次质因式的平方,把二次质因式配方成 $(x-1)^2+1$,令 $x-1=\tan t\left(-\frac{\pi}{2}<t<\frac{\pi}{2}\right)$,则

$$x^2-2x+2 = \sec^2 t,\ \mathrm{d}x = \sec^2 t\mathrm{d}t,$$

于是

$$\int \frac{x^3}{(x^2-2x+2)^2}\mathrm{d}x = \int \frac{(\tan t+1)^3}{\sec^4 t}\sec^2 t\mathrm{d}t$$
$$= \int [\sin^3 t(\cos t)^{-1} + 3\sin^2 t + 3\sin t\cos t + \cos^2 t]\mathrm{d}t$$
$$= \int [\sin^2 t(\cos t)^{-1} + 3\cos t]\sin t\mathrm{d}t + \int (3\sin^2 t + \cos^2 t)\mathrm{d}t$$
$$= \int [(1-\cos^2 t)(\cos t)^{-1} + 3\cos t][-\mathrm{d}(\cos t)] + \int (2-\cos 2t)\mathrm{d}t$$

$$=-\int[(\cos t)^{-1}+2\cos t]\mathrm{d}(\cos t)+2t-\frac{1}{2}\sin 2t$$
$$=-\ln\cos t-\cos^2 t+2t-\sin t\cos t+C.$$

又因为

$$\cos t=\frac{1}{\sec x}=\frac{1}{\sqrt{x^2-2x+2}},$$
$$\sin t=\sqrt{1-\cos^2 x}=\frac{x-1}{\sqrt{x^2-2x+2}},$$

于是

$$\int\frac{x^3}{(x^2-2x+2)^2}\mathrm{d}x=\frac{1}{2}\ln(x^2-2x+2)+2\arctan(x-1)-\frac{x}{x^2-2x+2}+C.$$

二、倒代换

有时在计算不定积分时，运用倒代换是一种不错的选择. 利用它常可消去被积函数分母中的变量因子，把商式化为积式以方便计算.

例 18 计算 $\int\frac{\mathrm{d}x}{x^2\sqrt{a^2+x^2}}$, $a>0$.

解 本题可通过三角代换 $x=a\tan t$, $-\frac{\pi}{2}<t<\frac{\pi}{2}$ 来求不定积分，这里介绍另一种代换 —— 倒代换.

令 $x=\frac{1}{t}$，则 $\mathrm{d}x=-\frac{1}{t^2}\mathrm{d}t$，由于下面将 $\frac{1}{t^2}$ 从根号中提出时涉及符号问题，可分 $x>0$ 和 $x<0$ 两个部分分别积分.

(1) $x>0$ 时，$t>0$，此时

$$\int\frac{\mathrm{d}x}{x^2\sqrt{x^2+a^2}}=\int\frac{t^2}{\sqrt{a^2+\frac{1}{t^2}}}\frac{-1}{t^2}\mathrm{d}t=-\int\frac{t}{\sqrt{a^2t^2+1}}\mathrm{d}t$$
$$=-\frac{1}{2a^2}\int\frac{\mathrm{d}(a^2t^2+1)}{\sqrt{a^2t^2+1}}=-\frac{1}{a^2}\sqrt{a^2t^2+1}+C$$
$$=-\frac{1}{a^2}\frac{\sqrt{a^2+x^2}}{x}+C.$$

(2) $x<0$ 时，$t<0$，此时

$$\int\frac{\mathrm{d}x}{x^2\sqrt{x^2+a^2}}=\int\frac{t^2}{\sqrt{a^2+\frac{1}{t^2}}}\frac{-1}{t^2}\mathrm{d}t=-\int\frac{t}{\sqrt{a^2t^2+1}}\mathrm{d}t$$
$$=\frac{1}{2a^2}\int\frac{\mathrm{d}(a^2t^2+1)}{\sqrt{a^2t^2+1}}=\frac{1}{a^2}\sqrt{a^2t^2+1}+C$$
$$=-\frac{1}{a^2}\frac{\sqrt{a^2+x^2}}{x}+C.$$

例 19 计算$\int \frac{\sqrt{a^2-x^2}}{x^4}\mathrm{d}x$.

解 设$x=\frac{1}{t}$,那么$\mathrm{d}x=-\frac{\mathrm{d}t}{t^2}$,于是

$$\int \frac{\sqrt{a^2-x^2}}{x^4}\mathrm{d}x=\int \frac{\sqrt{a^2-\frac{1}{t^2}}\cdot\left(-\frac{\mathrm{d}t}{t^2}\right)}{\frac{1}{t^4}}=-\int (a^2t^2-1)^{\frac{1}{2}}\,|\,t\,|\,\mathrm{d}t.$$

当$x>0$时,有

$$\int \frac{\sqrt{a^2-x^2}}{x^4}\mathrm{d}x=-\frac{1}{2a^2}\int (a^2t^2-1)^{\frac{1}{2}}\mathrm{d}(a^2t^2-1)=-\frac{(a^2t^2-1)^{\frac{3}{2}}}{3a^2}+C=-\frac{(a^2-x^2)^{\frac{3}{2}}}{3a^2x^3}+C.$$

当$x<0$时,有相同的结果.

一般地,若被积函数的分母中含有x的幂,可以考虑倒代换.应该注意到,上述解答过程无论$x>0$还是$x<0$,积分结果都是一致的.通常,在带平方根式的积分中使用倒代换,不需要区分积分变量符号,同时将变量从根号中提出时也不需要取绝对值,在回代时会还原.

练习 5.2

1. 利用给定的换元求下列积分:

(1) $\int \cos 3x\mathrm{d}x,\ u=3x$;

(2) $\int x^2\sqrt{x^3+1}\mathrm{d}x,\ u=x^3+1$;

(3) $\int \frac{4}{(1+2x)^3}\mathrm{d}x,\ u=1+2x$.

2. 求下列不定积分:

(1) $\int 2x(x^2+3)^4\mathrm{d}x$;

(2) $\int (3x-2)^{20}\mathrm{d}x$;

(3) $\int \frac{1+4x}{\sqrt{1+x+2x^2}}\mathrm{d}x$;

(4) $\int \frac{\mathrm{d}x}{5-3x}$;

(5) $\int \frac{3}{(2y+1)^5}\mathrm{d}y$;

(6) $\int \sqrt{4-t}\,\mathrm{d}t$;

(7) $\int \sin \pi t\mathrm{d}t$;

(8) $\int \frac{(\ln x)^2}{x}\mathrm{d}x$;

(9) $\int \frac{\cos\sqrt{t}}{\sqrt{t}}\mathrm{d}t$;

(10) $\int \mathrm{e}^x\sqrt{1+\mathrm{e}^x}\mathrm{d}x$;

(11) $\int \frac{z^2}{\sqrt[3]{1+z^3}}\mathrm{d}z$;

(12) $\int \frac{\mathrm{d}x}{x\ln x}$;

(13) $\int \sqrt{\cot x}\csc^2 x\mathrm{d}x$;

(14) $\int \cot x\mathrm{d}x$;

(15) $\int x^a\sqrt{b+cx^{a+1}}\mathrm{d}x,\quad c\neq 0,\ a\neq -1$;

(16) $\int \frac{1+x}{1+x^2}\mathrm{d}x$;

(17) $\int \frac{x}{\sqrt[4]{x+2}}\mathrm{d}x$.

3. 求下列不定积分：

(1) $\int \frac{x-1}{x^2+2x+3}dx$；　　(2) $\int \frac{x^3+1}{(x^2+1)^2}dx$；

(3) $\int \frac{1}{x^2\sqrt{25-x^2}}dx$；　　(4) $\int \frac{dx}{\sqrt{x^2+16}}$；

(5) $\int \sqrt{1-4x^2}\,dx$；　　(6) $\int \frac{\sqrt{x^2-9}}{x^3}dx$；

(7) $\int \frac{x^2}{(a^2-x^2)^{3/2}}dx$；　　(8) $\int \frac{x}{\sqrt{x^2-7}}dx$；

(9) $\int \frac{x}{\sqrt{x^2-7}}dx$；　　(10) $\int \sqrt{5+4x-x^2}\,dx$；

(11) $\int \frac{1}{\sqrt{9x^2+6x-8}}dx$；　　(12) $\int \frac{dx}{(x^2+2x+2)^2}$；

(13) $\int x\sqrt{1-x^4}\,dx$.

§5.3　分部积分法

直接积分法和换元积分法可以解决大量的不定积分的计算问题，但对形如 $\int \ln x dx$，$\int \arctan x dx$，$\int e^x \sin x dx$ 等类型的不定积分，采用这两种方法却无效.

每个微分法则都对应着一个积分法则，通过前面所学可以发现积分的换元法对应微分的链式法则. 本节将介绍对应微分乘积法则的积分法则——分部积分法. 下面利用两个函数乘积的求导法则来推得分部积分法.

设函数 $u=u(x)$ 及 $v=v(x)$ 具有连续导数，那么，两个函数乘积的导数公式为

$$(uv)'=u'v+uv',$$

移项得

$$uv'=(uv)'-u'v.$$

对这个等式两边求不定积分，得

$$\int uv'dx=uv-\int u'vdx \text{ 或} \int udv=uv-\int vdu,$$

这个公式称为分部积分公式. 分部积分的过程为

$$\int uv'dx=\int udv=uv-\int vdu=uv-\int u'vdx=\cdots.$$

不难发现，第一换元法与分部积分法的共同点是第一步都是凑微分：

$$\int f[\varphi(x)]\varphi'(x)\mathrm{d}x = \int f[\varphi(x)]\mathrm{d}\varphi(x) \overset{\varphi(x)=u}{=} \int f(u)\mathrm{d}u,$$

$$\int u(x)v'(x)\mathrm{d}x = \int u(x)\mathrm{d}v(x) = u(x)v(x) - \int v(x)\mathrm{d}u(x).$$

我们来看一些例子.

例 1 计算 $\int x\sin x\mathrm{d}x$.

解 这个积分用直接积分法或换元积分法都不易得出结果,现在用分部积分法求解. 被积函数 $x\sin x$ 是两个函数的乘积,如果选其中一个为 u,另一个则为 v'. 这里只有两种选择.

若选 $u = \sin x$,则 $\mathrm{d}v = x\mathrm{d}x$,可得 $\mathrm{d}u = \cos x\mathrm{d}x$, $v = \frac{x^2}{2}$(为方便计算,此处及以后相应处均省略任意常数). 代入分部积分公式,得

$$\int x\sin x\mathrm{d}x = \int \sin x\mathrm{d}\left(\frac{x^2}{2}\right) = \frac{x^2}{2}\sin x - \int \frac{x^2}{2}\mathrm{d}(\sin x) = \frac{x^2}{2}\sin x - \int \frac{x^2}{2}\cos x\mathrm{d}x.$$

与要求的原积分式对比发现,上式右端的不定积分更不易求出. 所以,此种选取方式不妥.

若选 $u = x$,则 $\mathrm{d}v = \sin x\mathrm{d}x$,可得 $\mathrm{d}u = \mathrm{d}x$, $v = -\cos x$. 代入分部积分公式,得

$$\int x\sin x\mathrm{d}x = \int x\mathrm{d}(-\cos x) = -x\cos x - \int(-\cos x)\mathrm{d}x = -x\cos x + \sin x + C.$$

例 2 计算 $\int x\mathrm{e}^x\mathrm{d}x$.

解 选 $u = x$,则 $\mathrm{d}v = \mathrm{e}^x\mathrm{d}x$,可得 $\mathrm{d}u = \mathrm{d}x$, $v = \mathrm{e}^x$. 代入分部积分公式,得

$$\int x\mathrm{e}^x\mathrm{d}x = \int x\mathrm{d}(\mathrm{e}^x) = x\mathrm{e}^x - \int \mathrm{e}^x\mathrm{d}x = x\mathrm{e}^x - \mathrm{e}^x + C.$$

例 3 计算 $\int x\ln x\mathrm{d}x$.

解 选 $u = \ln x$,则 $\mathrm{d}v = x\mathrm{d}x$,可得 $\mathrm{d}u = \frac{1}{x}\mathrm{d}x$, $v = \frac{x^2}{2}$. 代入分部积分公式,得

$$\begin{aligned}\int x\ln x\mathrm{d}x &= \frac{1}{2}\int \ln x\mathrm{d}(x^2) = \frac{1}{2}x^2\ln x - \frac{1}{2}\int x^2 \cdot \frac{1}{x}\mathrm{d}x \\ &= \frac{1}{2}x^2\ln x - \frac{1}{2}\int x\mathrm{d}x = \frac{1}{2}x^2\ln x - \frac{1}{4}x^2 + C.\end{aligned}$$

从上面 3 个例子可以看出,在运用分部积分法计算积分时,必须适当地选取 u 和 $\mathrm{d}v$,才能将较难的积分转化为另一较易的积分. 一般来说,选取 u 和 $\mathrm{d}v$ 时要考虑以下两点:

(1) 要能比较方便地从 $\mathrm{d}v$ 求得 v;

(2) $\int v\mathrm{d}u$ 较 $\int u\mathrm{d}v$ 更容易计算.

因此,分部积分法主要用来计算两个函数乘积形式的积分. 微分后会"简单"些的函数宜取作 u,剩下的为 v';经积分或微分后难易程度相同的函数,可作 u,也可作 v'. 在计算时,一般按如下"口诀"进行 u 的选取:

反(反三角函数)对(对数函数)幂(幂函数)三(三角函数)指(指数函数)

或　反(反三角函数)对(对数函数)幂(幂函数)指(指数函数)三(三角函数).

当上述几类函数两两做积后计算积分时,排在前面的函数作 u. 其中值得注意的是,我们可把 $1 = x^0$ 看成幂函数.

例 4　计算 $\int \arctan x \mathrm{d}x$.

解　这里被积函数 $\arctan x$ 可看成 $\arctan x$ 和 $1 = x^0$ 的积. 根据口诀,选 $u = \arctan x$,则 $\mathrm{d}v = \mathrm{d}x$,可得

$$\mathrm{d}u = \frac{1}{1+x^2}\mathrm{d}x,\ v = x.$$

代入分部积分公式,得

$$\begin{aligned}\int \arctan x \mathrm{d}x &= x\arctan x - \int x\mathrm{d}(\arctan x) = x\arctan x - \int \frac{x}{1+x^2}\mathrm{d}x \\ &= x\arctan x - \frac{1}{2}\int \frac{1}{1+x^2}\mathrm{d}(1+x^2) = x\arctan x - \frac{1}{2}\ln(1+x^2) + C.\end{aligned}$$

对分部积分的运算比较熟练以后,可以省略变量替换的过程以简化运算. 如果有需要,分部积分过程一直可延续,直到解出积分.

例 5　计算 $\int x^2 \mathrm{e}^x \mathrm{d}x$.

解

$$\begin{aligned}\int x^2\mathrm{e}^x\mathrm{d}x &= \int x^2\mathrm{d}(\mathrm{e}^x) = x^2\mathrm{e}^x - \int \mathrm{e}^x\mathrm{d}(x^2) \\ &= x^2\mathrm{e}^x - 2\int x\mathrm{e}^x\mathrm{d}x = x^2\mathrm{e}^x - 2\int x\mathrm{d}(\mathrm{e}^x) \\ &= x^2\mathrm{e}^x - 2x\mathrm{e}^x + 2\int \mathrm{e}^x\mathrm{d}x = x^2\mathrm{e}^x - 2x\mathrm{e}^x + 2\mathrm{e}^x + C \\ &= \mathrm{e}^x(x^2 - 2x + 2) + C.\end{aligned}$$

在积分的过程中,分部积分法有时要和其他积分方法结合使用.

例 6　计算 $\int x\arccos x \mathrm{d}x$.

解

$$\begin{aligned}\int x\arccos x\mathrm{d}x &= \frac{x^2}{2}\arccos x - \int \frac{x^2}{2}\mathrm{d}(\arccos x) = \frac{x^2}{2}\arccos x - \int \frac{x^2}{2}\cdot\frac{-1}{\sqrt{1-x^2}}\mathrm{d}x \\ &= \frac{x^2}{2}\arccos x - \frac{1}{2}\int \frac{1-x^2-1}{\sqrt{1-x^2}}\mathrm{d}x = \frac{x^2}{2}\arccos x - \frac{1}{2}\int \sqrt{1-x^2}\mathrm{d}x + \frac{1}{2}\int \frac{1}{\sqrt{1-x^2}}\mathrm{d}x \\ &= \frac{x^2}{2}\arccos x - \frac{1}{2}\left(\frac{1}{2}\arcsin x + \frac{1}{2}x\sqrt{1-x^2}\right) + \frac{1}{2}\arcsin x + C \\ &= \frac{x^2}{2}\arccos x + \frac{1}{4}\arcsin x - \frac{1}{4}x\sqrt{1-x^2} + C.\end{aligned}$$

例 7　计算 $\int \mathrm{e}^x \sin x \mathrm{d}x$.

解　因为

$$\int e^x\sin x\mathrm{d}x=\int\sin x\mathrm{d}(e^x)=e^x\sin x-\int e^x\mathrm{d}(\sin x)$$
$$=e^x\sin x-\int e^x\cos x\mathrm{d}x,$$

上式最后一个积分与原积分同一类型,对它再用一次分部积分,则有

$$\int e^x\sin x\mathrm{d}x=e^x\sin x-\int\cos x\mathrm{d}(e^x)=e^x\sin x-e^x\cos x+\int e^x\mathrm{d}(\cos x)$$
$$=e^x\sin x-e^x\cos x-\int e^x\sin x\mathrm{d}x,$$

所以

$$\int e^x\sin x\mathrm{d}x=\frac{1}{2}e^x(\sin x-\cos x)+C.$$

这种形式的积分方法又称为回复积分法. 计算最终答案时不要忘记加常数 C. 本例使用了口诀"反对幂指三",也可用口诀"反对幂三指"来求解.

例 8 计算 $I_n=\int\frac{\mathrm{d}x}{(x^2+a^2)^n}$,其中 n 为正整数.

解 $$I_1=\int\frac{\mathrm{d}x}{x^2+a^2}=\frac{1}{a}\arctan\frac{x}{a}+C.$$

当 $n>1$ 时,用分部积分法,有

$$\int\frac{\mathrm{d}x}{(x^2+a^2)^{n-1}}=\frac{x}{(x^2+a^2)^{n-1}}+2(n-1)\int\frac{x^2}{(x^2+a^2)^n}\mathrm{d}x$$
$$=\frac{x}{(x^2+a^2)^{n-1}}+2(n-1)\int\left[\frac{1}{(x^2+a^2)^{n-1}}-\frac{a^2}{(x^2+a^2)^n}\right]\mathrm{d}x,$$

即

$$I_{n-1}=\frac{x}{(x^2+a^2)^{n-1}}+2(n-1)(I_{n-1}-a^2I_n),$$

于是

$$I_n=\frac{1}{2a^2(n-1)}\left[\frac{x}{(x^2+a^2)^{n-1}}+(2n-3)I_{n-1}\right].$$

以此作为递推公式,并由 $I_1=\frac{1}{a}\arctan\frac{x}{a}+C$ 即可得 I_n.

练习 5.3

1. 计算下列积分:

(1) $\int x\cos 5x\mathrm{d}x$; (2) $\int re^{r/2}\mathrm{d}r$;

(3) $\int x^2\sin\pi x\mathrm{d}x$; (4) $\int\ln(2x+1)\mathrm{d}x$;

(5) $\int \arctan 4t\mathrm{d}t$;

(6) $\int (\ln x)^2\mathrm{d}x$;

(7) $\int \mathrm{e}^{2\theta}\sin 3\theta\mathrm{d}\theta$;

(8) $\int y\mathrm{sh}y\mathrm{d}y$;

(9) $\int \cos x\ln(\sin x)\mathrm{d}x$;

(10) $\int \cos(\ln x)\mathrm{d}x$.

2. 先用换元法再用分部积分法计算积分 $\int \sin\sqrt{x}\mathrm{d}x$.

3. (1) 利用降次公式证明

$$\int \sin^2 x\mathrm{d}x = \frac{x}{2} - \frac{\sin 2x}{4} + C;$$

(2) 利用(1)的结论和降次公式求积分 $\int \sin^4 x\mathrm{d}x$.

4. 利用分部积分证明降次公式:

(1) $\int (\ln x)^n\mathrm{d}x = x(\ln x)^n - n\int (\ln x)^{n-1}\mathrm{d}x$;

(2) $\int \sec^n x\mathrm{d}x = \dfrac{\tan x\sec^{n-2}x}{n-1} + \dfrac{n-2}{n-1}\int \sec^{n-2}x\mathrm{d}x \quad (n \neq 1)$.

§5.4 三角函数的积分法

在计算不定积分时经常会碰到三角函数的积分.一种类型是三角函数幂的乘积的积分,例如 $\int \sin^3 x\cos^2 x\mathrm{d}x$, $\int \tan x\sec^3 x\mathrm{d}x$, $\int \sec^3 x\mathrm{d}x$, $\int \sin 3x\cos 5x\mathrm{d}x$ 等;另一种类型是三角函数有理式的积分,例如 $\int \dfrac{1}{3\sin x - 4\cos x}\mathrm{d}x$ 等.本节主要介绍三角函数幂的乘积的积分法,有关于三角函数有理式的积分法将在5.5节介绍.

三角函数幂的乘积的积分一般有3种类型: $\int \sin^m x\cos^n x\mathrm{d}x$, $\int \tan^m x\sec^n x\mathrm{d}x$ 和 $\int \sin mx\cos nx\mathrm{d}x$,其中 m 和 n 为自然数.

一、$\int \sin^m x\cos^n x\mathrm{d}x$ 型

这是正弦与余弦函数幂的乘积的积分形式.对于这种形式的积分,通常化为只含有正弦函数或只含有余弦函数的幂积分形式来求解.由基本积分公式可以知道,要计算正弦函数的幂的积分,需要一个 $\cos x$ 因子与 $\mathrm{d}x$ 结合化为 $\mathrm{d}(\sin x)$,再换元 $\sin x = u$ 即可;反之,要计算余弦函数的幂的积分,则需要一个 $\sin x$ 因子与 $\mathrm{d}x$ 结合化为 $-\mathrm{d}(\cos x)$,再换元 $\cos x = u$ 即可.

我们来看几个例子.

例1 求 $\int \cos^3 x\mathrm{d}x$.

解 因为 $n=3$, n 为奇数,不能采用降次公式 $\cos^2 x = \dfrac{1+\cos 2x}{2}$ 进行降次.如果令

$u=\cos x$,则 $\mathrm{d}u=-\sin x\mathrm{d}x$,$\int\cos^3 x\mathrm{d}x$ 反而变得更为复杂.

将 $\cos^3 x$ 分解成 $\cos x$ 和 $\cos^2 x$,再利用 $\cos^2 x=1-\sin^2 x$,可得

$$\cos^3 x\mathrm{d}x=\cos^2 x\cos x\mathrm{d}x=(1-\sin^2 x)\mathrm{d}(\sin x),$$

这样全部转化为有关于 $\sin x$ 的积分来求解.于是,令 $u=\sin x$,则 $\mathrm{d}u=\cos x\mathrm{d}x$,

$$\begin{aligned}\int\cos^3 x\mathrm{d}x&=\int\cos^2 x\cos x\mathrm{d}x=\int(1-\sin^2 x)\mathrm{d}(\sin x)\\&=\int\mathrm{d}u-\int u^2\mathrm{d}u=u-\frac{1}{3}u^3+C\\&=\sin x-\frac{1}{3}\sin^3 x+C.\end{aligned}$$

例 2 求 $\int\sin^2 x\cos^5 x\mathrm{d}x$.

解 因为 $m=2$,m 为偶数;$n=5$,n 为奇数,而公式 $\sin^2 x+\cos^2 x=1$ 中需要偶数次幂,故我们从奇数次幂入手.

$$\begin{aligned}\int\sin^2 x\cos^5 x\mathrm{d}x&=\int\sin^2 x\cos^4 x\cos x\mathrm{d}x=\int\sin^2 x\cos^4 x\mathrm{d}(\sin x)\\&=\int\sin^2 x(1-\sin^2 x)^2\mathrm{d}(\sin x)=\int(\sin^2 x-2\sin^4 x+\sin^6 x)\mathrm{d}(\sin x)\\&=\int\sin^2 x\mathrm{d}(\sin x)-\int 2\sin^4 x\mathrm{d}(\sin x)+\int\sin^6 x\mathrm{d}(\sin x)\\&=\frac{1}{3}\sin^3 x-\frac{2}{5}\sin^5 x+\frac{1}{7}\sin^7 x+C.\end{aligned}$$

例 3 求 $\int\sin^4 x\cos^2 x\mathrm{d}x$.

解 因为 $m=4$,m 为偶数;$n=2$,n 也为偶数,公式 $\sin^2 x+\cos^2 x=1$ 中需要偶数次幂,故只有利用降幂公式 $\cos^2 x=\dfrac{1+\cos 2x}{2}$ 和 $\sin^2 x=\dfrac{1-\cos 2x}{2}$ 来求解.为计算方便,可以结合倍角公式进行.

$$\begin{aligned}\int\sin^4 x\cos^2 x\mathrm{d}x&=\int(\sin x\cos x)^2\sin^2 x\mathrm{d}x=\int\frac{1}{4}\sin^2 2x\,\frac{1-\cos 2x}{2}\mathrm{d}x\\&=\frac{1}{8}\int\sin^2 2x\mathrm{d}x-\frac{1}{8}\int\sin^2 2x\cos 2x\mathrm{d}x=\frac{1}{8}\int\frac{1-\cos 4x}{2}\mathrm{d}x-\frac{1}{16}\int\sin^2 2x\mathrm{d}(\sin 2x)\\&=\frac{1}{8}\int\frac{1}{2}\mathrm{d}x-\frac{1}{16}\int\cos 4x\mathrm{d}x-\frac{1}{48}\sin^3 2x=\frac{1}{16}x-\frac{1}{64}\sin 4x-\frac{1}{48}\sin^3 2x+C.\end{aligned}$$

综上所述,计算 $\int\sin^m x\cos^n x\mathrm{d}x$ 的一般方法如下:

如果 $m=2k+1$ 为奇数,保留一个 $\sin x$ 因子,与 $\mathrm{d}x$ 结合化为 $-\mathrm{d}(\cos x)$,其余部分利用公式 $\cos^2 x=1-\sin^2 x$,全化为只含有余弦函数的幂的积分形式来求解,这时换元 $\cos x=u$,

$$\int \sin^m x\cos^n x\,dx = \int \sin^{2k}x\cos^n x\sin x\,dx = -\int (1-\cos^2 x)^k\cos^n x\,d(\cos x);$$

如果 $n=2k+1$ 为奇数,保留一个 $\cos x$ 因子,与 dx 结合化为 $d(\sin x)$,其余部分利用公式 $\sin^2 x = 1-\cos^2 x$ 全化为只含有正弦函数的幂的积分形式来求解,这时换元 $\sin x = u$,

$$\int \sin^m x\cos^n x\,dx = \int \sin^m x\cos^{2k}x\cos x\,dx = \int \sin^m x(1-\sin^2 x)^k\,d(\sin x);$$

如果 n, m 均为偶数,利用降次公式 $\cos^2 x = \dfrac{1+\cos 2x}{2}$ 和 $\sin^2 x = \dfrac{1-\cos 2x}{2}$ 来求解. 有时为了计算方便,一般结合倍角公式 $\sin x\cos x = \dfrac{1}{2}\sin 2x$ 进行.

二、$\int \tan^m x\sec^n x\,dx$ 型

这是正切与正割函数幂的乘积的积分形式. 类似地,对于这种形式的积分,通常化为只含有正切函数或只含有正割函数的幂的积分形式来求解. 由基本积分公式可以知道,要计算正切函数的幂的积分,需要一个 $\sec^2 x$ 因子,与 dx 结合化为 $d(\tan x)$,再换元 $\tan x=u$ 即可;反之,要计算正割函数的幂的积分,则需要一个 $\sec x\tan x$ 因子与 dx 结合化为 $d(\sec x)$,再换元 $\sec x=u$ 即可.

我们来看几个例子.

例 4　求 $\int \tan^5 x\,dx$.

解　$m=5$, m 为奇数. 将 $\tan^5 x$ 分解成 $\tan^3 x$ 和 $\tan^2 x$,再利用 $\tan^2 x = \sec^2 x - 1$,可得

$$\begin{aligned}\tan^5 x\,dx &= \tan^3 x\tan^2 x\,dx = \tan^3 x(\sec^2 x-1)\,dx \\ &= \tan^3 x\sec^2 x\,dx - \tan^3 x\,dx = \tan^3 x\,d(\tan x) - \tan^3 x\,dx.\end{aligned}$$

类似地,将 $\tan^3 x$ 分解成 $\tan x$ 和 $\tan^2 x$,再利用 $\tan^2 x = \sec^2 x - 1$,可得

$$\begin{aligned}\tan^5 x\,dx &= \tan^3 x\,d(\tan x) - \tan^3 x\,dx = \tan^3 x\,d(\tan x) - \tan x(\sec^2 x-1)\,dx \\ &= \tan^3 x\,d(\tan x) - \tan x\sec^2 x\,dx - \tan x\,dx \\ &= \tan^3 x\,d(\tan x) - \tan x\,d(\tan x) - \tan x\,dx,\end{aligned}$$

这样全部转化为关于 $\tan x$ 的积分来求解. 于是,令 $u=\tan x$,则 $du = \sec^2 x\,dx$,

$$\begin{aligned}\int \tan^5 x\,dx &= \int \tan^3 x(\sec^2 x-1)\,dx = \int \tan^3 x\sec^2 x\,dx - \int \tan^3 x\,dx \\ &= \int \tan^3 x\,d(\tan x) - \int \tan x(\sec^2 x-1)\,dx = \frac{1}{4}\tan^4 x - \int \tan x\sec^2 x\,dx + \int \tan x\,dx \\ &= \frac{1}{4}\tan^4 x - \int \tan x\,d(\tan x) + \ln|\sec x| = \frac{1}{4}\tan^4 x - \frac{1}{2}\tan^2 x + \ln|\sec x| + C.\end{aligned}$$

例 5　求 $\int \tan^6 x\sec^4 x\,dx$.

解　$m=6$, m 为偶数; $n=4$, n 也为偶数. 类似上例的方法,可将 $\tan^6 x\sec^4 x$ 中的 $\sec^4 x$ 分解成 $\sec^2 x$ 和 $\sec^2 x$,其中一个 $\sec^2 x$ 利用 $\sec^2 x = \tan^2 x + 1$ 化成有关 $\tan x$ 的式子,另一个

$\sec^2 x$ 与 dx 结合,可得

$$\tan^6 x\sec^4 x dx = \tan^6 x\sec^2 x\sec^2 x dx = \tan^6 x(\tan^2 x + 1)d(\tan x),$$

这样全部转化为关于 $\tan x$ 的积分来求解. 于是,令 $u = \tan x$,则 $du = \sec^2 x dx$,有

$$\begin{aligned}\int\tan^6 x\sec^4 x dx &= \int\tan^6 x\sec^4 x dx = \int\tan^6 x\sec^2 x\sec^2 x dx\\ &= \int\tan^6 x(\tan^2 x + 1)d(\tan x) = \int(u^8 + u^6)du\\ &= \frac{1}{9}u^9 + \frac{1}{7}u^7 + C = \frac{1}{9}\tan^9 x + \frac{1}{7}\tan^7 x + C.\end{aligned}$$

例 6 求 $\int\tan^5 x\sec^7 x dx$.

解 $m = 5$, $n = 7$, m 和 n 均为奇数. 类似上例的方法,可将 $\tan^5 x\sec^7 x$ 分解成 $\tan^4 x\sec^6 x$ 和 $\sec x\tan x$,其中 $\tan^4 x\sec^6 x$ 利用 $\tan^2 x = \sec^2 x - 1$ 化成有关 $\sec x$ 的式子,另一个 $\sec x\tan x$ 与 dx 结合化为 $d(\sec x)$,于是可得

$$\tan^5 x\sec^7 x dx = \tan^4 x\sec^6 x\sec x\tan x dx = (\sec^2 x - 1)^2\sec^6 x d(\sec x),$$

这样全部转化为关于 $\sec x$ 的积分来求解. 于是,令 $u = \sec x$,则 $du = \sec x\tan x dx$,有

$$\begin{aligned}\int\tan^5 x\sec^7 x dx &= \int\tan^4 x\sec^6 x\sec x\tan x dx = \int(\sec^2 x - 1)^2\sec^6 x d(\sec x)\\ &= \int(\sec^4 x - 2\sec^2 x + 1)\sec^6 x d(\sec x) = \int(u^{10} - 2u^8 + u^6)du\\ &= \frac{1}{11}u^{11} - \frac{2}{9}u^9 + \frac{1}{7}u^7 + C = \frac{1}{11}\sec^{11} x - \frac{2}{9}\sec^9 x + \frac{1}{7}\sec^7 x + C.\end{aligned}$$

综上所述,计算 $\int\tan^m x\sec^n x dx$ 的一般方法如下:

如果 $m = 2k + 1$ 为奇数,保留一个 $\sec x\tan x$ 因子,与 dx 结合化为 $du = \sec x\tan x dx$,其余部分利用公式 $\tan^2 x = \sec^2 x - 1$,全化为只含有正割函数的幂的积分形式来求解,这时换元 $\sec x = u$,

$$\int\tan^{2k+1} x\sec^n x dx = \int\tan^{2k} x\sec^{n-1} x\sec x\tan x dx = \int(\sec^k x - 1)^2\sec^{n-1} x d(\sec x);$$

如果 $n = 2k$ 为偶数,保留一个 $\sec^2 x$ 因子,与 dx 结合化为 $d(\tan x)$,其余部分利用公式 $\sec^2 x = \tan^2 x + 1$,全化为只含有正切函数的幂的积分形式来求解,这时换元 $\tan x = u$,

$$\int\tan^m x\sec^{2k} x dx = \int\tan^{2k} x\sec^{2k-2} x\sec^2 x dx = \int\tan^{2k} x(\tan^2 x + 1)^{k-1}d(\tan x);$$

如果 n, m 均为偶数,利用降次公式 $\cos^2 x = \dfrac{1 + \cos 2x}{2}$ 和 $\sin^2 x = \dfrac{1 - \cos 2x}{2}$ 来求解.

有时为了计算方便,一般结合倍角公式 $\sin x\cos x = \dfrac{1}{2}\sin 2x$ 进行.

在实际计算过程中,上述方法应当结合三角恒等式、分部积分等方法进行. 前边只是给出 $\sec x$ 的不定积分公式,下面再来推导.

$$\int \sec x\mathrm{d}x = \int \sec x \frac{\sec x + \tan x}{\sec x + \tan x}\mathrm{d}x = \int \frac{(\sec^2 x + \sec x\tan x)\mathrm{d}x}{\sec x + \tan x}$$
$$= \int \frac{\mathrm{d}(\sec x + \tan x)}{\sec x + \tan x} = \ln|\sec x + \tan x| + C.$$

这样推导并不好理解，我们再来看另一种方法.

$$\int \sec x\mathrm{d}x = \int \frac{1}{\cos x}\mathrm{d}x = \int \frac{\cos x}{\cos^2 x}\mathrm{d}x$$
$$= \int \frac{\mathrm{d}(\sin x)}{1-\sin^2 x} = \frac{1}{2}\int \left(\frac{1}{1+\sin x} + \frac{1}{1-\sin x}\right)\mathrm{d}(\sin x)$$
$$= \frac{1}{2}\int \frac{\mathrm{d}(1+\sin x)}{1+\sin x} - \frac{1}{2}\int \frac{\mathrm{d}(1-\sin x)}{1-\sin x} = \frac{1}{2}\ln|1+\sin x| - \frac{1}{2}\ln|1-\sin x| + C'$$
$$= \ln|\sec x + \tan x| + C.$$

上述推导过程中用到有理函数的积分法，我们在§5.5节会重点介绍.

同理可推得公式 $\int \csc x\mathrm{d}x = \ln|\csc x - \cot x| + C$.

例7　求 $\int \sec^3 x\mathrm{d}x$.

解　因为

$$\int \sec^3 x\mathrm{d}x = \int \sec x \cdot \sec^2 x\mathrm{d}x = \int \sec x\mathrm{d}\tan x = \sec x\tan x - \int \sec x\tan^2 x\mathrm{d}x$$
$$= \sec x\tan x - \int \sec x(\sec^2 x - 1)\mathrm{d}x = \sec x\tan x - \int \sec^3 x\mathrm{d}x + \int \sec x\mathrm{d}x$$
$$= \sec x\tan x + \ln|\sec x + \tan x| - \int \sec^3 x\mathrm{d}x,$$

所以

$$\int \sec^3 x\mathrm{d}x = \frac{1}{2}(\sec x\tan x + \ln|\sec x + \tan x|) + C.$$

可见，运用分部积分法可对被积函数降次，并且要求 $\int \sec^{2k+1} x\mathrm{d}x$，必须先会计算 $\int \sec^{2k-1} x\mathrm{d}x$.

关于 $\int \cot^m x\csc^n x\mathrm{d}x$ 型和 $\int \tan^m x\sec^n x\mathrm{d}x$ 型的计算方法相类似，这里不再赘述.

三、$\int \sin mx\cos nx\mathrm{d}x$ 型

这是正弦函数的倍角与余弦函数的倍角的乘积的积分形式. 一般地，对于这种形式的积分，通常将被积函数化为和差的积分形式再拆开来求解. 这就要用到三角函数的积化为和差的公式.

$$\sin A\cos B = \frac{1}{2}[\sin(A+B) + \sin(A-B)];$$
$$\cos A\sin B = \frac{1}{2}[\sin(A+B) - \sin(A-B)];$$

$$\cos A\cos B=\frac{1}{2}[\cos(A+B)+\cos(A-B)];$$

$$\sin A\sin B=-\frac{1}{2}[\cos(A+B)-\cos(A-B)].$$

例 8 求 $\int \sin 3x\cos 5x\mathrm{d}x$.

解 将被积函数和差化积，

$$\int \sin 3x\cos 5x\mathrm{d}x=\int \frac{1}{2}[\sin 8x+\sin(-2x)]\mathrm{d}x=\frac{1}{2}\int \sin 8x\mathrm{d}x-\frac{1}{2}\int \sin 2x\mathrm{d}x$$
$$=-\frac{1}{16}\cos 8x+\frac{1}{4}\cos 2x+C.$$

此例也可用分部积分法来求解，但相对较为复杂.

练习 5.4

1. 计算下列积分：

(1) $\int \sin^3 x\cos^2 x\mathrm{d}x$;

(2) $\int \cos^5 x\sin^4 x\mathrm{d}x$;

(3) $\int (1+\cos\theta)^2\mathrm{d}\theta$;

(4) $\int \sin^3 x\sqrt{\cos x}\mathrm{d}x$;

(5) $\int \cos^2 x\tan^3 x\mathrm{d}x$;

(6) $\int \frac{1-\sin x}{\cos x}\mathrm{d}x$;

(7) $\int \sec^2 x\tan x\mathrm{d}x$;

(8) $\int \tan^2 x\mathrm{d}x$;

(9) $\int \sec^6 t\mathrm{d}t$;

(10) $\int \tan^3 x\sec x\mathrm{d}x$;

(11) $\int \tan^5 x\mathrm{d}x$;

(12) $\int \frac{\tan^3\theta}{\cos^4\theta}\mathrm{d}\theta$;

(13) $\int \cot^3\alpha\csc^3\alpha d\alpha$;

(14) $\int \csc x\mathrm{d}x$;

(15) $\int \sin 5x\sin 2x\mathrm{d}x$;

(16) $\int \cos 5\theta\cos 7\theta\mathrm{d}\theta$;

(17) $\int \frac{1-\tan^2 x}{\sec^2 x}\mathrm{d}x$;

(18) $\int t\sec^2(t^2)\tan^4(t^2)\mathrm{d}t$.

2. 利用四种方法计算 $\int \sin x\cos x\mathrm{d}x$，并解释结果中的差异.

(1) 换元 $u=\cos x$;

(2) 换元 $u=\sin x$;

(3) 恒等式 $\sin 2x=2\sin x\cos x$;

(4) 分部积分法.

§5.5 有理函数的部分分式积分法

本节我们将讨论关于有理函数的积分法.针对此类积分,一般将有理函数表示为已知积分的最简分式(称为部分分式)的和(差)式来计算.例如,在前面碰到的

$$\int \frac{1}{x^2-a^2}\mathrm{d}x=\frac{1}{2a}\int\left(\frac{1}{x-a}-\frac{1}{x+a}\right)\mathrm{d}x,$$

可得

$$\frac{1}{x^2-a^2}=\frac{1}{2a}\left(\frac{1}{x-a}-\frac{1}{x+a}\right),$$

这就是将一个有理函数拆成部分分式和(差)式来计算.

一般地,有理函数是指由两个多项式的商所表示的函数,即具有如下形式的函数:

$$\frac{P(x)}{Q(x)}=\frac{a_0x^n+a_1x^{n-1}+\cdots+a_{n-1}x+a_n}{b_0x^m+b_1x^{m-1}+\cdots+b_{m-1}x+b_m},$$

其中 m 和 n 都是非负整数;$a_0, a_1, a_2, \cdots, a_n$ 及 $b_0, b_1, b_2, \cdots, b_m$ 都是实数,并且 $a_0\neq 0$,$b_0\neq 0$. 当 $n<m$ 时,称该有理函数为**真分式**;而当 $n\geqslant m$ 时,称该有理函数为**假分式**.

假分式总可以化成一个多项式与一个真分式之和的形式.一种方法是通过适当的变形,例如

$$\frac{x^3+x+1}{x^2+1}=\frac{x(x^2+1)+1}{x^2+1}=x+\frac{1}{x^2+1};$$

另一种方法是采用长除法,例如,通过

$$\begin{array}{r@{}l}
 & \;x^2+x+2 \\
x-1 & \overline{)\,x^3\qquad\;\; +x} \\
 & \underline{\;x^3-x^2\qquad\;} \\
 & \qquad\; x^2+x \\
 & \qquad\; \underline{x^2-x} \\
 & \qquad\qquad 2x \\
 & \qquad\qquad \underline{2x-2} \\
 & \qquad\qquad\quad 2,
\end{array}$$

有

$$\frac{x^3+x}{x-1}=x^2+x+2+\frac{2}{x-1}.$$

多项式的积分非常简单,因而就说明求有理函数的不定积分时,关键在于求真分式的不定积分.本节的重点也放在真分式的不定积分的计算上.

5.5.1 有理函数的部分分式积分

我们看一个假分式的例子.

例1 计算 $\int\frac{x^3+x}{x-1}\mathrm{d}x$.

解 先将假分式 $\frac{x^3+x}{x-1}$ 化成一个多项式与一个真分式之和的形式.根据上面的计算,有

$$\int \frac{x^3+x}{x-1}\mathrm{d}x = \int \left(x^2+x+2+\frac{2}{x-1}\right)\mathrm{d}x = \int (x^2+x+2)\mathrm{d}x + \int \frac{2}{x-1}\mathrm{d}x$$
$$= \frac{1}{3}x^3+\frac{1}{2}x^2+2x+2\ln|x-1|+C.$$

求真分式的不定积分时，如果分母 $Q(x)$ 可因式分解则先因式分解，然后化成部分分式再积分. 我们经常碰到下面 4 种情形：

情形 1　分母 $Q(x)$ 为不同线性因子的积的形式，即

$$Q(x) = (a_1x+b_1)(a_2x+b_2)\cdots(a_nx+b_n),$$

这时 $a_n \neq b_n$. 在这种情形下，一般有

$$\frac{P(x)}{Q(x)} = \frac{C_1}{a_1x+b_1}+\frac{C_2}{a_2x+b_2}+\cdots+\frac{C_n}{a_nx+b_n},$$

其中常数一般用待定系数法来确定. 我们来看两个例子.

例 2　计算 $\int \frac{x+3}{x^2-5x+6}\mathrm{d}x$.

解　这是一个真分式，且分母为不同线性因子的积的形式. 于是有

$$\frac{x+3}{(x-2)(x-3)} = \frac{A}{x-3}+\frac{B}{x-2} = \frac{(A+B)x+(-2A-3B)}{(x-2)(x-3)}.$$

对比分子可得如下方程：

$$\begin{cases} A+B=1, \\ -3A-2B=3, \end{cases}$$

解得 $A=6$, $B=-5$. 因此

$$\int \frac{x+3}{x^2-5x+6}\mathrm{d}x = \int \frac{x+3}{(x-2)(x-3)}\mathrm{d}x = \int \left(\frac{6}{x-3}-\frac{5}{x-2}\right)\mathrm{d}x = \int \frac{6}{x-3}\mathrm{d}x - \int \frac{5}{x-2}\mathrm{d}x$$
$$= 6\ln|x-3|-5\ln|x-2|+C.$$

例 3　计算 $\int \frac{x^2+2x-1}{2x^3+3x^2-2x}\mathrm{d}x$.

解　这也是一个真分式，且分母为不同线性因子的积的形式. 于是有

$$\frac{x^2+2x-1}{2x^3+3x^2-2x} = \frac{x^2+2x-1}{x(2x-1)(x+2)} = \frac{A}{x}+\frac{B}{2x-1}+\frac{C}{x+2}$$
$$= \frac{(2A+B+2C)x^2+(3A+2B-C)x-2A}{x(2x-1)(x+2)}.$$

对比分子可得如下方程：

$$\begin{cases} 2A+B+2C=1, \\ 3A+2B-C=2, \\ -2A=-1, \end{cases}$$

解得 $A=\frac{1}{2}$, $B=\frac{1}{5}$, $C=-\frac{1}{10}$. 因此

$$\int \frac{x^2+2x-1}{2x^3+3x^2-2x}\mathrm{d}x = \int \left(\frac{\frac{1}{2}}{x} + \frac{\frac{1}{5}}{2x-1} + \frac{-\frac{1}{10}}{x+2}\right)\mathrm{d}x = \frac{1}{2}\int \frac{1}{x}\mathrm{d}x + \frac{1}{5}\int \frac{1}{2x-1}\mathrm{d}x - \frac{1}{10}\int \frac{1}{x+2}\mathrm{d}x$$

$$= \frac{1}{2}\int \frac{1}{x}\mathrm{d}x + \frac{1}{10}\int \frac{1}{2x-1}\mathrm{d}(2x-1) - \frac{1}{10}\int \frac{1}{x+2}\mathrm{d}(x+2)$$

$$= \frac{1}{2}\ln|x| + \frac{1}{10}\ln|2x-1| - \frac{1}{10}\ln|x+2| + C.$$

情形 2　分母 $Q(x)$ 为线性因子的积的形式，但线性因子重复出现. 例如

$$Q(x) = (a_1x+b_1)^k(a_2x+b_2)\cdots(a_nx+b_n),$$

这时 $a_n \neq b_n$. 在这种情形下，一般有

$$\frac{P(x)}{Q(x)} = \frac{C_{11}}{a_1x+b_1} + \frac{C_{12}}{(a_1x+b_1)^2} + \cdots + \frac{C_{1k}}{(a_1x+b_1)^k} + \frac{C_2}{a_2x+b_2} + \cdots + \frac{C_n}{a_nx+b_n},$$

其中常数一般用待定系数法来确定. 如下面的实例：

$$\frac{5x+6}{(2x+3)x^3(x-1)^2} = \frac{A}{2x+3} + \frac{B}{x} + \frac{C}{x^2} + \frac{D}{x^3} + \frac{E}{x-1} + \frac{F}{(x-1)^2}.$$

我们来看一个例子.

例 4　计算 $\int \frac{1}{x(x-1)^2}\mathrm{d}x$.

解　因为

$$\frac{1}{x(x-1)^2} = \frac{A}{x} + \frac{B}{x-1} + \frac{K}{(x-1)^2} = \frac{1}{x} - \frac{1}{x-1} + \frac{1}{(x-1)^2},$$

对比分子可解得 $A=1$, $B=-1$, $K=1$. 所以

$$\int \frac{1}{x(x-1)^2}\mathrm{d}x = \int \left[\frac{1}{x} - \frac{1}{x-1} + \frac{1}{(x-1)^2}\right]\mathrm{d}x = \int \frac{1}{x}\mathrm{d}x - \int \frac{1}{x-1}\mathrm{d}x + \int \frac{1}{(x-1)^2}\mathrm{d}x$$

$$= \ln|x| - \ln|x-1| - \frac{1}{x-1} + C.$$

情形 3　分母 $Q(x)$ 含有不重复的不可因式分解的二次因子，即：如果 $Q(x)$ 包含因子 ax^2+bx+c，则 $b^2-4ac<0$，拆分后以 ax^2+bx+c 为分母的因式为

$$\frac{Ax+B}{ax^2+bx+c},$$

其中 A 和 B 为待定的常数. 例如

$$\frac{x}{(x-2)(x^2+2)(2x^2+3)} = \frac{A}{x-2} + \frac{Bx+C}{x^2+2} + \frac{Dx+E}{2x^2+3}.$$

我们来看一个例子.

例 5　计算 $\int \frac{2x^2-x+4}{x^3+4x}\mathrm{d}x$.

解　因为

$$\frac{2x^2-x+4}{x^3+4x}=\frac{2x^2-x+4}{x(x^2+4)}=\frac{A}{x}+\frac{Bx+D}{x^2+4}=\frac{(A+B)x^2+Dx+4A}{x(x^2+4)},$$

对比分子可得如下方程：

$$\begin{cases}A+B=2,\\ D=-1,\\ 4A=4,\end{cases}$$

解得 $A=1$，$B=1$，$D=-1$. 因此

$$\begin{aligned}\int\frac{2x^2-x+4}{x^3+4x}\mathrm{d}x&=\int\left(\frac{1}{x}+\frac{x-1}{x^2+4}\right)\mathrm{d}x=\int\frac{1}{x}\mathrm{d}x+\int\frac{x-1}{x^2+4}\mathrm{d}x\\&=\int\frac{1}{x}\mathrm{d}x+\int\frac{x}{x^2+4}\mathrm{d}x-\int\frac{1}{x^2+4}\mathrm{d}x\\&=\int\frac{1}{x}\mathrm{d}x+\frac{1}{2}\int\frac{1}{x^2+4}\mathrm{d}(x^2+4)-\frac{1}{2}\int\frac{\mathrm{d}\left(\frac{x}{2}\right)}{1+\left(\frac{x}{2}\right)^2}\\&=\ln|x|+\frac{1}{2}\ln|x^2+4|-\frac{1}{2}\arctan\frac{x}{2}+C.\end{aligned}$$

如果仅是一个不可因式分解的二次因子为分母，仅需对被积函数作适当的变形即可.

例 6 计算 $\int\frac{x-2}{x^2+2x+3}\mathrm{d}x$.

解 因为

$$\frac{x-2}{x^2+2x+3}=\frac{\frac{1}{2}(2x+2)-3}{x^2+2x+3}=\frac{1}{2}\cdot\frac{x-2}{x^2+2x+3}-3\cdot\frac{1}{x^2+2x+3},$$

所以

$$\begin{aligned}\int\frac{x-2}{x^2+2x+3}\mathrm{d}x&=\int\left(\frac{1}{2}\,\frac{2x+2}{x^2+2x+3}-3\,\frac{1}{x^2+2x+3}\right)\mathrm{d}x\\&=\frac{1}{2}\int\frac{2x+2}{x^2+2x+3}\mathrm{d}x-3\int\frac{1}{x^2+2x+3}\mathrm{d}x\\&=\frac{1}{2}\int\frac{\mathrm{d}(x^2+2x+3)}{x^2+2x+3}-3\int\frac{\mathrm{d}(x+1)}{(x+1)^2+(\sqrt{2})^2}\\&=\frac{1}{2}\ln(x^2+2x+3)-\frac{3}{\sqrt{2}}\arctan\frac{x+1}{\sqrt{2}}+C.\end{aligned}$$

情形 4 分母 $Q(x)$ 含有重复的不可因式分解的二次因子，即：如果 $Q(x)$ 包含因子 $(ax^2+bx+c)^k$，且 $b^2-4ac<0$，则拆分后以 $(ax^2+bx+c)^k$ 为分母的因式为

$$\frac{A_1x+B_1}{ax^2+bx+c}+\frac{A_2x+B_2}{(ax^2+bx+c)^2}+\cdots+\frac{A_kx+B_k}{(ax^2+bx+c)^k},$$

其中 A_m 和 B_m 为待定的常数. 例如

$$\frac{x}{(x-2)(x^2+2)^2}=\frac{A}{x-2}+\frac{Bx+C}{x^2+2}+\frac{Dx+E}{(x^2+2)^2}.$$

我们来看一个例子.

例 7　计算 $\int \frac{1-x+2x^2-x^3}{x(x^2+1)^2}\mathrm{d}x$.

解　因为

$$\frac{1-x+2x^2-x^3}{x(x^2+1)^2}=\frac{A}{x}+\frac{Bx+C}{x^2+1}+\frac{Dx+E}{(x^2+1)^2}$$

$$=\frac{(A+B)x^4+Cx^3+(2A+B+D)x^2+(C+E)x+A}{x(x^2+1)^2},$$

对比分子可得如下方程：

$$\begin{cases} A+B=0, \\ C=-1, \\ 2A+B+D=2, \\ C+E=-1, \\ A=1, \end{cases}$$

解得 $A=1$，$B=-1$，$C=-1$，$D=1$，$E=0$. 因此

$$\int \frac{1-x+2x^2-x^3}{x(x^2+1)^2}\mathrm{d}x=\int\left[\frac{1}{x}+\frac{x+1}{x^2+1}+\frac{x}{(x^2+1)^2}\right]\mathrm{d}x=\int\frac{1}{x}\mathrm{d}x+\int\frac{x+1}{x^2+1}\mathrm{d}x+\int\frac{x}{(x^2+1)^2}\mathrm{d}x$$

$$=\int\frac{1}{x}\mathrm{d}x+\frac{1}{2}\int\frac{1}{x^2+1}\mathrm{d}(x^2+1)+\int\frac{1}{x^2+1}\mathrm{d}x+\frac{1}{2}\int\frac{1}{(x^2+1)^2}\mathrm{d}(x^2+1)$$

$$=\ln|x|+\frac{1}{2}\ln|x^2+1|+\arctan x-\frac{1}{2(x^2+1)}+K.$$

5.5.2　三角函数有理式的积分——万能代换

三角函数有理式是指由三角函数和常数经过有限次四则运算所构成的函数，其特点是分子、分母都包含三角函数的和差和乘积运算. 由于各种三角函数都可以用 $\sin x$ 及 $\cos x$ 的有理式表示，故三角函数有理式也就是含 $\sin x$ 及 $\cos x$ 的有理式.

我们通常用万能代换来解决三角函数有理式的积分问题. 中学中我们学过万能公式，它能将 $\sin x$，$\cos x$ 表示成 $\tan\frac{x}{2}$ 的函数. 只要变换 $u=\tan\frac{x}{2}$，

$$\mathrm{d}u=\mathrm{d}\left(\tan\frac{x}{2}\right)=\frac{1}{2}\sec^2\frac{x}{2}\mathrm{d}x=\frac{1}{2}\left(\tan^2\frac{x}{2}+1\right)\mathrm{d}x,$$

$$\mathrm{d}x=\frac{2}{1+u^2}\mathrm{d}u,$$

则可将三角函数有理式的积分转化为关于 u 的有理函数的积分来求解.

$$\sin x=2\sin\frac{x}{2}\cos\frac{x}{2}=\frac{2\tan\frac{x}{2}}{\sec^2\frac{x}{2}}=\frac{2\tan\frac{x}{2}}{1+\tan^2\frac{x}{2}}=\frac{2u}{1+u^2},$$

$$\cos x=\cos^2\frac{x}{2}-\sin^2\frac{x}{2}=\frac{1-\tan^2\frac{x}{2}}{\sec^2\frac{x}{2}}=\frac{1-u^2}{1+u^2},$$

$$\tan x=\frac{\sin x}{\cos x}=\frac{\frac{2u}{1+u^2}}{\frac{1-u^2}{1+u^2}}=\frac{2u}{1-u^2}.$$

魏尔斯特拉斯①首次发现了这种将三角函数有理式通过万能代换转化为有理函数的方法.我们来看一个例子.

例8 计算$\int\frac{1+\sin x}{\sin x(1+\cos x)}\mathrm{d}x$.

解 令$u=\tan\frac{x}{2}$,则$\sin x=\frac{2u}{1+u^2}$, $\cos x=\frac{1-u^2}{1+u^2}$, $x=2\arctan u$, $\mathrm{d}x=\frac{2}{1+u^2}\mathrm{d}u$.

于是

$$\int\frac{1+\sin x}{\sin x(1+\cos x)}\mathrm{d}x=\int\frac{\left(1+\frac{2u}{1+u^2}\right)}{\frac{2u}{1+u^2}\left(1+\frac{1-u^2}{1+u^2}\right)}\frac{2}{1+u^2}\mathrm{d}u=\frac{1}{2}\int\left(u+2+\frac{1}{u}\right)\mathrm{d}u$$

$$=\frac{1}{2}\left(\frac{u^2}{2}+2u+\ln|u|\right)+C=\frac{1}{4}\tan^2\frac{x}{2}+\tan\frac{x}{2}+\frac{1}{2}\ln\left|\tan\frac{x}{2}\right|+C$$

例9 计算$\int\frac{\mathrm{d}x}{5-4\cos x}$.

解 令$u=\tan\frac{x}{2}$,则$x=2\arctan u$, $\mathrm{d}x=\frac{2}{1+u^2}\mathrm{d}u$,于是

$$\int\frac{\mathrm{d}x}{5-4\cos x}=\int\frac{\frac{2}{1+u^2}\mathrm{d}u}{5-4\cdot\frac{1-u^2}{1+u^2}}=\int\frac{2\mathrm{d}u}{1+9u^2}=\frac{2}{3}\int\frac{\mathrm{d}(3u)}{1+(3u)^2}$$

$$=\frac{2}{3}\arctan(3u)+C=\frac{2}{3}\arctan\left(3\tan\frac{x}{2}\right)+C.$$

例10 计算$\int\frac{\mathrm{d}x}{1+\sin x+\cos x}$.

解 **解法一** 令$u=\tan\frac{x}{2}$,则$\sin x=\frac{2u}{1+u^2}$, $\cos x=\frac{1-u^2}{1+u^2}$, $x=2\arctan u$, $\mathrm{d}x=\frac{2}{1+u^2}\mathrm{d}u$,于是,

$$\int\frac{\mathrm{d}x}{1+\sin x+\cos x}=\int\frac{1}{1+\frac{2u}{1+u^2}+\frac{1-u^2}{1+u^2}}\cdot\frac{2}{1+u^2}\mathrm{d}u=\int\frac{1}{1+u}\mathrm{d}u$$

$$=\int\frac{1}{1+u}\mathrm{d}(1+u)=\ln|1+u|+C=\ln\left|1+\tan\frac{x}{2}\right|+C.$$

---

① 魏尔斯特拉斯(Weierstrass, 1815—1897),德国数学家,被誉为"现代分析之父".魏尔斯特拉斯在数学分析领域中的最大贡献,是在柯西、阿贝尔等开创的数学分析严格化潮流中,以ε-δ语言系统建立了实分析和复分析的基础,基本上完成了分析的算术化.

解法二

$$\int \frac{\mathrm{d}x}{1+\sin x+\cos x}=\int \frac{\mathrm{d}x}{2\sin \frac{x}{2}\cos \frac{x}{2}+2\cos^2 \frac{x}{2}}=\frac{1}{2}\int \frac{\sec^2 \frac{x}{2}}{1+\tan \frac{x}{2}}\mathrm{d}x$$

$$=\int \frac{\mathrm{d}\left(1+\tan \frac{x}{2}\right)}{1+\tan \frac{x}{2}}=\ln\left|1+\tan \frac{x}{2}\right|+C.$$

解法一比解法二更容易让人想到.

要注意的是,并非所有的三角函数有理式的积分都要通过变换化为有理函数的积分来求解,要注意因题而异. 例如,

$$\int \frac{\cos x}{1+\sin x}\mathrm{d}x=\int \frac{1}{1+\sin x}\mathrm{d}(1+\sin x)=\ln(1+\sin x)+C.$$

5.5.3 无理函数的积分

无理函数的积分一般要采用第二类换元法把根号消去,一般称这种方法为根代换. 根代换之后一般会得到有理函数的积分形式.

例 11 计算 $\int \frac{\sqrt{x+4}}{x}\mathrm{d}x$.

解 令 $u=\sqrt{x+4}$,那么 $u^2=x+4$,于是 $x=u^2-4$ 和 $\mathrm{d}x=2u\mathrm{d}u$,因此

$$\int \frac{\sqrt{x+4}}{x}\mathrm{d}x=\int \frac{u}{u^2-4}2u\mathrm{d}u=2\int \frac{u^2}{u^2-4}\mathrm{d}u=2\int\left(1+\frac{4}{u^2-4}\right)\mathrm{d}u.$$

可以将 u^2-4 分解成 $(u-2)(u+2)$,利用部分分式或利用公式取 $a=2$ 来计算:

$$\int \frac{\sqrt{x+4}}{x}\mathrm{d}x=2\int \mathrm{d}u+8\int \frac{\mathrm{d}u}{u^2-4}=2u+8\cdot\frac{1}{2\cdot 2}\ln\left|\frac{u-2}{u+2}\right|+C$$

$$=2\sqrt{x+4}+2\ln\left|\frac{\sqrt{x+4}-2}{\sqrt{x+4}+2}\right|+C.$$

例 12 计算 $\int \frac{\sqrt{x-1}}{x}\mathrm{d}x$.

解 设 $\sqrt{x-1}=u$,即 $x=u^2+1$,则

$$\int \frac{\sqrt{x-1}}{x}\mathrm{d}x=\int \frac{u}{u^2+1}\cdot 2u\mathrm{d}u=2\int \frac{u^2}{u^2+1}\mathrm{d}u$$

$$=2\int\left(1-\frac{1}{1+u^2}\right)\mathrm{d}u=2(u-\arctan u)+C$$

$$=2(\sqrt{x-1}-\arctan \sqrt{x-1})+C.$$

例 13 计算 $\int \frac{\mathrm{d}x}{1+\sqrt[3]{x+2}}$.

解　设 $\sqrt[3]{x+2}=u$，即 $x=u^3-2$，则

$$\int\frac{dx}{1+\sqrt[3]{x+2}}=\int\frac{1}{1+u}\cdot 3u^2du=3\int\frac{u^2-1+1}{1+u}du$$
$$=3\int\left(u-1+\frac{1}{1+u}\right)du=3\left(\frac{u^2}{2}-u+\ln|1+u|\right)+C$$
$$=\frac{3}{2}\sqrt[3]{(x+2)^2}-3\sqrt[3]{x+2}+\ln|1+\sqrt[3]{x+2}|+C.$$

例 14　计算 $\int\frac{1}{x}\sqrt{\frac{1+x}{x}}dx$.

解　设 $\sqrt{\frac{1+x}{x}}=t$，即 $x=\frac{1}{t^2-1}$，于是

$$\int\frac{1}{x}\sqrt{\frac{1+x}{x}}dx=\int(t^2-1)t\cdot\frac{-2t}{(t^2-1)^2}dt=-2\int\frac{t^2}{t^2-1}dt$$
$$=-2\int\left(1+\frac{1}{t^2-1}\right)dt=-2t-\ln\left|\frac{t-1}{t+1}\right|+C$$
$$=-2\sqrt{\frac{1+x}{x}}-\ln\frac{\sqrt{1+x}-\sqrt{x}}{\sqrt{1+x}+\sqrt{x}}+C.$$

一般来说，形如 $\int f(x,\sqrt[n]{ax+b})dx$ 或 $\int f\left(x,\sqrt[n]{\frac{ax+b}{cx+d}}\right)dx$ 的无理函数的积分，令 $t=\sqrt[n]{ax+b}$ 或 $t=\sqrt[n]{\frac{ax+b}{cx+d}}$ 即可，但并非完全如此，有时先适当整理函数可能会有意想不到的收获. 我们来看下面的例子.

例 15　计算 $\int\sqrt{\frac{1-x}{1+x}}dx$.

解　尽管利用换元 $u=\sqrt{\frac{1-x}{1+x}}$ 可以计算，但得到的是一个复杂的有理函数. 一个简单的方法是代数化简，将分子分母同乘以 $\sqrt{1-x}$，有

$$\int\sqrt{\frac{1-x}{1+x}}dx=\int\frac{1-x}{\sqrt{1-x^2}}dx=\int\frac{1}{\sqrt{1-x^2}}dx-\int\frac{x}{\sqrt{1-x^2}}dx$$
$$=\arcsin x+\sqrt{1-x^2}+C.$$

如果被积函数含有两个不同的根式，如既含有 $\sqrt{x}$ 又含有 $\sqrt[3]{x}$，为了去掉所有根号，可以令 $t=\sqrt[6]{x}$ 或 $x=t^6$，来看下面的例子.

例 16　计算 $\int\frac{dx}{(1+\sqrt[3]{x})\sqrt{x}}$.

解　设 $x=t^6$，于是 $dx=6t^5dt$，从而

$$\int\frac{dx}{(1+\sqrt[3]{x})\sqrt{x}}=\int\frac{6t^5}{(1+t^2)t^3}dt=6\int\frac{t^2}{1+t^2}dt$$
$$=6\int\left(1-\frac{1}{1+t^2}\right)dt=6(t-\arctan t)+C=6(\sqrt[6]{x}-\arctan\sqrt[6]{x})+C.$$

有时候，分部积分法要和根代换结合起来使用.

例 17　计算$\int e^{\sqrt{x}}dx$.

解　令$\sqrt{x}=t$，$x=t^2$，则$dx=2tdt$，于是有

$$\int e^{\sqrt{x}}dx=2\int te^t dt=2e^t(t-1)+C=2e^{\sqrt{x}}(\sqrt{x}-1)+C.$$

此题还可以这样求解：

$$\begin{aligned}\int e^{\sqrt{x}}dx&=\int e^{\sqrt{x}}d(\sqrt{x})^2=2\int\sqrt{x}e^{\sqrt{x}}d(\sqrt{x})\\&=2\int\sqrt{x}d(e^{\sqrt{x}})=2\sqrt{x}e^{\sqrt{x}}-2\int e^{\sqrt{x}}d(\sqrt{x})\\&=2\sqrt{x}e^{\sqrt{x}}-2e^{\sqrt{x}}+C=2e^{\sqrt{x}}(\sqrt{x}-1)+C.\end{aligned}$$

最后我们来回答一个问题：我们能计算出所有的连续函数的积分吗？这里需要指出的是，有些函数虽然在某区间上连续，可以积分，但由于它的原函数不能表示为初等函数的形式（即初等函数的原函数不一定是初等函数），这时我们称该函数可积，但积不出.

例如：$\int e^{x^2}dx$，$f(x)=e^{x^2}$是连续函数，它的积分存在. 如果假设

$$F(x)=\int_0^x e^{t^2}dt,$$

则有$F'(x)=f(x)=e^{x^2}$，可以证明F不是初等函数，也就是说不能利用已知函数来计算$\int e^{x^2}dx$.（注：可以用无穷级数表示，后边的章节会学到级数.）

类似地，不能利用已知函数来计算的还有$\int\frac{\sin x}{x}dx$，$\int\frac{1}{\ln x}dx$，$\int\sin(x^2)dx$等，用前面学过的各种积分方法也都无法求出这些不定积分，而需要用其他方法，这有待在以后的学习中解决. 事实上我们能计算积分的只是一小部分，大部分的初等函数没有初等原函数. 当然，我们所碰到的积分计算题都是可积的.

练习 5.5

1. 计算下列积分：

(1) $\int\frac{x}{x-6}dx$；　　(2) $\int\frac{x-9}{(x+5)(x-2)}dx$；

(3) $\int\frac{ax}{x^2-bx}dx$；　　(4) $\int\frac{1}{(x+5)^2(x-1)}dx$；

(5) $\int\frac{5x^2+3x-2}{x^3+2x^2}dx$；　　(6) $\int\frac{x^2}{(x+1)^3}dx$；

(7) $\int\frac{10}{(x-1)(x^2+9)}dx$；　　(8) $\int\frac{x^3+x^2+2x+1}{(x^2+1)(x^2+2)}dx$；

(9) $\int\frac{x+4}{x^2+2x+5}dx$；　　(10) $\int\frac{1}{x^3-1}dx$；

(11) $\int \frac{\mathrm{d}x}{x^4 - x^2}$；　　(12) $\int \frac{x-3}{(x^2+2x+4)^2}\mathrm{d}x$.

2. 利用换元法将积分表示成有理函数,并计算积分值:

(1) $\int \frac{1}{x\sqrt{1+x}}\mathrm{d}x$；　　(2) $\int \frac{x^3}{\sqrt[3]{x^2+1}}\mathrm{d}x$；

(3) $\int \frac{1}{\sqrt{x}-\sqrt[3]{x}}\mathrm{d}x$(提示:代入 $u=\sqrt[6]{x}$)；

(4) $\int \frac{\mathrm{e}^{2x}}{\mathrm{e}^{2x}+3\mathrm{e}^x+2}\mathrm{d}x$.

3. 计算下列积分:

(1) $\int \frac{1}{3\sin x - 4\cos x}\mathrm{d}x$；　　(2) $\int \frac{1}{2\sin x + \sin 2x}\mathrm{d}x$.

本章小结

本章主要介绍了不定积分的概念、性质及基本公式,介绍了各类被积函数的不定积分的计算方法.通过学习,要掌握不定积分的概念和性质,记牢基本积分公式,要会利用第一类换元积分法、第二类换元积分法、分部积分法、有理函数的部分分式积分法、三角函数的积分法来计算不定积分.

本章的重点:

(1) 不定积分的概念.一个连续函数的不定积分就是其原函数的全体.

(2) 基本积分公式.一定要记牢,不要与基本求导公式、基本微分公式相混淆.

(3) 换元积分法.第一类换元积分法换元时是由繁入简,没有特别的规律,不同的题目有不同的换元;第二类换元积分法换元时是由简入繁(但整理后计算简单),相对固定,如根式代换、三角代换等.

(4) 分部积分法.一般出现在两种不同类型函数之积的积分计算,公式 $\int u\mathrm{d}v = uv - \int v\mathrm{d}u$ 中,左边积分为所求,难;右边积分为转化后所得,较易.关键是如何快速准确确定 u 和 $\mathrm{d}v$,按口诀"反对幂三指(指三)"很快可以确定,排在前面的为 u,剩下的为 $\mathrm{d}v$.

(5) 有理函数的部分分式积分法.有理函数分真分式和假分式.假分式可以表示为一个多项式加上一个真分式,故有理函数的积分的关键是将真分式拆成若干个部分分式的问题.

(6) 三角函数有理式的积分.用万能代换转化成有理函数的积分来求解.

本章的难点:

(1) 换元积分法;

(2) 分部积分法;

(3) 有理函数的部分分式积分法;

(4) 三角函数有理式的积分.

复习题 5

1. 选择题.

(1) 若 $\int f(x)\mathrm{d}x = \sin x + c$，则 $f'(x)=($　　$)$.

A. $\sin x$　　B. $-\sin x$　　C. $\cos x$　　D. $-\cos x$

(2) 若 $(x+1)^2$ 为 $f(x)$ 的原函数，则(　　)也为 $f(x)$ 的原函数.

A. x^2　　B. $(x+2)^2$　　C. x^2+x　　D. x^2+2x

(3) $\frac{\mathrm{d}}{\mathrm{d}x}\int f(x^2)\mathrm{d}(x^2) = ($　　$)$.

A. $f(x)$　　B. $f(x^2)$　　C. $2xf(x^2)$　　D. $x^2 f(x^2)$

(4) 设 $f(x) = k\tan 2x$ 的一个原函数是 $\frac{2}{3}\ln\cos 2x$，则 $k = ($　　$)$.

A. $-\frac{2}{3}$　　B. $\frac{3}{2}$　　C. $-\frac{4}{3}$　　D. $\frac{3}{4}$

(5) 若 $\int f(x)\mathrm{d}x = F(x)+C$，则 $\int \mathrm{e}^x f(\mathrm{e}^x)\mathrm{d}x = ($　　$)$.

A. $F(x)+C$　　B. $\mathrm{e}^x F(x)+C$　　C. $F(\mathrm{e}^x)+C$　　D. $\mathrm{e}^x F(\mathrm{e}^x)+C$

(6) $\int \frac{1}{1+x^2}\mathrm{d}(x^2) = ($　　$)$.

A. $\arctan x + C$　　B. $\arctan x^2 + C$

C. $\ln(1+x^2)+C$　　D. $-\frac{1}{(1+x^2)^2}+C$

(7) $\int \frac{\mathrm{d}x}{\sqrt{4-25x^2}} = ($　　$)$.

A. $\arcsin\frac{5x}{2}+C$　　B. $\frac{1}{5}\arcsin\frac{5x}{2}+C$

C. $\frac{2}{5}\arcsin\frac{5x}{2}+C$　　D. $\frac{5}{2}\arcsin\frac{5x}{2}+C$

(8) 设 $f(x) = x+1$，则 $\int f(\sqrt{x})\mathrm{d}x = ($　　$)$.

A. $\frac{1}{2\sqrt{x}}+C$　　B. $\frac{1}{2\sqrt{x+1}}+C$

C. $\frac{2}{3}\sqrt{x^3}+x+C$　　D. $\frac{2}{3}\sqrt{(x+1)^3}+C$

(9) 设 $f(\ln x) = x$，则 $\int f(x)\mathrm{d}x =($　　$)$.

A. $x+C$　　B. $\frac{1}{x}+C$　　C. e^x+C　　D. $\ln x+C$

(10) $\int \ln x\,\mathrm{d}(x^2) = ($　　$)$.

A. $x^2\ln x - x^2 + C$　　B. $x^2\ln x - \frac{1}{2}x^2 + C$

C. $x^2\ln x - x + C$　　D. $x^2\ln x - 2x + C$

(11) 设 $f''(x)$ 连续，则 $\int xf''(x)\mathrm{d}x = ($　　$)$.

A. $\frac{1}{2}f'(x^2)+C$　　B. $xf'(x)+C$

C. $xf'(x)-f(x)+C$ D. $x^2f'(x)-f(x)+C$

2. 计算下列积分：

(1) $\int \frac{\sqrt{7-2x^2}}{x^2}\mathrm{d}x$；

(2) $\int \sec^3(\pi x)\mathrm{d}x$；

(3) $\int \mathrm{e}^{-3x}\cos 4x\mathrm{d}x$；

(4) $\int \frac{\mathrm{d}x}{x^2\sqrt{4x^2+9}}$；

(5) $\int \frac{\tan^3(1/z)}{z^2}\mathrm{d}z$；

(6) $\int \frac{\mathrm{d}x}{5-4\cos x}$；

(7) $\int y\sqrt{6+4y-4y^2}\mathrm{d}y$；

(8) $\int \sin^2 x\cos x\ln(\sin x)\mathrm{d}x$；

(9) $\int \frac{\mathrm{e}^x}{3-\mathrm{e}^{2x}}\mathrm{d}x$；

(10) $\int \sec^5 x\mathrm{d}x$；

(11) $\int \frac{\sqrt{4+(\ln x)^2}}{x}\mathrm{d}x$；

(12) $\int \sqrt{\mathrm{e}^{2x}-1}\mathrm{d}x$；

(13) $\int \frac{x^4\mathrm{d}x}{\sqrt{x^{10}-2}}$.

3. 计算下列不定积分：

(1) $\int \tan^7 x\sec^3 x\mathrm{d}x$；

(2) $\int \frac{\sin(\ln t)}{t}\mathrm{d}t$；

(3) $\int \frac{\mathrm{d}x}{x^3+x}$；

(4) $\int \sin^2\theta\cos^5\theta\mathrm{d}\theta$；

(5) $\int x\sec x\tan x\mathrm{d}x$；

(6) $\int \frac{x+1}{9x^2+6x+5}\mathrm{d}x$；

(7) $\int \frac{\mathrm{d}x}{\sqrt{x^2-4x}}$；

(8) $\int \csc^4 4x\mathrm{d}x$；

(9) $\int \frac{3x^3-x^2+6x-4}{(x^2+1)(x^2+2)}\mathrm{d}x$；

(10) $\int \frac{x^2}{(4-x^2)^{3/2}}\mathrm{d}x$；

(11) $\int \frac{1}{\sqrt{x+x^{3/2}}}\mathrm{d}x$；

(12) $\int (\cos x+\sin x)^2\cos 2x\mathrm{d}x$.

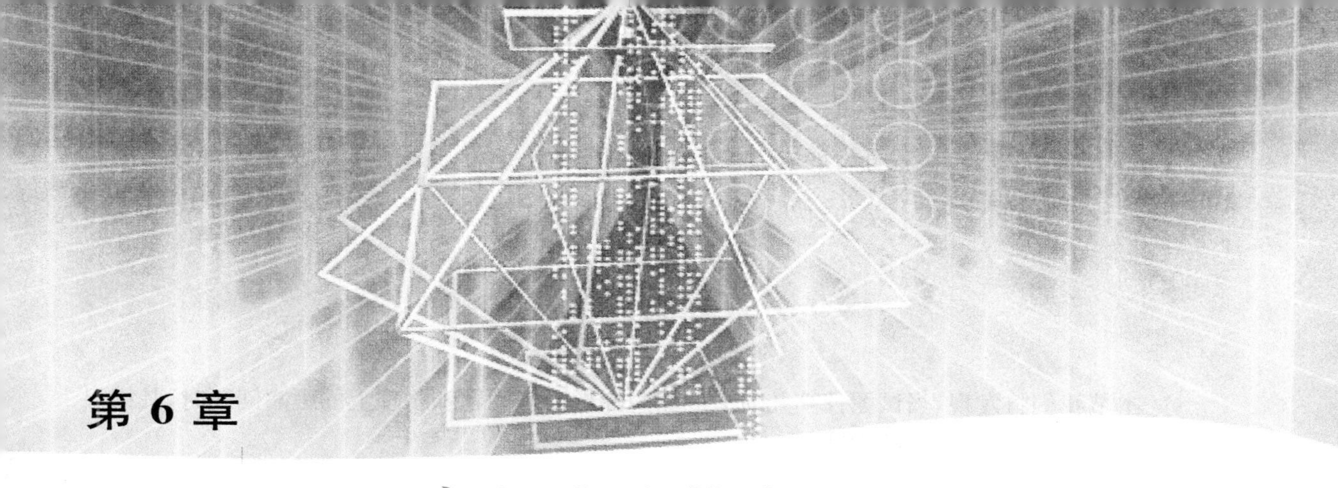

第 6 章

定积分及其应用

【学习目标】

(1) 理解定积分的概念；

(2) 掌握定积分的性质及积分中值定理，掌握定积分的换元积分法与分部积分法；

(3) 理解变上限积分函数的定义及其求导数定理，掌握牛顿-莱布尼兹公式；

(4) 了解反常积分的概念并会计算反常积分；

(5) 理解元素法的基本思想；

(6) 掌握用定积分表达和计算一些几何量，如平面图形的面积、平面曲线的弧长、旋转体的体积、平行截面面积为已知的立体体积等；

(7) 掌握用定积分表达和计算一些量，例如，经济活动中的消费者剩余、生产者剩余和由边际函数求总函数等，物理上的变力做功、引力、水压力，以及函数的平均值等.

【学习要点】

定积分；定积分的性质及定积分中值定理；定积分的换元积分法与分部积分法；牛顿-莱布尼兹公式；变上限积分函数的导数；反常积分的概念与计算；平面图形的面积；平面曲线的弧长；旋转体的体积；平行截面面积为已知的立体体积；经济活动中的消费者剩余、生产者剩余和由边际函数求总函数等；物理上的变力所做的功、引力和水压力；函数的平均值等.

在第 3 章通过讨论几何上的切线问题、物理上的速率问题和经济上的边际问题，引出了高等数学(微积分)的一个分支——微分学. 类似地，本章将在介绍几何上的面积问题和物理上的距离问题的基础上，引出高等数学(微积分)的另一个分支——积分学. 在介绍定积分的概念、性质和计算方法后，我们还将学习如何利用定积分来计算平面图形的面积、平面曲线的弧长、旋转体的体积、平行截面面积为已知的立体体积、消费者剩余、生产者剩余、由边际函数求总函数、变力做功、引力和水压力等诸多实际问题. 通过学习我们会发现，微积分基本定理(牛顿-莱布尼兹公式)是联系微分和积分的一座桥梁，也就是说，微分和积分是互逆的. 牛顿和莱布尼兹①利用这一关系，将微积分发展成为一个系统的数学分支，因此从这个意义上说牛顿和莱布尼兹创立了微积分学.

§6.1 定积分的概念与性质

本节我们将发现，当试图计算几何上的曲边梯形面积问题和物理上的距离问题时，其结果都是一个乘积和式的极限存在问题.

6.1.1 定积分问题举例

一、曲边梯形的面积

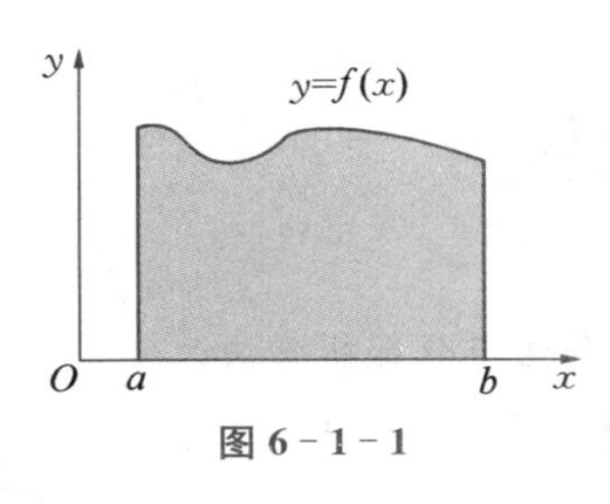

图 6-1-1

设函数 $y=f(x)$ 在区间$[a, b]$上非负、连续. 由直线 $x=a$，$x=b$，$y=0$ 及曲线 $y=f(x)$ 所围成的图形称为曲边梯形，其中曲线弧称为曲边，如图 6-1-1 所示.

到目前为止，我们只能解决一些规则图形的面积问题，如三角形、矩形、正方形等，计算曲边梯形的面积并不容易. 然而在研究多边形的面积时，是将其分解成若干三角形，然后将各个面积相加得到.

直觉告诉我们，这种方法只能得到曲边梯形的面积的近似值. 如何得到精确的曲边梯形面积值呢？根据前面所学，完全可以引入极限的思想将这个问题解决. 我们来看下面的详细过程.

将曲边梯形分割成一些小的曲边梯形，每个小曲边梯形都用一个等宽的小矩形代替，每个小曲边梯形的面积都近似地等于小矩形的面积，则所有小矩形面积的和就是曲边梯形面积的近似值. 具体方法如下：在区间$[a, b]$中任意插入若干个分点，

$$a=x_0<x_1<x_2<\cdots<x_{n-1}<x_n=b,$$

把$[a, b]$分成 n 个小区间，

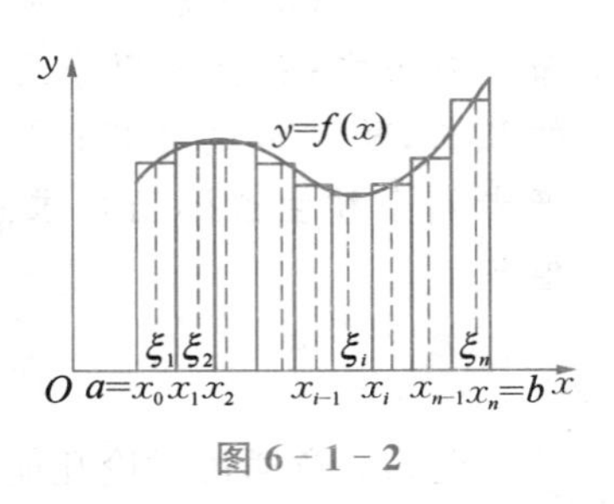

图 6-1-2

$$[x_0, x_1], [x_1, x_2], [x_2, x_3], \cdots, [x_{n-1}, x_n],$$

它们的长度依次为 $\Delta x_1=x_1-x_0$，$\Delta x_2=x_2-x_1$，…，$\Delta x_n=x_n-x_{n-1}$，如图 6-1-2 所示.

经过每个分点作平行于 y 轴的直线段，把曲边梯形分成 n 个窄曲边梯形. 在每个小区间 $[x_{i-1}, x_i]$ 上任取一点 ξ_i，以$[x_{i-1}, x_i]$为底、$f(\xi_i)$ 为高的窄矩形近似替代第 i 个窄曲边梯形($i=1, 2, \cdots, n$)，把这样得到的 n 个窄矩形面积之和作为所求曲边梯形面积 A 的近似值，即

① 牛顿(Isaac Newton, 1642—1727)，英国著名的数学家，百科全书式的“全才”，著有《自然哲学的数学原理》(1687). 莱布尼兹(Gottfried Wilhelm Leibniz, 1646—1716)，德国数学家. 与牛顿一起被认为是微积分的创立者. 目前微积分领域使用的符号大多是由莱布尼兹所提出的.

$$A \approx f(\xi_1)\Delta x_1 + f(\xi_2)\Delta x_2 + \cdots + f(\xi_n)\Delta x_n = \sum_{i=1}^{n} f(\xi_i)\Delta x_i.$$

下面来求曲边梯形的面积的精确值.

显然,分割越细,则分点越多,每个小曲边梯形就越窄,所求得的曲边梯形面积的近似值就越接近曲边梯形面积的精确值.因此,要求曲边梯形面积的精确值,只需无限地分割下去,使每个小曲边梯形的宽度趋于零,记

$$\lambda = \max\{\Delta x_1, \Delta x_2, \cdots, \Delta x_n\},$$

于是,当 $\lambda \to 0$ 时,曲边梯形的面积为

$$A = \lim_{\lambda \to 0} \sum_{i=1}^{n} f(\xi_i)\Delta x_i.$$

上述求曲边梯形面积的过程可概括为:大化小(分割曲边梯形的底)、常代变(以若干个细小的矩形代替若干个细小的曲边梯形)、近似和(若干个小的矩形的面积和)、取极限(求得曲边梯形面积的精确值),问题最终转化为一个乘积和式的极限存在问题,因为曲边梯形的面积是一定存在的.

二、变速运动中的距离问题

设物体作直线运动,已知速度 $v = v(t)$ 是时间间隔 $[T_1, T_2]$ 上 t 的连续函数,且 $v(t) \geqslant 0$,计算在这段时间内物体所经过的距离 s.

与求曲边梯形面积的方法类似,把时间间隔 $[T_1, T_2]$ 分成 n 个小的时间间隔 Δt_i,在每个小的时间间隔 Δt_i 内,物体运动看成是匀速的,其速度近似为物体在时间间隔 Δt_i 内某点 ξ_i 的速度 $v(t_i)$,物体在时间间隔 $v(t_i)$ 内运动的距离近似为 $\Delta s_i = v(t_i)\Delta t_i$. 把物体在每一小的时间间隔 Δt_i 内运动的距离加起来作为物体在时间间隔 $[T_1, T_2]$ 内所经过的距离 s 的近似值. 具体做法如下:

在时间间隔 $[T_1, T_2]$ 内任意插入若干个分点,

$$T_1 = t_0 < t_1 < t_2 < \cdots < t_{n-1} < t_n = T_2,$$

把 $[T_1, T_2]$ 分成 n 个小段,

$$[t_0, t_1], [t_1, t_2], \cdots, [t_{n-1}, t_n],$$

各小段时间的长依次为

$$\Delta t_1 = t_1 - t_0, \Delta t_2 = t_2 - t_1, \cdots, \Delta t_n = t_n - t_{n-1}.$$

相应地,在各段时间内物体经过的距离依次为

$$\Delta s_1, \Delta s_2, \cdots, \Delta s_n.$$

在时间间隔 $[t_{i-1}, t_i]$ 上任取一个时刻 $\tau_i (t_{i-1} < \tau_i < t_i)$,以 τ_i 时刻的速度 $v(\tau_i)$ 来代替 $[t_{i-1}, t_i]$ 上各个时刻的速度,得到部分路程 Δs_i 的近似值,即

$$\Delta s_i = v(\tau_i)\Delta t_i (i = 1, 2, \cdots, n).$$

于是这 n 段部分路程的近似值之和就是所求变速直线运动的距离 s 的近似值,即

$$s \approx \sum_{i=1}^{n} v(\tau_i) \Delta t_i.$$

记 $\lambda = \max\{\Delta t_1, \Delta t_2, \cdots, \Delta t_n\}$，当 $\lambda \to 0$ 时，取上述和式的极限，即得变速直线运动的距离

$$s = \lim_{\lambda \to 0} \sum_{i=1}^{n} v(\tau_i) \Delta t_i.$$

与求曲边梯形面积的问题相类似，上述求变速直线运动的距离问题的过程也可概括为：大化小(分割成若干段短的时间)、常代变(以若干个恒定的速率来代替若干个变化的速率)、近似和(若干段短的距离和)、取极限(求得整个运动距离的精确值). 我们不难发现，问题最终也转化为求一个乘积和式的极限存在问题，因为运动的距离是一定存在的.

三、经济活动中的收益问题

设某商品的价格 p 是销售量 x 的函数，$p = p(x)$. 我们来计算：当销售量从 a 变动到 b 时的收益 R 为多少?(设 x 为连续变量.)

由于市场波动，价格会随销售量的变化而变动，不能直接用销售量乘以价格的方法来计算收益. 仿照上面的两个例子，用下述方法进行计算.

在 $[a, b]$ 内任意插入若干个分点，

$$a = x_0 < x_1 < x_2 < \cdots < x_{n-1} < x_n = b,$$

把 $[a, b]$ 分成 n 个小区间，

$$[x_0, x_1], [x_1, x_2], [x_2, x_3], \cdots, [x_{n-1}, x_n],$$

每个销售量段 $[x_{i-1}, x_i]$ $(i=1, 2, \cdots, n)$ 的销售量为

$$\Delta x_i = x_i - x_{i-1} (i = 1, 2, \cdots, n).$$

在每个销售段 $[x_{i-1}, x_i]$ 中任意取一点 ξ_i，把 $p(\xi_i)$ 作为该段的近似价格，收益近似为

$$\Delta R_i \approx p(\xi_i) \Delta x_i (i = 1, 2, \cdots, n).$$

把 n 段的收益相加，得收益的近似值

$$R \approx \sum_{i=1}^{n} p(\xi_i) \Delta x_i.$$

记

$$\lambda = \max\{\Delta x_1, \Delta x_2, \cdots, \Delta x_n\},$$

于是，当 $\lambda \to 0$ 时，$R = \lim\limits_{\lambda \to 0} \sum\limits_{i=1}^{n} p(\xi_i) \Delta x_i$，即得所求的收益.

与求曲边梯形面积的问题相类似，上述求经济活动中的收益问题的过程也可概括为：大化小(将销售总量分割成若干段少的销售量)、常代变(以若干个恒定的销售量来代替若干个变化的销售量)、近似和(若干段恒定的销售量带来的收益总和)、取极限(求得整个销售收益和的精确值). 我们不难发现，问题最终也转化为求一个乘积和式的极限存在问题，因为销售收益是一定存在的.

以上虽是3个不同范畴的实际问题，但从数学的角度来看，其解决问题的思想是相同的. 这一类问题还可以举出很多，例如，物理学中变力做功、液体的侧压力；几何学中旋转体的体积、平面曲线的弧长；经济学中的消费者剩余等，都是用上面的方法来处理的. 抛开这些问题的具体意义，抓住它们在数量关系上共同的本质与特性加以概括，就可以抽象出高等数学中定积分的概念.

6.1.2　定积分的定义

定义　设函数 $f(x)$ 在 $[a, b]$ 上有界，在 $[a, b]$ 中任意插入若干个分点，

$$a = x_0 < x_1 < x_2 < \cdots < x_{n-1} < x_n = b,$$

把区间 $[a, b]$ 分成 n 个小区间，

$$[x_0, x_1], [x_1, x_2], \cdots, [x_{n-1}, x_n],$$

各小段区间的长度依次为

$$\Delta x_1 = x_1 - x_0, \Delta x_2 = x_2 - x_1, \cdots, \Delta x_n = x_n - x_{n-1}.$$

在每个小区间 $[x_{i-1}, x_i]$ 上任取一个点 $\xi_i(x_{i-1}<\xi_i<x_i)$，作函数值 $f(\xi_i)$ 与小区间长度 Δx_i 的乘积

$$f(\xi_i)\Delta x_i (i = 1, 2, \cdots, n),$$

并作出和

$$S = \sum_{i=1}^{n} f(\xi_i)\Delta x_i.$$

记 $\lambda = \max\{\Delta x_1, \Delta x_2, \cdots, \Delta x_n\}$，如果不论对 $[a, b]$ 怎样分法，也不论在小区间 $[x_{i-1}, x_i]$ 上点 ξ_i 怎样取法，只要当 $\lambda \to 0$ 时，和 S 总趋于确定的极限 I，这时称这个极限 I 为函数 $f(x)$ 在区间 $[a, b]$ 上的定积分，记作 $\int_a^b f(x)\mathrm{d}x$，即

$$\int_a^b f(x)\mathrm{d}x = \lim_{\lambda \to 0}\sum_{i=1}^{n} f(\xi_i)\Delta x_i,$$

其中 $f(x)$ 叫做被积函数，$f(x)\mathrm{d}x$ 叫做被积表达式，x 叫做积分变量，a 叫做积分下限，b 叫做积分上限，$[a, b]$ 叫做积分区间.

根据定积分的定义，曲边梯形的面积为 $A = \int_a^b f(x)\mathrm{d}x$. 同样，变速直线运动的距离为 $s = \int_{T_1}^{T_2} v(t)\mathrm{d}t$，销售量从 a 变动到 b 时的收益为 $R = \int_a^b p(x)\mathrm{d}x$.

关于定积分的定义有几点说明：

(1) 定积分的值只与被积函数及积分区间有关，而与积分变量的记法无关，即

$$\int_a^b f(x)\mathrm{d}x = \int_a^b f(t)\mathrm{d}t = \int_a^b f(u)\mathrm{d}u;$$

(2) 和 $\sum_{i=1}^{n} f(\xi_i)\Delta x_i$ 通常称为 $f(x)$ 的黎曼①和或积分和；

① 黎曼(B. Reimann，1826—1866)，德国数学家，现代形式的定积分的定义是由他给出的.

(3) 如果函数 $f(x)$在$[a, b]$上的定积分存在,就说 $f(x)$在区间$[a, b]$上可积.

函数 $f(x)$在$[a, b]$上满足什么条件时,$f(x)$在$[a, b]$上可积呢? 有如下的两个定理:

定理 1 设 $f(x)$在区间$[a, b]$上连续,则 $f(x)$在$[a, b]$上可积.

定理 2 设 $f(x)$在区间$[a, b]$上有界,且只有有限个间断点,则 $f(x)$在$[a, b]$上可积.

定积分有着明显的几何意义:在区间$[a, b]$上,当 $f(x)\geqslant 0$ 时,积分

$$\int_a^b f(x)\mathrm{d}x$$

恰好表示为由曲线 $y=f(x)$、两条直线 $x=a$, $x=b$ 与 x 轴所围成的曲边梯形的面积,如图 6-1-3 所示.

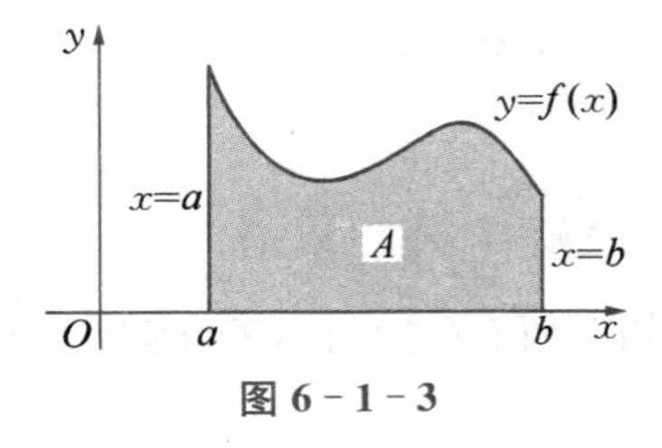

图 6-1-3

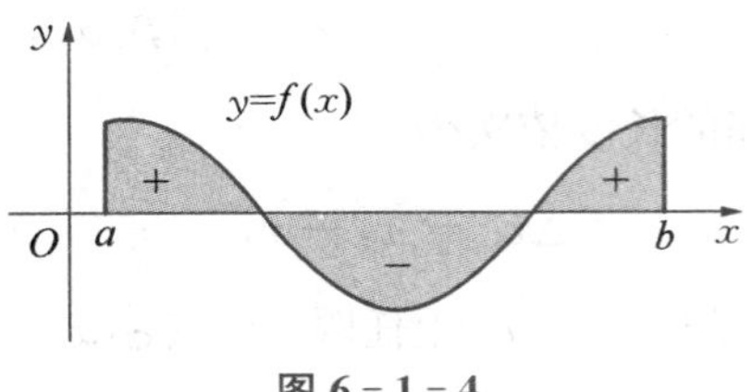

图 6-1-4

当 $f(x)\leqslant 0$ 时,由曲线 $y=f(x)$、两条直线 $x=a$, $x=b$ 与 x 轴所围成的曲边梯形位于 x 轴的下方,定积分在几何上表示上述曲边梯形面积的负值;当 $f(x)$ 既取得正值、又取得负值时,函数 $y=f(x)$ 的图形某些部分在 x 轴的上方,而其他部分在 x 轴的下方. 如果对面积赋以正负号,在 x 轴上方的图形面积赋以正号,在 x 轴下方的图形面积赋以负号,则在一般情形下,定积分$\int_a^b f(x)\mathrm{d}x$ 的几何意义为:它是介于 x 轴、函数 $y=f(x)$ 的图形及两条直线 $x=a$, $x=b$ 之间的各部分面积的代数和,如图 6-1-4 所示.

例 1 利用定积分定义计算 $\int_0^1 x^2\mathrm{d}x$.

解 把区间$[0, 1]$分成 n 等份,分点和小区间长度分别为

$$x_i=\frac{i}{n}(i=1,\ 2,\ \cdots,\ n-1),\ \Delta x_i=\frac{1}{n}(i=1,\ 2,\ \cdots,\ n),$$

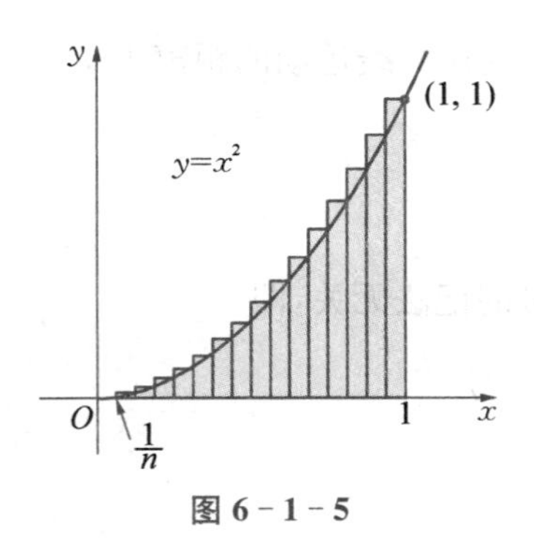

图 6-1-5

如图 6-1-5 所示.

取 $\xi_i=\frac{i}{n}(i=1,\ 2,\ \cdots,\ n-1)$,作积分和

$$\begin{aligned}\sum_{i=1}^{n} f(\xi_i)\Delta x_i &= \sum_{i=1}^{n}\xi_i^2\Delta x_i=\sum_{i=1}^{n}\left(\frac{i}{n}\right)^2\cdot\frac{1}{n}\\ &=\frac{1}{n^3}\sum_{i=1}^{n} i^2=\frac{1}{n^3}\cdot\frac{1}{6}n(n+1)(2n+1)\\ &=\frac{1}{6}\left(1+\frac{1}{n}\right)\left(2+\frac{1}{n}\right).\end{aligned}$$

因为 $\lambda=\frac{1}{n}$,当 $\lambda\to 0$ 时, $n\to\infty$,所以

$$\int_0^1 x^2 \mathrm{d}x = \lim_{\lambda \to 0} \sum_{i=1}^{n} f(\xi_i)\Delta x_i = \lim_{n \to \infty} \frac{1}{6}\left(1+\frac{1}{n}\right)\left(2+\frac{1}{n}\right) = \frac{1}{3}.$$

例 2　用定积分的几何意义求下列积分值：

(1) $\int_0^1 \sqrt{1-x^2}\,\mathrm{d}x$；　　(2) $\int_0^3 (x-1)\,\mathrm{d}x$.

解　(1) 由于 $f(x) = \sqrt{1-x^2} \geqslant 0$，可以将积分看作曲线 $y = \sqrt{1-x^2}$ 从 0 到 1 下的面积. 由于 $y^2 = 1-x^2$，有 $x^2+y^2=1$，因此 f 的图形是如图 6-1-6 所示的四分之一圆. 于是

$$\int_0^1 \sqrt{1-x^2}\,\mathrm{d}x = \frac{1}{4}\pi(1)^2 = \frac{\pi}{4}.$$

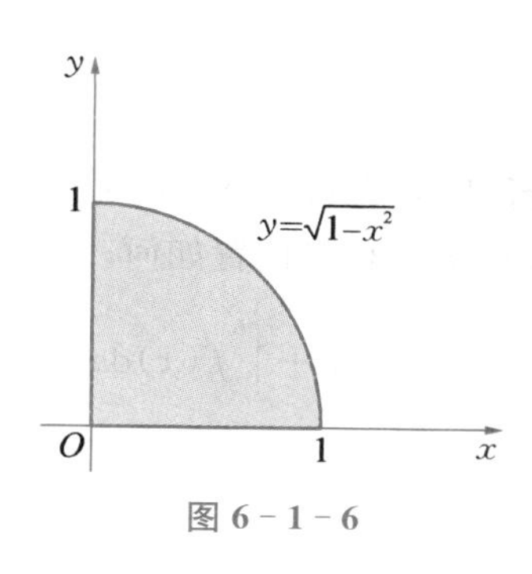

图 6-1-6

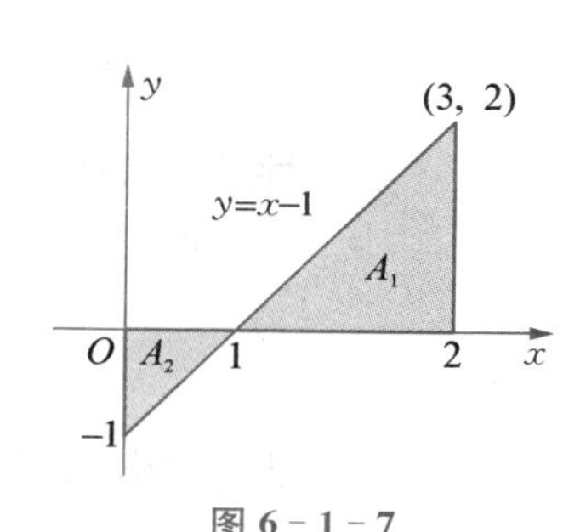

图 6-1-7

(2) 函数 $y = x-1$ 与 $x=0$，$x=3$，$y=0$ 所围的图形如图 6-1-7 所示，于是

$$\int_0^3 (x-1)\,\mathrm{d}x = A_1 - A_2 = \frac{1}{2}\times 2\times 2 - \frac{1}{2}\times 1\times 1 = \frac{3}{2}.$$

6.1.3　定积分的性质

当定义积分 $\int_a^b f(x)\,\mathrm{d}x$ 时，假设 $a<b$. 作为黎曼和的极限，如果 $a>b$ 时，定义仍然正确. 注意到如果 a，b 互换，那么 Δx 从 $\frac{b-a}{n}$ 变为 $\frac{a-b}{n}$，因此

$$\int_b^a f(x)\,\mathrm{d}x = -\int_a^b f(x)\,\mathrm{d}x.$$

如果 $a=b$，那么 $\Delta x = 0$，并且

$$\int_b^a f(x)\,\mathrm{d}x = 0.$$

性质 1　函数的和(差)的定积分等于它们的定积分的和(差)，即

$$\int_a^b [f(x) \pm g(x)]\,\mathrm{d}x = \int_a^b f(x)\,\mathrm{d}x \pm \int_a^b g(x)\,\mathrm{d}x,$$

这是因为

$$\begin{aligned}\int_a^b [f(x) \pm g(x)]\,\mathrm{d}x &= \lim_{\lambda \to 0}\sum_{i=1}^{n}[f(\xi_i) \pm g(\xi_i)]\Delta x_i = \lim_{\lambda \to 0}\sum_{i=1}^{n} f(\xi_i)\Delta x_i \pm \lim_{\lambda \to 0}\sum_{i=1}^{n} g(\xi_i)\Delta x_i \\ &= \int_a^b f(x)\,\mathrm{d}x \pm \int_a^b g(x)\,\mathrm{d}x.\end{aligned}$$

性质2 被积函数的常数因子可以提到积分号外面，即

$$\int_a^b kf(x)\mathrm{d}x = k\int_a^b f(x)\mathrm{d}x,$$

这是因为

$$\int_a^b kf(x)\mathrm{d}x = \lim_{\lambda\to 0}\sum_{i=1}^n kf(\xi_i)\Delta x_i = k\lim_{\lambda\to 0}\sum_{i=1}^n f(\xi_i)\Delta x_i = k\int_a^b f(x)\mathrm{d}x.$$

性质3 如果将积分区间分成两部分，则在整个区间上的定积分等于这两部分区间上的定积分之和，即

$$\int_a^b f(x)\mathrm{d}x = \int_a^c f(x)\mathrm{d}x + \int_c^b f(x)\mathrm{d}x.$$

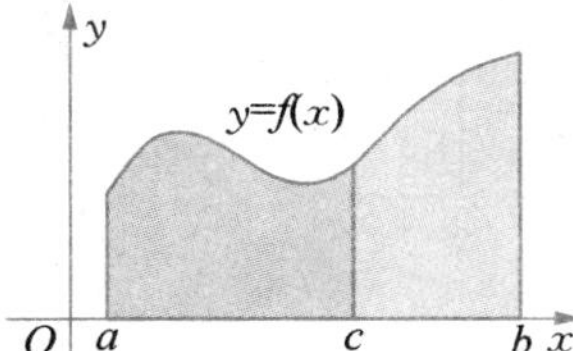

图 6-1-8

性质 3 表明定积分对于积分区间具有可加性，如图 6-1-8 所示.

值得注意的是，不论 a, b, c 的相对位置如何，总有等式

$$\int_a^b f(x)\mathrm{d}x = \int_a^c f(x)\mathrm{d}x + \int_c^b f(x)\mathrm{d}x$$

成立. 例如，当 $a<b<c$ 时，由于

$$\int_a^c f(x)\mathrm{d}x = \int_a^b f(x)\mathrm{d}x + \int_b^c f(x)\mathrm{d}x,$$

于是有

$$\int_a^b f(x)\mathrm{d}x = \int_a^c f(x)\mathrm{d}x - \int_b^c f(x)\mathrm{d}x = \int_a^c f(x)\mathrm{d}x + \int_c^b f(x)\mathrm{d}x.$$

性质4 如果在区间$[a, b]$上，$f(x)=c$, c 为常数，则

$$\int_a^b c\,\mathrm{d}x = c\int_a^b \mathrm{d}x = c(b-a).$$

这说明常数函数 $f(x)=c$ 的积分等于 c 与区间长度的积，如图 6-1-9 所示.

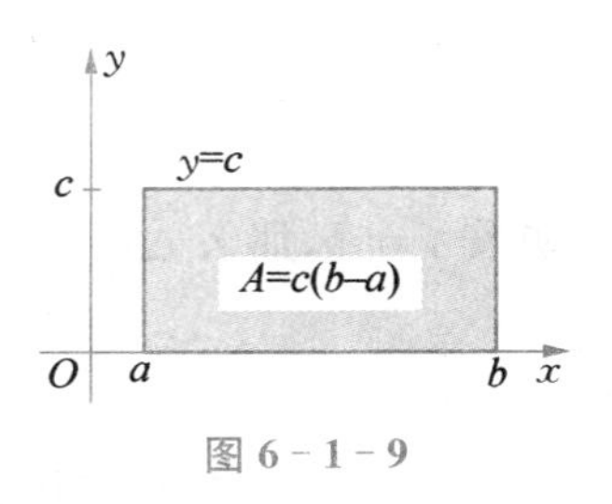

图 6-1-9

性质5 如果在区间 $[a, b]$ 上 $f(x)\geqslant 0$，则

$$\int_a^b f(x)\mathrm{d}x \geqslant 0.$$

推论1 如果在区间 $[a, b]$ 上 $f(x)\leqslant g(x)$，则

$$\int_a^b f(x)\mathrm{d}x \leqslant \int_a^b g(x)\mathrm{d}x,\quad a<b.$$

这是因为 $g(x)-f(x)\geqslant 0$，从而

$$\int_a^b g(x)\mathrm{d}x - \int_a^b f(x)\mathrm{d}x = \int_a^b [g(x)-f(x)]\mathrm{d}x \geqslant 0,$$

所以

$$\int_a^b f(x)\mathrm{d}x \leqslant \int_a^b g(x)\mathrm{d}x.$$

推论 2 $\left|\int_a^b f(x)\mathrm{d}x\right| \leqslant \int_a^b |f(x)|\mathrm{d}x, \quad a < b.$

这是因为 $-|f(x)| \leqslant f(x) \leqslant |f(x)|$，所以

$$-\int_a^b |f(x)|\mathrm{d}x \leqslant \int_a^b f(x)\mathrm{d}x \leqslant \int_a^b |f(x)|\mathrm{d}x,$$

即

$$\left|\int_a^b f(x)\mathrm{d}x\right| \leqslant \int_a^b |f(x)|\mathrm{d}x.$$

性质 6 设 M 及 m 分别是函数 $f(x)$ 在区间 $[a, b]$ 上的最大值及最小值，则

$$m(b-a) \leqslant \int_a^b f(x)\mathrm{d}x \leqslant M(b-a).$$

证明 因为 $m \leqslant f(x) \leqslant M$，所以

$$\int_a^b m\mathrm{d}x \leqslant \int_a^b f(x)\mathrm{d}x \leqslant \int_a^b M\mathrm{d}x,$$

从而

$$m(b-a) \leqslant \int_a^b f(x)\mathrm{d}x \leqslant M(b-a).$$

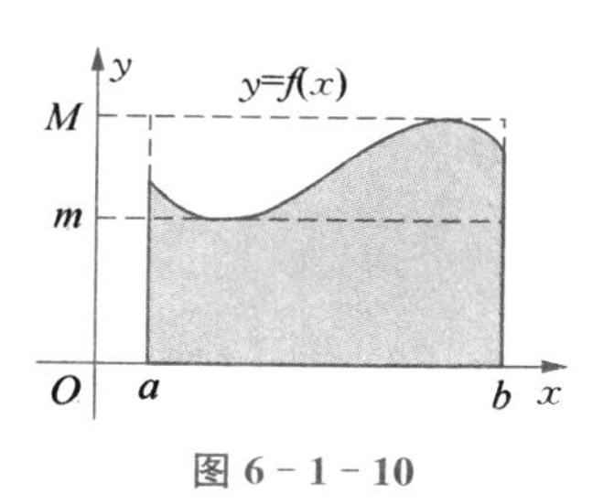

图 6-1-10

性质 6 表示当 $f(x) \geqslant 0$ 时，对应曲边梯形的面积介于以 $(b-a)$ 为底、高分别为最小值与最大值的矩形面积之间，如图 6-1-10 所示.

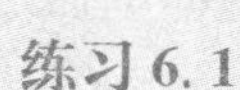

练习 6.1

1. 函数 $y = f(x)$ 如图 6-1-11 所示，利用面积求下列积分：

(1) $\int_0^2 f(x)\mathrm{d}x$； (2) $\int_0^5 f(x)\mathrm{d}x$；

(3) $\int_5^7 f(x)\mathrm{d}x$； (4) $\int_0^9 f(x)\mathrm{d}x$.

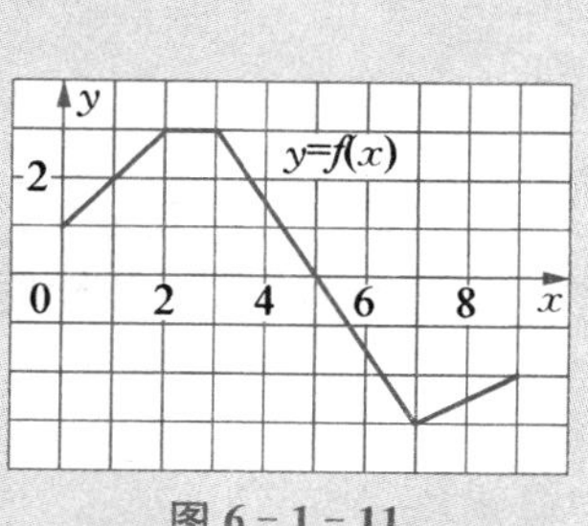

图 6-1-11

2. 利用面积求下列积分值：

(1) $\int_0^3 \left(\frac{1}{2}x-1\right)\mathrm{d}x$； (2) $\int_{-3}^0 (1+\sqrt{9-x^2})\mathrm{d}x$；

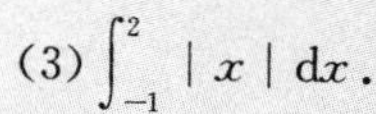

(3) $\int_{-1}^2 |x|\mathrm{d}x$.

3. 已知 $\int_0^9 f(x)\mathrm{d}x = 37$，$\int_0^9 g(x)\mathrm{d}x = 16$，求 $\int_0^9 [2f(x)+3g(x)]\mathrm{d}x$.

4. 利用定积分性质求积分值，并验证下列不等式：

(1) $\int_0^{\frac{\pi}{4}} \sin^3 x\mathrm{d}x \leqslant \int_0^{\frac{\pi}{4}} \sin^2 x\mathrm{d}x$； (2) $2 \leqslant \int_{-1}^1 \sqrt{1+x^2}\mathrm{d}x \leqslant 2\sqrt{2}$.

5. 利用定积分性质估计下列积分值：

(1) $\int_1^2 \frac{1}{x}\mathrm{d}x$；　　(2) $\int_{\frac{\pi}{4}}^{\frac{\pi}{3}} \tan x\mathrm{d}x$；　　(3) $\int_0^2 x\mathrm{e}^{-x}\mathrm{d}x$.

6. 利用定积分表示 $\lim\limits_{n\to\infty}\sum\limits_{i=1}^{n}\frac{i^4}{n^5}$.（提示：令 $f(x)=x^4$.）

§6.2　微积分基本公式

本节我们将讨论连续函数变上限的定积分，从而发现定积分与不定积分之间的联系.

6.2.1　变上限积分函数及其导数

设函数 $f(x)$在区间$[a, b]$上连续，并且设 x 为$[a, b]$上的一点. 把函数 $f(x)$在部分区间$[a, x]$上的定积分

$$\int_a^x f(x)\mathrm{d}x$$

称为变上限积分函数. 它是定义在区间$[a, b]$上的函数. 为了避免混淆，记为

$$g(x)=\int_a^x f(t)\mathrm{d}t,\ x\in[a, b].$$

不难发现，如果 $f(x)\geqslant 0$，那么 $g(x)$ 可以解释为 $f(x)$ 是曲边梯形从 a 到 x 的面积. x 可从 a 变化到 b.

当变上限积分函数连续时，可以讨论其导数的问题，在此之前先来介绍预备性定理——积分中值定理.

定理(积分中值定理)　如果函数 $f(x)$在闭区间$[a, b]$上连续，则在积分区间$[a, b]$上至少存在一点 ξ，使得下式成立：

$$\int_a^b f(x)\mathrm{d}x=f(\xi)(b-a).$$

这就是积分中值公式.

证明　由§6.1 节性质 6，有

$$m(b-a)\leqslant\int_a^b f(x)\mathrm{d}x\leqslant M(b-a),$$

各项除以$(b-a)$得

$$m\leqslant\frac{1}{b-a}\int_a^b f(x)\mathrm{d}x\leqslant M,$$

再由连续函数的介值定理，在$[a, b]$上至少存在一点 ξ，使

$$f(\xi)=\frac{1}{b-a}\int_a^b f(x)\mathrm{d}x,$$

于是两端乘以$(b-a)$得中值公式

$$\int_a^b f(x)\mathrm{d}x = f(\xi)(b-a).$$

积分中值公式的几何解释：当 $f(x) \geqslant 0$ 时，对应曲边梯形的面积等于以$(b-a)$为底、高为 $f(\xi)$ 的矩形面积，如图6-2-1所示.

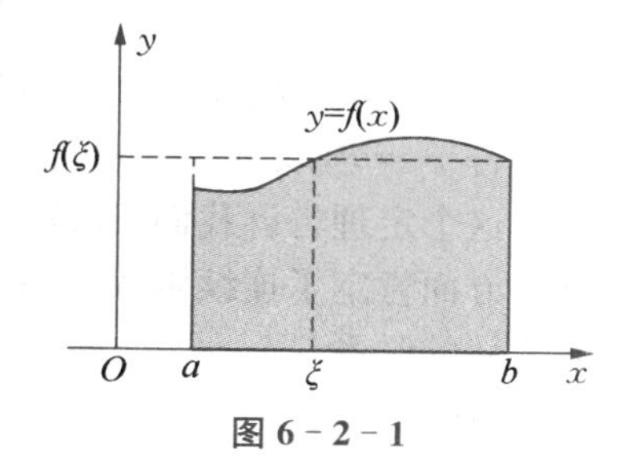

图 6-2-1

应当注意，不论 $a<b$ 还是 $a>b$，积分中值公式都成立.

由积分中值公式，定义函数 $f(x)$在闭区间$[a, b]$上的平均值为

$$f_{\text{ave}} = \frac{1}{b-a}\int_a^b f(x)\mathrm{d}x.$$

例 1　求函数 $f(x)=1+x^2$ 在区间$[-1, 2]$内的平均值.

解　由 $a=-1$ 和 $b=2$，有

$$f_{\text{ave}} = \frac{1}{b-a}\int_a^b f(x)\mathrm{d}x = \frac{1}{2-(-1)}\int_{-1}^2(1+x^2)\mathrm{d}x = \frac{1}{3}\left[x+\frac{x^3}{3}\right]_{-1}^2 = 2.$$

例 2　证明汽车在区间$[t_1, t_2]$内行驶的平均速度等于汽车在整个旅行时间间隔内速度的平均值.

解　令 $s(t)$表示汽车在时刻 t 的位移，那么汽车在区间$[t_1, t_2]$内行驶的平均速度等于

$$\frac{\Delta s}{\Delta t} = \frac{s(t_2)-s(t_1)}{t_2-t_1}.$$

另一方面，速度函数在时间间隔内的平均值为

$$V_{\text{ave}} = \frac{1}{t_2-t_1}\int_{t_1}^{t_2} v(t)\mathrm{d}t = \frac{1}{t_2-t_1}\int_{t_1}^{t_2} s'(t)\mathrm{d}t = \frac{1}{t_2-t_1}[s(t_2)-s(t_1)] = \frac{s(t_2)-s(t_1)}{t_2-t_1}$$
$$=\text{平均速度}.$$

定理(微积分基本定理 1)　如果函数 $f(x)$在区间$[a, b]$上连续，则变上限积分函数

$$g(x) = \int_a^x f(t)\mathrm{d}t$$

在$[a, b]$上具有导数，并且它的导数为

$$g'(x) = \frac{\mathrm{d}}{\mathrm{d}x}\int_a^x f(t)\mathrm{d}t = f(x), \quad a \leqslant x \leqslant b.$$

证明　若 $x \in (a, b)$，取 Δx 使 $x+\Delta x \in (a, b)$，如图 6-2-2所示.

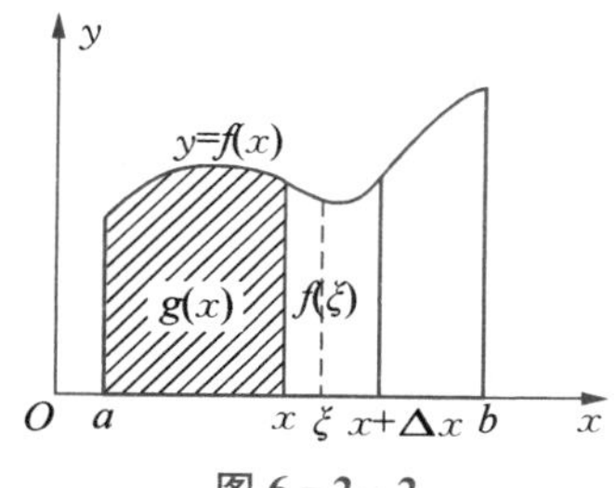

图 6-2-2

$$\Delta g = g(x+\Delta x) - g(x) = \int_a^{x+\Delta x} f(t)\mathrm{d}t - \int_a^x f(t)\mathrm{d}t$$
$$= \int_a^x f(t)\mathrm{d}t + \int_x^{x+\Delta x} f(t)\mathrm{d}t - \int_a^x f(t)\mathrm{d}t = \int_x^{x+\Delta x} f(t)\mathrm{d}t.$$

应用积分中值定理，有

$$\Delta g = f(\xi)\Delta x,$$

其中 ξ 在 x 与 $x+\Delta x$ 之间，$\Delta x \to 0$ 时，$\xi \to x$，于是

$$g'(x) = \lim_{\Delta x \to 0}\frac{\Delta g}{\Delta x} = \lim_{\Delta x \to 0} f(\xi) = \lim_{\xi \to x} f(\xi) = f(x).$$

若 $x = a$，取 $\Delta x > 0$，同理可证 $g'_{+}(x) = f(a)$；

若 $x = b$，取 $\Delta x < 0$，同理可证 $g'_{-}(x) = f(b)$.

这个定理告诉我们：连续函数 $f(x)$ 的变上限积分函数就是 $f(x)$ 的一个原函数. 此外，定理一方面肯定了连续函数的原函数是存在的，另一方面初步揭示了积分学中的定积分与原函数之间的联系.

例 3 设

$$F(x) = \int_0^{2x+1} e^t \sin 5t\,dt,$$

求 $F'(x)$.

解　将 $F(x)$ 视为函数

$$G(y) = \int_0^y e^t \sin 5t\,dt$$

与 $y = 2x+1$ 的复合函数，于是有

$$F'(x) = G'(y)y' = e^y \sin 5y \cdot 2 = 2e^{2x+1}\sin 5(2x+1).$$

有时还需考虑变下限积分函数

$$\int_x^b f(t)\,dt,$$

这时，由于它可以变换成变上限积分函数：

$$\int_x^b f(t)\,dt = -\int_b^x f(t)\,dt,$$

于是，在 $f(x)$ 连续的条件下有

$$\frac{d}{dx}\int_x^b f(t)\,dt = -f(x).$$

例 4 求函数

$$F(x) = \int_{x^2}^{x} \sqrt{1+t}\,dt$$

的导数.

解　将 $F(x)$ 写成

$$F(x) = \int_0^x \sqrt{1+t}\,dt + \int_{x^2}^0 \sqrt{1+t}\,dt,$$

于是得到

$$F'(x) = \sqrt{1+x} - 2x\sqrt{1+x^2}.$$

一般地，有如下公式：

$$\frac{\mathrm{d}}{\mathrm{d}x}\int_{\alpha(x)}^{\beta(x)} f(t)\mathrm{d}t = f(\beta(x))\beta'(x) - f(\alpha(x))\alpha'(x).$$

例 5　设 $f(x)$在$[0, +\infty)$内连续且 $f(x)>0$，证明：函数

$$F(x) = \frac{\int_0^x tf(t)\mathrm{d}t}{\int_0^x f(t)\mathrm{d}t}$$

在$[0, +\infty)$内为单调增加函数.

证明　$$\frac{\mathrm{d}}{\mathrm{d}x}\int_0^x tf(t)\mathrm{d}t = xf(x),\ \frac{\mathrm{d}}{\mathrm{d}x}\int_0^x f(t)\mathrm{d}t = f(x),$$

故

$$F'(x) = \frac{xf(x)\int_0^x f(t)\mathrm{d}t - f(x)\int_0^x tf(t)\mathrm{d}t}{\left(\int_0^x f(t)\mathrm{d}t\right)^2} = \frac{f(x)\int_0^x (x-t)f(t)\mathrm{d}t}{\left(\int_0^x f(t)\mathrm{d}t\right)^2}.$$

按假设，当 $0<t<x$ 时，$f(t)>0$，$(x-t)f(t)>0$，所以

$$\int_0^x f(t)\mathrm{d}t > 0,\ \int_0^x (x-t)f(t)\mathrm{d}t > 0,$$

从而 $F'(x)>0$，这就证明了 $F(x)$在$(0, +\infty)$内为单调增加函数.

例 6　求 $\lim\limits_{x\to 0}\frac{\int_0^x \arctan t\mathrm{d}t}{x^2}$.

解　这是一个$\frac{0}{0}$型未定式，由洛必达法则，有

$$\lim_{x\to 0}\frac{\int_0^x \arctan t\mathrm{d}t}{x^2} = \lim_{x\to 0}\frac{\arctan x}{2x} = \lim_{x\to 0}\frac{x}{2x} = \frac{1}{2}.$$

6.2.2　牛顿-莱布尼兹公式

定理(微积分基本定理 2)　设函数 $f(x)$在区间$[a, b]$上连续，如果连续函数 $F(x)$是 $f(x)$的一个原函数，则

$$\int_a^b f(x)\mathrm{d}x = F(b) - F(a).$$

此公式称为牛顿-莱布尼兹公式，也称为微积分基本公式.

证明　已知连续函数 $F(x)$是连续函数 $f(x)$的一个原函数，又根据微积分基本定理 1，变上限积分函数

$$g(x) = \int_a^x f(t)\mathrm{d}t$$

也是 $f(x)$ 的一个原函数. 于是有一常数 C,使

$$F(x)-g(x)=C,\quad C \text{ 为常数}.$$

由 $F(a)-g(a)=C$ 及 $g(a)=0$,得 $C=F(a)$, $F(x)-g(x)=F(a)$.

由 $F(b)-g(b)=F(a)$,得 $g(b)=F(b)-F(a)$, 即

$$\int_a^b f(x)\mathrm{d}x=F(b)-F(a).$$

证毕.

为了方便起见,可把 $F(b)-F(a)$ 记成 $F(x)\big|_a^b$, 于是

$$\int_a^b f(x)\mathrm{d}x=F(x)\big|_a^b=F(b)-F(a).$$

牛顿-莱布尼兹公式进一步揭示了定积分与被积函数的原函数或不定积分之间的联系.

例 7 求抛物线 $y=x^2$ 从 0 到 1 与 x 轴所围的面积.

解 $f(x)=x^2$ 的一个原函数为 $F(x)=\dfrac{1}{3}x^3$. 面积为

$$A=\int_0^1 x^2\mathrm{d}x=\left.\frac{x^3}{3}\right|_0^1=\frac{1}{3}.$$

这比在§6.1 节用定积分的定义计算要简单多了.

例 8 计算 $\displaystyle\int_3^6\frac{\mathrm{d}x}{x}$.

解 $f(x)=\dfrac{1}{x}$ 的一个原函数为 $F(x)=\ln|x|$,由于 $3\leqslant x\leqslant 6$,可以写成 $F(x)=\ln x$. 于是

$$\int_3^6\frac{\mathrm{d}x}{x}=\ln x\big|_3^6=\ln 6-\ln 3=\ln 2.$$

例 9 求余弦曲线从 0 到 b 的面积,其中 $0\leqslant b\leqslant\dfrac{\pi}{2}$.

解 由于 $f(x)=\cos x$ 的原函数为 $F(x)=\sin x$,有

$$A=\int_0^b\cos x\mathrm{d}x=\sin x\big|_0^b=\sin b-\sin 0=\sin b.$$

例 10 请指出下面的计算中有哪些错误?

$$\int_{-1}^3\frac{1}{x^2}\mathrm{d}x=\left.\frac{x^{-1}}{-1}\right|_{-1}^3=-\frac{1}{3}-1=-\frac{4}{3}.$$

解 首先,我们注意到 $f(x)=\dfrac{1}{x^2}>0$,结果却是负值. 当 $f>0$ 时,一定有 $\displaystyle\int_a^b f(x)\mathrm{d}x\geqslant 0$,计算一定错误.

微积分基本定理要求应用的函数为连续函数. 由于 $f(x)=\dfrac{1}{x^2}$ 在区间 $[-1, 3]$ 上不连续,因而不能应用微积分基本定理. 事实上, $f(x)$ 在 $x=0$ 处不连续,所以 $\displaystyle\int_{-1}^3\frac{1}{x^2}\mathrm{d}x$ 不存在,后边我

们将会学习到.

练习 6.2

1. 利用微积分基本定理求下列积分或解释积分不存在的原因：

(1) $\int_{-1}^{3} x^5 \mathrm{d}x$;

(2) $\int_{2}^{8} (4x+3) \mathrm{d}x$;

(3) $\int_{0}^{1} x^{\frac{4}{5}} \mathrm{d}x$;

(4) $\int_{1}^{2} \frac{3}{t^4} \mathrm{d}t$;

(5) $\int_{-5}^{5} \frac{2}{x^3} \mathrm{d}x$;

(6) $\int_{0}^{2} x(2+x^5) \mathrm{d}x$;

(7) $\int_{0}^{\frac{\pi}{4}} \sec^2 t \mathrm{d}t$;

(8) $\int_{\pi}^{2\pi} \csc^2 \theta \mathrm{d}\theta$;

(9) $\int_{1}^{9} \frac{1}{2x} \mathrm{d}x$;

(10) $\int_{\frac{1}{2}}^{\frac{\sqrt{3}}{2}} \frac{6}{\sqrt{1-t^2}} \mathrm{d}t$;

(11) $\int_{-1}^{1} \mathrm{e}^{u+1} \mathrm{d}u$;

(12) $\int_{0}^{2} f(x) \mathrm{d}x$, $f(x) = \begin{cases} x^4, & 0 \leqslant x \leqslant 1, \\ x^5, & 1 \leqslant x \leqslant 2. \end{cases}$

2. 求下列函数的导数：

(1) $g(x) = \int_{2x}^{3x} \frac{u^2-1}{u^2+1} \mathrm{d}u$;

[提示：$\int_{2x}^{3x} f(u) \mathrm{d}u = \int_{2x}^{0} f(u) \mathrm{d}u + \int_{0}^{3x} f(u) \mathrm{d}u$].

(2) $y = \int_{\sqrt{x}}^{x^3} \sqrt{t} \sin t \mathrm{d}t$.

§ 6.3 定积分的计算

本节来计算定积分. 根据牛顿-莱布尼兹公式，如果被积函数是连续的，计算定积分时可先计算相应的不定积分，再代入上、下限做差即可. 这种求定积分的方法比较常见，但有时计算较为复杂或是原函数根本求不出来. 这里介绍将不定积分的计算与牛顿-莱布尼兹公式有机结合起来的定积分自身的积分方法，即定积分的换元法和分部积分法，以及有关定积分计算的一些基本法则.

6.3.1 换元积分法

在第 5 章中用换元法计算不定积分时，不需要考虑原变量与新变量的取值范围. 但如果要用换元法计算定积分，原积分变量与换元后新积分变量的变化区间会有所不同，即积分区间会随之改变. 也就是说，换元就要换限. 而且还必须要求换元后的积分区间应该是唯一的，这就要求用来做代换的函数具有连续导数且反函数有单调性. 下面就来介绍这种方法.

定理(定积分的换元积分法) 假设函数 $f(x)$ 在区间 $[a, b]$ 上连续，函数 $x=\varphi(t)$ 满足下列条件：

(1) $\varphi(\alpha)=a$, $\varphi(\beta)=b$;

(2) $\varphi(t)$ 在 $[\alpha, \beta]$(或 $[\beta, \alpha]$)上具有连续导数，且其值域不越出 $[a, b]$，

则有

$$\int_a^b f(x)\mathrm{d}x=\int_\alpha^\beta f[\varphi(t)]\varphi'(t)\mathrm{d}t.$$

这个公式叫做**定积分的换元公式**.

证明 由假设可知，$f(x)$ 在区间 $[a, b]$ 上连续，因而是可积的；$f[\varphi(t)]\varphi'(t)$ 在区间 $[\alpha, \beta]$(或 $[\beta, \alpha]$)上也是连续的，因而是可积的.

假设 $F(x)$ 是 $f(x)$ 的一个原函数，则

$$\int_a^b f(x)\mathrm{d}x=F(b)-F(a).$$

另一方面，因为 $\{F[\varphi(t)]\}'=F'[\varphi(t)]\varphi'(t)=f[\varphi(t)]\varphi'(t)$，所以 $F[\varphi(t)]$ 是 $f[\varphi(t)]\varphi'(t)$ 的一个原函数，从而

$$\int_\alpha^\beta f[\varphi(t)]\varphi'(t)\mathrm{d}t=F[\varphi(b)]-F[\varphi(a)]=F(b)-F(a),$$

因此

$$\int_a^b f(x)\mathrm{d}x=\int_\alpha^\beta f[\varphi(t)]\varphi'(t)\mathrm{d}t.$$

我们来看一些例子.

例 1 求下列定积分：

(1) $\int_0^1 x\sqrt{3-2x}\,\mathrm{d}x$； (2) $\int_0^{\frac{\pi}{2}} x\sin x^2\,\mathrm{d}x$；

(3) $\int_1^{\mathrm{e}} \frac{1}{x\sqrt{1+\ln x}}\mathrm{d}x$； (4) $\int_0^r \sqrt{r^2-x^2}\,\mathrm{d}x$, $r>0$.

解 (1) 令 $t=\sqrt{3-2x}$，则 $x=\frac{1}{2}(3-t^2)$, $\mathrm{d}x=-t\mathrm{d}t$.

当 $x=0$ 时，$t=\sqrt{3}$；当 $x=1$ 时，$t=1$.

$$\int_0^1 x\sqrt{3-2x}\,\mathrm{d}x=\int_{\sqrt{3}}^1 \frac{1}{2}(3-t^2)(-t^2)\mathrm{d}t=\frac{1}{2}\int_1^{\sqrt{3}}(3t^2-t^4)\mathrm{d}t$$
$$=\frac{t^3}{2}\Big|_1^{\sqrt{3}}-\frac{t^5}{10}\Big|_1^{\sqrt{3}}=\frac{3\sqrt{3}-2}{5}.$$

(2) $$\int_0^{\frac{\pi}{2}} x\sin x^2\,\mathrm{d}x=\frac{1}{2}\int_0^{\frac{\pi}{2}}\sin x^2\,\mathrm{d}(x^2)=-\frac{1}{2}\cos x^2\Big|_0^{\frac{\pi}{2}}=\frac{1}{2}-\frac{1}{2}\cos\frac{\pi^2}{4}.$$

(3) 令 $t=\ln x$，则 $x=\mathrm{e}^t$, $\mathrm{d}x=\mathrm{e}^t\mathrm{d}t$.

当 $x=1$ 时，$t=0$；当 $x=\mathrm{e}$ 时，$t=1$.

$$\int_1^{e}\frac{1}{x\sqrt{1+\ln x}}dx=\int_0^1\frac{1}{e^t\sqrt{1+t}}e^t dt=\int_0^1\frac{1}{\sqrt{1+t}}dt=2\sqrt{1+t}\Big|_0^1=2(\sqrt{2}-1).$$

(4) 令 $x=r\sin t$,则 $dx=r\cos t dt$.

当 $x=0$ 时, $t=0$; 当 $x=r$ 时, $t=\frac{\pi}{2}$, 这时 $\sqrt{r^2-x^2}=r\cos t$.

$$\int_0^r\sqrt{r^2-x^2}dx=\int_0^{\frac{\pi}{2}}r^2\cos^2 t dt=r^2\int_0^{\frac{\pi}{2}}\frac{1+\cos 2t}{2}dt$$
$$=\frac{\pi}{4}r^2+\frac{r^2}{4}\sin 2t\Big|_0^{\frac{\pi}{2}}=\frac{\pi}{4}r^2.$$

例 2 计算 $\int_0^{\frac{\pi}{2}}\cos^5 x\sin x dx$.

解 令 $t=\cos x$. 当 $x=0$ 时,$t=1$;当 $x=\frac{\pi}{2}$ 时,$t=0$, 则

$$\int_0^{\frac{\pi}{2}}\cos^5 x\sin x dx=-\int_0^{\frac{\pi}{2}}\cos^5 x d(\cos x)=-\int_1^0 t^5 dt$$
$$=\int_0^1 t^5 dt=\left[\frac{1}{6}t^6\right]_0^1=\frac{1}{6}.$$

例 3 若 $f(x)$在$[0, 1]$上连续,证明:

(1) $\int_0^{\frac{\pi}{2}}f(\sin x)dx=\int_0^{\frac{\pi}{2}}f(\cos x)dx$; (2) $\int_0^{\pi}xf(\sin x)dx=\frac{\pi}{2}\int_0^{\pi}f(\sin x)dx$.

并由此计算 $\int_0^{\frac{\pi}{2}}\frac{\sin x}{\sin x+\cos x}dx$ 与 $\int_0^{\pi}\frac{x\sin x}{1+\cos^2 x}dx$.

证明 (1) 令 $x=\frac{\pi}{2}-t$,则 $dx=-dt$.

当 $x=0$ 时, $t=\frac{\pi}{2}$;当 $x=\frac{\pi}{2}$ 时, $t=0$, 故

$$\int_0^{\frac{\pi}{2}}f(\sin x)dx=-\int_{\frac{\pi}{2}}^0 f\left[\sin\left(\frac{\pi}{2}-t\right)\right]dt=\int_0^{\frac{\pi}{2}}f\left[\sin\left(\frac{\pi}{2}-t\right)\right]dt=\int_0^{\frac{\pi}{2}}f(\cos x)dx.$$

由上式可知,

$$\int_0^{\frac{\pi}{2}}\frac{\sin x}{\sin x+\cos x}dx=\int_0^{\frac{\pi}{2}}\frac{\cos x}{\cos x+\sin x}dx,$$

于是

$$\int_0^{\frac{\pi}{2}}\frac{\sin x}{\sin x+\cos x}dx=\frac{1}{2}\left(\int_0^{\frac{\pi}{2}}\frac{\sin x}{\sin x+\cos x}dx+\int_0^{\frac{\pi}{2}}\frac{\cos x}{\cos x+\sin x}dx\right)=\frac{1}{2}\int_0^{\frac{\pi}{2}}dx$$
$$=\frac{1}{2}\cdot\frac{\pi}{2}=\frac{\pi}{4}.$$

(2) 令 $x=\pi-t$,则 $dx=-dt$.

当 $x=0$ 时, $t=\pi$;当 $x=\pi$ 时, $t=0$, 故

$$\int_0^{\pi} xf(\sin x)\mathrm{d}x = -\int_{\pi}^{0}(\pi - t)f[\sin(\pi - t)]\mathrm{d}t = \int_0^{\pi}(\pi - t)f[\sin(\pi - t)]\mathrm{d}t$$

$$= \int_0^{\pi}(\pi - t)f(\sin t)\mathrm{d}t = \pi\int_0^{\pi} f(\sin t)\mathrm{d}t - \int_0^{\pi} tf(\sin t)\mathrm{d}t$$

$$= \pi\int_0^{\pi} f(\sin x)\mathrm{d}x - \int_0^{\pi} xf(\sin x)\mathrm{d}x,$$

所以，

$$\int_0^{\pi} xf(\sin x)\mathrm{d}x = \frac{\pi}{2}\int_0^{\pi} f(\sin x)\mathrm{d}x.$$

利用上面的结论可得

$$\int_0^{\pi}\frac{x\sin x}{1+\cos^2 x}\mathrm{d}x = \frac{\pi}{2}\int_0^{\pi}\frac{\sin x}{1+\cos^2 x}\mathrm{d}x = -\frac{\pi}{2}\int_0^{\pi}\frac{\mathrm{d}(\cos x)}{1+\cos^2 x}$$

$$= -\frac{\pi}{2}\arctan\cos x\Big|_0^{\pi} = \frac{\pi^2}{4}.$$

例 4 设函数 $f(x) = \begin{cases} xe^{-x^2}, & -1 < x < 0, \\ \sin 2x, & x \geqslant 0, \end{cases}$ 计算 $\int_0^3 f(x-1)\mathrm{d}x$.

解 令 $x-1=t$，则 $\mathrm{d}x=\mathrm{d}t$.
当 $x=0$ 时，$t=-1$；当 $x=3$ 时，$t=2$，故

$$\int_0^3 f(x-1)\mathrm{d}x = \int_{-1}^{2} f(t)\mathrm{d}t = \int_{-1}^{0} te^{-t^2}\mathrm{d}t + \int_0^2 \sin 2t\mathrm{d}t$$

$$= -\frac{1}{2}e^{-t^2}\Big|_{-1}^{0} - \frac{1}{2}\cos 2x\Big|_0^2 = \frac{1}{2}(-\cos 4 + e^{-1}).$$

6.3.2 分部积分法

定理(定积分的换元积分法) 设函数 $u(x)$，$v(x)$ 在区间 $[a, b]$ 上具有连续导数 $u'(x)$，$v'(x)$，由 $(uv)' = u'v + uv'$ 得 $uv' = (uv)' - u'v$，式子两端在区间 $[a, b]$ 上积分得

$$\int_a^b uv'\mathrm{d}x = [uv]_a^b - \int_a^b u'v\mathrm{d}x \text{ 或 } \int_a^b u\mathrm{d}v = [uv]_a^b - \int_a^b v\mathrm{d}u.$$

这就是定积分的分部积分公式.

例 5 计算 $\int_0^{\frac{1}{2}} \arcsin x\mathrm{d}x$.

解

$$\int_0^{\frac{1}{2}} \arcsin x\mathrm{d}x = [x\arcsin x]_0^{\frac{1}{2}} - \int_0^{\frac{1}{2}} x\mathrm{d}(\arcsin x) = \frac{1}{2}\cdot\frac{\pi}{6} - \int_0^{\frac{1}{2}}\frac{x}{\sqrt{1-x^2}}\mathrm{d}x$$

$$= \frac{\pi}{12} + \frac{1}{2}\int_0^{\frac{1}{2}}\frac{1}{\sqrt{1-x^2}}\mathrm{d}(1-x^2) = \frac{\pi}{12} + [\sqrt{1-x^2}]_0^{\frac{1}{2}}$$

$$= \frac{\pi}{12} + \frac{\sqrt{3}}{2} - 1.$$

例 6　求定积分 $\int_1^2 x\ln x\mathrm{d}x$.

解　将所求定积分写成下列形式：

$$\int_1^2 x\ln x\mathrm{d}x = \frac{1}{2}\int_1^2 \ln x\mathrm{d}(x^2).$$

由分部积分公式得

$$\int_1^2 x\ln x\mathrm{d}x = \frac{1}{2}x^2\ln x\Big|_1^2 - \frac{1}{2}\int_1^2 x^2\mathrm{d}(\ln x) = 2\ln 2 - \frac{1}{2}\int_1^2 x\mathrm{d}x$$
$$= 2\ln 2 - \frac{1}{4}x^2\Big|_1^2 = 2\ln 2 - \frac{3}{4}.$$

例 7　设 $I_n = \int_0^{\frac{\pi}{2}} \sin^n x\mathrm{d}x$，$n$ 为正整数，证明：

$$I_{2m} = \frac{2m-1}{2m}\cdot\frac{2m-3}{2m-2}\cdot\frac{2m-5}{2m-4}\cdots\frac{3}{4}\cdot\frac{1}{2}\cdot\frac{\pi}{2},$$
$$I_{2m+1} = \frac{2m}{2m+1}\cdot\frac{2m-2}{2m-1}\cdot\frac{2m-4}{2m-3}\cdots\frac{4}{5}\cdot\frac{2}{3}.$$

证明

$$I_n = \int_0^{\frac{\pi}{2}} \sin^n x\mathrm{d}x = -\int_0^{\frac{\pi}{2}} \sin^{n-1}x\mathrm{d}(\cos x)$$
$$= -\left[\cos x\sin^{n-1}x\right]_0^{\frac{\pi}{2}} + (n-1)\int_0^{\frac{\pi}{2}}\cos^2 x\sin^{n-2}x\mathrm{d}x = (n-1)\int_0^{\frac{\pi}{2}}(\sin^{n-2}x - \sin^n x)\mathrm{d}x$$
$$= (n-1)\int_0^{\frac{\pi}{2}}\sin^{n-2}x\mathrm{d}x - (n-1)\int_0^{\frac{\pi}{2}}\sin^n x\mathrm{d}x = (n-1)I_{n-2} - (n-1)I_n,$$

由此得

$$I_n = \frac{n-1}{n}I_{n-2},$$

$$I_{2m} = \frac{2m-1}{2m}\cdot\frac{2m-3}{2m-2}\cdot\frac{2m-5}{2m-4}\cdots\frac{3}{4}\cdot\frac{1}{2}\cdot I_0,$$
$$I_{2m+1} = \frac{2m}{2m+1}\cdot\frac{2m-2}{2m-1}\cdot\frac{2m-4}{2m-3}\cdots\frac{4}{5}\cdot\frac{2}{3}\cdot I_1.$$

特别地，

$$I_0 = \int_0^{\frac{\pi}{2}}\mathrm{d}x = \frac{\pi}{2},\ I_1 = \int_0^{\frac{\pi}{2}}\sin x\mathrm{d}x = 1.$$

因此

$$I_{2m} = \frac{2m-1}{2m}\cdot\frac{2m-3}{2m-2}\cdot\frac{2m-5}{2m-4}\cdots\frac{3}{4}\cdot\frac{1}{2}\cdot\frac{\pi}{2},$$
$$I_{2m+1} = \frac{2m}{2m+1}\cdot\frac{2m-2}{2m-1}\cdot\frac{2m-4}{2m-3}\cdots\frac{4}{5}\cdot\frac{2}{3}.$$

证毕.

6.3.3 奇函数、偶函数及周期函数的定积分

定理(奇偶函数的定积分) 假设 $f(x)$ 在 $[-a, a]$ 上连续，

(1) 如果 $f(x)$ 为偶函数，则 $\int_{-a}^{a} f(x)\mathrm{d}x = 2\int_{0}^{a} f(x)\mathrm{d}x$；

(2) 如果 $f(x)$ 为奇函数，则 $\int_{-a}^{a} f(x)\mathrm{d}x = 0$.

证明 (1) 因为

$$\int_{-a}^{a} f(x)\mathrm{d}x = \int_{-a}^{0} f(x)\mathrm{d}x + \int_{0}^{a} f(x)\mathrm{d}x,$$

而

$$\int_{-a}^{0} f(x)\mathrm{d}x \xlongequal{\text{令 } x=-t} -\int_{a}^{0} f(-t)\mathrm{d}t = \int_{0}^{a} f(-t)\mathrm{d}t = \int_{0}^{a} f(-x)\mathrm{d}x,$$

所以

$$\begin{aligned}\int_{-a}^{a} f(x)\mathrm{d}x &= \int_{0}^{a} f(-x)\mathrm{d}x + \int_{0}^{a} f(x)\mathrm{d}x = \int_{0}^{a} [f(-x) + f(x)]\mathrm{d}x \\ &= \int_{-a}^{a} 2f(x)\mathrm{d}x = 2\int_{0}^{a} f(x)\mathrm{d}x.\end{aligned}$$

(2) 因为

$$\int_{-a}^{a} f(x)\mathrm{d}x = \int_{-a}^{0} f(x)\mathrm{d}x + \int_{0}^{a} f(x)\mathrm{d}x,$$

而

$$\int_{-a}^{0} f(x)\mathrm{d}x \xlongequal{\text{令 } x=-t} -\int_{a}^{0} f(-t)\mathrm{d}t = \int_{0}^{a} f(-t)\mathrm{d}t = -\int_{0}^{a} f(x)\mathrm{d}x,$$

所以

$$\int_{-a}^{a} f(x)\mathrm{d}x = -\int_{0}^{a} f(x)\mathrm{d}x + \int_{0}^{a} f(x)\mathrm{d}x = 0.$$

定理可以由图 6-3-1 解释：当 f 是正值并且是偶函数时，图 6-3-1(a)说明由于对称性，在 $y=f(x)$ 从 $-a$ 到 a 下的面积等于从 0 到 a 下的面积的两倍；回想积分 $\int_{a}^{b} f(x)\mathrm{d}x$ 被看

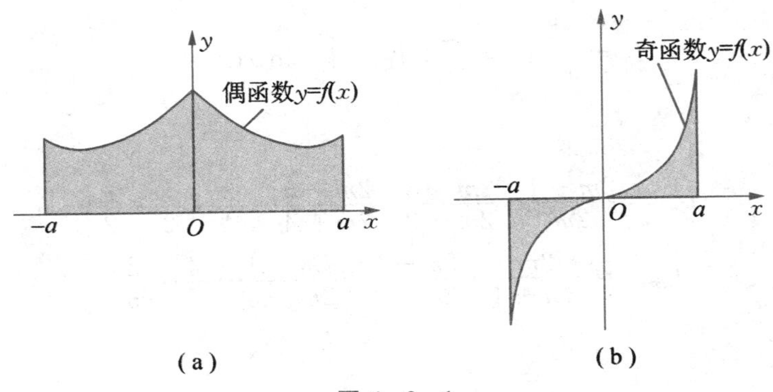

图 6-3-1

作面积差的情形，图 6-3-1(b) 说明奇函数的积分由于面积差而等于 0.

例 8　计算下列定积分：

(1) $\int_{-1}^{1}\frac{\tan x}{1+x^2+x^4}\mathrm{d}x$；　　(2) $\int_{-1}^{1}\frac{2x^2+x\cos x}{1+\sqrt{1-x^2}}\mathrm{d}x$.

解　(1) 由于函数 $f(x)=(\tan x)/(1+x^2+x^4)$ 满足 $f(-x)=f(x)$，因此它是奇函数并且

$$\int_{-1}^{1}\frac{\tan x}{1+x^2+x^4}\mathrm{d}x=0.$$

(2) $\frac{2x^2}{1+\sqrt{1-x^2}}$ 是偶函数，$\frac{x\cos x}{1+\sqrt{1-x^2}}$ 是奇函数，故有

$$\begin{aligned}\int_{-1}^{1}\frac{2x^2+x\cos x}{1+\sqrt{1-x^2}}\mathrm{d}x&=\int_{-1}^{1}\frac{2x^2}{1+\sqrt{1-x^2}}\mathrm{d}x+\int_{-1}^{1}\frac{x\cos x}{1+\sqrt{1-x^2}}\mathrm{d}x=\int_{-1}^{1}\frac{2x^2}{1+\sqrt{1-x^2}}\mathrm{d}x\\&=4\int_{0}^{1}\frac{x^2}{1+\sqrt{1-x^2}}\mathrm{d}x=4\int_{0}^{1}\frac{x^2(1-\sqrt{1-x^2})}{1-(1-x^2)}\mathrm{d}x\\&=4\int_{0}^{1}(1-\sqrt{1-x^2})\mathrm{d}x=4-4\int_{0}^{1}\sqrt{1-x^2}\,\mathrm{d}x=4-\pi.\end{aligned}$$

下面来讨论周期函数 $y=f(x)$ 的定积分. 有如下定理：

定理(周期函数的定积分)　设 $f(x)$是连续函数，并且以 T 为周期，对于任意的实数 a，下列公式成立：

$$\int_{0}^{T}f(x)\mathrm{d}x=\int_{a}^{a+T}f(x)\mathrm{d}x.$$

证明　为证明上式只要证明该函数从 0 到 a 的积分等于它从 T 到 $T+a$ 的积分就可以，即只要证明

$$\int_{0}^{a}f(x)\mathrm{d}x=\int_{a}^{a+T}f(x)\mathrm{d}x.$$

先将积分分作两段：

$$\int_{a}^{a+T}f(x)\mathrm{d}x=\int_{a}^{T}f(x)\mathrm{d}x+\int_{T}^{T+a}f(x)\mathrm{d}x,$$

对等式右端第二个积分作变量替换 $t=x-T$，得到

$$\int_{T}^{T+a}f(x)\mathrm{d}x=\int_{0}^{a}f(t+T)\mathrm{d}t=\int_{0}^{a}f(t)\mathrm{d}t,$$

这里用到了函数的周期性. 于是

$$\int_{a}^{a+T}f(x)\mathrm{d}x=\int_{a}^{T}f(x)\mathrm{d}x+\int_{0}^{a}f(t)\mathrm{d}t=\int_{0}^{T}f(x)\mathrm{d}x.$$

证毕.

我们可以很容易通过定积分的几何意义来理解这个定理. 周期函数的定积分定理告诉我们：对于以 T 为周期的函数，在任意一个长度为 T 的区间上，其积分值都相等.

例 9 求 $\int_0^n (x-[x])\mathrm{d}x$，其中 n 为正整数，而 $[x]$ 为不超过 x 的最大整数.

解 显然，被积函数 $x-[x]$ 是以 1 为周期的函数，根据周期函数的定积分定理，有

$$\int_0^n (x-[x])\mathrm{d}x = n\int_0^1 (x-[x])\mathrm{d}x.$$

注意到当 $0 \leqslant x < 1$ 时，$[x]=0$，于是得到

$$\int_0^n (x-[x])\mathrm{d}x = n\int_0^1 x\mathrm{d}x = \frac{n}{2}.$$

练习 6.3

1. 计算下列积分：

(1) $\int_0^{\frac{\pi}{2}} \cos^5 x\sin^2 x\mathrm{d}x$；

(2) $\int_0^{\frac{\pi}{4}} \tan^3\theta\mathrm{d}\theta$；

(3) $\int_{\frac{\pi}{6}}^{\frac{\pi}{2}} \cos^2 x\mathrm{d}x$；

(4) $\int_0^1 \mathrm{e}^{\arctan x}\frac{1}{1+x^2}\mathrm{d}x$；

(5) $\int_{-1}^3 |1-x|\mathrm{d}x$；

(6) $\int_0^{\frac{\pi}{2}} |\sin x|\mathrm{d}x$；

(7) $\int_0^{\frac{\pi}{4}} \frac{-\sin x+\cos x}{3+\sin 2x}\mathrm{d}x$；

(8) $\int_0^1 \frac{\mathrm{d}x}{9x^2+6x+1}$；

(9) $\int_0^2 x^2\sqrt{1+x^3}\mathrm{d}x$；

(10) $\int_{-\frac{\pi}{2}}^{\frac{\pi}{2}} \frac{\mathrm{d}x}{1+\cos x}$；

(11) $\int_{-\frac{\pi}{2}}^{\frac{\pi}{2}} \sqrt{\cos x-\cos^3 x}\mathrm{d}x$；

(12) $\int_1^2 \frac{\mathrm{d}x}{x+x^3}$.

2. 用换元积分法求下列积分：

(1) $\int_1^4 \frac{\mathrm{d}x}{1+\sqrt{x}}$；

(2) $\int_{-1}^1 \frac{x\mathrm{d}x}{\sqrt{5-4x}}$；

(3) $\int_0^{\ln 5} \frac{\mathrm{e}^x\sqrt{\mathrm{e}^x-1}}{\mathrm{e}^x+3}\mathrm{d}x$；

(4) $\int_3^4 \frac{\mathrm{d}x}{x\sqrt{25-x^2}}$；

(5) $\int_1^2 \frac{\sqrt{x^2-1}}{x}\mathrm{d}x$；

(6) $\int_1^{\sqrt{3}} \frac{\mathrm{d}x}{x^2\sqrt{1+x^2}}$；

(7) $\int_0^1 \frac{x^2}{(1+x^2)^2}\mathrm{d}x$；

(8) $\int_{-3}^3 \frac{x^3\sin^2 x}{x^4+1}\mathrm{d}x$.

3. 用分部积分法计算下列积分：

(1) $\int_0^1 x\mathrm{e}^{-x}\mathrm{d}x$；

(2) $\int_1^{\mathrm{e}} x\ln x\mathrm{d}x$；

(3) $\int_{\frac{\pi}{4}}^{\frac{\pi}{3}} \frac{x}{\sin^2 x}\mathrm{d}x$；

(4) $\int_0^{\frac{\pi}{2}} x\sin 2x\mathrm{d}x$；

(5) $\int_1^4 \frac{\ln x}{\sqrt{x}}\mathrm{d}x$；

(6) $\int_1^{\mathrm{e}} \sin(\ln x)\mathrm{d}x$；

(7) $\int_0^1 (\arcsin x)^2\mathrm{d}x$；

(8) $\int_{\frac{1}{\mathrm{e}}}^{\mathrm{e}} |\ln x|\mathrm{d}x$；

(9) $\int_0^{\pi} t\sin 3t\mathrm{d}t$；

(10) $\int_1^2 \frac{\ln x}{x^2}\mathrm{d}x$；

(11) $\int_0^1 \frac{y}{\mathrm{e}^{2y}}\mathrm{d}y$；

(12) $\int_0^{1/2} \cos^{-1}x\mathrm{d}x$；

(13) $\int_1^2 x^4(\ln x)^2\mathrm{d}x$.

4. 设 $f(x)$是连续函数，证明：

(1) $\int_0^{2a} f(x)\mathrm{d}x = \int_0^a [f(x)+f(2a-x)]\mathrm{d}x$；

(2) $\int_0^{2\pi} \sin^{2n}x\mathrm{d}x = 4\int_0^{\frac{\pi}{2}} \sin^{2n}x\mathrm{d}x$.

5. 设 $\int_0^{\pi} f(x)\sin x\mathrm{d}x + \int_0^{\pi} f''(x)\sin x\mathrm{d}x = 5$，且 $f(0)=3$，求 $f(\pi)$.

6. $f(2)=\frac{1}{2}$，$f'(2)=0$ 及 $\int_0^2 f(x)\mathrm{d}x = 1$，求 $\int_0^1 x^2 f''(2x)\mathrm{d}x$.

§6.4 反常积分

在定义定积分 $\int_a^b f(x)\mathrm{d}x$ 时，我们要求函数 $f(x)$ 定义在有限区间$[a, b]$上，并假设 $f(x)$ 没有取值为无穷的不连续点(即没有无穷间断点). 本节将讨论积分区间为无穷大的定积分，及 $f(x)$ 在区间$[a, b]$上有取值为无穷的不连续点的情况. 这两种积分一般称为反常积分，前一种叫无穷限的反常积分，后一种叫无界函数的反常积分.

6.4.1 无穷限的反常积分

定义 设函数 $f(x)$在区间 $[a, +\infty)$ 上连续，取 $b>a$. 如果极限

$$\lim_{b\to+\infty}\int_a^b f(x)\mathrm{d}x$$

存在，则称此极限为函数 $f(x)$在无穷区间$[a, +\infty)$上的反常积分，记作 $\int_a^{+\infty} f(x)\mathrm{d}x$，即

$$\int_a^{+\infty} f(x)\mathrm{d}x = \lim_{b\to+\infty}\int_a^b f(x)\mathrm{d}x,$$

这时也称反常积分 $\int_a^{+\infty} f(x)\mathrm{d}x$ 收敛. 如果上述极限不存在，函数 $f(x)$在无穷区间$[a, +\infty)$上的反常积分 $\int_a^{+\infty} f(x)\mathrm{d}x$ 就没有意义，此时称反常积分$\int_a^{+\infty} f(x)\mathrm{d}x$ 发散.

从几何意义上来说，如果 $f(x)\geqslant 0$，且反常积分$\int_a^{+\infty} f(x)\mathrm{d}x$ 收敛，反常积分可表示为一个面积，如图 6-4-1 所示，阴影部分的面积是有限值.

类似地，设函数 $f(x)$在区间$(-\infty, b]$上连续，如果极限

$$\lim_{a\to-\infty}\int_a^b f(x)\mathrm{d}x (a<b)$$

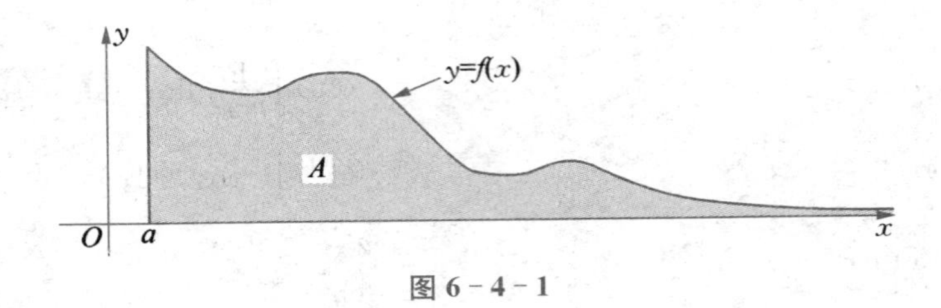

图 6-4-1

存在，则称此极限为函数 $f(x)$ 在无穷区间 $(-\infty, b]$ 上的反常积分，记作 $\int_{-\infty}^{b} f(x)\mathrm{d}x$，即

$$\int_{-\infty}^{b} f(x)\mathrm{d}x = \lim_{a\to-\infty}\int_{a}^{b} f(x)\mathrm{d}x,$$

这时也称反常积分 $\int_{-\infty}^{b} f(x)\mathrm{d}x$ 收敛. 如果上述极限不存在，则称反常积分 $\int_{-\infty}^{b} f(x)\mathrm{d}x$ 发散.

设函数 $f(x)$ 在区间 $(-\infty, +\infty)$ 上连续，如果反常积分

$$\int_{-\infty}^{0} f(x)\mathrm{d}x \text{ 和} \int_{0}^{+\infty} f(x)\mathrm{d}x$$

都收敛，则称上述两个反常积分的和为函数 $f(x)$ 在无穷区间 $(-\infty, +\infty)$ 上的反常积分，记作 $\int_{-\infty}^{+\infty} f(x)\mathrm{d}x$，即

$$\int_{-\infty}^{+\infty} f(x)\mathrm{d}x = \int_{-\infty}^{0} f(x)\mathrm{d}x + \int_{0}^{+\infty} f(x)\mathrm{d}x = \lim_{a\to-\infty}\int_{a}^{0} f(x)\mathrm{d}x + \lim_{b\to+\infty}\int_{0}^{b} f(x)\mathrm{d}x,$$

这时也称反常积分 $\int_{-\infty}^{+\infty} f(x)\mathrm{d}x$ 收敛. 如果上式右端有一个反常积分发散，则称反常积分 $\int_{-\infty}^{+\infty} f(x)\mathrm{d}x$ 发散.

由定义可知，无穷区间上的反常积分的计算好比在计算定积分的基础上再加一个极限计算. 如果 $F(x)$ 是 $f(x)$ 的原函数，则

$$\begin{aligned}\int_{a}^{+\infty} f(x)\mathrm{d}x &= \lim_{b\to+\infty}\int_{a}^{b} f(x)\mathrm{d}x = \lim_{b\to+\infty}[F(x)]_{a}^{b}\\ &= \lim_{b\to+\infty}F(b) - F(a) = \lim_{x\to+\infty}F(x) - F(a),\end{aligned}$$

可采用如下简记形式：

$$\int_{a}^{+\infty} f(x)\mathrm{d}x = [F(x)]_{a}^{+\infty} = \lim_{x\to+\infty}F(x) - F(a).$$

类似地，有

$$\int_{-\infty}^{b} f(x)\mathrm{d}x = [F(x)]_{-\infty}^{b} = F(b) - \lim_{x\to-\infty}F(x),$$

$$\int_{-\infty}^{+\infty} f(x)\mathrm{d}x = [F(x)]_{-\infty}^{+\infty} = \lim_{x\to+\infty}F(x) - \lim_{x\to-\infty}F(x).$$

例 1 判定反常积分 $\int_{1}^{+\infty}\frac{1}{x}\mathrm{d}x$ 收敛还是发散.

解 依照无穷区间上的反常积分的定义，有

$$\int_1^{+\infty}\frac{1}{x}dx=\lim_{t\to+\infty}\int_1^t\frac{1}{x}dx=\lim_{t\to+\infty}\ln|x|\Big|_1^t$$
$$=\lim_{t\to+\infty}(\ln t-\ln 1)=\lim_{t\to+\infty}\ln t=+\infty,$$

故极限不存在，所以反常积分 $\int_1^{+\infty}\frac{1}{x}dx$ 是发散的.

例 2 计算反常积分 $\int_{-\infty}^0 xe^x dx$.

解 根据无穷区间上的反常积分的定义，有

$$\int_{-\infty}^0 xe^x dx=\lim_{t\to-\infty}\int_t^0 xe^x dx.$$

利用分部积分取 $u=x$, $dv=e^x dx$ 求积分，于是 $du=dx$, $v=e^t$, 有

$$\int_t^0 xe^x dx=xe^x\Big|_t^0-\int_t^0 e^x dx=-te^t-1+e^t.$$

我们知道当 $t\to-\infty$时，$e^t\to 0$,由洛必达法则有

$$\lim_{t\to-\infty}te^t=\lim_{t\to-\infty}\frac{t}{e^{-t}}=\lim_{t\to-\infty}\frac{1}{-e^{-t}}=\lim_{t\to-\infty}(-e^{-t})=0,$$

于是

$$\int_{-\infty}^0 xe^x dx=\lim_{t\to-\infty}(-te^t-1+e^t)=-0-1+0=-1.$$

例 3 计算反常积分 $\int_{-\infty}^{+\infty}\frac{1}{1+x^2}dx$.

解 为了方便计算，取定义中 $a=0$,

$$\int_{-\infty}^{+\infty}\frac{1}{1+x^2}dx=\int_{-\infty}^0\frac{1}{1+x^2}dx+\int_0^{+\infty}\frac{1}{1+x^2}dx.$$

对上式的右边分别计算：

$$\int_0^{+\infty}\frac{1}{1+x^2}dx=\lim_{t\to+\infty}\int_0^t\frac{dx}{1+x^2}=\lim_{t\to+\infty}\tan^{-1}x\Big|_0^t$$
$$=\lim_{t\to+\infty}(\tan^{-1}t-\tan^{-1}0)=\lim_{t\to+\infty}\tan^{-1}t=\frac{\pi}{2},$$
$$\int_{-\infty}^0\frac{1}{1+x^2}dx=\lim_{t\to-\infty}\int_t^0\frac{dx}{1+x^2}=\lim_{t\to-\infty}\tan^{-1}x\Big|_t^0$$
$$=\lim_{t\to-\infty}(\tan^{-1}0-\tan^{-1}t)=0-\left(-\frac{\pi}{2}\right)=\frac{\pi}{2}.$$

由于上面的两个积分都收敛，于是给定的积分收敛，并且

$$\int_{-\infty}^{+\infty}\frac{1}{1+x^2}dx=\frac{\pi}{2}+\frac{\pi}{2}=\pi.$$

由于 $\frac{1}{1+x^2}>0$, 给定的反常积分可以看作曲线 $y=\frac{1}{1+x^2}$ 下和 x 轴上的区域面积，如图 6-4-2 所示.

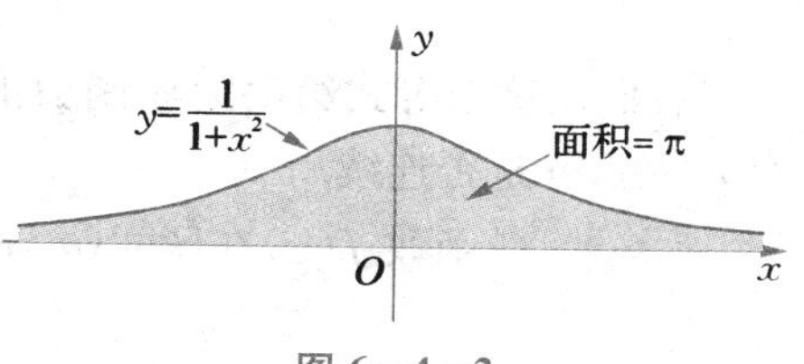

图 6-4-2

例 4 计算反常积分 $\int_0^{+\infty} t\mathrm{e}^{-pt}\,\mathrm{d}t$，$p$ 是常数，且 $p>0$.

解 这是一个无穷限积分.

$$\begin{aligned}\int_0^{+\infty} t\mathrm{e}^{-pt}\,\mathrm{d}t &= \left[\int t\mathrm{e}^{-pt}\,\mathrm{d}t\right]_0^{+\infty} = \left[-\frac{1}{p}\int t\,\mathrm{d}(\mathrm{e}^{-pt})\right]_0^{+\infty} \\ &= \left[-\frac{1}{p}t\mathrm{e}^{-pt}+\frac{1}{p}\int \mathrm{e}^{-pt}\,\mathrm{d}t\right]_0^{+\infty} = \left[-\frac{1}{p}t\mathrm{e}^{-pt}-\frac{1}{p^2}\mathrm{e}^{-pt}\right]_0^{+\infty} \\ &= \lim_{t\to+\infty}\left[-\frac{1}{p}t\mathrm{e}^{-pt}-\frac{1}{p^2}\mathrm{e}^{-pt}\right]+\frac{1}{p^2}.\end{aligned}$$

因为 $\lim\limits_{t\to+\infty} t\mathrm{e}^{-pt} = \lim\limits_{t\to+\infty}\frac{t}{\mathrm{e}^{pt}} = \lim\limits_{t\to+\infty}\frac{1}{p\mathrm{e}^{pt}} = 0$，所以反常积分

$$\int_0^{+\infty} t\mathrm{e}^{-pt}\,\mathrm{d}t = \frac{1}{p^2}.$$

例 5 讨论反常积分 $\int_a^{+\infty}\frac{1}{x^p}\mathrm{d}x$，　$a>0$ 的敛散性.

解 当 $p=1$ 时，$\int_a^{+\infty}\frac{1}{x^p}\mathrm{d}x = \int_a^{+\infty}\frac{1}{x}\mathrm{d}x = [\ln x]_a^{+\infty} = +\infty$；

当 $p<1$ 时，$\int_a^{+\infty}\frac{1}{x^p}\mathrm{d}x = \left[\frac{1}{1-p}x^{1-p}\right]_a^{+\infty} = +\infty$；

当 $p>1$ 时，$\int_a^{+\infty}\frac{1}{x^p}\mathrm{d}x = \left[\frac{1}{1-p}x^{1-p}\right]_a^{+\infty} = \frac{a^{1-p}}{p-1}$.

因此，当 $p>1$ 时，此反常积分收敛，其值为 $\frac{a^{1-p}}{p-1}$；当 $p\leqslant 1$ 时，此反常积分发散.

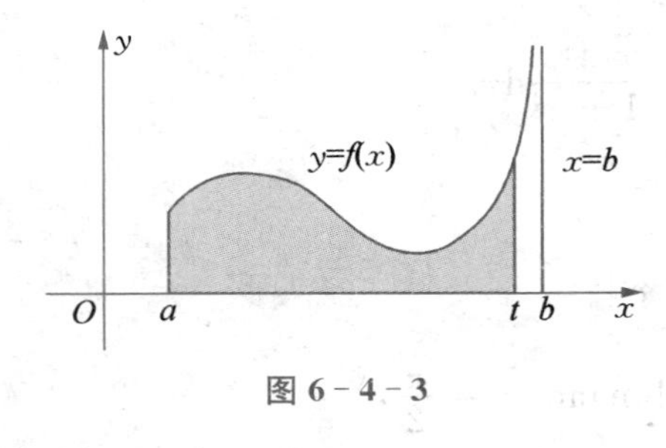

图 6-4-3

6.4.2 无界函数的反常积分

假设 $f(x)$ 是定义在 $[a, b)$ 上的正值连续函数，且在 b 点有一条垂直的渐近线. 令 S 表示函数 $f(x)$ 之下、x 轴之上且介于 a 和 b 之间区域的面积.（在无穷限积分中，区域沿水平方向延伸. 这里的区域在垂直方向是无限的.）如图 6-4-3 所示，S 介于 a 和 b 之间的部分面积为

$$A(t) = \int_a^t f(x)\,\mathrm{d}x.$$

如果当 $t\to b^-$ 时，$A(t)$ 逼近一个确定的数 A，那么就说区域 S 的面积等于 A，写作

$$\int_a^b f(x)\,\mathrm{d}x = \lim_{t\to b^-}\int_a^t f(x)\,\mathrm{d}x.$$

我们用这个等式给出无界函数的反常积分的定义，不论 $f(x)$ 是否是正值函数，也不论 $f(x)$ 在点 b 是否连续.

定义 设函数 $f(x)$ 在区间 $(a, b]$ 上连续，而在点 a 的右邻域内无界. 取 $t>a$，如果极限

$$\lim_{t\to a^+}\int_t^b f(x)\,\mathrm{d}x$$

存在，则称此极限为函数 $f(x)$ 在 $(a, b]$ 上的反常积分，它是无界函数的反常积分，仍然记作 $\int_a^b f(x)\mathrm{d}x$，即

$$\int_a^b f(x)\mathrm{d}x = \lim_{t\to a^+}\int_t^b f(x)\mathrm{d}x.$$

这时也称反常积分 $\int_a^b f(x)\mathrm{d}x$ 收敛. 如果上述极限不存在，就称反常积分 $\int_a^b f(x)\mathrm{d}x$ 发散.

类似地，设函数 $f(x)$ 在区间 $[a, b)$ 上连续，而在点 b 的左邻域内无界. 取 $t<b$，如果极限

$$\lim_{t\to b^-}\int_a^t f(x)\mathrm{d}x$$

存在，则称此极限为函数 $f(x)$ 在 $[a, b)$ 上的反常积分，仍然记作 $\int_a^b f(x)\mathrm{d}x$，即

$$\int_a^b f(x)\mathrm{d}x = \lim_{t\to b^-}\int_a^t f(x)\mathrm{d}x.$$

这时也称反常积分 $\int_a^b f(x)\mathrm{d}x$ 收敛. 如果上述极限不存在，就称反常积分 $\int_a^b f(x)\mathrm{d}x$ 发散.

设函数 $f(x)$ 在区间 $[a, b]$ 上除点 $c(a<c<b)$ 外连续，而在点 c 的邻域内无界. 如果两个反常积分

$$\int_a^c f(x)\mathrm{d}x \text{ 与} \int_c^b f(x)\mathrm{d}x$$

都收敛，则定义

$$\int_a^b f(x)\mathrm{d}x = \int_a^c f(x)\mathrm{d}x + \int_c^b f(x)\mathrm{d}x = \lim_{t\to c^-}\int_a^t f(x)\mathrm{d}x + \lim_{t\to c^+}\int_t^b f(x)\mathrm{d}x.$$

否则，就称反常积分 $\int_a^b f(x)\mathrm{d}x$ 发散.

如果函数 $f(x)$ 在点 a 的任一邻域内都无界，那么点 a 称为函数 $f(x)$ 的瑕点，也称为无界间断点，故无界函数的反常积分也称为瑕积分.

与无穷区间上的反常积分一样，可通过计算判别无界函数的反常积分(瑕积分)收敛与否. 根据积分的相关知识，如果 $F(x)$ 为 $f(x)$ 的原函数，则有

$$\begin{aligned}\int_a^b f(x)\mathrm{d}x &= \lim_{t\to a^+}\int_t^b f(x)\mathrm{d}x = \lim_{t\to a^+}[F(x)]_t^b \\ &= F(b) - \lim_{t\to a^+}F(t) = F(b) - \lim_{x\to a^+}F(x),\end{aligned}$$

可采用如下简记形式：

$$\int_a^b f(x)\mathrm{d}x = [F(x)]_a^b = F(b) - \lim_{x\to a^+}F(x).$$

类似地，有

$$\int_a^b f(x)\mathrm{d}x = [F(x)]_a^b = \lim_{x\to b^-}F(x) - F(a),$$

当 a 为瑕点时，$\int_a^b f(x)\mathrm{d}x = [F(x)]_a^b = F(b) - \lim\limits_{x \to a^+} F(x)$；

当 b 为瑕点时，$\int_a^b f(x)\mathrm{d}x = [F(x)]_a^b = \lim\limits_{x \to b^-} F(x) - F(a)$；

当 $c(a < c < b)$ 为瑕点时，

$$\int_a^b f(x)\mathrm{d}x = \int_a^c f(x)\mathrm{d}x + \int_c^b f(x)\mathrm{d}x = [\lim_{x \to c^-} F(x) - F(a)] + [F(b) - \lim_{x \to c^+} F(x)].$$

例 6 求反常积分 $\int_2^5 \frac{1}{\sqrt{x-2}}\mathrm{d}x$.

解 首先注意到 $f(x) = \frac{1}{\sqrt{x-2}}$ 有垂直渐近线 $x = 2$，所以给定积分是反常积分. 由于不连续点是[2, 5] 的左端点，所以利用无界函数的反常积分定义，有

$$\begin{aligned}\int_2^5 \frac{\mathrm{d}x}{\sqrt{x-2}} &= \lim_{t \to 2^+} \int_t^5 \frac{\mathrm{d}x}{\sqrt{x-2}} = \lim_{t \to 2^+} 2\sqrt{x-2}\,\Big|_t^5 \\ &= \lim_{t \to 2^+} 2(\sqrt{3} - \sqrt{t-2}) = 2\sqrt{3},\end{aligned}$$

所以积分是收敛的.

例 7 计算反常积分 $\int_0^3 \frac{\mathrm{d}x}{x-1}$.

解 注意到直线 $x=1$ 是被积函数的渐近线，由于它出现在区间[0, 3]的中间，所以利用无界函数的反常积分的定义，取 $c=1$.

$$\int_0^3 \frac{\mathrm{d}x}{x-1} = \int_0^1 \frac{\mathrm{d}x}{x-1} + \int_1^3 \frac{\mathrm{d}x}{x-1},$$

其中

$$\begin{aligned}\int_0^1 \frac{\mathrm{d}x}{x-1} &= \lim_{t \to 1^-} \int_0^t \frac{\mathrm{d}x}{x-1} = \lim_{t \to 1^-} \ln|x-1|\,\Big|_0^t \\ &= \lim_{t \to 1^-} (\ln|t-1| - \ln|-1|) = \lim_{t \to 1^-} \ln(1-t) = -\infty.\end{aligned}$$

由于 $t \to 1^-$ 时，$1-t \to 0^+$，于是 $\int_0^1 \frac{\mathrm{d}x}{x-1}$ 发散，这就意味着 $\int_0^3 \frac{\mathrm{d}x}{x-1}$ 发散. 这里无需计算 $\int_1^3 \frac{\mathrm{d}x}{x-1}$.

注意 如果在上例中没有注意到渐近线 $x = 1$，把它看作普通积分计算，就可能得出以下的错误计算：

$$\int_0^3 \frac{\mathrm{d}x}{x-1} = [\ln|x-1|]_0^3 = \ln 2 - \ln 1 = \ln 2.$$

由于积分是反常积分，必须引入极限来计算，故这种计算是错误的.

今后在计算 $\int_a^b f(x)\mathrm{d}x$ 时，必须进行判断. 通过考察[a, b] 上的函数 $f(x)$，来确定积分是普通积分还是反常积分.

例 8 讨论反常积分 $\int_a^b \frac{\mathrm{d}x}{(x-a)^q}$ 的敛散性.

解 当 $q=1$ 时，$\int_a^b \frac{\mathrm{d}x}{(x-a)^q}=\int_a^b \frac{\mathrm{d}x}{x-a}=[\ln(x-a)]_a^b=+\infty$；

当 $q>1$ 时，$\int_a^b \frac{\mathrm{d}x}{(x-a)^q}=\left[\frac{1}{1-q}(x-a)^{1-q}\right]_a^b=+\infty$；

当 $q<1$ 时，$\int_a^b \frac{\mathrm{d}x}{(x-a)^q}=\left[\frac{1}{1-q}(x-a)^{1-q}\right]_a^b=\frac{1}{1-q}(b-a)^{1-q}$.

因此，当 $q<1$ 时，此反常积分收敛，其值为$\frac{1}{1-q}(b-a)^{1-q}$；当 $q\geqslant 1$ 时，此反常积分发散.

6.4.3 反常积分的比较

有时反常积分的值可能无法求出，这时判断它收敛还是发散十分重要. 在这种情况下，下面的定理就变得很有用，这里仅给出无穷限积分的情况，但对于无界函数的反常积分(瑕积分)定理同样成立.

定理(比较定理) 假设 $f(x)$ 与 $g(x)$ 是连续函数，且 $x\geqslant a$ 时，$f(x)\geqslant g(x)\geqslant 0$，则有

(1) 如果 $\int_a^{+\infty} f(x)\mathrm{d}x$ 收敛，那么 $\int_a^{+\infty} g(x)\mathrm{d}x$ 收敛；

(2) 如果 $\int_a^{+\infty} g(x)\mathrm{d}x$ 发散，那么 $\int_a^{+\infty} f(x)\mathrm{d}x$ 发散.

在此省略定理的证明. 图 6-4-4 可以说明，如果曲线 $y=f(x)$ 下的面积有限，那么 $y=g(x)$ 下的面积也有限；如果 $y=g(x)$ 下的面积无限，那么 $y=f(x)$ 下的面积也无限.

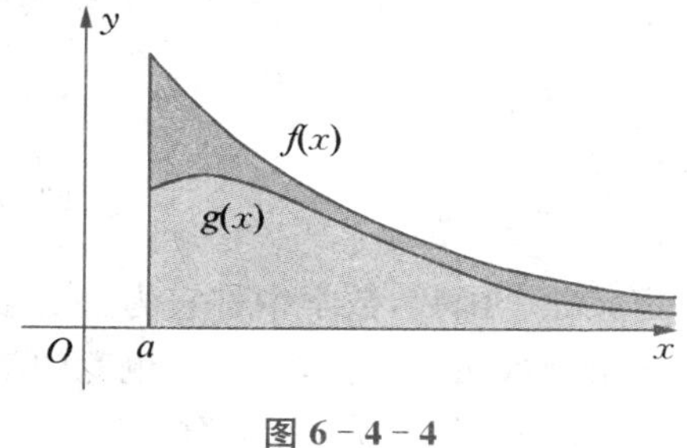

图 6-4-4

需要注意的是，反之则不成立：如果 $\int_a^{+\infty} g(x)\mathrm{d}x$ 收敛，$\int_a^{+\infty} f(x)\mathrm{d}x$ 可能收敛，也可能不收敛；如果 $\int_a^{+\infty} f(x)\mathrm{d}x$ 发散，$\int_a^{+\infty} g(x)\mathrm{d}x$ 可能发散，也可能不发散.

例 9 证明：$\int_0^{+\infty} \mathrm{e}^{-x^2}\mathrm{d}x$ 收敛.

解 由于被积函数 e^{-x^2} 不是初等函数，不能直接计算积分，记

$$\int_0^{+\infty} \mathrm{e}^{-x^2}\mathrm{d}x=\int_0^1 \mathrm{e}^{-x^2}\mathrm{d}x+\int_1^{+\infty} \mathrm{e}^{-x^2}\mathrm{d}x.$$

注意到右边的第一个积分是普通的定积分，第二个积分有 $x\geqslant 1$ 时，$x^2\geqslant x$，于是 $-x^2\leqslant -x$，$\mathrm{e}^{-x^2}\leqslant \mathrm{e}^{-x}$，$\mathrm{e}^{-x}$ 的积分可以简单计算得

$$\int_1^{+\infty} \mathrm{e}^{-x}\mathrm{d}x=\lim_{t\to+\infty}\int_1^t \mathrm{e}^{-x}\mathrm{d}x=\lim_{t\to+\infty}(\mathrm{e}^{-1}-\mathrm{e}^{-t})=\mathrm{e}^{-1}.$$

于是在比较定理中取 $f(x)=\mathrm{e}^{-x}$ 和 $g(x)=\mathrm{e}^{-x^2}$，得到 $\int_1^{+\infty} \mathrm{e}^{-x^2}\mathrm{d}x$ 收敛，$\int_0^{+\infty} \mathrm{e}^{-x^2}\mathrm{d}x$ 收敛.

在例 9 中没有计算积分值，却证明 $\int_0^{+\infty} \mathrm{e}^{-x^2}\mathrm{d}x$ 收敛，它的值近似 0.886 2. 在概率论中这个

反常积分的精确值很重要. 第 10 章利用重积分可以计算精确值等于$\frac{\sqrt{\pi}}{2}$.

*6.4.4 Γ函数与B函数

在概率统计和其他应用科学中会用到Γ(伽马)函数与B(贝塔)函数. 有的反常积分的计算最后会归结为Γ函数与B函数. 下面就来介绍这两个函数.

一、Γ函数

在实际应用中常遇到一种反常积分, $\int_0^{+\infty} x^{t-1}\mathrm{e}^{-x}\mathrm{d}x$ 是带有瑕点 $0(t<1)$ 的无穷积分. 为了研究它的收敛性,需要把它分成两个积分,即

$$\int_0^{+\infty} x^{t-1}\mathrm{e}^{-x}\mathrm{d}x = \int_0^1 x^{t-1}\mathrm{e}^{-x}\mathrm{d}x + \int_1^{+\infty} x^{t-1}\mathrm{e}^{-x}\mathrm{d}x,$$

其中右端第一个是瑕积分 $(t<1)$,而第二个是无穷积分.

根据反常积分收敛的判别法(本书不做相关介绍,感兴趣的读者可参阅相关资料),可知积分$\int_0^{+\infty} x^{t-1}\mathrm{e}^{-x}\mathrm{d}x$ 对任意 $t>0$ 都收敛.

当 $t>0$ 时,可用

$$\Gamma(t) = \int_0^{+\infty} x^{t-1}\mathrm{e}^{-x}\mathrm{d}x, \quad t>0$$

定义一个函数,数学中称它为Γ函数. Γ函数除极少数函数值外,其余函数值都是无理数. 就像三角函数用表一样,数学上也专门制有Γ函数表(用在概率统计中).

函数$\Gamma(t)$的特殊值有

$$\Gamma\left(\frac{1}{2}\right) = \int_0^{+\infty} x^{-\frac{1}{2}}\mathrm{e}^{-x}\mathrm{d}x = 2\int_0^{+\infty}\mathrm{e}^{-t^2}\mathrm{d}t = \sqrt{\pi},$$

$$\Gamma(1) = \int_0^{+\infty}\mathrm{e}^{-x}\mathrm{d}x = -\mathrm{e}^{-x}\Big|_0^{+\infty} = 1.$$

还有Γ函数递推公式

$$\Gamma(1+t) = t\Gamma(t) \quad (t>0),$$

这是因为

$$\begin{aligned}\Gamma(1+t) &= \int_0^{+\infty} x^t\mathrm{e}^{-x}\mathrm{d}x = \int_0^{+\infty} x^t\mathrm{d}(-\mathrm{e}^{-x}) \\ &= -x^t\mathrm{e}^{-x}\Big|_0^{+\infty} + \int_0^{+\infty} tx^{t-1}\mathrm{e}^{-x}\mathrm{d}x = t\int_0^{+\infty} x^{t-1}\mathrm{e}^{-x}\mathrm{d}x = t\Gamma(t).\end{aligned}$$

特别,当 n 为正整数时, $\Gamma(n+1) = n!$.

根据递推公式,有

$$\Gamma\left(\frac{5}{2}\right) = \Gamma\left(\frac{3}{2}+1\right) = \frac{3}{2}\Gamma\left(\frac{3}{2}\right) = \frac{3}{2}\cdot\frac{1}{2}\Gamma\left(\frac{1}{2}\right) = \frac{3}{4}\sqrt{\pi}.$$

Γ函数还有一个重要的公式——余元公式(在此也不作证明):

$$\Gamma(a)\Gamma(1-a)=\frac{\pi}{\sin a\pi},\quad 0<a<1.$$

例如，根据余元公式可以计算

$$\Gamma\left(\frac{1}{3}\right)\Gamma\left(\frac{2}{3}\right)=\frac{\pi}{\sin\frac{\pi}{3}}=\frac{\pi}{\frac{\sqrt{3}}{2}}=\frac{2\pi}{\sqrt{3}}.$$

二、B 函数

在积分 $\int_0^1 x^{r-1}(1-x)^{s-1}\mathrm{d}x$ 中有两个参数 r 和 s，因为点 0 和 1 都有可能是瑕点，所以要把它分成两个积分来讨论它的收敛性，即

$$\int_0^1 x^{r-1}(1-x)^{s-1}\mathrm{d}x=\int_0^{1/2}x^{r-1}(1-x)^{s-1}\mathrm{d}x+\int_{1/2}^1 x^{r-1}(1-x)^{s-1}\mathrm{d}x.$$

当 $r>0$ 且 $s>0$ 时(见图 6-4-5)，积分

$$\int_0^1 x^{r-1}(1-x)^{s-1}\mathrm{d}x$$

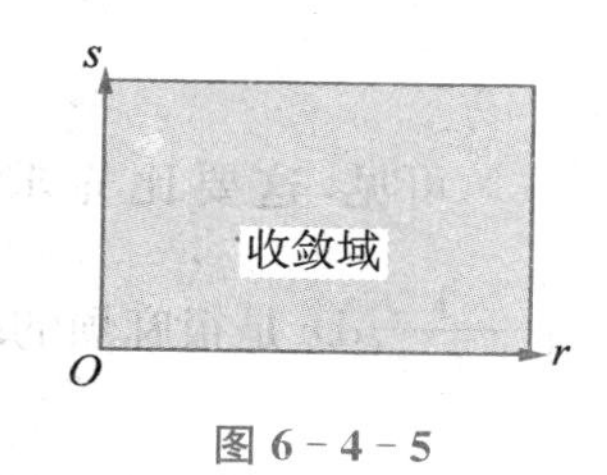

图 6-4-5

收敛；而当 $r\leqslant 0$ 或 $s\leqslant 0$ 时，积分

$$\int_0^1 x^{r-1}(1-x)^{s-1}\mathrm{d}x$$

发散. 在收敛的情形下，可以定义一个(二元)函数

$$B(r,s)=\int_0^1 x^{r-1}(1-x)^{s-1}\mathrm{d}x,\quad r>0,\ s>0,$$

称它为 B 函数.

用换元法(令 $t=1-x$) 容易证明，B 函数具有对称性，即 $B(r,s)=B(s,r)$.

我们不做证明地给出 B 函数与 Γ 函数的关系，即

$$B(r,s)=\frac{\Gamma(r)\Gamma(s)}{\Gamma(r+s)},\ r>0,s>0.$$

这样，B 函数的函数值就可以通过求 Γ 函数值来计算.

例如，无界函数的反常积分(瑕积分) $\int_0^1\frac{1}{\sqrt{x-x^2}}\mathrm{d}x$ 就可以表示成 B 函数，即

$$\int_0^1\frac{1}{\sqrt{x-x^2}}\mathrm{d}x=\int_0^1 x^{-\frac{1}{2}}(1-x)^{-\frac{1}{2}}\mathrm{d}x=\int_0^1 x^{\frac{1}{2}-1}(1-x)^{\frac{1}{2}-1}\mathrm{d}x$$

$$=B\left(\frac{1}{2},\frac{1}{2}\right)=\frac{\Gamma\left(\frac{1}{2}\right)\Gamma\left(\frac{1}{2}\right)}{\Gamma(1)}=\frac{\sqrt{\pi}\sqrt{\pi}}{1}=\pi.$$

又如，

$$B\left(\frac{3}{2},\frac{5}{2}\right)=\frac{\Gamma\left(\frac{3}{2}\right)\Gamma\left(\frac{5}{2}\right)}{\Gamma\left(\frac{3}{2}+\frac{5}{2}\right)}=\frac{\frac{1}{2}\Gamma\left(\frac{1}{2}\right)\cdot\frac{3}{2}\ \frac{1}{2}\Gamma\left(\frac{1}{2}\right)}{\Gamma(4)}=\frac{\frac{3}{8}\Gamma^2\left(\frac{1}{2}\right)}{3!}=\frac{\pi}{16}.$$

再如,在积分$\int_0^{+\infty}\frac{1}{1+x^4}\mathrm{d}x$中,令$t=\frac{1}{1+x^4}$,则$x=\left(\frac{1}{t}-1\right)^{\frac{1}{4}}$. 于是,

$$\begin{aligned}\int_0^{+\infty}\frac{1}{1+x^4}\mathrm{d}x&=\int_1^0 t\cdot\left[-\frac{1}{4}t^{-\frac{5}{4}}(1-t)^{-\frac{3}{4}}\right]\mathrm{d}t=\frac{1}{4}\int_0^1 t^{-\frac{1}{4}}(1-t)^{-\frac{3}{4}}\mathrm{d}t\\&=\frac{1}{4}B\left(\frac{3}{4},\frac{1}{4}\right)=\frac{1}{4}\frac{\Gamma\left(\frac{3}{4}\right)\Gamma\left(\frac{1}{4}\right)}{\Gamma\left(\frac{3}{4}+\frac{1}{4}\right)}\\&=\frac{1}{4}\frac{\frac{\pi}{\sin\frac{\pi}{4}}}{\Gamma(1)}=\frac{\pi}{2\sqrt{2}}.\end{aligned}$$

可见,这要比先求出原函数$\int\frac{1}{1+x^4}\mathrm{d}x$,再去求$\int_0^{+\infty}\frac{1}{1+x^4}\mathrm{d}x$要简单得多,因为求$\int\frac{1}{1+x^4}\mathrm{d}x$是很麻烦的.

练习 6.4

1. 确定下列积分收敛还是发散,如果收敛计算积分值.

(1) $\int_1^{+\infty}\frac{1}{3x+1}\mathrm{d}x$;

(2) $\int_{-\infty}^{-1}\frac{1}{\sqrt{2-w}}\mathrm{d}w$;

(3) $\int_4^{+\infty}\mathrm{e}^{-y/2}\mathrm{d}y$;

(4) $\int_{-\infty}^{+\infty}\frac{1}{1+x^2}\mathrm{d}x$;

(5) $\int_{-\infty}^{+\infty}x\mathrm{e}^{-x^2}\mathrm{d}x$;

(6) $\int_{2\pi}^{+\infty}\sin\theta\mathrm{d}\theta$;

(7) $\int_1^{+\infty}\frac{x+1}{x^2+2x}\mathrm{d}x$;

(8) $\int_0^{+\infty}s\mathrm{e}^{-5s}\mathrm{d}s$;

(9) $\int_1^{+\infty}\frac{\ln x}{x}\mathrm{d}x$;

(10) $\int_{-\infty}^{+\infty}\frac{x^2}{9+x^6}\mathrm{d}x$;

(11) $\int_1^{+\infty}\frac{\ln x}{x^2}\mathrm{d}x$;

(12) $\int_0^3\frac{1}{\sqrt{x}}\mathrm{d}x$;

(13) $\int_{-1}^0\frac{1}{x^2}\mathrm{d}x$;

(14) $\int_{-2}^3\frac{1}{x^4}\mathrm{d}x$;

(15) $\int_0^{33}(x-1)^{-1/5}\mathrm{d}x$;

(16) $\int_0^{\pi}\sec x\mathrm{d}x$;

(17) $\int_{-1}^1\frac{\mathrm{e}^x}{\mathrm{e}^x-1}\mathrm{d}x$;

(18) $\int_0^2 z^2\ln z\mathrm{d}z$.

2. 利用比较定理确定下列积分收敛还是发散:

(1) $\int_1^{+\infty}\frac{\cos^2 x}{1+x^2}\mathrm{d}x$；　　(2) $\int_1^{+\infty}\frac{\mathrm{d}x}{x+\mathrm{e}^{2x}}$；

(3) $\int_0^{\pi/2}\frac{\mathrm{d}x}{x\sin x}$.

3. 计算积分$\int_0^{+\infty}\frac{1}{\sqrt{x}(1+x)}\mathrm{d}x$.（提示：积分$\int_0^{+\infty}\frac{1}{\sqrt{x}(1+x)}\mathrm{d}x$是反常积分，因为区间$[0, +\infty)$是无穷的，并且被积函数在0点是无界型的不连续，可以通过将其表示成两种类型的反常积分的和来计算：

$$\int_0^{+\infty}\frac{1}{\sqrt{x}(1+x)}\mathrm{d}x=\int_0^1\frac{1}{\sqrt{x}(1+x)}\mathrm{d}x+\int_1^{+\infty}\frac{1}{\sqrt{x}(1+x)}\mathrm{d}x.）$$

4. p为何值时积分收敛，并计算p取该值时的积分值.

(1) $\int_0^1\frac{1}{x^p}\mathrm{d}x$；　　(2) $\int_0^1 x^p\ln x\mathrm{d}x$.

5. 计算下列积分：

(1) $\frac{\Gamma(8)}{2\Gamma(4)\Gamma(5)}$；　　(2) $\frac{\Gamma\left(\frac{1}{2}\right)\Gamma\left(\frac{3}{2}\right)\Gamma\left(\frac{5}{2}\right)}{\Gamma(4)\Gamma\left(\frac{7}{2}\right)}$；

(3) $B\left(\frac{3}{2}, 4\right)$；　　(4) $B\left(\frac{7}{2}, \frac{5}{2}\right)$；

(5) $\int_0^{+\infty}x^4\mathrm{e}^{-x}\mathrm{d}x$；　　(6) $\int_0^{+\infty}x^4\mathrm{e}^{-2x^2}\mathrm{d}x$；

(7) $\int_0^1\sqrt{x-x^2}\mathrm{d}x$；　　(8) $\int_0^1\frac{\mathrm{d}x}{\sqrt{1-x^{\frac{1}{3}}}}$.

6. 利用积分$\int_0^{+\infty}\mathrm{e}^{-x^2}\mathrm{d}x=\frac{\sqrt{\pi}}{2}$，求$\frac{1}{\sigma\sqrt{2\pi}}\int_{-\infty}^{+\infty}\mathrm{e}^{-\frac{(x-\mu)^2}{2\sigma^2}}\mathrm{d}x$.

7. 利用Γ函数和B函数的关系，证明：$\int_{-\infty}^{+\infty}x^2\mathrm{e}^{-x^2}\mathrm{d}x=\frac{\sqrt{\pi}}{2}$.

§6.5　定积分的应用

定积分的几何意义告诉我们，可以利用定积分来计算曲边梯形的面积. 除此之外，定积分还有其他许多应用. 本节在介绍定积分元素法的基础上，来研究定积分在计算面积、体积、曲线的弧长、经济活动中的消费者剩余和生产者剩余、物理上的变力做功、水压力和引力等方面的应用.

6.5.1　定积分的元素法

设$y=f(x)\geqslant 0$, $x\in[a, b]$. 如果说定积分

$$A=\int_a^b f(x)\mathrm{d}x$$

是以$[a, b]$为底的曲边梯形的面积，则变上限积分函数

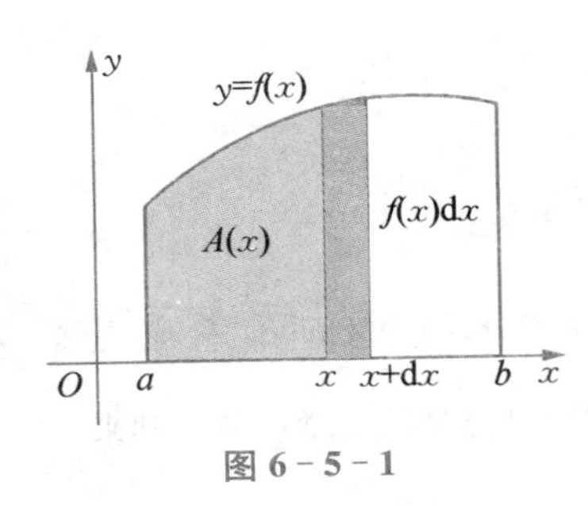

图 6-5-1

$$A(x)=\int_a^x f(t)\mathrm{d}t$$

就是以$[a, x]$为底的曲边梯形的面积. 而微分 $\mathrm{d}A(x)=f(x)\mathrm{d}x$ 表示点 x 处以 $\mathrm{d}x$ 为宽的小曲边梯形面积的近似值 $\Delta A\approx f(x)\mathrm{d}x$，$f(x)\mathrm{d}x$ 称为曲边梯形的面积元素，如图 6-5-1 所示.

以$[a, b]$为底的曲边梯形的面积 A 就是以面积元素 $f(x)\mathrm{d}x$ 为被积表达式、以$[a, b]$为积分区间的定积分：

$$A=\int_a^b f(x)\mathrm{d}x.$$

一般情况下，为求某一量 U，先将此量分布在某一区间$[a, b]$上，分布在$[a, x]$上的量用函数$U(x)$表示，再求这一量的元素 $\mathrm{d}U(x)$. 设 $\mathrm{d}U(x)=u(x)\mathrm{d}x$，然后以 $u(x)\mathrm{d}x$ 为被积表达式，以$[a, b]$为积分区间，求定积分即得

$$U=\int_a^b f(x)\mathrm{d}x.$$

以上求一量的值的方法称为元素法(或微元法). 下面用这种方法来研究定积分的一些应用.

6.5.2 定积分在几何学上的应用

一、平面图形的面积

利用定积分的几何意义，我们已经会计算一条曲线下的面积. 现在利用定积分来求介于两条曲线之间的图形的面积.

1. 直角坐标的情形

我们先来看一个例子.

例 1 计算抛物线 $y=x^2$ 与 $y=2x-x^2$ 所围成的图形的面积.

解 先联立方程求两抛物线的交点，即求方程组

$$\begin{cases} y=x^2, \\ y=2x-x^2, \end{cases}$$

得两交点为(0, 0)和(1, 1)，则所围成的图形如图 6-5-2 中阴影所示.

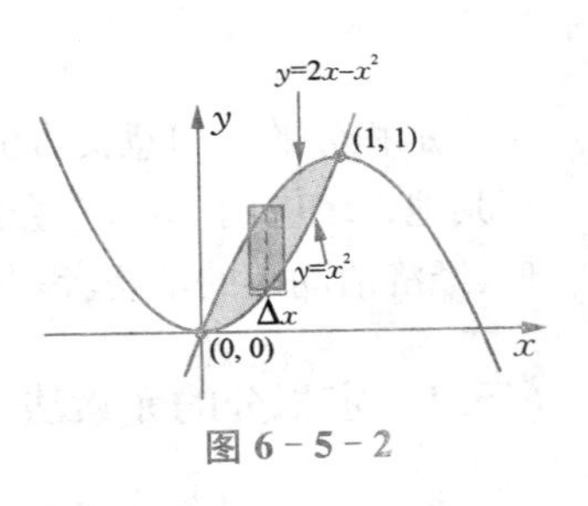

图 6-5-2

在图 6-5-2 中任选一小区间$[x, x+\Delta x]$的窄矩形，其高为 $2x-x^2-x^2=2x-2x^2$ 、底为 Δx，从而得到面积元素

$$\mathrm{d}S=(2x-2x^2)\mathrm{d}x.$$

图形在 x 轴上的投影区间为$[0, 1]$，对面积元素两边在区间$[0, 1]$上积分得

$$S=\int_0^1(2x-2x^2)\mathrm{d}x=\left[x^2-\frac{2}{3}x^3\right]_0^1=\frac{1}{3}.$$

由上面的例子不难得出下面的定理：

定理 设平面图形由上、下两条曲线（$y=f_{上}(x)$ 与 $y=f_{下}(x)$）及左、右两条直线（$x=a$ 与 $x=b$）所围成，则面积元素为$[f_{上}(x)-f_{下}(x)]\mathrm{d}x$，于是平面图形的面积为

$$S=\int_a^b[f_{上}(x)-f_{下}(x)]\mathrm{d}x.$$

类似地，由左、右两条曲线（$x=\varphi_{左}(y)$ 与 $x=\varphi_{右}(y)$）及上、下两条直线（$y=d$ 与 $y=c$）所围成的平面图形的面积为

$$S=\int_c^d[\varphi_{右}(y)-\varphi_{左}(y)]\mathrm{d}y.$$

这个定理可用图 6－5－3(a)和(b)来说明，它给出了一种直接给出面积元素的方法，以后可以直接拿来使用.

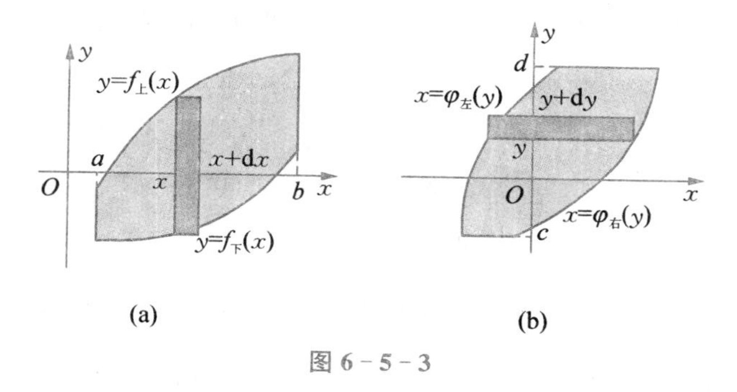

(a) (b)

图 6－5－3

例 2 求直线 $y=x-1$ 与抛物线 $y^2=2x+6$ 所围成的图形的面积.

解 通过联立两个等式求得交点为$(-1,\ -2)$和$(5,\ 4)$. 从图 6－5－4 中注意到左、右边界曲线分别为

$$x_L=\frac{1}{2}y^2-3,\ x_R=y+1.$$

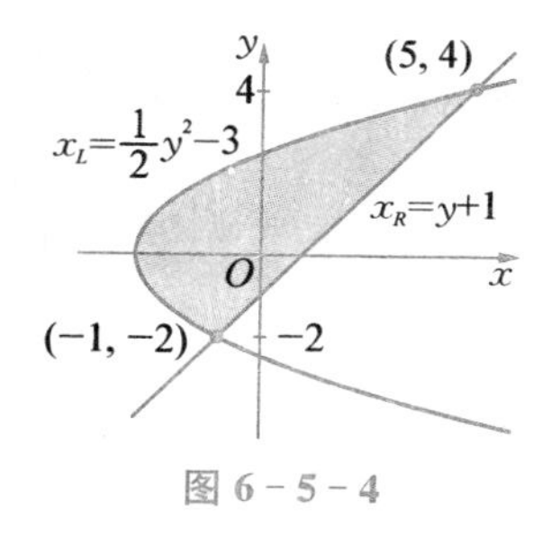

图 6－5－4

必须在适当的 y 值(即 $y=-2$ 和 $y=4$)上积分，于是

$$\begin{aligned}A&=\int_{-2}^4(x_R-x_L)\mathrm{d}y=\int_{-2}^4\left[(y+1)-\left(\frac{1}{2}y^2-3\right)\right]\mathrm{d}y\\&=\int_{-2}^4\left(-\frac{1}{2}y^2+y+4\right)\mathrm{d}y=-\frac{1}{2}\left(\frac{y^3}{3}\right)+\frac{y^2}{2}+4y\Big|_{-2}^4\\&=-\frac{1}{6}(64)+8+16-\left(\frac{4}{3}+2-8\right)=18.\end{aligned}$$

本题也可以用 x 作为积分变量来计算，但是比较繁琐，需要将区域分割成两个部分，如图 6－5－5 所示，并计算 A_1 和 A_2 的面积之和.

如果要求曲线 $y=f(x)$和 $y=g(x)$间的面积，其中对于有些值，$f(x)\geqslant g(x)$，对于有些值，$g(x)\geqslant f(x)$，如图 6－5－6 所示.

可将 S 分割成面积为 A_1，A_2，…的条形 S_1，S_2，…，定义 S 的面积为小条形 S_1，S_2，…的面积之和，即 $A=A_1+A_2+\cdots$. 由于

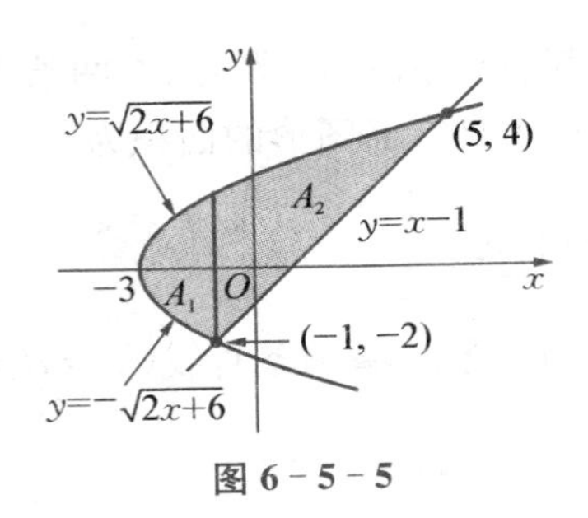

图 6-5-5

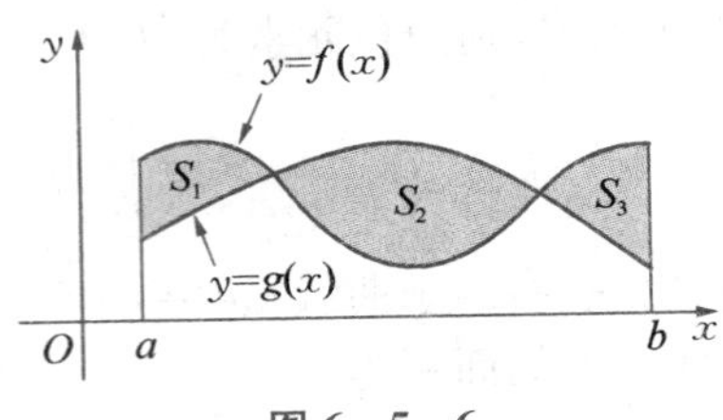

图 6-5-6

$$|f(x)-g(x)|=\begin{cases}f(x)-g(x), & f(x)\geqslant g(x),\\ g(x)-f(x), & g(x)\geqslant f(x),\end{cases}$$

于是有如下结论:

曲线 $y=f(x)$ 和 $y=g(x)$ 在 $x=a$ 和 $x=b$ 间的面积为

$$A=\int_a^b |f(x)-g(x)|\,dx.$$

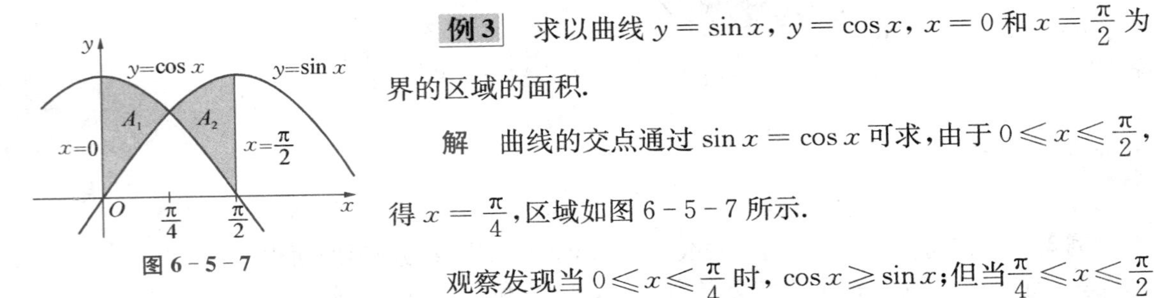

图 6-5-7

例 3 求以曲线 $y=\sin x$, $y=\cos x$, $x=0$ 和 $x=\frac{\pi}{2}$ 为界的区域的面积.

解 曲线的交点通过 $\sin x=\cos x$ 可求,由于 $0\leqslant x\leqslant\frac{\pi}{2}$,得 $x=\frac{\pi}{4}$,区域如图 6-5-7 所示.

观察发现当 $0\leqslant x\leqslant\frac{\pi}{4}$ 时, $\cos x\geqslant\sin x$;但当 $\frac{\pi}{4}\leqslant x\leqslant\frac{\pi}{2}$ 时, $\sin x\geqslant\cos x$. 于是所求面积为

$$\begin{aligned}A&=\int_0^{\frac{\pi}{2}}|\cos x-\sin x|\,dx=A_1+A_2\\&=\int_0^{\frac{\pi}{4}}(\cos x-\sin x)dx+\int_{\frac{\pi}{4}}^{\frac{\pi}{2}}(\sin x-\cos x)dx\\&=[\sin x+\cos x]_0^{\frac{\pi}{4}}+[-\cos x-\sin x]_{\frac{\pi}{4}}^{\frac{\pi}{2}}\\&=\left(\frac{1}{\sqrt{2}}+\frac{1}{\sqrt{2}}-0-1\right)+\left(-0-1+\frac{1}{\sqrt{2}}+\frac{1}{\sqrt{2}}\right)=2\sqrt{2}-2.\end{aligned}$$

在这个例子中,注意到在 $x=\frac{\pi}{4}$ 处图形是对称的,于是也可以用下面的方法来计算:

$$A=2A_1=2\int_0^{\frac{\pi}{4}}(\cos x-\sin x)dx.$$

2. 极坐标情形

某些平面图形,用极坐标来计算它们的面积比较方便.

设由曲线 $r=f(\theta)$ 及射线 $\theta=\alpha$, $\theta=\beta$ 围成一图形(简称为曲边扇形),现在要计算它的面积 A,如图 6-5-8 所示. 这里, $f(\theta)$ 在 $[\alpha,\beta]$ 上连续,且 $f(\theta)\geqslant 0$.

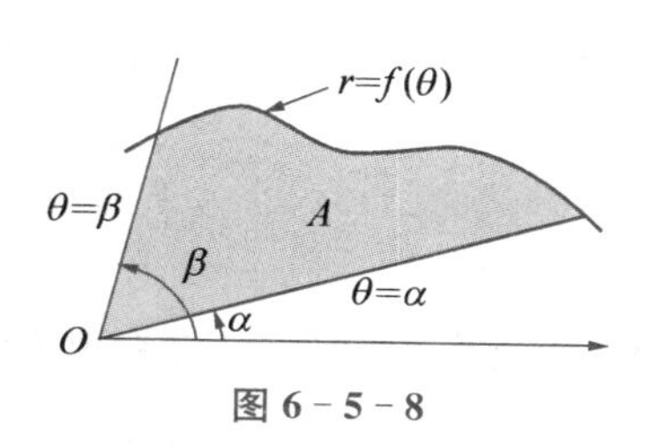

图 6-5-8

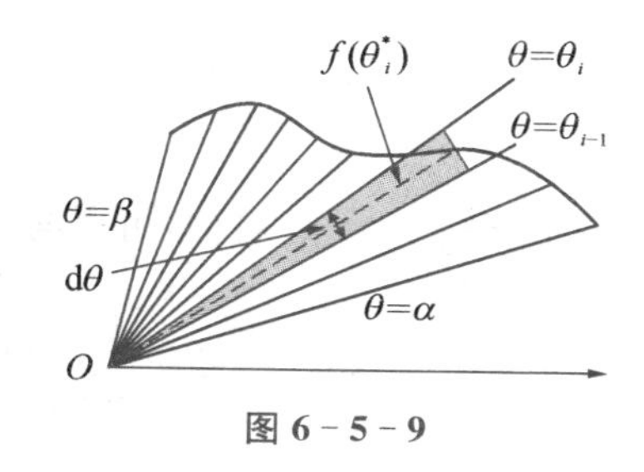

图 6-5-9

由于当 θ 在 $[\alpha, \beta]$ 上变动时，极径 $r = f(\theta)$ 也随之变动，因此所求图形的面积不能直接利用扇形面积的公式 $A = \frac{1}{2}R^2\theta$ 来计算，可用定积分的元素法来解决这个问题，如图 6-5-9 所示，

取极角 θ 为积分变量，它的变化区间为 $[\alpha, \beta]$. 相应于任一小区间 $[\theta, \theta+d\theta]$ 的窄曲边扇形的面积，可以用半径为 $r=f(\theta)$、中心角为 $d\theta$ 的扇形的面积来近似代替，从而得到该窄曲边扇形面积的近似值，即曲边扇形的面积元素

$$dA = \frac{1}{2}[f(\theta)]^2 d\theta.$$

以 $\frac{1}{2}[f(\theta)]^2 d\theta$ 为被积表达式，在闭区间 $[\alpha, \beta]$ 上作定积分，便得所求曲边扇形的面积为

$$A = \int_\alpha^\beta \frac{1}{2}[f(\theta)]^2 d\theta.$$

例 4 求四叶玫瑰线 $r = \cos 2\theta$ 的一叶围成的面积.

解 曲线 $r = \cos 2\theta$ 如图 6-5-10 所示.

从图 6-5-10 中可以看出右边的环形围成的面积是由从 $\theta = -\frac{\pi}{4}$ 到 $\theta = \frac{\pi}{4}$ 的射线掠过的区域，因此

$$\begin{aligned} A &= \int_{-\frac{\pi}{4}}^{\frac{\pi}{4}} \frac{1}{2}r^2 d\theta = \frac{1}{2}\int_{-\frac{\pi}{4}}^{\frac{\pi}{4}} \cos^2 2\theta d\theta \\ &= \int_0^{\frac{\pi}{4}} \cos^2 2\theta d\theta = \int_0^{\frac{\pi}{4}} \frac{1}{2}(1+\cos 4\theta) d\theta \\ &= \frac{1}{2}\left[\theta + \frac{1}{4}\sin 4\theta\right]_0^{\frac{\pi}{4}} = \frac{\pi}{8}. \end{aligned}$$

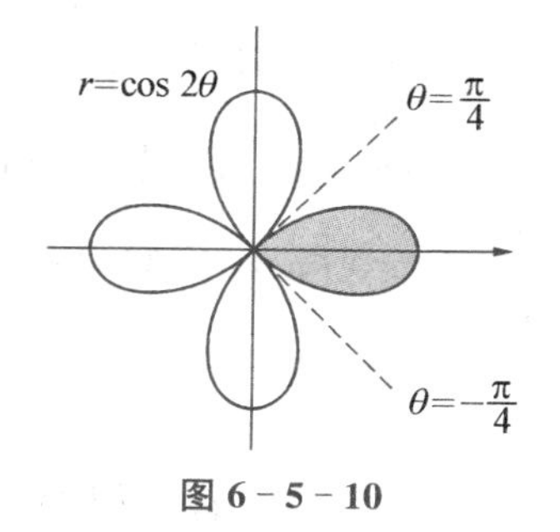

图 6-5-10

例 5 求位于圆 $r = 3\sin\theta$ 内部、心脏线 $r = 1+\sin\theta$ 外部的区域面积.

解 心脏线和圆如图 6-5-11 所示，所求区域用阴影标出.

上限和下限的值要通过求这条曲线的交点得到，它们在 $3\sin\theta = 1+\sin\theta$ 时相交，即 $\sin\theta = \frac{1}{2}$，故 $\theta_1 = \frac{\pi}{6}$，$\theta_2 = \frac{5\pi}{6}$. 所求面积可以通过将心脏线在 $\theta = \frac{\pi}{6}$ 和 $\theta = \frac{5\pi}{6}$ 之间的面积从圆由 $\frac{\pi}{6}$ 到 $\frac{5\pi}{6}$ 之间的面积减去而得到，因此，

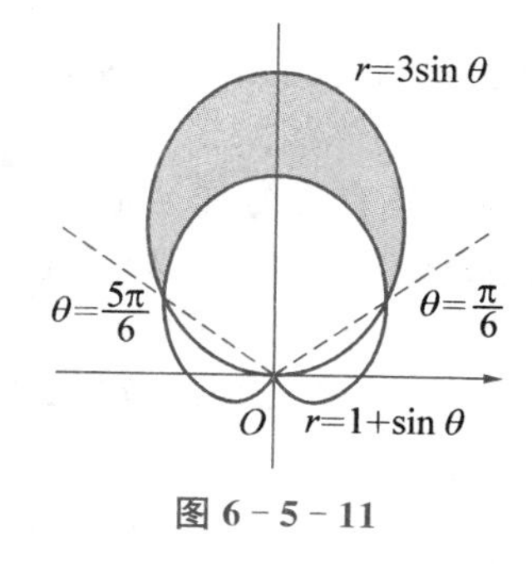

图 6-5-11

$$A=\frac{1}{2}\int_{\frac{\pi}{6}}^{\frac{5\pi}{6}}(3\sin\theta)^2\mathrm{d}\theta-\frac{1}{2}\int_{\frac{\pi}{6}}^{\frac{5\pi}{6}}(1+\sin\theta)^2\mathrm{d}\theta.$$

因为此区域关于直线 $\theta=\frac{\pi}{2}$ 对称，可以写成

$$A=2\left[\frac{1}{2}\int_{\frac{\pi}{6}}^{\frac{\pi}{2}}(3\sin\theta)^2\mathrm{d}\theta-\frac{1}{2}\int_{\frac{\pi}{6}}^{\frac{\pi}{2}}(1+\sin\theta)^2\mathrm{d}\theta\right]=\int_{\frac{\pi}{6}}^{\frac{\pi}{2}}(8\sin^2\theta-1-2\sin\theta)\mathrm{d}\theta$$

$$=\int_{\frac{\pi}{6}}^{\frac{\pi}{2}}(3-4\cos2\theta-2\sin\theta)\mathrm{d}\theta=\left[3\theta-2\sin2\theta+2\cos\theta\right]_{\frac{\pi}{6}}^{\frac{\pi}{2}}=\pi.$$

二、平行截面面积为已知的立体的体积

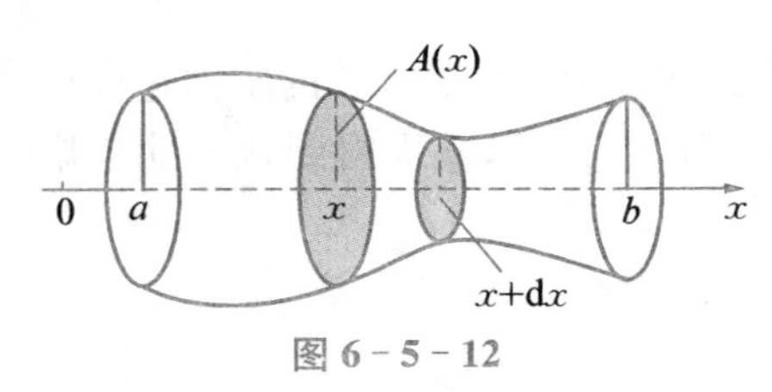

图 6-5-12

如图 6-5-12 所示，设立体在 x 轴的投影区间为 $[a,\ b]$，过点 x 且垂直于 x 轴的平面与立体相截，截面面积为 $A(x)$.

当平面向右平移 $\mathrm{d}x$ 后，体积的增量 ΔV 近似为 $A(x)\mathrm{d}x$，于是体积元素为 $\mathrm{d}V=A(x)\mathrm{d}x$，立体的体积为

$$V=\int_a^b A(x)\mathrm{d}x.$$

例 6 一平面经过半径为 4 的圆柱体的底圆中心，并与底面相交成角 $\alpha=30°$. 计算该平面截圆柱所得立体的体积.

解 取该平面与圆柱体底面的交线为 x 轴，底面上过圆心且垂直于 x 轴的直线为 y 轴，那么底圆的方程为 $x^2+y^2=16$，立体中过点 x 且垂直于 x 轴的截面是一个直角三角形，如图 6-5-13 所示.

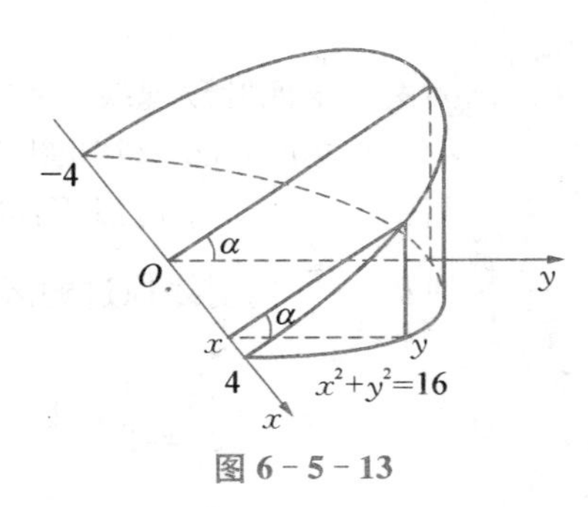

图 6-5-13

两个直角边分别为 $\sqrt{16-x^2}$ 及 $\frac{\sqrt{3}}{3}\sqrt{16-x^2}$，$-4\leqslant x\leqslant 4$，因而截面积为

$$A(x)=\frac{\sqrt{3}}{6}(16-x^2).$$

于是所求的立体体积为

$$V=\int_{-4}^{4}\frac{\sqrt{3}}{6}(16-x^2)\mathrm{d}x=\frac{\sqrt{3}}{3}\left[16x-\frac{1}{3}x^3\right]_0^4=\frac{128\sqrt{3}}{9}.$$

实际能求出面积的图形并不多，只有一些规则图形(如三角形、多边形、圆和椭圆等). 这里重点介绍一种截面为圆的立体体积，即**旋转体的体积**.

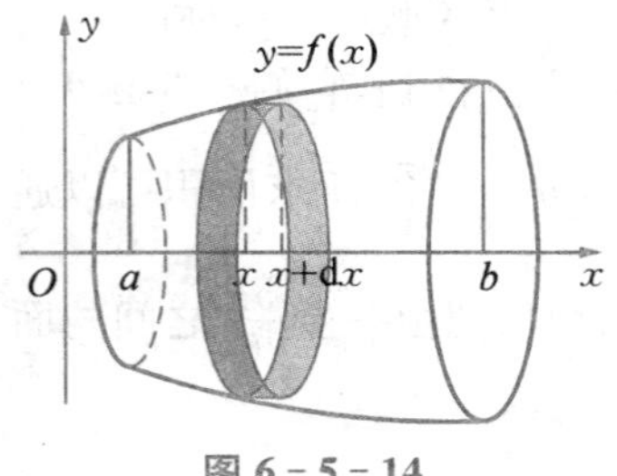

图 6-5-14

旋转体就是由一个平面图形绕平面内一条直线旋转一周而成的立体，该直线叫做**旋转轴**. 常见的旋转体(如圆柱、圆锥、圆台、球等)都可以看作是由非负的连续曲线 $y=f(x)$、直线 $x=a$，$x=b$ 及 x 轴所围成的曲边梯形绕 x 轴旋转一周而成的立体，如图 6-5-14 所示.

因为旋转体的截面为圆，其面积可表示为 $A(x)=\pi[f(x)]^2$，

于是体积元素为

$$\mathrm{d}V=\pi[f(x)]^2\mathrm{d}x,$$

进而旋转体的体积计算公式为

$$V=\int_a^b \pi[f(x)]^2\mathrm{d}x.$$

例7 证明半径为 r 的球体的体积为

$$V=\frac{4}{3}\pi r^3.$$

解 首先将球体的中心置于原点，如图6-5-15所示，那么平面 P_x 切球体所得到的球面半径为

$$y=\sqrt{r^2-x^2}.$$

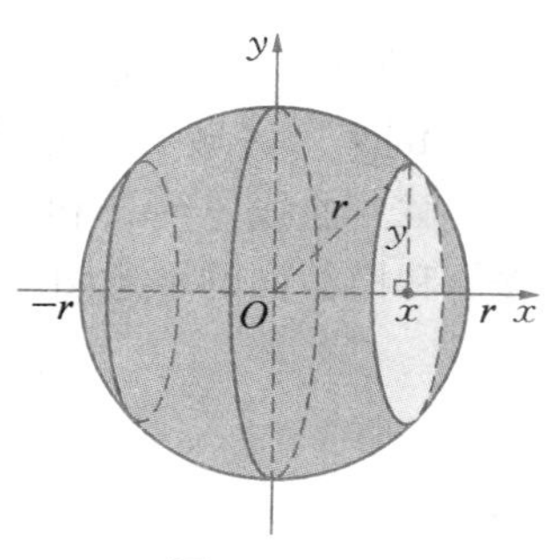

图6-5-15

于是横截面的面积为

$$A(x)=\pi y^2=\pi(r^2-x^2).$$

由体积的定义取 $a=-r$ 和 $b=r$，有

$$\begin{aligned}V&=\int_{-r}^{r}A(x)\mathrm{d}x=\int_{-r}^{r}\pi(r^2-x^2)\mathrm{d}x\\&=2\pi\int_0^r(r^2-x^2)\mathrm{d}x=2\pi\left[r^2x-\frac{x^3}{3}\right]_0^r\\&=2\pi\left(r^3-\frac{r^3}{3}\right)=\frac{4}{3}\pi r^3.\end{aligned}$$

例8 设区域 D 是椭圆 $4(x-4)^2+9y^2=9$ 所围成，求 D 绕下列各直线旋转一周所形成的旋转体的体积：

(1) x 轴； (2) y 轴； (3) 直线 $x=1$.

解 (1) 此时应首先根据椭圆方程将 y 解为 x 的函数：

$$y=\pm\sqrt{1-\frac{4}{9}(x-4)^2},\quad \frac{5}{2}\leqslant x\leqslant\frac{11}{2}.$$

根据题意，根式前取正号或负号均可. 这时所求旋转体的体积为

$$V_1=\pi\int_{\frac{5}{2}}^{\frac{11}{2}}\left[1-\frac{4}{9}(x-4)^2\right]\mathrm{d}x=\pi\left[x-\frac{4}{27}(x-4)^3\right]_{\frac{5}{2}}^{\frac{11}{2}}=2\pi.$$

(2) 此时 D 旋转所形成的旋转体是一个椭圆环，其体积可视为右半椭圆周

$$x=4+\frac{3}{2}\sqrt{1-y^2},\quad -1\leqslant y\leqslant 1$$

与左半椭圆周

$$x=4-\frac{3}{2}\sqrt{1-y^2},\quad -1\leqslant y\leqslant 1$$

分别绕 y 轴旋转时所形成的旋转体体积之差，因此

$$V_2=\pi\int_{-1}^{1}\left[\left(4+\frac{3}{2}\sqrt{1-y^2}\right)^2-\left(4-\frac{3}{2}\sqrt{1-y^2}\right)^2\right]\mathrm{d}y$$
$$=24\pi\int_{-1}^{1}\sqrt{1-y^2}\,\mathrm{d}y=12\pi^2.$$

(3) 此时情形与(2)类似，有

$$V_3=\pi\int_{-1}^{1}\left[\left(4+\frac{3}{2}\sqrt{1-y^2}-1\right)^2-\left(4-\frac{3}{2}\sqrt{1-y^2}-1\right)^2\right]\mathrm{d}y=18\pi\int_{-1}^{1}\sqrt{1-y^2}\,\mathrm{d}y=9\pi^2.$$

可见，如果旋转体截面为圆环(两个同心圆去除公共部分)，则截面面积可表示为

$$A(x)=\pi(\text{外半径})^2-\pi(\text{内半径})^2,$$

相应旋转体体积就可求出.

例 9 区域 D 由曲线 $y=x$ 和 $y=x^2$ 围成，并绕 x 轴旋转，求旋转体的体积.

解 曲线 $y=x$ 和 $y=x^2$ 的交点为(0, 0)和(1, 1)，如图 6-5-16 所示，分别画出区域、立体和横截面的示意图.

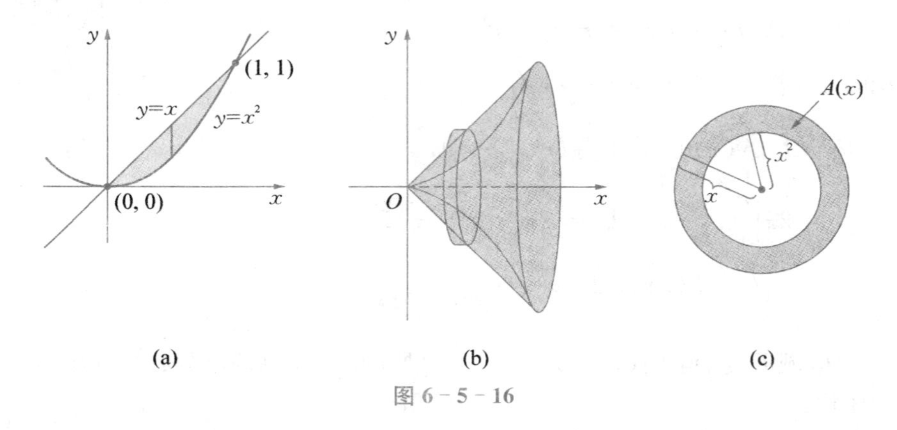

图 6-5-16

在平面 P_x 上的横截面为内外半径分别为 x^2 和 x 的圆垫(环状物)，于是利用面积相减可得横截面面积：

$$A(x)=\pi x^2-\pi(x^2)^2=\pi(x^2-x^4),$$

于是有

$$V=\int_0^1 A(x)\,\mathrm{d}x=\int_0^1\pi(x^2-x^4)\,\mathrm{d}x=\pi\left[\frac{x^3}{3}-\frac{x^5}{5}\right]_0^1=\frac{2\pi}{15}.$$

例 10 计算由旋轮线(摆线) $x=a(t-\sin t)$，$y=a(1-\cos t)$ 相应于 $0\leqslant t\leqslant 2\pi$ 上的一拱，直线 $y=0$ 所围成的图形分别绕 x 轴、y 轴旋转而成的旋转体的体积.

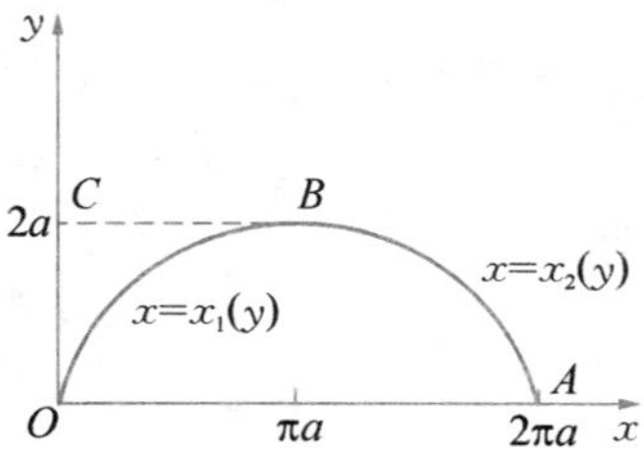

图 6-5-17

解 题意中的旋轮线如图 6-5-17 所示.

所给图形绕 x 轴旋转而成的旋转体的体积为

$$V_x=\int_0^{2\pi a}\pi y^2\,\mathrm{d}x=\pi\int_0^{2\pi}a^2(1-\cos t)^2\cdot a(1-\cos t)\,\mathrm{d}t$$
$$=\pi a^3\int_0^{2\pi}(1-3\cos t+3\cos^2 t-\cos^3 t)\,\mathrm{d}t=5\pi^2a^3.$$

所给图形绕 y 轴旋转而成的旋转体的体积是两个旋转体体积的差. 设曲线左半边为 $x=x_1(y)$、右半边为 $x=x_2(y)$，则

$$V_y=\int_0^{2a}\pi x_2{}^2(y)\mathrm{d}y-\int_0^{2a}\pi x_1{}^2(y)\mathrm{d}y=\pi\int_{2\pi}^{\pi}a^2(t-\sin t)^2\cdot a\sin t\mathrm{d}t-\pi\int_0^{\pi}a^2(t-\sin t)^2\cdot a\sin t\mathrm{d}t$$
$$=-\pi a^3\int_0^{2\pi}(t-\sin t)^2\sin t\mathrm{d}t=6\pi^3a^3.$$

三、柱壳法求体积

一些体积的求解利用上面讲述的方法很难处理. 例如，由 $y=2x^2-x^3$ 和 $y=0$ 围成的区域绕 y 轴旋转所得的旋转体的体积，如图 6-5-18 所示. 如果用垂直于 y 轴的平面切旋转体，可以得到一个垫圈. 但是为了计算内外半径，必须求方程 $y=2x^2-x^3$，这并不容易.

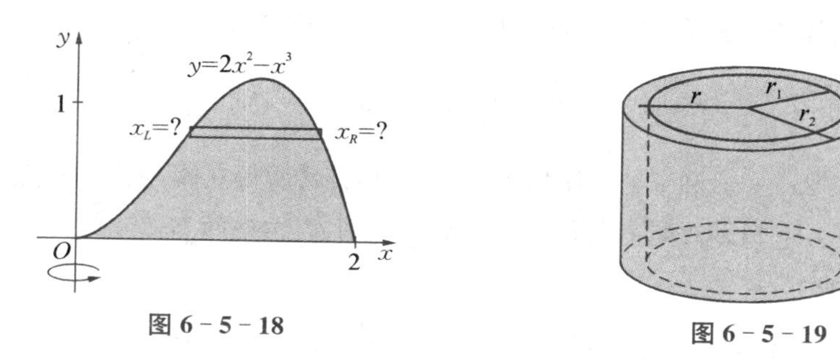

图 6-5-18　　　　图 6-5-19

为此，我们介绍一种叫柱壳法的方法来解决此类问题. 如图 6-5-19 所示的是一个内外半径分别为 r_1 和 r_2、高为 h 的柱体薄壳.

它的体积 V 等于内外两个圆柱的体积 V_2 和 V_1 的差：

$$V=V_2-V_1=\pi r_2{}^2h-\pi r_1{}^2h$$
$$=\pi(r_2{}^2-r_1{}^2)h=\pi(r_2+r_1)(r_2-r_1)h$$
$$=2\pi\frac{r_2+r_1}{2}h(r_2-r_1).$$

如果令 $\Delta r=r_2-r_1$（薄壳的厚度）和 $r=\frac{1}{2}(r_2+r_1)$（薄壳的平均半径），于是柱体薄壳的体积公式为

$$V=2\pi rh\Delta r.$$

上面的公式也可以形象地用图 6-5-20 来说明.

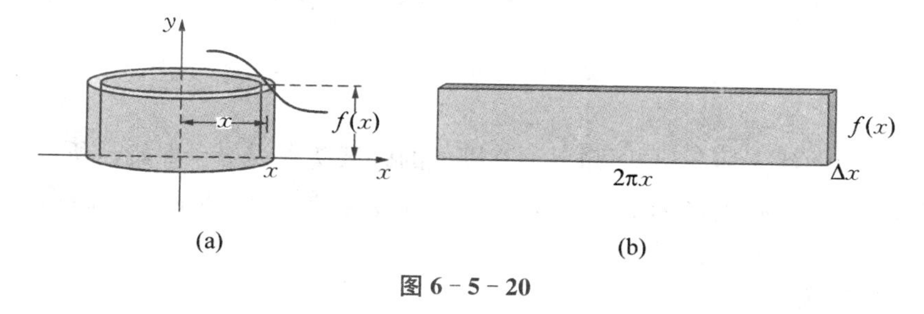

(a)　　　　(b)

图 6-5-20

现在来讨论由非负的连续曲线 $y=f(x)$、直线 $x=a$，$x=b$ 及 x 轴所围成的曲边梯形绕 y 轴旋转一周而成的立体，如图 6-5-21(a) 和(b) 所示.

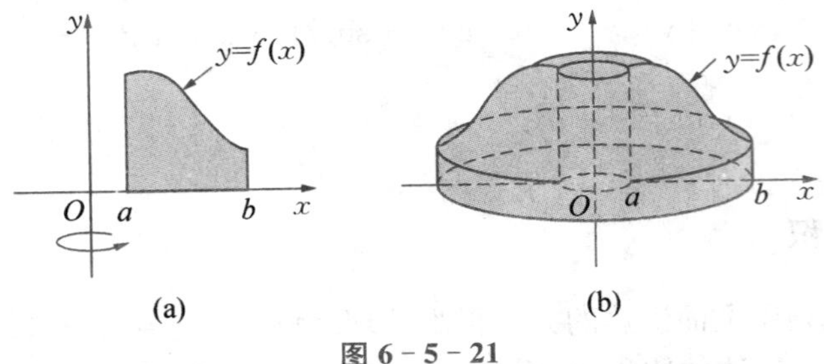

图 6-5-21

我们将立体看成由无数个柱体薄壳组成，柱体薄壳的体积为 $2\pi x f(x)$. 由定积分的元素法，可以知道立体的体积元素为 $dV=2\pi x f(x)dx$，立体的体积为

$$V=\int_a^b 2\pi x f(x)dx.$$

例 11 由 $y=2x^2-x^3$ 和 $y=0$ 围成的区域绕 y 轴旋转所得立体，试用柱壳法求它的体积.

解 由图 6-5-18 可知，典型薄壳的半径为 x，圆周为 $2\pi x$，高为 $f(x)=2x^2-x^3$，于是，由柱壳法求得体积为

$$V=\int_0^2 2\pi x(2x^2-x^3)dx=2\pi\int_0^2(2x^3-x^4)dx$$

$$=2\pi\left[\frac{1}{2}x^4-\frac{1}{5}x^5\right]_0^2=2\pi\left(8-\frac{32}{5}\right)=\frac{16}{5}\pi.$$

类似地，我们可得由非负的连续曲线 $x=g(y)$、直线 $y=c$，$y=d$ 及 y 轴所围成的曲边梯形绕 x 轴旋转一周而成的立体体积计算公式为

$$V=\int_c^d 2\pi y g(y)dy.$$

例 12 利用柱壳法求曲线 $y=\sqrt{x}$ 从 0 到 1 下的区域绕 x 轴旋转所得立体的体积.

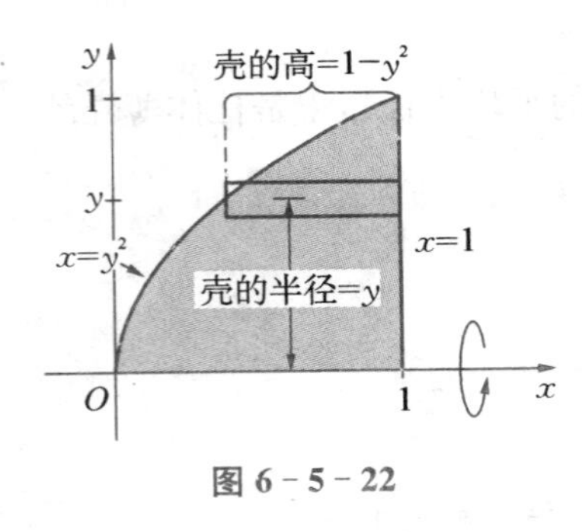

图 6-5-22

解 为了用柱壳法，可将 $y=\sqrt{x}$ 写成 $x=y^2$. 由于绕 x 轴旋转，可以知道典型薄壳半径为 y、圆周为 $2\pi y$、高为 $1-y^2$，如图 6-5-22 所示，于是所求体积为

$$V=\int_0^1(2\pi y)(1-y^2)dy=2\pi\int_0^1(y-y^3)dy$$

$$=2\pi\left[\frac{y^2}{2}-\frac{y^4}{4}\right]_0^1=\frac{\pi}{2}.$$

例 13 求由曲线 $y=x-x^2$ 和 $y=0$ 围成的区域绕直线 $x=2$ 旋转所得立体的体积.

解 图 6-5-23 画出区域和区域关于 $x=2$ 旋转所得柱体薄壳的图形. 它的半径为 $2-x$、圆周为 $2\pi(2-x)$、高 $x-x^2$.

给定立体体积为

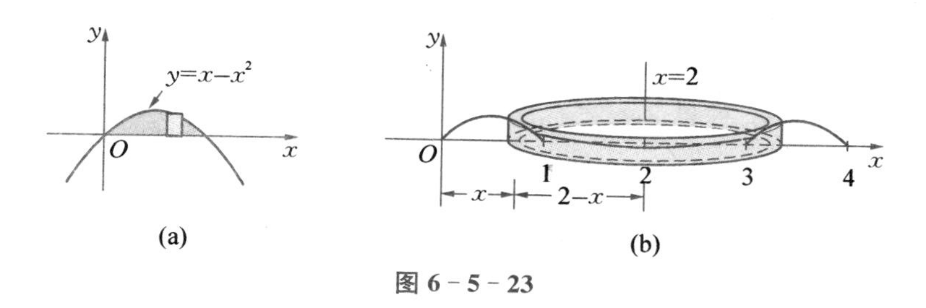

图 6－5－23

$$V=\int_0^1 2\pi(2-x)(x-x^2)\mathrm{d}x=2\pi\int_0^1(x^3-3x^2+2x)\mathrm{d}x$$

$$=2\pi\left[\frac{x^4}{4}-x^3+x^2\right]_0^1=\frac{\pi}{2}.$$

四、平面曲线的弧长

设 A，B 是曲线弧上的两个端点. 在弧 AB 上任取分点

$$A=M_0,\ M_1,\ M_2,\ \cdots,\ M_{i-1},\ M_i,\ \cdots,\ M_{n-1},\ M_n=B,$$

并依次连接相邻的分点得一内接折线. 当分点的数目无限增加且每个小段 $M_{i-1}M_i$ 都缩向一点时，如果此折线的长 $\sum_{i=1}^{n}|M_{i-1}M_i|$ 的极限存在，则称此极限为曲线弧 AB 的弧长，并称此曲线弧 AB 是可求长的.

假定曲线弧上每一点都有导数，通常满足这种条件的曲线弧称为光滑曲线. 光滑曲线总是可以计算弧长的.

1. 直角坐标情形

设曲线弧由直角坐标方程

$$y=f(x),\quad a\leqslant x\leqslant b$$

给出，其中 $f(x)$ 在区间 $[a,\ b]$ 上具有一阶连续导数. 现在来计算该曲线弧的长度.

取横坐标 x 为积分变量，它的变化区间为 $[a,\ b]$. 曲线 $y=f(x)$ 上相应于 $[a,\ b]$ 上任一小区间 $[x,\ x+\mathrm{d}x]$ 的一段弧长，可以用该曲线在点 $(x,\ f(x))$ 处的切线上相应的一小段的长度来近似代替. 而切线上相应小段的长度为

$$\sqrt{(\mathrm{d}x)^2+(\mathrm{d}y)^2}=\sqrt{1+y'^2}\,\mathrm{d}x,$$

从而得弧长元素（即弧微分）

$$\mathrm{d}s=\sqrt{1+y'^2}\,\mathrm{d}x.$$

以 $\sqrt{1+y'^2}\,\mathrm{d}x$ 为被积表达式，在闭区间 $[a,\ b]$ 上作定积分，便得所求的弧长为

$$s=\int_a^b\sqrt{1+y'^2}\,\mathrm{d}x.$$

例 14　计算曲线 $y=\frac{2}{3}x^{\frac{3}{2}}$ 上相应于 x 从 0 到 3 的一段弧的长度.

解 $y' = x^{\frac{1}{2}}$，从而弧长元素

$$ds = \sqrt{1+y'^2}\,dx = \sqrt{1+x}\,dx,$$

因此，所求弧长为

$$s = \int_0^3 \sqrt{1+x}\,dx = \left[\frac{2}{3}(1+x)^{\frac{3}{2}}\right]_0^3 = \frac{14}{3}.$$

2. 参数方程情形

设曲线弧由参数方程 $x = \varphi(t)$，$y = \psi(t)(a \leqslant t \leqslant \beta)$ 给出，其中 $\varphi(t)$，$\psi(t)$ 在$[a, b]$上具有连续导数.

因为 $\frac{dy}{dx} = \frac{\psi'(t)}{\varphi'(t)}$，$dx = \varphi'(t)dt$，所以弧长元素为

$$ds = \sqrt{1+\frac{\psi'^2(t)}{\varphi'^2(t)}}\varphi'(t)dt = \sqrt{\varphi'^2(t)+\psi'^2(t)}\,dt,$$

所求弧长为

$$s = \int_\alpha^\beta \sqrt{\varphi'^2(t)+\psi'^2(t)}\,dt.$$

例 15 计算旋轮线(摆线) $x = a(\theta - \sin\theta)$，$y = a(1-\cos\theta)$ 的一拱 $0 \leqslant \theta \leqslant 2\pi$ 的长度.

解 弧长元素为

$$ds = \sqrt{a^2(1-\cos\theta)^2 + a^2\sin^2\theta}\,d\theta = a\sqrt{2(1-\cos\theta)}\,d\theta = 2a\sin\frac{\theta}{2}d\theta,$$

所求弧长为

$$s = \int_0^{2\pi} 2a\sin\frac{\theta}{2}d\theta = 2a\left[-2\cos\frac{\theta}{2}\right]_0^{2\pi} = 8a.$$

3. 极坐标情形

设曲线弧由极坐标方程

$$\rho = \rho(\theta), \quad a \leqslant \theta \leqslant \beta$$

给出，其中 $r(\theta)$在$[a, b]$上具有连续导数. 由直角坐标与极坐标的关系可得

$$x = \rho(\theta)\cos\theta, \ y = \rho(\theta)\sin\theta, \quad a \leqslant \theta \leqslant \beta.$$

于是得弧长元素为

$$ds = \sqrt{x'^2(\theta)+y'^2(\theta)}\,d\theta = \sqrt{\rho^2(\theta)+\rho'^2(\theta)}\,d\theta,$$

从而所求弧长为

$$s = \int_\alpha^\beta \sqrt{\rho^2(\theta)+\rho'^2(\theta)}\,d\theta.$$

例 16 求心脏线 $r = 1+\sin\theta$ 的长.

解 心脏线如图 6-5-24 所示，它的全长由参数区间 $0\leqslant\theta\leqslant 2\pi$ 给出，所以

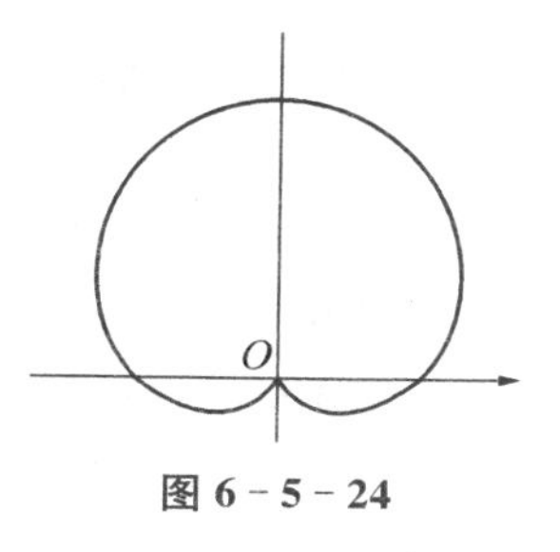

图 6-5-24

$$L=\int_0^{2\pi}\sqrt{r^2+\left(\frac{dr}{d\theta}\right)^2}d\theta=\int_0^{2\pi}\sqrt{(1+\sin\theta)^2+(\cos\theta)^2}d\theta$$

$$=\int_0^{2\pi}\sqrt{2+2\sin\theta}d\theta=\int_0^{2\pi}\sqrt{2\left(\sin\frac{\theta}{2}+\cos\frac{\theta}{2}\right)^2}d\theta$$

$$=4\int_0^{2\pi}\sin\left(\frac{\theta}{2}+\frac{\pi}{4}\right)d\theta=8.$$

6.5.3 定积分在经济上的应用

一、消费者剩余和生产者剩余

如图 6-5-25 所示，在市场经济中，设某消费者本来打算以 $p_1>p^*$ 的价格购买某商品，但实际以 p^* 的价格买到该商品，则 p_1-p^* 为此消费者购买该商品一单位省下来的钱，那么位于需求曲线 $p=D(q)$ 下方、线段 p^*E 上方的曲边三角形面积是所有消费者采取上述购买行为省下来的钱的总和，称为**消费者剩余**(CS)，

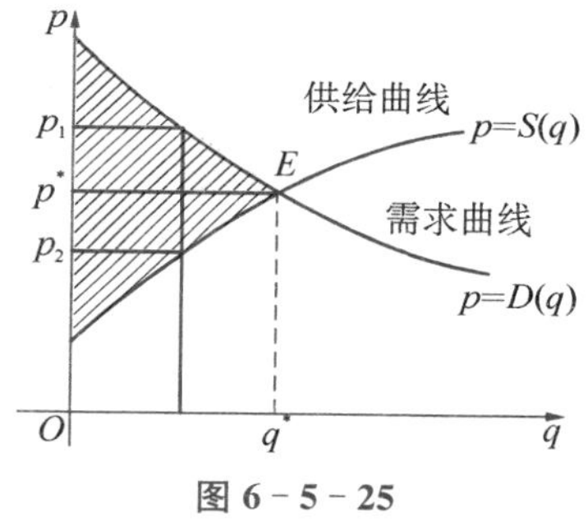

图 6-5-25

$$CS=\int_0^{q^*}D(q)dq-p^*q^*.$$

同理，设某生产者原计划以 $p_2<p^*$ 的价格提供某商品，结果却以 p^* 的价格成交，则 p^*-p_2 为此生产者出售该商品一个单位所获得的额外收入，那么位于供给曲线 $p=S(q)$ 上方、线段 p^*E 下方的曲边三角形面积是生产者采取上述行为所获得的收入的总和，称为**生产者剩余**(PS)，

$$PS=p^*q^*-\int_0^{q^*}S(q)dq.$$

例 17 设某商品的需求函数 $p=D(q)=22-3q$，供给函数 $p=S(q)=2q+7$，求消费者剩余和生产者剩余.

解 先求平衡数量和平衡价格. 由

$$22-3q=2q+7$$

得 $q^*=3$，故 $p^*=13$，所以

消费者剩余 $CS=\int_0^3(22-3q)dq-13\times 3=\left(22q-\frac{3}{2}q^2\right)\Big|_0^3-39=\frac{27}{2}$，

生产者剩余 $PS=13\times 3-\int_0^3(2q+7)dq=39-(q^2+7q)\Big|_0^3=9.$

二、由边际函数求总函数

设固定成本为 C_0，边际成本为 $C'(q)$，边际收益为 $R'(q)$，其中 q 为产量(或需求量、销量)，则

总成本函数 $C(q)=\int_0^q C'(t)dt+C_0$；

总收益函数 $R(q)=\int_0^q R'(t)\mathrm{d}t$；

总利润函数 $P(q)=\int_0^q [R'(t)-C'(t)]\mathrm{d}t-C_0$.

例 18 若某厂生产某产品的边际成本为产量 q 的函数 $C'(q)=q^2-4q+6$，固定成本为 $C_0=200$ 百元，且每单位产品的售价为 $p=146$ 百元，并假定生产出的产品全部售出. 求：

(1) 总成本函数 $C(q)$；

(2) 产量从 2 个单位增加到 4 个单位的成本变化量；

(3) 产量为多少时总利润最大？并求最大利润.

解 (1) 总成本函数

$$C(q)=\int_0^q C'(t)\mathrm{d}t+C_0=\int_0^q (t^2-4t+6)\mathrm{d}t+200=\frac{q^3}{3}-2q^2+6q+200.$$

(2)
$$\Delta C=\int_2^4 C'(t)\mathrm{d}t=\int_2^4 (t^2-4t+6)\mathrm{d}t=\left(\frac{t^3}{3}-2t^2+6t\right)\Big|_2^4=\frac{20}{3}$$

或

$$\Delta C=C(4)-C(2)=\frac{20}{3}.$$

(3) 总收益函数 $R(q)=pq=146q$，

总利润函数 $P(q)=R(q)-C(q)=-\dfrac{q^3}{3}+2q^2+140q-200$，

$$P'(q)=-q^2+4q+140.$$

令 $P'(q)=0$，得

$$q_1=14，q_2=-10(舍去).$$

而

$$P''(q)=-2q+4，P''(14)<0,$$

因此，当 $q=14$ 时，总利润最大，

$$P_{\max}=P(14)=\frac{3\,712}{3}(百元),$$

即当产量为 14 个单位时，利润达到最大 $\dfrac{3\,712}{3}$ 百元.

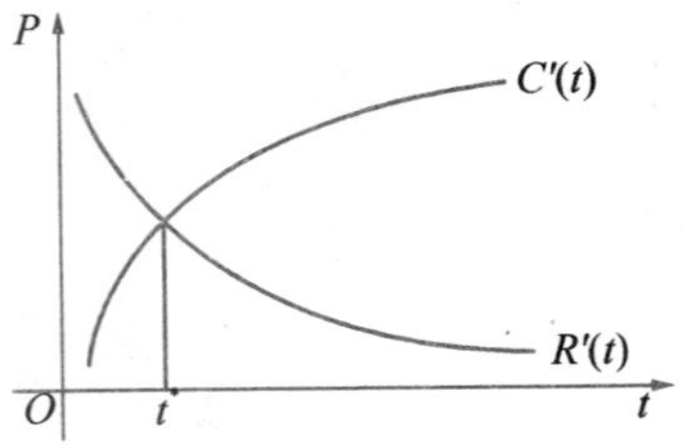

许多开发型实际问题(如石油、矿物、天然气等)是耗竭性开发，一方面收益率 $R'(t)$ 一般是时间 t 的减函数，另一方面开发成本率 $C'(t)$ 是时间 t 的增函数，如图 6-5-26 所示. 作为开发者，就是要确定出 t^* 使利润 $P(t)$ 最大.

图 6-5-26

例 19 某油井投资 2 000 万元建成开采，开采后在 t 时刻的追加成本和增加收益(单位：百万元/年)分别为

$$C'(t)=7+2t^{\frac{2}{3}}，R'(t)=19-t^{\frac{2}{3}}.$$

试确定该油井开采多长时间停产，方可获得最大利润？最大利润是多少？

解　由生产函数的最大值存在的必要条件

$$P'(t)=R'(t)-C'(t)=0,$$

可得

$$19-t^{\frac{2}{3}}=7+2t^{\frac{2}{3}},\ t=8.$$

又

$$P''(t)=R''(t)-C''(t)=-\frac{2}{3}t^{-\frac{1}{3}}-\frac{4}{3}t^{-\frac{1}{3}}=-2t^{-\frac{1}{3}}.$$

于是 $P''(8)<0$，故 $t^*=8$ 年是开采利润最大值点，即最佳停产时间. 此时，开采利润的最大值为

$$\begin{aligned}P_{\max}&=\int_0^8 P'(t)\mathrm{d}t-20=\int_0^8(12-3t^{\frac{2}{3}})\mathrm{d}t-20\\&=\left(12t-\frac{1}{5}t^{\frac{5}{3}}\right)\Big|_0^8-20=18.4(\text{百万元}).\end{aligned}$$

三、资金现值与投资问题

1. 连续复利

下面先通过一个例子来介绍**连续复利**.

例 20　如果 1 000 元的利率是 6%，则 1 年后的总金额为 $1\,000\times1.06$ 元 $=1\,060$ 元，2 年后的总金额为 $(1\,000\times1.06)\times1.06$ 元 $=1\,123.60$ 元，t 年后的总金额为 $1\,000\times(1.06)^t$ 元. 一般来说，如果金额 A_0 的利率是 r，则 t 年后本息合计 $A_0(1+r)^t$. 然而通常情况下利息的计算更频繁，比如一年 n 次，每个计息周期内利率为 $\frac{r}{n}$，t 年有 nt 个计息周期，因此本息合计为

$$A_0\left(1+\frac{r}{n}\right)^{nt}.$$

例如，年利率为 6% 时，3 年后 1 000 元本金变成

$$\begin{aligned}&1\,000\times(1.06)^3=1\,191.02(\text{元})，\text{每年计息；}\\&1\,000\times(1.03)^6=1\,194.05(\text{元})，\text{每半年计息；}\\&1\,000\times(1.015)^{12}=1\,195.62(\text{元})，\text{每季度计息；}\\&1\,000\times(1.005)^{36}=1\,196.68(\text{元})，\text{每月计息；}\\&1\,000\times\left(1+\frac{0.06}{365}\right)^{365\cdot 3}=1\,197.20(\text{元})，\text{每天计息.}\end{aligned}$$

可以发现随着计息周期增多（n 增大），所获利息也增加.

如果 $n\to+\infty$，连续计息时则本息合计为

$$\begin{aligned}A(t)&=\lim_{n\to+\infty}A_0\left(1+\frac{r}{n}\right)^{nt}=\lim_{n\to+\infty}A_0\left[\left(1+\frac{r}{n}\right)^{\frac{n}{r}}\right]^{rt}\\&=A_0\left[\lim_{n\to+\infty}\left(1+\frac{r}{n}\right)^{\frac{n}{r}}\right]^{rt}=A_0\left[\lim_{m\to+\infty}\left(1+\frac{1}{m}\right)^{m}\right]^{rt},\end{aligned}$$

其中 $m=\frac{n}{r}$，$\lim\limits_{m\to+\infty}\left(1+\frac{1}{m}\right)^m$ 的极限等于 e. 因此当利率为 r 时，采取连续复利 t 年后本息合计为

$$A(t)=A_0\mathrm{e}^{rt}.$$

等式两边微分，得到

$$\frac{\mathrm{d}A}{\mathrm{d}t}=rA_0\mathrm{e}^{rt}=rA(t).$$

这表明利率连续复合时，总金额增长速度与本金数额成正比.

还是考察前面的例子，1 000 元以年利率 6%存 3 年，采用连续复合利率方式，本息合计为

$$A(3)=1\,000\mathrm{e}^{(0.06)3}=1\,000\mathrm{e}^{0.18}=1\,197.22(\text{元}).$$

可以发现这个金额与每天复合利率所得的结果 1 197.20 元接近. 但采用连续复合利率方式，总金额更容易计算.

2. 资金现值与投资问题

设有资金 A 元，若按年利率为 r 作连续复利计算，则 t 年末的本利和为 $A\mathrm{e}^{rt}$，称为 A 元资金在 t 年末的终值；反之，若 t 年末要得到资金 A 元，则现在需要 $A\mathrm{e}^{-rt}$ 的资金投入，称为 t 年末资金 A 元的**现值**，即**贴现值**. 由此可以将不同时期的资金转化为同一时期的资金进行比较，这在经济管理中有重要用途.

如果收入或支出是连续发生的，称为**收入流**或**支出流**. 若将 t 时刻单位时间的收入(支出)记为 $f(t)$，称为**收入(支出)率**. 当 $f(t)\equiv a$ 时，称为**均匀收入流**或**均匀支出流**.

设某企业在时间段$[0,\ T]$上的收入(支出)率为 $f(t)$(连续函数)，按年利率为 r 的连续复利指数计算，求该时间段总收入(支出)的现值和终值.

用元素法，任取小区间$[t,\ t+\mathrm{d}t]$，该时间段的总收入(支出)近似为 $f(t)\mathrm{d}t$，其现值为 $f(t)\mathrm{e}^{-rt}\mathrm{d}t$，所以$[0,\ T]$上的总收入(支出)的现值为

$$M=\int_0^T f(t)\mathrm{e}^{-rt}\mathrm{d}t.$$

由于$[t,\ t+\mathrm{d}t]$时间段的总收入(支出)等于后面 $T-t$ 时间段的收入(支出)，其终值为 $f(t)\mathrm{e}^{(T-t)r}\mathrm{d}t$，所以$[0,\ T]$上总收入(支出)的终值为

$$N=\int_0^T f(t)\mathrm{e}^{(T-t)r}\mathrm{d}t.$$

例 21 设有一辆汽车售价 14 万元，现某人分期支付购买，准备 20 年付清，按年利率 0.05 的连续复利计息，问每年应支付多少元?

解 设每年付款数相同，均为 a 万元，$T=20$，全部付款的总现值(总贴现值) $M=14$ 万元，$r=0.05$，于是

$$14=\int_0^{20} a\mathrm{e}^{-0.05t}\mathrm{d}t,$$

得 $a\approx 1.100\,6$ (万元)，即每年应付款 1.100 6 万元.

例 22 设某公司投资 100 万元建造一个游乐场，按年利率 5%的连续复利计算，每年均

匀收入率为 20 万元. 求：

(1) 回收这笔投资所需的时间 T；

(2) 该项投资在无限期时的总收入和净收入的现值(贴现值).

解　(1) 回收投资的时间

$$\int_0^T 20e^{-0.05t}\mathrm{d}t = 100,$$

得 $T \approx 5.75$ 年.

(2) 投资总收入的现值为

$$M = \int_0^{+\infty} 20e^{-0.05t}\mathrm{d}t = \frac{-20}{0.05}e^{-0.05t}\Big|_0^{+\infty} = 400(\text{万元}),$$

所以投资净收入的现值为

$$400 - 100 = 300(\text{万元}).$$

*6.5.4　定积分在物理学上的应用

一、变力沿直线所作的功

从物理学知道，如果物体在作直线运动的过程中有一个不变的力 F 作用在物体上，且该力的方向与物体运动的方向一致，那么，当物体移动了距离 s 时，力 F 对物体所做的功为

$$W = F \cdot s.$$

如果物体在运动过程中所受的力 F 是变化的，就会遇到变力对物体做功的问题. 下面举例说明如何计算变力对物体所做的功.

例 23　在底面积为 S 的圆柱形容器中盛有一定量的气体. 在等温条件下，由于气体的膨胀，把容器中的一个活塞(面积为 S)从点 a 处推移到点 b 处. 计算在移动过程中，气体压力所作的功.

解　取坐标系如图 6-5-27 所示，活塞的位置可用坐标 x 来表示.

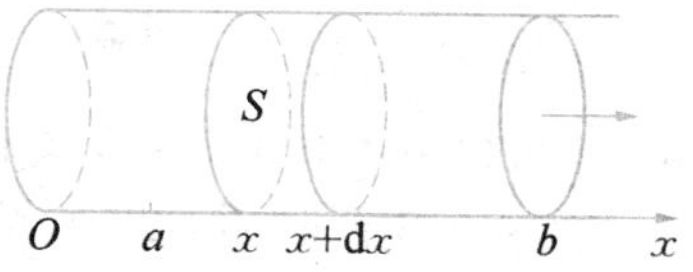

图 6-5-27

由物理学知道，一定量的气体在等温条件下，压强 p 与体积 V 的乘积是常数 k，即

$$pV = k \text{ 或 } p = \frac{k}{V}.$$

在点 x 处，因为 $V = xS$，所以作用在活塞上的力为

$$F = p \cdot S = \frac{k}{xS} \cdot S = \frac{k}{x}.$$

当活塞从 x 移动到 $x + \mathrm{d}x$ 时，变力所作的功近似为 $\frac{k}{x}\mathrm{d}x$，即功元素(微元)为

$$\mathrm{d}W = \frac{k}{x}\mathrm{d}x.$$

于是所求的功为

$$W=\int_a^b \frac{k}{x}\mathrm{d}x=k[\ln x]_a^b=k\ln\frac{b}{a}.$$

例 24 设有一倒置的圆锥形水池，池口直径为 20 m、深为 30 m，池中盛满了水，计算将池中水全部抽出所做的功.

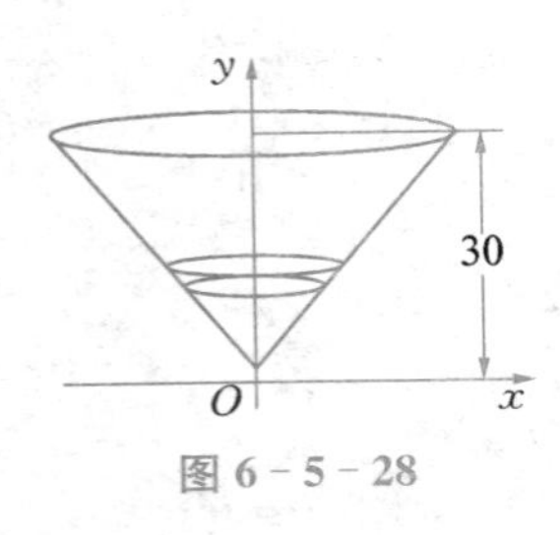

图 6-5-28

解 从池中提升等量的水到池外，所做的功等于水的重量与提升高度的乘积，建立如图 6-5-28 所示的坐标系.

分割 y 轴上$[0, 30]$区间，考虑区间 $[y, y+\Delta y]$，该区间的池水可近似为圆柱体，其底半径为 $x=\frac{y}{3}$，故体积为 $\Delta V\approx\pi\left(\frac{y}{3}\right)^2\Delta y$，水的比重为 $\rho=9.8\mathrm{kg/m^3}$，重力近似为 $9.8\pi\left(\frac{y}{3}\right)^2\Delta y$，提升的高度为 $h=30-y$，从而所求功的元素(微元)为

$$\Delta W=9.8\pi(30-y)\frac{y^2}{9}\Delta y,$$

于是所求的功为

$$W=\int_0^{30}9.8\pi(30-y)\frac{y^2}{9}\mathrm{d}y=500\times 9.8\pi\approx 15\,386(\mathrm{kJ}).$$

二、水压力

从物理学知道，在水深为 h 处的压强为 $p=\rho gh$，这里 ρ 是水的密度，g 是重力加速度. 如果有一面积为 A 的平板水平地放置在水深 h 处，平板一侧所受的水压力为

$$P=p\cdot A.$$

如果这个平板铅直放置在水中，那么，由于水深不同点处的压强 p 不相等，平板所受水的压力就不能用上述方法计算. 下面举例说明它的计算方法.

例 25 设有一等腰梯形的水闸门，高为 5 m，上底宽为 6 m，下底宽为 4 m，该闸门所拦住的水面恰与上底平齐，求该闸门所受的总压力.

解 如图 6-5-29 所示，闸门的下底为 x 轴，通过闸门下底中点垂直向上为 y 轴，由于压强随水的深度而变化，所以沿垂直于 y 轴方向把闸门分割为窄条，即分割 y 轴上的区间$[0, 5]$.

取小区间$[y, y+\Delta y]$，为计算相应窄条的面积，先求出通过$(2, 0)$与$(3, 5)$的直线方程

$$y=5x-10,$$

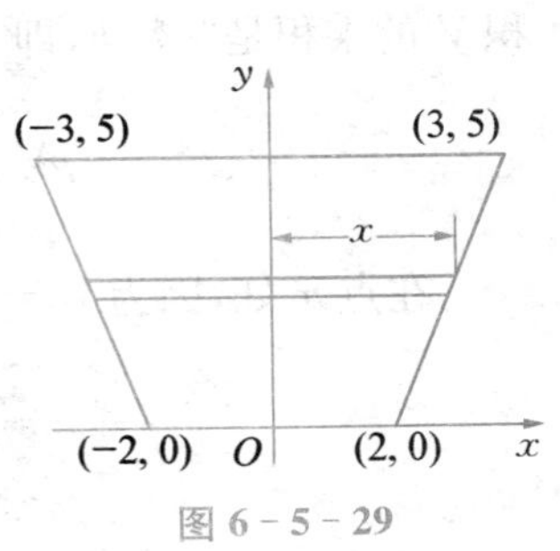

图 6-5-29

故位于区间$[y, y+\Delta y]$上的闸门面积近似为

$$2x\Delta y=2\cdot\frac{1}{5}(y+10)\Delta y=\frac{2}{5}(y+10)\Delta y.$$

该闸门窄条位于水深为$(5-y)$处，水的比重为 $\rho=9.8\ \mathrm{kg/m^3}$，该窄条上水压力的近似值即压

力元素为

$$\Delta P=\frac{2}{5}\cdot 9.8\cdot(5-y)(y+10)\Delta y,$$

于是所求压力为

$$P=\int_0^5\frac{2}{5}\cdot 9.8\cdot(5-y)(y+10)\mathrm{d}y=\frac{2}{5}\cdot 9.8\cdot\int_0^5(50-y^2-5y)\mathrm{d}y$$

$$=\frac{2}{5}\cdot 9.8\cdot[50-y^2-5y]_0^5=\frac{175}{3}\cdot 9.8\approx 571.67(\mathrm{kN}).$$

三、引力

从物理学知道,质量分别为 m_1, m_2、相距为 r 的两质点间的引力大小为

$$F=G\frac{m_1 m_2}{r^2},$$

其中 G 为引力系数,引力的方向沿着两质点连线方向.

如果要计算一根细棒对一个质点的引力,由于细棒上各点与该质点的距离是变化的,且各点对该质点的引力的方向也是变化的,就不能用上述公式来计算.

例 26 设有一长度为 l、线密度为 ρ 的均匀细直棒,在其中垂线上距棒 a 单位处有一质量为 m 的质点 M. 试计算该棒对质点 M 的引力.

解 取坐标系如图 6-5-30 所示,使棒位于 y 轴上,质点 M 位于 x 轴上,棒的中点为原点 O.

由对称性可知引力在垂直方向上的分量为零,所以只需求引力在水平方向的分量. 取 y 为积分变量,它的变化区间为 $\left[-\frac{l}{2},\frac{l}{2}\right]$. 在 $\left[-\frac{l}{2},\frac{l}{2}\right]$上 y 点取长为 $\mathrm{d}y$ 的一小段,其质量为 $\rho\mathrm{d}y$,与 M 相距 $r=\sqrt{a^2+y^2}$. 于是在水平方向上,引力元素为

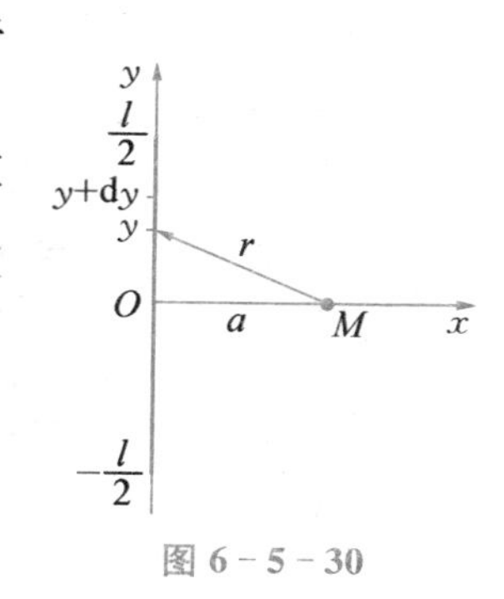

图 6-5-30

$$\mathrm{d}F_x=G\frac{m\rho\mathrm{d}y}{a^2+y^2}\cdot\frac{-a}{\sqrt{a^2+y^2}}=-G\frac{am\rho\mathrm{d}y}{(a^2+y^2)^{3/2}}.$$

引力在水平方向的分量为

$$F_x=-\int_{-\frac{l}{2}}^{\frac{l}{2}}G\frac{am\rho\mathrm{d}y}{(a^2+y^2)^{3/2}}=-\frac{2Gm\rho l}{a}\cdot\frac{1}{\sqrt{4a^2+l^2}}.$$

由对称性可知引力在垂直方向的分力为 $F_y=0$.

当细直棒长度 l 很大时,可视 l 趋于无穷. 此时,引力的大小为$\frac{2Gm\rho}{a}$,方向与细棒垂直且由 M 指向细棒.

练习 6.5

1. 画出由给定曲线围成区域的草图;判断对 x 或对 y 进行积分,然后求区域的面积.

(1) $y=x+1,\ y=9-x^2,\ x=-1,\ x=2$;

(2) $y=x,\ y=x^2$;

(3) $y=\dfrac{1}{x},\ y=\dfrac{1}{x^2},\ x=2$;

(4) $y=x^2,\ y^2=x$;

(5) $y=12-x^2,\ y=x^2-6$;

(6) $y=\sqrt{x},\ y=\dfrac{1}{2}x,\ x=9$;

(7) $x=2y^2,\ x+y=1$;

(8) $x=1-y^2,\ x=y^2-1$;

(9) $\int_{-1}^{1}|x^3-x|\,\mathrm{d}x$;

(10) 求数 b,使得直线 $y=b$ 将由曲线 $y=x^2$ 和 $y=4$ 围成的区域分成两个面积相等的区域.

2. 求给定曲线围成的区域关于给定直线旋转所得立体的体积,并画出相关草图.

(1) $y=x^2,\ x=1,\ y=0$;关于 x 轴;

(2) $y=\dfrac{1}{x},\ x=1,\ x=2,\ y=0$;关于 x 轴;

(3) $y=x^2,\ 0\leqslant x\leqslant 2,\ y=4,\ x=0$;关于 y 轴;

(4) $y=x^2,\ y^2=x$;关于 x 轴;

(5) $y^2=x,\ x=2y$;关于 y 轴;

(6) $y=x,\ y=\sqrt{x}$;关于 $y=1$;

(7) $y=x^4,\ y=1$;关于 $y=2$;

(8) $x=y^2,\ x=1$;关于 $x=1$;

(9) $y=x^2,\ x=y^2$;关于 $x=-1$.

3. 利用柱壳法求下列给定曲线围成的区域关于给定直线旋转所得立体的体积:

(1) $y=\dfrac{1}{x},\ y=0,\ x=1,\ x=2$; 关于 y 轴;

(2) $y=\mathrm{e}^{-x^2},\ y=0,\ x=0,\ x=1$; 关于 y 轴;

(3) $y=4(x-2)^2,\ y=x^2-4x+7$; 关于 y 轴;

(4) $x=1+y^2,\ x=0,\ y=1,\ y=2$; 关于 x 轴;

(5) $y=x^3,\ y=8,\ x=0$; 关于 x 轴;

(6) $y=4x^2,\ 2x+y=6$; 关于 x 轴;

(7) $y=x^2,\ y=0,\ x=1,\ x=2$;关于 $x=1$;

(8) $y=x^2,\ y=0,\ x=1,\ x=2$;关于 $x=4$.

4. 对下列曲线求消费者剩余和生产者剩余:

(1) $D(q)=5-\dfrac{q^2}{5},\ S(q)=2+\dfrac{q^2}{5}$;

(2) $D(q)=8\mathrm{e}^{-q}-1,\ S(q)=5-4\mathrm{e}^{-q}$.

5. 生产 x 单位某产品的边际成本为 $74+1.1x-0.002x^2+0.000\,04x^3$(单位:元/单位). 如果产量从 1 200 单位增加到 1 600 单位,求成本的增长.

6. 需求曲线的方程为 $p=450/(x+8)$. 当销售价格为 10 元时,求消费过剩量.

7. 如果供给曲线的方程为 $p=200+0.2x^{\frac{3}{2}}$,求售价为 400 元时的生产过剩.

8. 画出下列曲线并求其所围成的面积.

(1) $r=3\cos\theta$; (2) $r^2=4\cos 2\theta$; (3) $r=2\cos 3\theta$.

9. 求同时落在两条曲线内部的区域面积.

(1) $r=\sin 2\theta$, $r=\cos 2\theta$; (2) $r=3+2\sin\theta$, $r=2$.

10. 求极坐标曲线的确切长度.

(1) $r=3\sin\theta$, $0\leqslant\theta\leqslant\frac{\pi}{3}$;

(2) $r=\theta^2$, $0\leqslant\theta\leqslant 2\pi$.

11. (1) 证明:把质量为 m 的物体从地球表面升高到 h 处所作的功是 $W=\frac{mgRh}{R+h}$,其中 g 是重力加速度, R 是地球的半径.

(2) 一颗人造地球卫星的质量为 173 kg,在高于地面 630 km 处进入轨道. 问把这颗卫星从地面送到 630 km 的高空处,克服地球引力要作多少功? 已知 $g=9.8\ \text{m/s}^2$,地球半径 $R=6\ 370$ km.

12. 一物体按规律 $x=ct^3$ 作直线运动,介质的阻力与速度的平方成正比. 计算物体由 $x=0$ 移至 $x=a$ 时,克服介质阻力所作的功.

13. 有一等腰梯形闸门,它的两条底边各长 10 m 和 6 m,高为 20 m,较长的底边与水面相齐. 计算闸门一侧所受的水压力.

14. 一底为 8 cm、高为 6 cm 的等腰三角形片,铅直地沉没在水中,顶在上,底在下,且与水面平行,而顶离水面 3 cm,试求它每面所受的压力.

15. 设有一长度为 l、线密度为 μ 的均匀细直棒,在与棒的一端垂直距离为 a 单位处有一质量为 m 的质点 M. 试求细棒对质点 M 的引力.

16. 设有一半径为 R、中心角为 φ 的圆弧形细棒,其线密度为常数 μ. 在圆心处有一质量为 m 的质点 M. 试求细棒对质点 M 的引力.

本章小结

本章主要介绍了定积分的概念和性质、定积分中值定理、牛顿-莱布尼兹公式,介绍了各类定积分的积分方法,介绍了反常积分的概念与计算,介绍了定积分的元素法在几何与物理上的应用. 通过学习,要掌握定积分的概念、性质及定积分中值定理,要会求变上限函数的导数,要能利用换元积分法与分部积分法等方法计算定积分与反常积分,要掌握定积分的元素法在几何、经济、物理中的应用,如计算平面图形的面积、平面曲线的弧长、平行截面面积为已知的立体体积(重点是旋转体的体积)、曲线的弧长、生产者剩余、消费者剩余、由边际函数求总函数、投资问题,以及变力所做的功、引力、水压力等.

本章的重点:

(1) 定积分的概念、性质及定积分中值定理. 定积分本质上是一个乘积和式的极限存在问题. 实际上,后边所学的重积分、曲线积分和曲面积分本质上都是如此.

(2) 牛顿-莱布尼兹公式. 又叫微积分基本公式,揭示了定积分与被积函数的原函数或不定积分的联系,也就是说公式建立了积分与微分之间的桥梁,从而使微积分成为了统一体.

(3) 变上限函数的导数. 洛必达法则同样适用变上限函数的导数.

(4) 定积分的换元积分法与分部积分法.

(5) 反常积分的概念与计算.

(6) 平面图形的面积、平面曲线的弧长. 要重点掌握元素法.

(7) 旋转体的体积、平行截面面积为已知的立体体积. 我们只能解决平行截面面积为已知的立体体积. 主要包括平行截面为圆、椭圆、三角形、多边形等的立体. 如旋转体的平行截面为圆,面积可求.

(8) 定积分的元素法在经济上的应用. 如计算生产者剩余、消费者剩余、由边际函数求总函数和投资问题等.

本章的难点:

(1) 定积分的概念;

(2) 积分中值定理;

(3) 定积分的换元积分法与分部积分法;

(4) 截面面积为已知的立体体积;

(5) 柱壳法求体积;

(6) 变力所做的功、引力、水压力.

复习题 6

1. 选择题.

(1) 下列各式中,正确的是( ).

A. $\frac{1}{2}<\int_0^1 x^{\frac{1}{2}}\mathrm{d}x<1$ B. $\frac{1}{2}<\int_0^1 x^2\mathrm{d}x<1$

C. $\int_{-2}^1 2^{-x}\mathrm{d}x<\int_0^1 2^x\mathrm{d}x$ D. $\int_{-\frac{\pi}{2}}^0 \cos x\mathrm{d}x<\int_0^{\frac{\pi}{2}}\cos x\mathrm{d}x$

(2) 设函数 $f(x)$ 在 $[-a, a]$ 上可积,则下式中正确的是( ).

A. 若 $f(-x)=-f(x)$,则 $\int_{-a}^0 f(x)\mathrm{d}x=\int_0^a f(x)\mathrm{d}x$

B. 若 $f(-x)=-f(x)$,则 $\int_{-a}^0 f(x)\mathrm{d}x=-\int_a^0 f(x)\mathrm{d}x$

C. 若 $f(-x)=f(x)$,则 $\int_{-a}^0 f(x)\mathrm{d}x=-\int_0^a f(x)\mathrm{d}x$

D. 若 $f(-x)=f(x)$,则 $\int_{-a}^0 f(x)\mathrm{d}x=\int_0^a f(x)\mathrm{d}x$

(3) 设 $g'(x)=f(x)$,则 $\int_a^x f(t+a)\mathrm{d}t=$( ).

A. $g(x)-g(a)$ B. $g(x+a)-g(2a)$

C. $g(t)-g(a)$ D. $g(t+a)-g(2a)$

(4) 设 $\int_0^x f(t)\mathrm{d}t=\frac{1}{2}f(x)-\frac{1}{2}$,且 $f(0)=1$,则 $f(x)=$( ).

A. $\mathrm{e}^{\frac{x}{2}}$ B. $\frac{1}{2}\mathrm{e}^x$ C. e^{2x} D. $\frac{1}{2}\mathrm{e}^{2x}$

(5) $\frac{\mathrm{d}}{\mathrm{d}x}\int_a^b f(t)\mathrm{d}t=$( ).

A. $f(b)$　　B. $f(x)$　　C. $\int_a^b f'(x)\mathrm{d}x$　　D. 0

(6) 设 $I = t\int_0^{\frac{s}{t}} f(tx)\mathrm{d}x (s > 0, t > 0)$,则 I 的值(　　).

A. 依赖于 s, t, x　　B. 依赖于 t,不依赖于 s, x

C. 依赖于 x,不依赖于 s, t　　D. 依赖于 s,不依赖于 t, x

(7) 设 $\int_0^a x(2-3x)\mathrm{d}x = 2$,则 $a =$ (　　).

A. -1　　B. 0　　C. 1　　D. 2

(8) 已知 $\int_0^x f(t)\mathrm{d}t = \frac{x^4}{2}$,则 $\int_0^4 \frac{f(\sqrt{x})}{\sqrt{x}}\mathrm{d}x =$ (　　).

A. 2　　B. 4　　C. 8　　D. 16

(9) 下列积分可直接用牛顿-莱布尼兹公式的是(　　).

A. $\int_0^5 \frac{x^3}{x^2+1}\mathrm{d}x$　　B. $\int_{-1}^1 \frac{x\mathrm{d}x}{\sqrt{1-x^2}}$　　C. $\int_0^4 \frac{x\mathrm{d}x}{(x^{\frac{3}{2}}-5)^2}$　　D. $\int_{\frac{1}{e}}^{e} \frac{\mathrm{d}x}{x\ln x}$

(10) 下列等式中,不正确的是(　　).

A. $\int_{-1}^1 \frac{\mathrm{d}x}{x^2} = -\frac{1}{x}\Big|_{-1}^1 = -2$　　B. $\int_{-1}^1 \sin x\mathrm{d}x = -\cos\Big|_{-1}^1 = 0$

C. $\int_{-1}^1 |x|\mathrm{d}x = 2\int_0^1 x\mathrm{d}x$　　D. $\int_{-1}^1 \cos x\mathrm{d}x = 2\int_0^1 \cos x\mathrm{d}x$

(11) 下列广义积分中收敛的是(　　).

A. $\int_1^{+\infty} \frac{1}{x^3}\mathrm{d}x$　　B. $\int_e^{+\infty} \frac{1}{x}\mathrm{d}x$　　C. $\int_1^{+\infty} xe^x\mathrm{d}x$　　D. $\int_e^{+\infty} \ln x\mathrm{d}x$

(12) 已知函数 $y = f(x)$ 的弹性函数是 $\frac{1}{f(x)}$,则 $f(x) =$ (　　).

A. x^2　　B. e^x　　C. $\ln x$　　D. $\frac{1}{x}$

2. 填空题.

(1) 设 $\Phi(x) = \int_1^{x^3} e^{-t}\mathrm{d}t$,则 $\Phi'(x) =$ ________.

(2) $\lim\limits_{x\to 0}\frac{\int_0^x \sin^2 t\mathrm{d}t}{x^3} =$ ________.

(3) $\int_{-1}^1 xe^{x^2}\cos x\mathrm{d}x =$ ________.

(4) 设 $n\int_0^1 x \cdot f''(2x)\mathrm{d}x = \int_0^2 t \cdot f''(t)\mathrm{d}t \neq 0$,则 $n =$ ________.

(5) 函数 $I(x) = \int_0^x \frac{2t+1}{t^2+t+1}\mathrm{d}t$ 在区间 $[0, 1]$ 上的最大值是________.

(6) 由 $y = x^2$, $y = 2x^2$, $y = 1$ 所围成平面图形的面积是________.

3. 计算或证明下列问题:

(1) 求 $\int_0^{\frac{\pi}{2}} x^2\cos 2x\mathrm{d}x$;

(2) 求 $\int_{\frac{1}{e}}^{e} |\ln x|\mathrm{d}x$;

(3) 求 $\int_0^1 \frac{e^x}{e^x+e^{-x}}\mathrm{d}x$;

(4) 求$\int_{-2}^{-1}\frac{\mathrm{d}x}{x\sqrt{x^2-1}}$；

(5) 设$f(x)=1-2x$，求$k(k>0)$使$\int_0^k f[f(x)]\mathrm{d}x=1$；

(6) 求$\int_0^8\frac{1}{1+\sqrt[3]{x}}\mathrm{d}x$；

(7) 求曲线$y=|\lg x|$与直线$x=0.1$，$x=10$及x轴所围成区域的面积；

(8) 证明底面半径为r，高为h的圆锥体积为$V=\frac{1}{3}\pi r^2 h$.

4. 计算积分或者证明积分发散：

(1) $\int_1^{+\infty}\frac{1}{(2x+1)^3}\mathrm{d}x$；　(2) $\int_2^{+\infty}\frac{\mathrm{d}x}{x\ln x}$；

(3) $\int_0^4\frac{\ln x}{\sqrt{x}}\mathrm{d}x$；　(4) $\int_0^3\frac{\mathrm{d}x}{x^2-x-2}$；

(5) $\int_{-\infty}^{+\infty}\frac{\mathrm{d}x}{4x^2+4x+5}$.

5. 求由曲线$y=\cos x$，$y=\cos^2 x$，$x=0$和$x=\pi$围成区域的面积.

6. 曲线$y=\cos^2 x$，$0\leqslant x\leqslant\pi/2$下的区域绕$x$轴旋转，求旋转体的体积.

7. 利用换元$u=1/x$，证明：

$$\int_0^{+\infty}\frac{\ln x}{1+x^2}\mathrm{d}x=0.$$

8. 设$f(x)$在$[a,b]$上连续，且$f(x)>0$. 试证：方程$\int_a^x f(t)\mathrm{d}t+\int_b^x\frac{\mathrm{d}t}{f(t)}=0$在$(a,b)$内有且仅有一个实根.

9. 设$f(x)$在$[a,b]$上可微，且$f(a)=0$，$f'(x)\leqslant M$，证明：

$$\frac{2}{(a-b)^2}\int_a^b f(x)\mathrm{d}x\leqslant M.$$

10. 设$f(x)$在$[a,b]$上不恒为零，且其导数$f'(x)$连续，并且有$f(a)=f(b)=0$，试证：存在一个$\xi\in[a,b]$，使$|f'(\xi)|>\frac{1}{(b-a)^2}\int_a^b f(x)\mathrm{d}x$.

11. 设$f(x)$在$[0,1]$上是非负单调减少的函数，且$0<a<b<1$，试证：

$$\int_0^a f(x)\mathrm{d}x\geqslant\frac{a}{b}\int_a^b f(x)\mathrm{d}x.$$

12. 设$f(x)$在$[a,b]$上连续且单调增加，证明：

$$\int_a^b xf(x)\mathrm{d}x\geqslant\frac{a+b}{2}\int_a^b f(x)\mathrm{d}x.$$

13. 设$f(x)$在$(0,+\infty)$内可微，且$f'(x)\leqslant 0$. 证明：$F(x)=x\int_0^x f(t)\mathrm{d}t-2\int_0^x tf(t)\mathrm{d}t$在$(0,+\infty)$内单调增加.

14. 设直线$y=ax$与抛物线$y=x^2$所围成图形的面积为S_1，它们与直线$x=1$所围成的面积为S_2，并且$a<1$，如右图所示.

(1) 试确定a的值，使S_1+S_2达到最小，并求最小值；

(2) 求该最小值所对应的平面图形绕x轴旋转一周所得旋转体的体积.

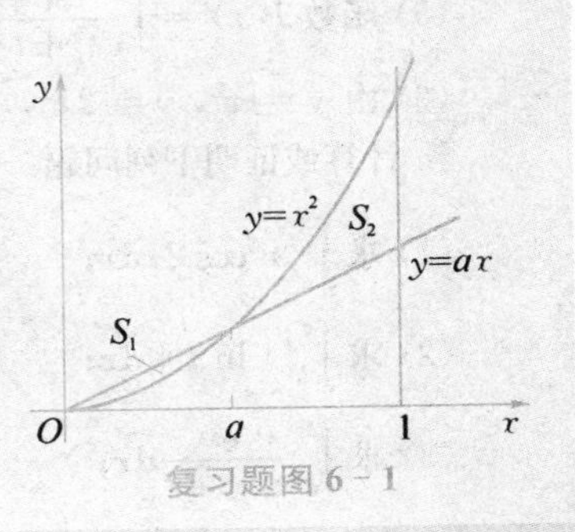

复习题图 6-1

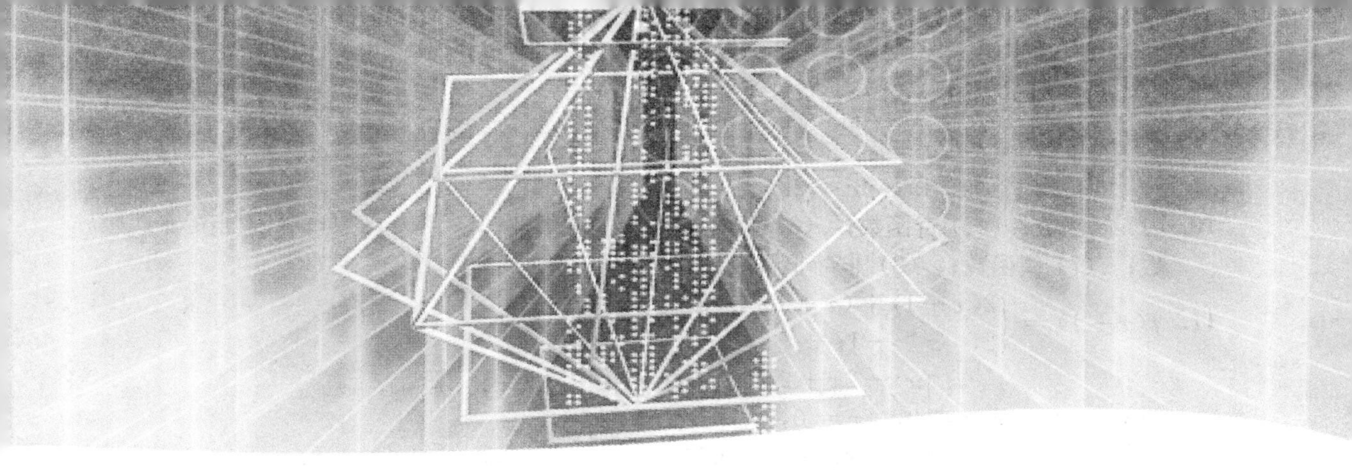

参考答案

第1章 函 数

练习 1.2

1. (1) 错； (2) 对； (3) 对； (4) 错； (5) 对； (6) 错； (7) 对； (8) 错.

2. (1) $f^{-1}(x)=\dfrac{2x+1}{1-x}$； (2) $f^{-1}(x)=x^2+1(x\geqslant 0)$；

(3) $f^{-1}(x)=\ln(x+\sqrt{1+x^2})$； (4) $f^{-1}(x)=\begin{cases}\sqrt{x}, & 0\leqslant x<1,\\ -\dfrac{x}{2}+\dfrac{5}{2}, & 1\leqslant x\leqslant 3.\end{cases}$

3. (1) $y=2^u$, $u=x^2$； (2) $y=u^2$, $u=\sin x$；

(3) $y=\arctan u$, $u=\sqrt{v}$, $v=1+x^2$； (4) $y=\lg u$, $u=v^2$, $v=\lg\omega,\omega=\dfrac{x}{2}$.

4. (1) 不相同； (2) 不相同； (3) 不相同； (4) 相同； (5) 不相同； (6) 不相同； (7) 相同； (8) 相同； (9) 不同.

5. (1) $[2,3)\cup(3,5)$； (2) $[-2,0)$；
(3) $[1-e^2,0)\cup(0,1-e^{-2}]$； (4) $(-\infty,-1]\cup[1,+\infty)$；
(5) $(-1,1]$； (6) $(2k\pi,(2k+1)\pi)$, $k=0,\pm1,\pm2,\cdots$；
(7) $(0,e)\cup(e,+\infty)$.

6. (1) $(-4,4)$,图略； (2) $(-\infty,+\infty)$,图略.

7. (1) $f(0)=1$, $f(1)=-1$, $f(-1)=3$, $f(1.5)=3.25$, $f(-1.5)=3.25$；

(2) $f(0)=-\dfrac{1}{2}$, $f(1)=0$, $f(-1)=0$, $f(1.5)=0.625$, $f(-1.5)=0.625$.

8. (1) $f(x)=\begin{cases}4x-5, & x\geqslant 5,\\ 2x+5, & x<5;\end{cases}$ (2) $f(x)=\begin{cases}x^2-9, & |x|\geqslant 3,\\ 9-x^2, & |x|<3;\end{cases}$

(3) $f(x)=\begin{cases}4-x, & 4\leqslant x<5,\\ 5-x, & 5\leqslant x<6;\end{cases}$ (4) $f(x)=\begin{cases}\dfrac{1}{x}, & x>0,\\ -\dfrac{1}{x}, & x<0.\end{cases}$

9. $f(x-1)=\begin{cases}x^2-2x+2, & x\geqslant 2,\\ 2(x-1), & x<2.\end{cases}$

10. (1) 偶函数；(2) 奇函数；(3) 奇函数；(4) 奇函数；(5) 奇函数；(6) 非奇非偶函数；(7) 偶函数；(8) 非奇非偶函数.

11. $f(x+1)=\begin{cases}2(x+1)+(x+1)^2, & x\leqslant -1,\\ 2, & x>-1;\end{cases}$

$f(x)+f(-x)=\begin{cases}x^2-2x+2, & x>0,\\ 0, & x=0,\\ x^2+2x+2, & x<0.\end{cases}$

12. (1) $f(x)=\dfrac{1}{2+x^2}$；　(2) $\varphi(x)=\dfrac{x+1}{x-1}$.

13. (1) $y=\ln^2\dfrac{x}{3}$；　(2) $y=\sqrt{e^x-1}$；

(3) $y=\ln(\tan^2 x+1)$；　(4) $y=\sin\sqrt{2x-1}$.

14. (1) 不可以；(2) 可以；(3) 不可以；(4) 可以.

练习 1.3

1. (1) $y=\arccos u,\ u=\sqrt{x}$；　(2) $y=\ln u,\ u=v^2,\ v=\sin x$；

(3) $y=e^u,\ u=x\ln x$；　(4) $y=\arctan u,\ u=e^v,\ v=\sqrt{x}$.

2. 略.

练习 1.4

1. $R(q)=\begin{cases}aq, & 0<q\leqslant 50,\\ 50a+0.8a(q-50), & q>50.\end{cases}$

2. $R(p)=p\cdot\dfrac{24-p}{2}=12p-\dfrac{1}{2}p^2$.

3. $y=4\,000\,000+\dfrac{2\,000\,000}{x}+80x$.

4. (1) $p_0=\dfrac{130}{17}$；　(2) $p_0=7$.

复习题 1

1. (1) B；(2) C；(3) C；(4) D；(5) D；(6) C；(7) B；(8) C；(9) B；(10) C.

2. $V=x(a-2x)^2\left(0<x<\dfrac{a}{2}\right)$.

3. $S=2\pi R^2+\dfrac{2V}{R}(R>0)$.

第 2 章　极限与连续

练习 2.1

1. (1) 收敛于 0；(2) 发散；(3) 收敛于 0；(4) 收敛于 1；(5) 收敛于 0；(6) 发散.

2. (1) $\frac{1}{2}$，$\frac{1}{11}$，$\frac{1}{101}$； (2) $N=10^4-1$； (3) $N=\left[\frac{1}{\varepsilon}-1\right]$.

3. 4. 略.

5. $\lim\limits_{n\to\infty}\left(\frac{1}{n^k}+\frac{2}{n^k}+\cdots+\frac{n}{n^k}\right)=\begin{cases}0, & k>2,\\ \frac{1}{2}, & k=2,\\ \infty, & k<2.\end{cases}$

6. 7. 略.

8. $\lim\limits_{n\to\infty}x_n=\frac{1}{2}(1+\sqrt{1+4a})$.

9. (1) 0； (2) $\frac{1}{4}$； (3) 16； (4) e^{-2}； (5) e^{-1}.

10. (1) $\frac{2}{3}$； (2) 0.

11. (1) 提示：$1<\sqrt{1+\frac{1}{n}}<1+\frac{1}{n}$；

(2) 当 $x>0$ 时，有 $1<\sqrt[n]{1+x}<1+x$；当 $x<0$ 时，有 $1+x<\sqrt[n]{1+x}<1$(提示：因 $x\to 0$，故可设 $-1<x<1$.)；

(3) 因 $(3^n)^{\frac{1}{n}}<(1+2^n+3^n)^{\frac{1}{n}}<(3\cdot 3^n)^{\frac{1}{n}}$，所以 $3<(1+2^n+3^n)^{\frac{1}{n}}<3\cdot 3^{\frac{1}{n}}$.

练习 2.2

1. 略.

2. (1) 不存在； (2) $\lim\limits_{x\to 0}f(x)=4$，$\lim\limits_{x\to 1}f(x)$ 不存在，$f(x)=3$； (3) 不存在； (4) $\lim\limits_{x\to -1}f(x)=1$.

3. 略.

4. (1) 24； (2) $\frac{5}{3}$； (3) 0； (4) ∞； (5) $\frac{2}{3}$； (6) $\frac{1}{2}$； (7) $\frac{1}{2}$； (8) $3x^2$； (9) n； (10) -3； (11) $\frac{1}{3}$； (12) 0； (13) $+\infty$； (14) 0； (15) ∞； (16) 3； (17) $\left(\frac{3}{2}\right)^{20}$； (18) -2； (19) 1； (20) -2； (21) $\frac{2}{3}\sqrt{2}$； (22) 1； (23) 1； (24) $\frac{p+q}{2}$； (25) $\frac{1}{2}$； (26) 1； (27) 2； (28) 0； (29) ∞； (30) -1.

5. (1) 1； (2) 2； (3) $\frac{2}{3}$； (4) x； (5) $\sqrt{2}$； (6) 1； (7) $\frac{6}{5}$； (8) 0； (9) e^{-2}； (10) e^3； (11) e^{-1}； (12) e^2； (13) e^{-1}； (14) e； (15) e^{-1}； (16) e^{-1}(提示：$\lim\limits_{x\to\frac{\pi}{4}}(\tan x)^{\tan 2x}=\lim\limits_{x\to\frac{\pi}{4}}(1+(\tan x-1))^{\frac{1}{\tan x}\cdot\frac{2\tan x}{-(1+\tan x)}}$.).

6. (1) 8； (2) $\frac{3}{2}$； (3) $\frac{\pi}{4}-1$； (4) $\frac{2}{11}$； (5) $\frac{1}{4}$； (6) $\frac{1}{4}$； (7) $\frac{2}{3}$； (8) 0； (9) ∞； (10) 1.

7. (1) 0； (2) 0； (3) 0； (4) 0.

练习 2.3

1. (1) 既非无穷小量也非无穷大量； (2) 既非无穷小量也非无穷大量；
(3) 无穷大量； (4) 无穷小量.

2. (1) 等价； (2) 低阶； (3) 同阶非等价； (4) 同阶非等价.

3. $y=x\cos x$ 在$(-\infty, +\infty)$上无界，但当 $x\to+\infty$时，此函数不是无穷大.

4. 略.

5. 三阶无穷小.

6. $a=2$.

7. $a=1$, $b=-1$.

8. (1) 0； (2) 1； (3) $-\frac{a}{\pi}$； (4) -3.

练习 2.4

1. 略.

2. (1) $x=-2$，第二类间断点(无穷间断点)；
(2) $x=1$，第一类间断点(可去间断点)；$x=2$，第二类间断点(无穷间断点)；
(3) $x=0$，第一类间断点(可去间断点)；
(4) $x=1$，第一类间断点(可去间断点)；
(5) $x=1$，第一类间断点(跳跃间断点)；
(6) $x=0$，第一类间断点(可去间断点).

3. 不连续，图形略.

4. 连续，图形略.

5. 连续，图形略.

6. $k=1$.

7. (1) 连续； (2) 连续； (3) 不连续； (4) 连续.

8. 连续区间为$(-\infty, 0)$，$(0, 1)$，$(1, +\infty)$；$x=0$ 是无穷间断点，$x=1$ 是跳跃间断点.

9. $a=0$, $b=\mathrm{e}$.

10. $a=0$, $b=1$. 提示：$f(x)=\begin{cases} ax+bx, & |x|<1, \\ \frac{a+b+1}{2}, & x=1, \\ \frac{a-b-1}{2}, & x=-1, \\ \frac{1}{x}, & |x|>1. \end{cases}$

11. (1) $x=1$ 为可去间断点，$x=2$ 为第二类间断点；
(2) $x=0$ 和 $x=k\pi+\frac{\pi}{2}$ 为可去间断点，$x=k\pi(k\neq 0)$ 为第二类间断点；
(3) $x=0$ 为第二类间断点；
(4) $x=1$ 为第一类间断点.

12. 提示：因由条件可得 $f(x_0+\Delta x)-f(x_0)=f(\Delta x)$，所以只要证明$\lim\limits_{\Delta x\to 0}f(\Delta x)=0$.

13. ～16. 略.

复习题 2

1. (1) D； (2) C； (3) A； (4) B； (5) D； (6) B； (7) D； (8) D； (9) B； (10) D
(11) D； (12) A； (13) B； (14) B； (15) C； (16) C； (17) B； (18) D； (19) B；
(20) C； (21) A； (22) B； (23) B； (24) D； (25) C； (26) A； (27) C； (28) A；
(29) C； (30) D； (31) A； (32) A； (33) D； (34) B； (35) C； (36) A； (37) B；
(38) C； (39) D； (40) C.

2. (1) $\frac{1}{2}$； (2) 2； (3) $\cos\alpha$； (4) 1； (5) e^3； (6) $e^{-\frac{3}{2}}$； (7) $\frac{1}{2}$； (8) ∞； (9) $\frac{1}{2}$；
(10) e； (11) $\frac{1}{2}$； (12) 1； (13) $\sqrt[3]{abc}$.

3. $a=1$.

第3章 导数与微分

习题 3.1

1. $y'|_{x=1}=-4$.
2. (1) $y'=-4x$； (2) $y'=-\frac{2}{x^3}$； (3) $y'=\frac{2}{3\sqrt[3]{x}}$.
3. $f'(x)=2ax+b$，$f'(0)=b$，$f'\left(\frac{1}{2}\right)=a+b$，$f'\left(-\frac{b}{2a}\right)=0$.
4. $v|_{t=3}=27$.
5. $6x-y-9=0$.
6. $2x-3y+1=0$，$3x+2y-5=0$.
7. $2x+y-3=0$.
8. $x=0$ 或 $x=\frac{3}{2}$.
9. 可导，导数为 0.
10. 不可导.
11. $f'(0)=1$.
12. 连续、可导，$f'(0)=1$.
13. 连续、可导，$f'(0)=0$.
14. $x=0$ 处，连续、不可导；$x=1$ 处，连续、可导；$x=2$ 处，不连续、不可导.

习题 3.2

1. (1) $-\frac{6x^2}{(x^3-1)^2}$； (2) $\tan x\sec x$；
(3) $3\cos 3x-5\sin 5x$； (4) $3\sin^2 x\cdot\cos 4x$；
(5) $\frac{\sin 2x\cos(x^2)+2x(1+\sin^2 x)\sin(x^2)}{\cos^2(x^2)}$；
(6) $\tan^4 x$； (7) $e^{ax}(a\sin bx+b\cos bx)$；
(8) $-5\frac{x}{\sqrt{1+x^2}}\cos^4(\sqrt{1+x^2})\cdot\sin(\sqrt{1+x^2})$；

(9) $\dfrac{1}{\cos x}$； (10) $\dfrac{1}{x^2-a^2}$.

2. (1) $\dfrac{1}{\sqrt{a^2-x^2}}$； (2) $\dfrac{1}{a^2+x^2}$；

(3) $2x\arccos x-\dfrac{x^2}{\sqrt{1-x^2}}$； (4) $\dfrac{-1}{1+x^2}$；

(5) $\sqrt{a^2-x^2}$； (6) $\sqrt{a^2+x^2}$；

(7) $\dfrac{2\operatorname{sgn}(1-x^2)}{1+x^2}$， $x\neq\pm1$； (8) $\dfrac{1}{a+b\cos x}$；

(9) $y=\left[\dfrac{1}{2\sqrt{x}(1+\sqrt{x})}+\dfrac{1}{\sqrt{2x}(1+\sqrt{2x})}+\dfrac{3}{2\sqrt{3x}(1+\sqrt{3x})}\right]$；

(10) $\dfrac{4x+1}{2\sqrt{1+x+2x^2}}$； (11) $\dfrac{x}{\sqrt{x^2+a^2}}$；

(12) $\dfrac{-x}{\sqrt{a^2-x^2}}$； (13) $\dfrac{1}{\sqrt{x^2+a^2}}$；

(14) $y\left[\dfrac{1}{x-1}+\dfrac{2}{3x+1}-\dfrac{1}{3(2-x)}\right]$； (15) $\mathrm{e}^x(1+\mathrm{e}^{\mathrm{e}^x})$；

(16) $a^a x^{a^a-1}+ax^{a-1}a^{x^a}\ln a+a^{a^x}\cdot a^x(\ln a)^2$.

练习 3.3

1. (1) $y''=\dfrac{2(1-x^2)}{(1+x^2)^2}$； (2) $y''=\dfrac{1}{x}$；

(3) $y''=2\arctan x+\dfrac{2x}{1+x^2}$； (4) $y''=2x(3+2x^2)\mathrm{e}^{x^2}$.

2. 3. 略.

4. (1) $-4\mathrm{e}^x\cos x$； (2) $2^{50}\left(-x^2\sin 2x+50x\cos 2x+\dfrac{1\,225}{2}\sin 2x\right)$.

练习 3.4

1. (1) $y'=x\sqrt{\dfrac{1-x}{1+x}}\left(\dfrac{1}{x}-\dfrac{1}{1-x^2}\right)$；

(2) $y'=\dfrac{x^2}{1-x}\cdot\sqrt[3]{\dfrac{3-x}{(3+x)^2}}\left[\dfrac{2-x}{x(1-x)}-\dfrac{9-x}{3(9-x^2)}\right]$；

(3) $y'=(x+\sqrt{1+x^2})^n\dfrac{n}{\sqrt{1+x^2}}$；

(4) $y'=\prod\limits_{i=1}^{n}(x-a_i)^{a_i}\sum\limits_{i=1}^{n}\dfrac{a_i}{x-a_i}$；

(5) $y'=(\sin x)^{\tan x}(1+\sec^2x\cdot\ln\sin x)$.

2. (1) $\dfrac{\mathrm{d}y}{\mathrm{d}x}=\dfrac{3(1+t)}{2}$； (2) $\left.\dfrac{\mathrm{d}y}{\mathrm{d}x}\right|_{\theta=\frac{\pi}{3}}=\sqrt{3}$.

3. $y''=-\dfrac{a^3}{y^3}$.

4. $y''\big|_{x=0}=2e^2$.

5. $y'\Big|_{\substack{x=0\\y=-1}}=-\dfrac{1}{2\pi}$， $y''\Big|_{\substack{x=0\\y=-1}}=-\dfrac{1}{4\pi^2}$.

6. $dy=\dfrac{y(x-1)}{x(1-y)}dx$.

练习 3.5

1. 2 万元.
2. 99 元和 90 元.
3. 3 和 14.
4. 水面上升的速率为$\dfrac{16}{25\pi}$m/min.
5. 144 πm^2/s.
6. 0.08 m^2/s.

练习 3.6

1. (1) $\dfrac{\sqrt{2}}{2}\left(1+\dfrac{\pi}{4}\right)dx$； (2) αdx.

2. (1) $\dfrac{-2}{(x+1)^2}dx$； (2) $(1+x)e^x dx$.

3. $\Delta y=-\dfrac{0.001}{2.001}$，$dy=-\dfrac{0.001}{2}$.

4. 2.002.

5. 1.161，1.1.

6. (1) $\dfrac{1}{(x^2+1)^{\frac{3}{2}}}dx$； (2) $\dfrac{2}{x-1}\ln(1-x)dx$；

(3) $\dfrac{-x}{|x|\sqrt{1-x^2}}dx$； (4) $2x(1+x)e^{2x}dx$.

7. $\dfrac{\sqrt{3}}{2}+\dfrac{\pi}{360}\approx 0.8748$.

8. (1) cx； (2) $2x$； (3) $\dfrac{1}{5}x$； (4) x^2； (5) $2\sqrt{x}$； (6) $\dfrac{1}{a+1}x^{a+1}$； (7) $\ln x$；

(8) $\dfrac{a^x}{\ln a}$； (9) $-\cos x$； (10) $\sin x$； (11) $\tan x$； (12) $-\cot x$； (13) $\sec x$；

(14) $-\csc x$； (15) $\arcsin x$； (16) $\arctan x$.

复习题 3

1. (1) D； (2) A； (3) B； (4) C； (5) B； (6) A； (7) D； (8) C； (9) C；
(10) A； (11) D； (12) C； (13) A； (14) A； (15) B； (16) D； (17) C；
(18) D； (19) A； (20) D； (21) B； (22) D； (23) D； (24) B； (25) C；
(26) D； (27) C； (28) C； (29) D； (30) B； (31) C； (32) C； (33) D；
(34) A； (35) B； (36) B； (37) A； (38) D； (39) D； (40) D； (41) A；

(42) D; (43) D; (44) B; (45) D; (46) A; (47) D; (48) D; (49) B; (50) D; (51) D; (52) C; (53) C; (54) B; (55) D; (56) C; (57) C; (58) B; (59) D; (60) D; (61) A; (62) C; (63) C; (64) B; (65) B.

2. (1) $\dfrac{\mathrm{d}y}{\mathrm{d}x}=\dfrac{\mathrm{e}^x-1}{1+\mathrm{e}^{2x}}$; (2) $f'(x)=\begin{cases}\dfrac{x}{\sqrt{1+x^2}}, & x\geqslant 0,\\ 2x\sin\dfrac{1}{x}-\cos\dfrac{1}{x}, & x<0;\end{cases}$

(3) $\dfrac{\mathrm{d}y}{\mathrm{d}x}=\dfrac{-x}{\sqrt{1-x^2}}\arcsin x+1$, $\dfrac{\mathrm{d}^2y}{\mathrm{d}x^2}=\dfrac{2x^2-1}{(1-x^2)^{\frac{3}{2}}}\arcsin x-\dfrac{x}{1-x^2}$.

3. (1) $6x(x^4-3x^2+5)^2(2x^2-3)$; (2) $1/(2\sqrt{x})-4/(3\sqrt[3]{x^7})$;

(3) $2(2x^2+1)/\sqrt{x^2+1}$; (4) $2\cos 2\theta \mathrm{e}^{\sin 2\theta}$;

(5) $(t^2+1)/(1-t^2)^2$; (6) $\mathrm{e}^{-1/x}(1/x+1)$;

(7) $-(\sec^2\sqrt{1-x})/(2\sqrt{1-x})$; (8) $(1-y^4-2xy)/(4xy^3+x^2-3)$;

(9) $2\sec 2\theta(\tan 2\theta-1)/(1+\tan 2\theta)^2$; (10) $(1+c^2)\mathrm{e}^{cx}\sin x$;

(11) $\mathrm{e}^{x+\mathrm{e}^x}$; (12) $-(x-1)^{-2}$;

(13) $[2x-y\cos(xy)]/[x\cos(xy)+1]$; (14) $2/[(1+2x)\ln 5]$;

(15) $\cot x-\sin x\cos x$; (16) $4x/(1+16x^2)+\tan^{-1}(4x)$;

(17) $5\sec 5x$; (18) $-6x\csc^2(3x^2+5)$;

(19) $\cos(\tan\sqrt{1+x^3})(\sec^2\sqrt{1+x^3})[3x^2/(2\sqrt{1+x^3})]$;

(20) $2\cos\theta\tan(\sin\theta)\sec^2(\sin\theta)$; (21) $\dfrac{(x-2)^4(3x^2-55x-52)}{2\sqrt{x+1}(x+3)^8}$;

(22) $-\dfrac{4}{27}$; (23) $-5x^4/y^{11}$.

4. (1) $y=2\sqrt{3}x+1-\pi\sqrt{3}/3$; (2) $y=2x+1$; (3) $y=-x+2$.

5. $(-3, 0)$.

6. $y=-\dfrac{2}{3}x^2+\dfrac{14}{3}x$.

7. $\dfrac{4}{3}\mathrm{cm}^2/\mathrm{min}$.

8. 13ft/s.

9. $\dfrac{1}{4}$.

10. $\dfrac{1}{8}x^2$.

第4章 中值定理与导数的应用

练习 4.1

1. 满足，$\xi=\dfrac{5-\sqrt{13}}{12}$ 或 $\dfrac{5+\sqrt{13}}{12}$.

2. 略.

3. (1) 提示：当 $x=y$ 时，不等式显然成立，当 $x\neq y$ 时，令 $f(t)=\arctan t$；
   (2) 提示：令 $f(x)=\ln x$；
   (3) 提示：令 $f(t)=e^t$.
4. 令 $F(x)=\arcsin x+\arccos x$.
5. $\dfrac{\ln e-\ln 1}{e-1}=\dfrac{1}{\xi}$, $\xi=e-1$.
6. ~9. 略.

练习 4.2

1. (1) $\dfrac{1}{6}$； (2) $\dfrac{\sqrt{3}}{3}$； (3) $-\dfrac{1}{8}$； (4) 1； (5) 1； (6) $\dfrac{1}{2}$； (7) $-\dfrac{1}{2}$； (8) 1； (9) -1；
(10) $\dfrac{1}{3}$； (11) 0； (12) 1； (13) $-\dfrac{1}{6}$； (14) $-\dfrac{1}{2}$； (15) e^{-1}； (16) 1；
(17) $e^{-\frac{2}{\pi}}$； (18) 3； (19) 0； (20) $-2/\pi$； (21) 0； (22) $\dfrac{1}{2}$； (23) $+\infty$； (24) 1；
(25) e^{-2}； (26) e^3； (27) 1； (28) $1/e$； (29) $1/\sqrt{e}$.
2. 略.

习题 4.3

1. (1) $-\left(x+\dfrac{x^3}{3}+\dfrac{x^5}{5}+\cdots+\dfrac{x^{2k-1}}{2k-1}\right)+o(x^{2k})$；
   (2) $\dfrac{1}{2}\left(\dfrac{(2x)^2}{2!}-\dfrac{(2x)^4}{4!}+\cdots+(-1)^{n+1}\dfrac{(2x)^{2n}}{(2n)!}\right)+o(x^{2n+1})$；
   (3) $1-x-2x^2-2x^3-\cdots-2x^n+o(x^n)$；
   (4) $1-\dfrac{1}{2!}x^6+\dfrac{1}{4!}x^{12}+\cdots+(-1)^n\dfrac{1}{(2n)!}x^{6n}+o(x^{6n+3})$.
2. (1) $x+x^2+\dfrac{1}{3}x^3+o(x^4)$；
   (2) $1+\dfrac{1}{2}x-\dfrac{5}{8}x^2-\dfrac{3}{16}x^3+\dfrac{25}{384}x^4+o(x^4)$；
   (3) $\dfrac{x}{2}+\dfrac{x^2}{8}+\dfrac{5}{16}x^3+o(x^3)$.
3. $\ln x=\ln 2+\dfrac{1}{2}(x-2)-\dfrac{1}{2^3}(x-2)^2+\dfrac{1}{3\cdot 2^3}(x-2)^3-\cdots+(-1)^{n-1}\dfrac{1}{n\cdot 2^n}(x-2)^n+o((x-2)^n)$.
4. $f(x)=\tan x=x+\dfrac{1}{3}x^3+o(x^3)$.
5. $\sqrt{e}\approx 1.645$.
6. (1) $-\dfrac{1}{16}$； (2) $\dfrac{1}{2}$； (3) $\dfrac{1}{3}$.

习题 4.4

1. (1) 单增在 $(-\infty, 2)$, $(2, +\infty)$，单减在 $(-2, 2)$；

极大 $f(-2)=17$，极小 $f(2)=-15$；
上凹在 $(0,+\infty)$，下凹在 $(-\infty,0)$，拐点 $(0,1)$；
(2) 单增在 $(-1,0)$，$(1,+\infty)$，单减在 $(-\infty,-1)$，$(0,1)$；
极大 $f(0)=3$，极小 $f(\pm 1)=2$；
上凹在 $(-\infty,-\sqrt{3}/3)$，$(\sqrt{3}/3,+\infty)$，下凹在 $(-\sqrt{3}/3,\sqrt{3}/3)$，拐点 $\left(\pm\sqrt{3}/3,\dfrac{22}{9}\right)$；
(3) 单增在 $(\pi/3,5\pi/3)$，$(7\pi/3,3\pi)$，单减在 $(0,\pi/3)$，$(5\pi/3,7\pi/3)$；
极大 $f(5\pi/3)=5\pi/3+\sqrt{3}$，极小 $f(\pi/3)=\pi/3-\sqrt{3}$，$f(7\pi/3)=7\pi/3-\sqrt{3}$；
上凹在 $(0,\pi)$，$(2\pi,3\pi)$，下凹在 $(\pi,2\pi)$，拐点 (π,π)，$(2\pi,2\pi)$；
(4) 单增在 $(-1,+\infty)$，单减在 $(-\infty,-1)$；
极小 $f(-1)=-1/\mathrm{e}$；
上凹在 $(-2,+\infty)$，下凹在 $(-\infty,-2)$，拐点 $(-2,-2\mathrm{e}^{-2})$；
(5) 单增在 $(0,\mathrm{e}^2)$，单减在 $(\mathrm{e}^2,+\infty)$；
极大 $f(\mathrm{e}^2)=e/2$；
上凹在 $(\mathrm{e}^{8/3},+\infty)$，下凹在 $(0,\mathrm{e}^{8/3})$，拐点 $(\mathrm{e}^{8/3},\dfrac{8}{3}\mathrm{e}^{-4/3})$；
(6) 单增在 $(-\infty,-1)$，$(2,+\infty)$，单减在 $(-1,2)$；
极大 $f(-1)=7$，极小 $f(2)=-20$；
上凹在 $\left(\dfrac{1}{2},+\infty\right)$，下凹在 $\left(-\infty,\dfrac{1}{2}\right)$，拐点 $\left(\dfrac{1}{2},-\dfrac{13}{2}\right)$；
(7) 单增在 $(-\sqrt{3},0)$，$(\sqrt{3},+\infty)$，单减在 $(-\infty,-\sqrt{3})$，$(0,\sqrt{3})$；
极小 $f(\pm\sqrt{3})=-9$，极大 $f(0)=0$；
下凹在 $(-1,1)$，上凹在 $(-\infty,-1)$，$(1,+\infty)$，拐点 $(\pm 1,-5)$；
(8) 单增在 $(-\infty,-1)$，$(1,+\infty)$，单减在 $(-1,1)$；
极大 $h(-1)=5$，极小 $h(1)=1$；
下凹在 $(-\infty,-1/\sqrt{2})$，$(0,1/\sqrt{2})$，上凹在 $(-1/\sqrt{2},0)$，$(1/\sqrt{2},+\infty)$，
拐点在 $(0,3)$，$\left(\pm 1/\sqrt{2},3\mp\dfrac{7}{8}\sqrt{2}\right)$；
(9) 单增在 $(-2,+\infty)$，单减在 $(-3,-2)$；
极小 $A(-2)=-2$；
上凹在 $(-3,+\infty)$，无拐点；
(10) 单增 $(-1,\infty)$，单减 $(-\infty,-1)$；
极小 $C(-1)=-3$；
上凹在 $(-\infty,0)$，$(2,+\infty)$，下凹在 $(0,2)$，拐点 $(0,0)$，$(2,6\sqrt[3]{2})$；
(11) 单增 $(0,\pi/3)$，$(\pi,5\pi/3)$，单减在 $(\pi/3,\pi)$，$(5\pi/3,2\pi)$；
极大 $f(\pi/3)=f(5\pi/3)=\dfrac{3}{2}$，极小 $f(\pi)=-3$；$\alpha=\arccos((1+\sqrt{33})/8)$，
$\beta=\arccos((1-\sqrt{33})/8)$，$y_1=\dfrac{3}{16}(1+\sqrt{33})$，$y_2=\dfrac{3}{16}(1-\sqrt{33})$；
上凹在 $(0,\alpha)$，$(\beta,2\pi-\beta)$，$(2\pi-\alpha)$，下凹在 (α,β)，$(2\pi-\beta,2\pi-\alpha)$，
拐点在 (α,y_1)，(β,y_2)，$(2\pi-\beta,y_2)$，$(2\pi-\alpha,y_1)$.

2. (1) 在$(-\infty, -1)$, $(1, +\infty)$内递增,在$(-1, 1)$内递减;$x=-1$是极大值点,$x=1$是极小值点;

(2) 在$(-\infty, 0)$, $(2, +\infty)$内递增,在$(0, 2)$内递减;$x=2$是极小值点,无极大值;

(3) 在$(-\infty, -1)$, $(1, +\infty)$内递减,在$(-1, 1)$内递增;$x=-1$是极小值点,$x=1$是极大值点;

(4) 在$(0, 1)$, $(e^2, +\infty)$内递减,$(1, e^2)$内递增;$x=1$是极小值点,$x=e^2$是极大值点.

3. (1) 提示:令 $f(x)=1+\dfrac{1}{2}x-\sqrt{1+x}\,(x>0)$;

(2) 提示:令 $f(x)=1+x\ln(x+\sqrt{1+x^2})-\sqrt{1+x^2}\,(x>0)$;

(3) 提示:令 $f(x)=\tan x-x-\dfrac{1}{3}x^3\left(0<x<\dfrac{\pi}{2}\right)$;

(4) 提示:令 $f(x)=x\ln 2-2\ln x\,(x>4)$.

4. 最大值为 11,最小值为-21;最大值点为 $x=3$,最小值点为 $x=-1$.

5. 底边长为 $p/2$.

6. $l=0$, $k=-3$, $x=-1$ 为极大值点,$x=1$ 为极小值点,最小值为 $f(1)=-2$,最大值为 $f(3)=18$.

7. $(16, \pm 8)$.

8. 略.

9. $p=16$ 百元/件,最大利润为 96 百元.

10. 275 人.

11. (1) $\dfrac{5}{2}(4-t)$; (2) $t=2$.

习题 4.5

1. (1) ① R;

② y 轴截距 2,x 轴截距 2,$\dfrac{1}{2}(7\pm 3\sqrt{5})$;

③ 都不是;

④ 都不是;

⑤ 单增在$(1, 5)$,单减在$(-\infty, 1)$, $(5, +\infty)$;

⑥ 极小 $f(1)=-5$,极大 $f(5)=27$;

⑦ 上凹在$(-\infty, 3)$,下凹在$(3, +\infty)$,拐点$(3, 11)$;

⑧ 见图(a).

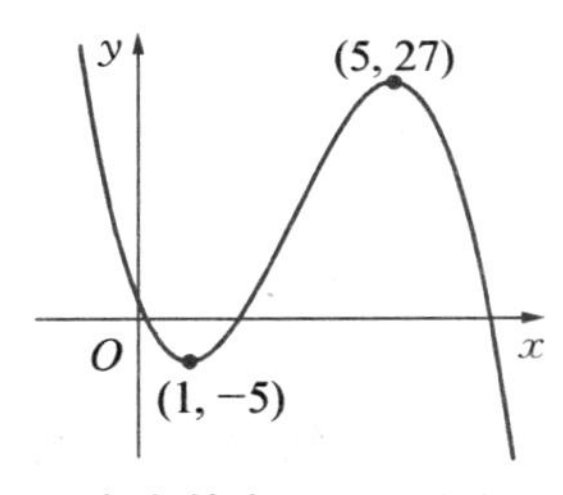

参考答案图 4-1(a)

(2) ① R;

② y 轴截距 0,x 轴截距 0;

③ 大约$(0, 0)$;

④ 水平渐近线 $y=0$;

⑤ 单增在$(-3, 3)$;

⑥ 极小 $f(-3)=-\dfrac{1}{6}$,极大 $f(3)=\dfrac{1}{6}$;

⑦ 上凹在$(-3\sqrt{3}, 0)$, $(3\sqrt{3}, +\infty)$,下凹在$(-\infty, -3\sqrt{3})$, $(0, 3\sqrt{3})$,拐点$(0, 0)$,

$(\pm 3\sqrt{3}, \pm\sqrt{3}/12)$；

⑧ 见图(b).

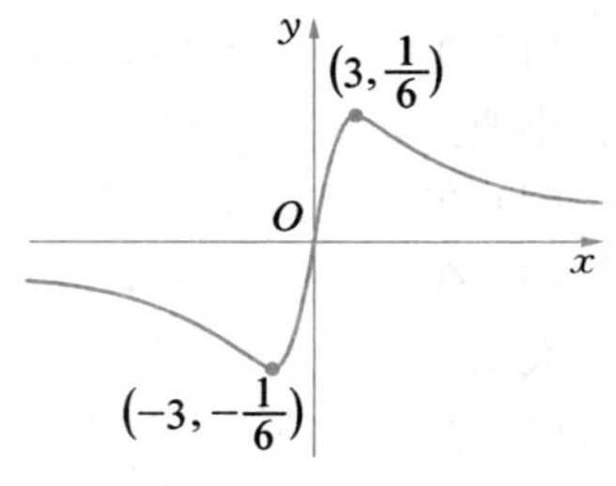

参考答案图 4-1(b)

(3) ① $(-\infty, \sqrt{5})$；

② y 轴截距 0，x 轴截距 0，5；

③ 都不是；

④ 都不是；

⑤ 单增在$\left(-\infty, \frac{10}{3}\right)$，单减在$\left(\frac{10}{3}, 5\right)$；

⑥ 极大 $f\left(\frac{10}{3}\right)=\frac{10}{9}\sqrt{15}$；

⑦ 下凹在$(-\infty, 5)$；

⑧ 见图(c).

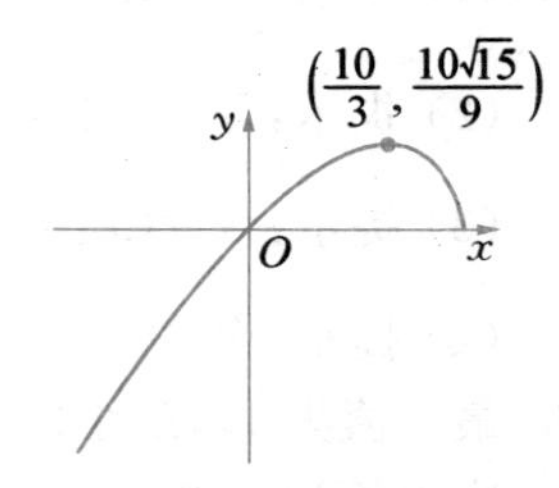

参考答案图 4-1(c)

(4) ① R；

② y 轴截距 0，x 轴截距 0；

③ 关于原点；

④ 水平渐近线 $y=\pm 1$；

⑤ 单增在$(-\infty, +\infty)$；

⑥ 都不是；

⑦ 上凹在$(-\infty, 0)$，下凹在$(0, +\infty)$，拐点$(0, 0)$；

⑧ 见图(d).

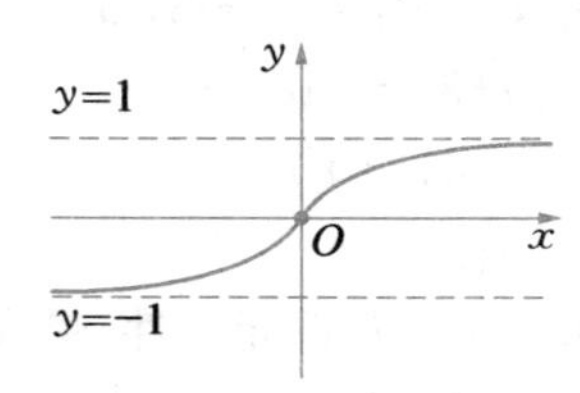

参考答案图 4-1(d)

(5) ① $(-\pi/2, \pi/2)$；

② y 轴截距 0，x 轴截距 0；

③ 关于 y 轴；

④ 垂直渐近线 $x=\pm\pi/2$；

⑤ 单增在$(0, \pi/2)$，单减在$(-\pi/2, 0)$；

⑥ 极小 $f(0)=0$；

⑦ 上凹在$(-\pi/2, \pi/2)$；

⑧ 见图(e).

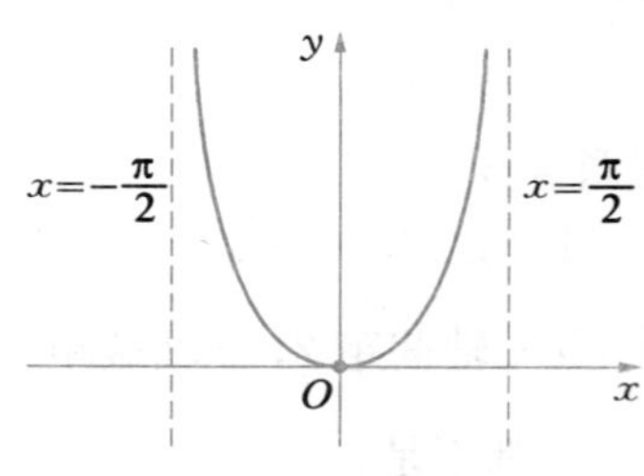

参考答案图 4-1(e)

(6) ① R；

② y 轴截距 0，x 轴截距 $n\pi$；

③ 关于$(0, 0)$，周期为 2π；

④ 都不是；

⑤ 单增在$(-\pi, -2\pi/3)$，$(2\pi/3, \pi)$，单减$(-2\pi/3, 2\pi/3)$；

⑥ 极大 $f(-2\pi/3)=\frac{3}{2}\sqrt{3}$，极小 $f(2\pi/3)=-\frac{3}{2}\sqrt{3}$；

⑦ 上凹在$(-a, 0)$，(a, π)，其中 $\cos a=\frac{1}{4}$，下凹在$(\pi, -a)$，$(0, a)$，拐点当 $x=0, \pm a, \pm\pi$；

⑧ 见图(f).

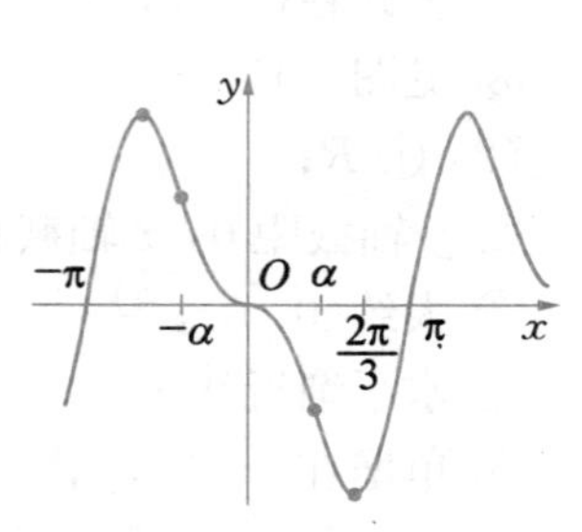

参考答案图 4-1(f)

(7) ① R；

② y 轴截距 0，x 轴截距 0；
③ 都不是；
④ 水平渐近线 $y=0$；
⑤ 单增在$(-\infty,\ 1)$，单减在$(1,\ +\infty)$；
⑥ 极大 $f(1)=1/\mathrm{e}$；
⑦ 上凹在$(2,\ +\infty)$，下凹在$(-\infty,\ -2)$，拐点$(2,\ 2/\mathrm{e}^2)$；
⑧ 见图(g).

参考答案图 4－1(g)

(8) ① R；
② y 轴的截距 2；
③ 都不是；
④ 都不是；
⑤ 单增在$\left(\frac{1}{5}\ln\frac{2}{3},\ +\infty\right)$，单减在$\left(-\infty,\ \frac{1}{5}\ln\frac{2}{3}\right)$；
⑥ 极小 $f\left(\frac{1}{5}\ln\frac{2}{3}\right)=\left(\frac{2}{3}\right)^{3/5}+\left(\frac{2}{3}\right)^{-2/5}$；
⑦ 上凹在$(-\infty,\ +\infty)$；
⑧ 见图(h).

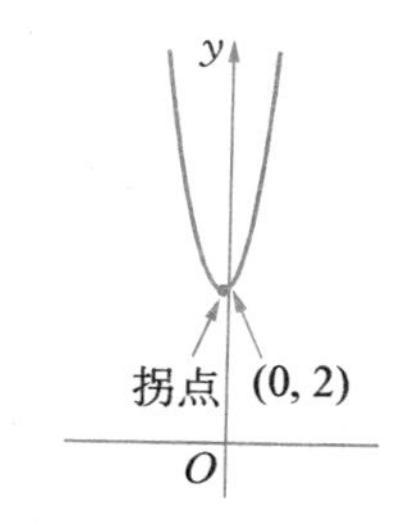

参考答案图 4－1(h)

2. (1) $y=x-1$； (2) $y=2x-2$.

练习 4.6

1. (1) 6； (2) $\frac{16}{125}$； (3) $\frac{1}{2\sqrt{2}a}$.
2. $x^2+\left(y-\frac{5}{4}\right)^2=\frac{1}{16}$.
3. 点$(1,\ 1)$处，该点是所给抛物线的顶点.

复习题 4

1. (1) D； (2) C； (3) D； (4) B； (5) A； (6) B； (7) A； (8) B； (9) D； (10) B； (11) C； (12) C； (13) B； (14) B； (15) B； (16) B； (17) D； (18) B；
2. (1) 最小值 $f(0)=10$，最大值和极大值 $f(3)=64$；
(2) 最大值 $f(0)=0$，最小值和极小值 $f(-1)=-1$；
(3) 最大值 $f(\pi)=\pi$，最小值 $f(0)=0$；
极大值 $f(\pi/3)=(\pi/3)+\frac{1}{2}\sqrt{3}$，极小值 $f(2\pi/3)=(2\pi/3)-\frac{1}{2}\sqrt{3}$.
3. (1) π； (2) 8； (3) 0； (4) $\frac{1}{2}$； (5) 2； (6) $\frac{1}{2}$； (7) $\mathrm{e}^{-\frac{2}{\pi}}$； (8) $a_1a_2\cdots a_n$.
4. 略.
5. $L=C$.
6. 11.50 元.
7. (1) $f(x)=\frac{2}{7}x^{7/2}-5x^{4/5}+C$；

(2) $f(x)=e^x-4\sqrt{x}+C$;

(3) $f(t)=t^2+3\cos t+2$;

(4) $f(x)=\frac{1}{2}x^2-x^3+4x^4+2x+1$.

8. 9. 略.

第5章　不定积分

练习 5.1

1. (1) e^{-x^3}; (2) $\cos x+C$; (3) $\frac{1}{a}$; (4) 2; (5) -1; (6) $-\frac{1}{2}$; (7) $-\frac{1}{2}$.

2. $\frac{2}{3}x^{3/2}+\frac{1}{3}$.

3. (1) 27 m; (2) $\sqrt[3]{360}\approx 7.11(\mathrm{s})$.

4. (1) $\frac{1}{2}x^2+\ln|x|-\frac{1}{x}+C$; (2) $\frac{x^{e+1}}{e+1}+e^x+e^e x+C$;

(3) $\frac{8}{15}x^{\frac{15}{8}}+C$; (4) $\frac{1}{3}x^3-x+2\arctan x+C$;

(5) $\frac{\sin x}{2}+\frac{x}{2}+C$; (6) $-\cot x-x+C$;

5. $7x+50\sqrt{x}+1\,000$.

练习 5.2

1. (1) $\frac{1}{3}\sin 3x+C$; (2) $\frac{2}{9}(x^3+1)^{3/2}+C$; (3) $-1/(1+2x)^2+C$.

2. (1) $\frac{1}{5}(x^2+3)^5+C$; (2) $\frac{1}{63}(3x-2)^{21}+C$;

(3) $2\sqrt{1+x+x^2}+C$; (4) $-\frac{1}{3}\ln|5-3x|+C$;

(5) $\frac{-3}{8(2y+1)^4}+C$; (6) $-\frac{2}{3}(4-t)^{3/2}+C$;

(7) $-(1/\pi)\cos \pi t+C$; (8) $\frac{1}{3}(\ln x)^3+C$;

(9) $2\sin\sqrt{t}\,dt+C$; (10) $\frac{2}{3}(1+e^x)^{3/2}+C$;

(11) $\frac{1}{2}(1+2^3)^{2/3}+C$; (12) $\ln|\ln x|+C$;

(13) $-\frac{2}{3}(\cot x)^{3/2}+C$; (14) $\ln|\sin x|+C$;

(15) $\frac{2(b+cx^{a+1})^{3/2}}{3c(a+1)}+C$; (16) $\arctan x+\frac{1}{2}\ln(1+x^2)+C$;

(17) $\frac{4}{7}(x+2)^{7/4}-\frac{8}{3}(x+2)^{3/4}+C$.

3. (1) $\frac{1}{2}\ln(x^2+2x+3)-\sqrt{2}\arctan\frac{x+1}{\sqrt{2}}+C$;

(2) $\frac{1}{2}\left[\frac{x+1}{x^2+1}+\ln(x^2+1)+\arctan x\right]+C$;

(3) $-\sqrt{25-x^2}/(25x)+C$;

(4) $\ln(\sqrt{x^2+16}+x)+C$;

(5) $\frac{1}{4}\arcsin(2x)+\frac{1}{2}x\sqrt{1-4x^2}+C$;

(6) $\frac{1}{6}\operatorname{arcsec}(x/3)-\sqrt{x^2-9}/(2x^2)+C$;

(7) $(x/\sqrt{a^2-x^2})-\arcsin(x/a)+C$;

(8) $\sqrt{x^2-7}+C$;

(9) $\ln\left|(\sqrt{1+x^2}-1)/x\right|+\sqrt{1+x^2}+C$;

(10) $\frac{9}{2}\arcsin((x-2)/3)+\frac{1}{2}(x-2)\sqrt{5+4x-x^2}+C$;

(11) $\frac{1}{3}\ln|3x+1+\sqrt{9x^2+6x-8}|+C$;

(12) $\frac{1}{2}[\arctan(x+1)+(x+1)/(x^2+2x+2)]+C$;

(13) $\frac{1}{4}\arcsin x^2+\frac{1}{4}x^2\sqrt{1-x^4}+C$.

练习 5.3

1. (1) $\frac{1}{5}x\sin^5 x+\frac{1}{25}\cos 5x+C$;

(2) $2(r-2)e^{r/2}+C$;

(3) $-\frac{1}{\pi}x^2\cos\pi x+\frac{2}{\pi^2}x\sin\pi x+\frac{2}{\pi^3}\cos\pi x+C$;

(4) $\frac{1}{2}(2x+1)\ln(2x+1)-x+C$;

(5) $t\arctan 4t-\frac{1}{8}\ln(1+16t^2)+C$;

(6) $x(\ln x)^2-2x\ln x+2x+C$;

(7) $\frac{1}{13}e^{2\theta}(2\sin 3\theta-3\cos 3\theta)+C$;

(8) $y\operatorname{ch}y-\operatorname{sh}y+C$;

(9) $\sin x(\ln\sin x-1)+C$;

(10) $\frac{1}{2}x(\cos\ln x+\sin\ln x)+C$.

2. $2(\sin\sqrt{x}-\sqrt{x}\cos\sqrt{x})+C$.

3. 4. 略.

练习 5.4

1. (1) $\frac{1}{5}\cos^5 x-\frac{1}{3}\cos^3 x+C$;

(2) $\frac{1}{5}\sin^5 x-\frac{2}{7}\sin^7 x+\frac{1}{9}\sin^9 x+C$;

(3) $\frac{3}{2}\theta+2\sin\theta+\frac{1}{4}\sin 2\theta+C$;

(4) $\left(\frac{2}{7}\cos^3 x-\frac{2}{3}x\right)\sqrt{\cos x}+C$;

(5) $\frac{1}{2}\cos^2 x-\ln|\cos x|+C$;

(6) $\ln(1+\sin x)+C$;

(7) $\frac{1}{2}\tan^2 x+C$;

(8) $\tan x-x+C$;

(9) $\frac{1}{5}\tan^5 t+\frac{2}{3}\tan^3 t+\tan t+C$；　(10) $\frac{1}{3}\sec^3 x-\sec x+C$；

(11) $\frac{1}{4}\sec^4 x-\tan^2 x+\ln|\sec x|+C$；　(12) $\frac{1}{6}\tan^6\theta+\frac{1}{4}\tan^4\theta+C$；

(13) $\frac{1}{3}\csc^3\alpha-\frac{1}{5}\csc^5\alpha+C$；　(14) $\ln|\csc x-\cot x|+C$；

(15) $\frac{1}{6}\sin 3x-\frac{1}{14}\sin 7x+C$；　(16) $\frac{1}{4}\sin 2\theta+\frac{1}{24}\sin 12\theta+C$；

(17) $\frac{1}{2}\sin 2x+C$；　(18) $\frac{1}{10}\tan^5(t^2)+C$.

2. 略.

练习 5.5

1. (1) $x+6\ln|x-6|+C$；　(2) $2\ln|x+5|-\ln|x-2|+C$；

(3) $a\ln|x-b|+C$；

(4) $-\frac{1}{36}\ln|x+5|+\frac{1}{6}\frac{1}{x+5}+\frac{1}{36}\ln|x-1|+C$；

(5) $2\ln|x|+3\ln|x+2|+(1/x)+C$；

(6) $\ln|x+1|+2/(x+1)-1/[2(x+1)^2]+C$；

(7) $\ln|x-1|-\frac{1}{2}\ln(x^2+9)-\frac{1}{3}\arctan(x/3)+C$；

(8) $\frac{1}{2}\ln(x^2+1)+(1/\sqrt{2})\arctan(x/\sqrt{2})+C$；

(9) $\frac{1}{2}\ln(x^2+2x+5)+\frac{3}{2}\arctan((x+1)/2)+C$；

(10) $\frac{1}{3}\ln|x-1|-\frac{1}{6}\ln(x^2+x+1)-\frac{1}{\sqrt{3}}\arctan\frac{2x+1}{\sqrt{3}}+C$；

(11) $(1/x)+\frac{1}{2}\ln|(x-1)/(x+1)|+C$；

(12) $\frac{-1}{2(x^2+2x+4)}-\frac{2\sqrt{3}}{9}\arctan\left(\frac{x+1}{\sqrt{3}}\right)-\frac{2(x+1)}{3(x^2+2x+4)}+C$.

2. (1) $\ln\left|(\sqrt{x+1}-1)/\sqrt{x+1}+1\right|+C$；

(2) $\frac{3}{10}(x^2+1)^{5/3}-\frac{3}{4}(x^2+1)^{2/3}+C$；

(3) $2\sqrt{x}+3\sqrt[3]{x}+6\sqrt[6]{x}+6\ln|\sqrt[6]{x}-1|+C$；

(4) $\ln[(e^x+2)^2/(e^x+1)]+C$.

3. (1) $\frac{1}{5}\ln\left|\frac{2\tan(x/2)-1}{\tan(x/2)+2}\right|+C$；　(2) $\frac{1}{4}\ln|\tan(x/2)|+\frac{1}{8}\tan^2(x/2)+C$.

复习题 5

1. (1) B；(2) D；(3) C；(4) C；(5) C；(6) C；(7) B；(8) C；(9) C；(10) B；(11) C.

2. (1) $(-1/x)\sqrt{7-2x^2}-\sqrt{2}\arcsin(\sqrt{2}x/\sqrt{7})+C$；

(2) $\frac{1}{2\pi}\sec(\pi x)\tan(\pi x)+\frac{1}{2\pi}\ln|\sec(\pi x)+\tan(\pi x)|+C$;

(3) $\frac{1}{25}e^{-3x}(-3\cos 4x+4\sin 4x)+C$;　　(4) $-\sqrt{4x^2+9}/(9x)+C$;

(5) $-\frac{1}{2}\tan^2(1/z)-\ln|\cos(1/z)|+C$;

(6) $\frac{2}{3}\arctan\left(3\tan\frac{x}{2}\right)+C$;

(7) $\frac{2y-1}{8}\sqrt{6+4y-4y^2}+\frac{7}{8}\sin^{-1}\frac{2y-1}{\sqrt{7}}-\frac{1}{12}(6+4y-4y^2)^{3/2}+C$;

(8) $\frac{1}{9}\sin^3 x[3\ln(\sin x)-1]+C$;　　(9) $\frac{1}{2\sqrt{3}}\ln\left|\frac{e^x+\sqrt{3}}{e^x-\sqrt{3}}\right|+C$;

(10) $\frac{1}{4}\tan x\sec^3 x+\frac{3}{8}\tan x\sec x+\frac{3}{8}\ln|\sec x+\tan x|+C$;

(11) $\frac{1}{2}(\ln x)\sqrt{4+(\ln x)^2}+2\ln[\ln x+\sqrt{4+(\ln x)^2}]+C$;

(12) $\sqrt{e^{2x}-1}-\cos^{-1}(e^{-x})+C$;　　(13) $\frac{1}{5}\ln|x^5+\sqrt{x^{10}-2}|+C$.

3. (1) $\frac{1}{9}\sec^9 x-\frac{3}{7}\sec^7 x+\frac{3}{5}\sec^5 x-\frac{1}{3}\sec^3 x+C$;

(2) $-\cos(\ln t)+C$;　　(3) $\ln|x|-\frac{1}{2}\ln(x^2+1)+C$;

(4) $\frac{1}{3}\sin^3\theta-\frac{2}{5}\sin^5\theta+\frac{1}{7}\sin^7\theta+C$;　　(5) $x\sec x-\ln|\sec x+\tan x|+C$;

(6) $\frac{1}{18}\ln(9x^2+6x+5)+\frac{1}{9}\tan^{-1}((3x+1)/2)+C$;

(7) $\ln|x-2+\sqrt{x^2-4x}|+C$;　　(8) $-\frac{1}{12}(\cot^3 4x+3\cot 4x)+C$;

(9) $\frac{3}{2}\ln(x^2+1)-3\tan^{-1}x+\sqrt{2}\tan^{-1}(x/\sqrt{2})+C$;

(10) $(x/\sqrt{4-x^2})-\sin^{-1}(x/2)+C$;　　(11) $4\sqrt{1+\sqrt{x}}+C$;

(12) $\frac{1}{2}\sin 2x-\frac{1}{8}\cos 4x+C$.

第6章　定积分及其应用

练习 6.1

1. (1) 4;　(2) 10;　(3) -3;　(4) 2.

2. (1) $-\frac{3}{4}$;　(2) $3+\frac{9}{4}\pi$;　(3) 2.5.

3. 122.

4. 略.

5. (1) $\frac{1}{2}\leqslant\int_1^2\frac{1}{x}dx\leqslant 1$;

(2) $\frac{\pi}{12} \leqslant \int_{\frac{\pi}{4}}^{\frac{\pi}{3}} \tan x \mathrm{d}x \leqslant \frac{\pi}{12}\sqrt{3}$；

(3) $0 \leqslant \int_0^2 x\mathrm{e}^{-x} \mathrm{d}x \leqslant \frac{2}{e}$.

6. $\int_0^1 x^4 \mathrm{d}x$.

练习 6.2

1. (1) $\frac{364}{3}$； (2) 138； (3) $\frac{5}{9}$； (4) $\frac{7}{8}$； (5) 不存在； (6) $\frac{156}{7}$； (7) 1； (8) 不存在；

(9) $\ln 3$； (10) π； (11) e^2-1； (12) 10.7.

2. (1) $g'(x)=\frac{3(9x^2-1)}{9x^2+1}-\frac{2(4x^2-1)}{4x^2+1}$； (2) $y'=3x^{\frac{7}{2}}\sin x^3-\frac{\sin\sqrt{x}}{2\sqrt[4]{x}}$.

练习 6.3

1. (1) $\frac{8}{105}$； (2) $\frac{1}{2}(1-\ln 2)$； (3) $\frac{\pi}{6}-\frac{\sqrt{3}}{8}$； (4) $\mathrm{e}^{\frac{\pi}{4}}-1$； (5) 4； (6) 4；

(7) $\frac{\sqrt{2}}{2}\left(\frac{\pi}{4}-\arctan\frac{\sqrt{2}}{2}\right)$； (8) $\frac{1}{4}$； (9) $\frac{52}{9}$； (10) 2； (11) $\frac{4}{3}$； (12) $\frac{1}{2}\ln\frac{8}{5}$.

2. (1) $2+2\ln 2-2\ln 3$； (2) $\frac{1}{6}$； (3) $4-\pi$； (4) $\frac{1}{5}\ln\frac{3}{2}$； (5) $\sqrt{3}-\frac{\pi}{3}$； (6) $\sqrt{2}-\frac{2\sqrt{3}}{3}$；

(7) $\frac{\pi}{8}-\frac{1}{4}$； (8) 0.

3. (1) $1-\frac{2}{\mathrm{e}}$； (2) $\frac{1}{4}(\mathrm{e}^2+1)$； (3) $\left(\frac{1}{4}-\frac{\sqrt{3}}{9}\right)\pi+\frac{1}{2}\ln\frac{3}{2}$； (4) $\frac{\pi}{4}$； (5) $8\ln 2-4$；

(6) $\frac{1}{2}(\mathrm{e}\sin 1-\mathrm{e}\cos 1+1)$； (7) $\frac{\pi^2}{4}-2$； (8) $2-\frac{2}{\mathrm{e}}$； (9) $\pi/3$； (10) $\frac{1}{2}-\frac{1}{2}\ln 2$；

(11) $\frac{1}{4}-\frac{3}{4}\mathrm{e}^{-2}$； (12) $(\pi+6-3\sqrt{3})/6$； (13) $\frac{32}{5}(\ln 2)^2-\frac{64}{25}\ln 2+\frac{62}{125}$.

4. 略.

5. 2.

6. 0.

练习 6.4

1. (1) $\frac{1}{12}$； (2) 发散； (3) $2\mathrm{e}^{-2}$； (4) 发散； (5) 0； (6) 发散； (7) 发散； (8) $\frac{1}{25}$；

(9) 发散； (10) $\pi/9$； (11) 1； (12) $2\sqrt{3}$； (13) 发散； (14) 发散； (15) $\frac{75}{4}$；

(16) 发散； (17) 发散； (18) $\frac{8}{3}\ln 2-\frac{8}{9}$.

2. (1) 收敛； (2) 收敛； (3) 发散.

3. π.

4. (1) $p<1$, $1/(1-p)$； (2) $p>-1$, $-1/(p+1)^2$.

5. (1) $\frac{35}{2}$；(2) $\frac{\pi}{30}$；(3) $\frac{32}{315}$；(4) $\frac{3}{256}\pi$；(5) 24；(6) $\frac{3\sqrt{2\pi}}{64}$；(7) $\frac{\pi}{8}$；(8) $\frac{16}{5}$.
6. 1.
7. 略.

练习 6.5

1. (1) 19.5；(2) $\frac{1}{6}$；(3) $\ln 2-\frac{1}{2}$；(4) $\frac{1}{3}$；(5) 72；(6) $\frac{43}{12}$；(7) $\frac{9}{8}$；(8) $\frac{8}{3}$；
   (9) $\frac{1}{2}$；(10) $4^{\frac{2}{3}}$.
2. (1) $\frac{\pi}{5}$；(2) $\frac{\pi}{2}$；(3) 8π；(4) $\frac{3\pi}{10}$；(5) $\frac{64\pi}{15}$；(6) $\frac{\pi}{6}$；(7) $\frac{208\pi}{45}$；(8) $\frac{16\pi}{15}$；
   (9) $\frac{29\pi}{30}$.
3. (1) 2π；(2) $\pi(1-1/e)$；(3) 16π；(4) $21\pi/2$；(5) $768\pi/7$；(6) $250\pi/3$；
   (7) $17\pi/6$；(8) $67\pi/6$.
4. (1) $q^*=\sqrt{7.5}$，$p^*=3.5$，$CS=\sqrt{7.5}$，$PS=\sqrt{7.5}$；
   (2) $CS=4-4\ln 2$，$PS=2-2\ln 2$.
5. 43 866 933.33 元.
6. 407.25 元.
7. 12 000 元.
8. (1) $\frac{9\pi}{4}$；(2) 4；(3) π.
9. (1) $\frac{\pi}{2}-1$；(2) $\frac{19\pi}{3}-\frac{11\sqrt{3}}{2}$.
10. (1) π；(2) $\frac{8}{3}[(\pi^2+1)^{\frac{3}{2}}-1]$.
11. (1) 略；(2) 9.72×10^5 kJ.
12. $\frac{27}{7}kc^{\frac{2}{3}}a^{\frac{7}{3}}$(其中 k 为比例常数).
13. 14 373 kN.
14. 1.65 N.
15. 取 y 轴通过细直棒，$F_y=Gm\mu\left(\frac{1}{a}-\frac{1}{\sqrt{a^2+l^2}}\right)$，$F_x=-\frac{Gm\mu l}{a\sqrt{a^2+l^2}}$.
16. 引力的大小为$\frac{2Gm\mu}{R}\sin\frac{\varphi}{2}$，方向为 M 指向圆弧的中点.

复习题 6

1. (1) A；(2) D；(3) B；(4) C；(5) D；(6) D；(7) A；(8) D；(9) A；
   (10) A；(11) A；(12) C.
2. (1) $3x^2e^{-x^3}$；(2) $\frac{1}{3}$；(3) 0；(4) 4；(5) ln 3；(6) $\frac{1}{3}(4-2\sqrt{2})$.

3. (1) $-\frac{\pi}{4}$; (2) $2-\frac{2}{e}$; (3) $\frac{1}{2}\ln\frac{e^2+1}{2}$; (4) $\frac{\pi}{3}$; (5) $k=1$; (6) $3\ln 3$;
(7) 约 6.58; (8) 略.

4. (1) $\frac{1}{36}$; (2) 发散; (3) $4\ln 4-8$; (4) 发散; (5) $\pi/4$.

5. 2.

6. $3\pi^2/16$.

7. ~13. 略.

14. (1) $a=\sqrt{\frac{1}{2}}$ 时, $S(\sqrt{\frac{1}{2}})$ 最小,最小值为$\frac{2-\sqrt{2}}{6}$; (2) $\frac{\sqrt{2}+1}{30}\pi$.

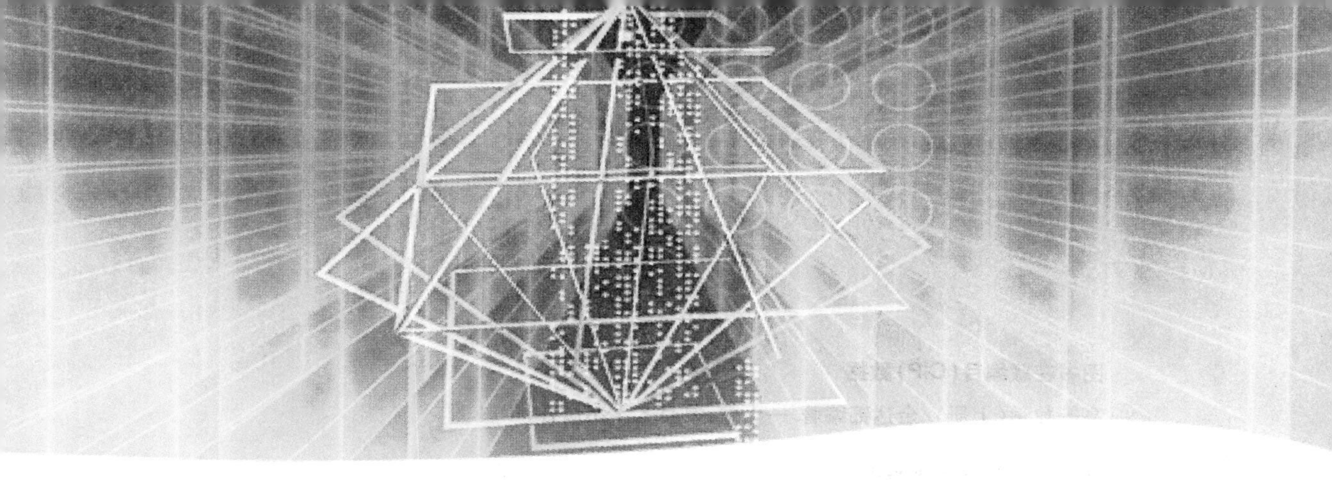

参考文献

[1] 同济大学应用数学系. 高等数学(第六版). 北京:高等教育出版社，2007.
[2] 赵树嫄. 微积分(修订本). 北京:中国人民大学出版社，1988.
[3] George B. Thomas. *Thomas' Calculus*. 10th(影印版). 北京:高等教育出版社，2004.
[4] 朱来义. 微积分. 北京:高等教育出版社，2000.
[5] James Stewart. *Calculus*. 5th(影印版). 北京:高等教育出版社，2004.
[6] 邹玉仁,何明,万建香. 微积分(一). 北京:科学出版社，2007.
[7] 华长生,邓咏梅,徐晔,钟友明. 微积分(二). 北京:科学出版社，2007.
[8] 李忠,周建莹. 高等数学(第二版). 北京:北京大学出版社，2009.
[9] 上海财经大学应用数学系. 高等数学(第三版). 上海:上海财经大学出版社，2002.
[10] 同济大学数学系. 高等数学习题全解指南(第六版). 北京:高等教育出版社，2007.

图书在版编目(CIP)数据

高等数学(上册)/余达锦编著.—上海:复旦大学出版社,2014.8
(信毅教材大系)
ISBN 978-7-309-10919-1

Ⅰ.高…　Ⅱ.余…　Ⅲ.高等数学-高等学校-教材　Ⅳ.013

中国版本图书馆 CIP 数据核字(2014)第 182670 号

高等数学(上册)
余达锦　编著
责任编辑/梁　玲

复旦大学出版社有限公司出版发行
上海市国权路 579 号　邮编:200433
网址:fupnet@fudanpress.com　http://www.fudanpress.com
门市零售:86-21-65642857　团体订购:86-21-65118853
外埠邮购:86-21-65109143
大丰市科星印刷有限责任公司

开本 787×1092　1/16　印张 18　字数 461 千
2014 年 8 月第 1 版第 1 次印刷

ISBN 978-7-309-10919-1/O・548
定价:38.00 元